数据之城2：

从BIM变革到数字化转型

BIMBOX　组编

孙　彬　刘　雄　开　开　黄少刚　吕寿春
任　睿　孙　昱　邓京楠　李星亮　金　戈
韦　峰　唐　越　文泓森　周　泉　宋守忠　编
王初翀　陆永乐　郭　亮　区展聪　黄　豪
徐敬宇　朱　彬　卢　禹　胡森林　何　威
胡晓辉　李　航　蔡兆旋　谢孙海　刘冰浩

机械工业出版社
CHINA MACHINE PRESS

本书由建筑业自媒体“BIMBOX”组织编写。全书内容共四章。第一章从BIM到数字化的沉思，第二章来自实践者的真知灼见，第三章软件视角看商业与技术问题，第四章数字时代的真实故事。

本书作者团队是BIM行业多年的实践者，以“BIMBOX”的身份至今已撰写BIM行业的深度文章300余篇，既包括知识科普，也包括技术观点，在建筑行业里拥有较高的影响力。本书为BIMBOX多篇文章的精炼、重编，语言精练，独辟蹊径，时而沉浸讲解，时而冷静分析，传递行业一线实践者的技术心得，总结BIM实施方法论，能够把高深的技术讲得妙趣横生，使读者在轻松的氛围下完成一次认知升级。

图书在版编目（CIP）数据

数据之城. 2，从BIM变革到数字化转型 / BIMBOX组编. --北京：机械工业出版社，2024. 11（2025. 3重印）. --ISBN 978-7-111-77355-9

Ⅰ. TU201. 4

中国国家版本馆CIP数据核字第20255765FW号

机械工业出版社（北京市百万庄大街22号　邮政编码100037）

策划编辑：张　晶　　　　责任编辑：张　晶　张大勇

责任校对：梁　园　张　征　　封面设计：张　静

责任印制：刘　媛

涿州市般润文化传播有限公司印刷

2025年3月第1版第2次印刷

184mm×235mm · 25印张 · 531千字

标准书号：ISBN 978-7-111-77355-9

定价：109.00元

电话服务　　　　网络服务

客服电话：010-88361066　　机　工　官　网：www. cmpbook. com

010-88379833　　机　工　官　博：weibo. com/cmp1952

010-68326294　　金　书　网：www. golden-book. com

封底无防伪标均为盗版　　机工教育服务网：www. cmpedu. com

目 录

序 BIM 的 30 年商战史，留给我们什么启发？/ 1

第 1 章 从 BIM 到数字化的沉思 / 21

BIM 到数字化，是棍子与碗的区别 / 22
数字化和信息化有什么差别？数字化转型转什么？/ 26
窗口期：等别人搞好了数字化再跟进，行吗？/ 33
抽丝剥茧：建筑公司搞数字化，为什么离不开 BIM？/ 40
设计院 BIM 成果，怎样才能把价值传递给施工？/ 48
40 不惑：追寻 BIM 的人们，未来将会到哪去？/ 56
BIM 运维之痛：从"OpenBIM"到"noBIM"/ 62
未来的方向：BIM 技术与数字化发展的六问六答 / 74
林迪与长坡：BIM 的新玩法不重要？/ 80
数据与政策：未来建筑业的一线生机在哪里？/ 86

第 2 章 来自实践者的真知灼见 / 101

古建设计：传统造法与 BIM 的隔空击掌 / 102
海外经验：高度成熟市场中怎么做出有价值的创新？/ 112
以小见大：从一个具体技术点，谈谈 BIM 的上游思维 / 120
传统民营企业怎样看待 BIM 与数字化转型？/ 127
黑猫白猫：BIM 能给 EPC 项目带来哪些真价值？/ 132
业主方视角：华润置地怎样靠技术控场？/ 139
技术预埋：一家设计公司怎样跨越增长周期？/ 149
数字化豪赌：一家顶级装修公司的 BIM 之旅 / 160
MBD："消灭"纸质图的匕首？/ 170
代码的力量：解决 BIM 造价的部分问题 / 177

思路启发：怎样自动生成机电系统图？/ 187
种豆得瓜：一个插件从小到大的诞生过程 / 193

第3章　软件视角看商业与技术问题 / 201

IssueMaster：跨越多软件同步管理协同问题 / 202
PlusBIM：在CAD端解决正向设计出图问题 / 207
Revizto：看模型、做交底、做汇报 / 213
RIR：打通BIM与设计的又一道桥梁 / 220
SYNCHRO：有价值的工程数据管理 / 227
emData：20年老兵开发的BIM数据管理平台 / 237
鹰眼：穿越时间查看现场、BIM模型实时对比 / 245
PKPM-PC：该怎么做装配式设计？/ 252
PKPM-BIM：国产老牌软件的BIM之路 / 260
数维设计：从造价一体化到数据价值 / 270
以见科技：AR功能增强、完善施工管理功能 / 280
小库：AI改变建筑设计的梦想与执着 / 288
迅维：BIM运维建模与数字运维平台 / 297
跨~界云平台：工程数据在流动中产出价值 / 303

第4章　数字时代的真实故事 / 317

驱动力：学习陪伴我一路到今天 / 318
青春记忆：三位“剑客”的BIM往事 / 323
情怀与荆棘：主任、院长和设计师的BIM之路 / 346
见山海：从BIM小白到产品经理的进化之路 / 351
十年生涯：从一线到管理者的心路历程 / 358
成长手记：从央企员工到BIM咨询合伙人 / 365
乘风破浪：一位60岁甲方的彪悍人生 / 371

尾声　数字前夜的执念与轮回 / 381

序

BIM的30年商战史，留给我们什么启发？

第一个做出伟大成就的人通常会失败，但他们会把征服的立足点留给那些追随他们的人。

——Samuel Butler

我们用一段持续了几十年的BIM故事，来展开本书；再用另一段持续了几十年的信息化故事，作为本书的结尾。

有这么一张图，曾经在 BIM 圈里疯传，里面有大量的人名、公司名、职位、并购金额和时间点，它其实是一张 BIM 商业史地图。

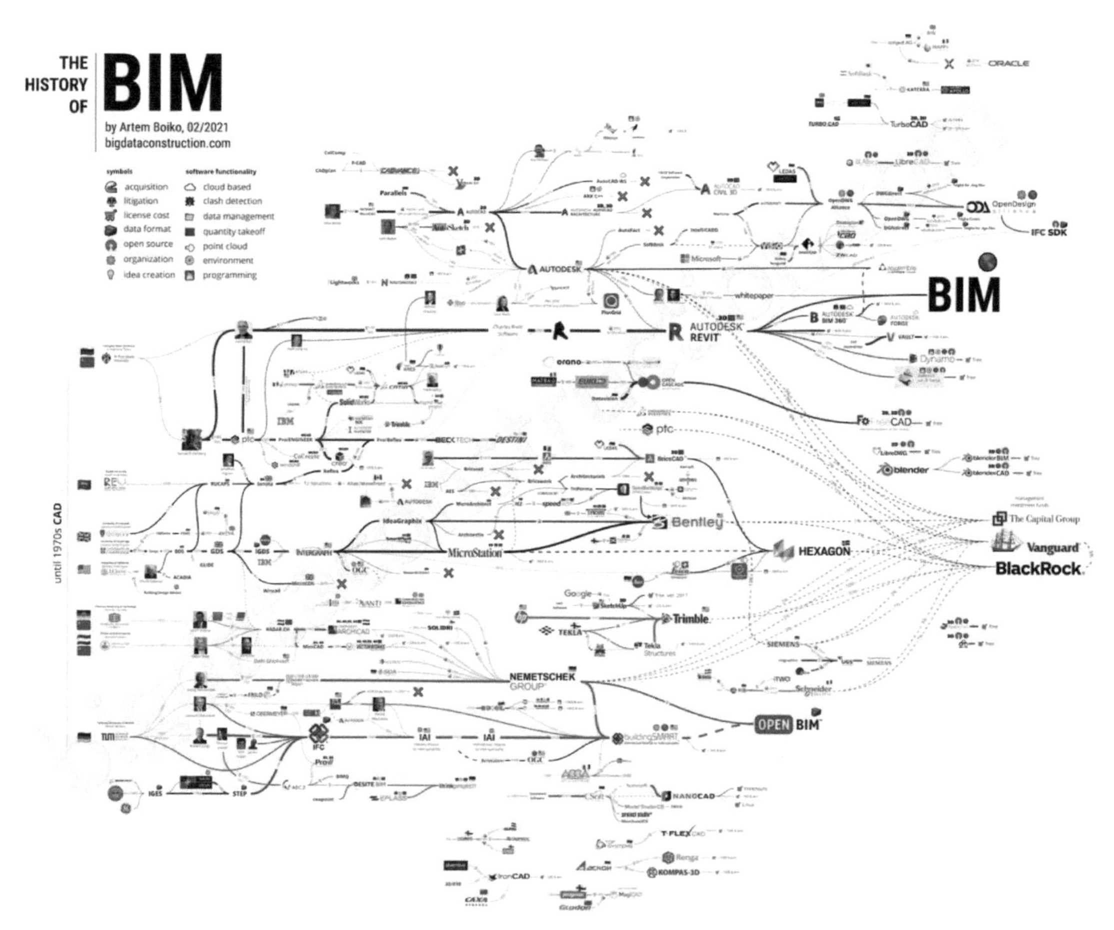

这张图的发起人叫 Artem Boiko，是 GOLDBECK 集团的 BIM 实施专家，我们顺着这张图的脉络，了解一下 BIM 发展历程中那些不为人知的商业故事，再谈谈它给我国带来的启示。

1. 冷战的结果：一场商业风暴的前奏

一切留存下来的技术，都起步于没那么理想主义的商业动机，而商业又受到所在时代的影响，有着不一样的底色。

BIM 始于一场软件商的“军备竞赛”，确切地说是一种文件格式之争，它的全称叫 Standard for the Exchange of Product model data（产品型号数据交换标准），简称 STEP。

创立于 1982 年的 Autodesk 公司那时还很年轻，它的旗舰产品 AutoCAD 在推出仅四年之后，就成为最受欢迎的平面 CAD 工具之一。它并没有止步于 2D 图形软件的成功，而是继续寻求更有前途的3D设计，希望开发一种新的格式，在下一个时代取代dwg格式。

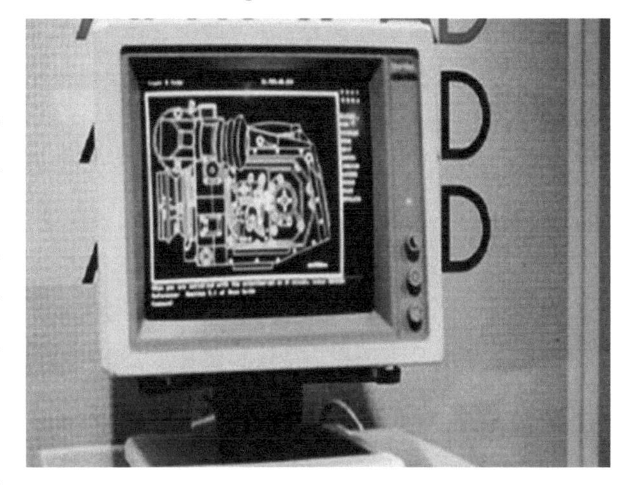

AutoCAD 1.0

因为此时有军方背景的STEP格式属于3D设计的集大成者，它很快引起了Autodesk公司的警觉。为了获得新标准的话语权，Autodesk公司并没有直接使用这个格式，而是希望用一种新的格式来取代它。

1994年，Autodesk公司牵头创立了一个由12家公司组成的行业组织，美国电话电报公司AT&T、科技公司Honeywell、房地产公司Tishman都在这个组织里。它们创建了一种新的格式IFC，以取代“过时的”STEP格式。多年之后人们诟病Autodesk产品与IFC兼容问题时，却少有人知道，IFC正是在这家公司的指导下开发出来，用于占领市场的。

这个组织很快受到了来自社会各界的压力，最终不得不让IFC格式向整个行业开放，而标准则应该由一个更开放的非营利组织来运营，于是这个组织更名为IAI联盟(International Alliance for Interoperability)，后来又更名为更广为人知的buildingSMART。

此时的Autodesk尚不能在3D设计的赛道上站稳脚跟，它还需要等待一款真正划时代的产品出现。

2. 技术起源：两个天才的不同命运

在IAI联盟成立的第二年，列昂尼德（Leonid Raiz）与他的同事欧文·荣格里斯（Irwin Jungreis）一起辞职，创立了Charles River Software，并开始研发一款新的3D设计软件，2000年软件正式发布，列昂尼德也许自己也没有想到，Revit这个名字会给建筑软件市场带来怎样的惊涛骇浪。

Revit的设计初衷，就是把几何信息和非几何信息统一到参数化模型里，比单纯的图样和文本能更清晰地描述建筑物。这样的产品对于一直在寻求次世代解决方案的Autodesk公司来说，是一个巨大的机会。于是，在2002年，Autodesk公司以1.33亿美元收购了列昂尼德的公司，以及该公司研发了 5 年的 Revit。

这笔买卖做得实在是太划算，收购之后，Autodesk 公司从 Revit 产品获得的收入几乎每个季度都要翻一倍，Revit 成了 Autodesk 公司新的“现金奶牛”。

Revit 的故事还没讲完，我们先花开两朵，各表一枝。

和 Revit 创始人列昂尼德同样优秀的，还有另外一位编程天才，他在匈牙利创办了一家公司，1982 年写出了一款设计软件，主要用于解决核电站的安装问题，他因此获得了 3 万美元的奖金。有了这笔钱，他就开始着手为最喜爱的 MAC 系统编写给建筑师用的 CAD 软件。

这家公司的名字叫 Graphisoft，创始人叫加博尔・博哈（Gábor Bojár）。

当时的苹果公司还在与微软和英特尔公司组成的 Wintel 联盟争夺个人计算机的市场，创始人史蒂夫・乔布斯在一次德国的 CeBIT 会议上注意到了这位才华横溢的年轻人，决定在 Graphisoft 的帮助下，为苹果公司争取到来自世界各地的设计师用户。

为了达到这个目标，乔布斯把第一批苹果计算机捐赠给了 Graphisoft。另一种更普遍的说法，这批计算机是加博尔自己典当了老婆的珠宝，花钱买来的。乔布斯的说法，姑且一听。

几台计算机，加上几万美元的预算，加博尔花了两年时间写出了一款名叫 Radar CH 的软件，是世界上第一款可以在个人计算机上使用的 3D 建筑设计软件。这款软件，正是后来大名鼎鼎的 ArchiCAD。ArchiCAD 向参数化建模软件的进发，比同时代所有产品都要早十几年。

Graphisoft 最大的遗憾，是因为早期根植于小众的操作系统和封闭的市场环境，没能参与到欧美广泛的交流和竞争中去。

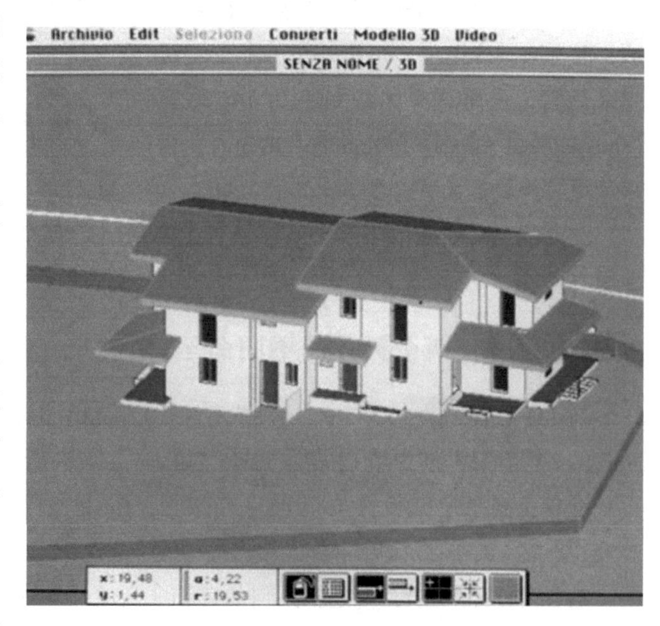

1984 年的 Radar CH，后来的 ArchiCAD

这给当时的 ArchiCAD 带来一系列技术缺陷，如使用昂贵的 MAC 系统的多为建筑师，一旦涉及机电、结构等专业，设计师就要面临“最小的自动化，最大的人工”；再如对建筑构件进行参数化设计时，需要用写代码的方式，对于当时的建筑师来说，这种工作方式是很难接受的。

后来 Revit 的成功，除了市场营销的原因，也有技术上的改进。它将“参数化建模”实现了图形化，而不需要在编程界面来创建；同时也兼顾了建筑师、结构设计师和水电设计师的需求。

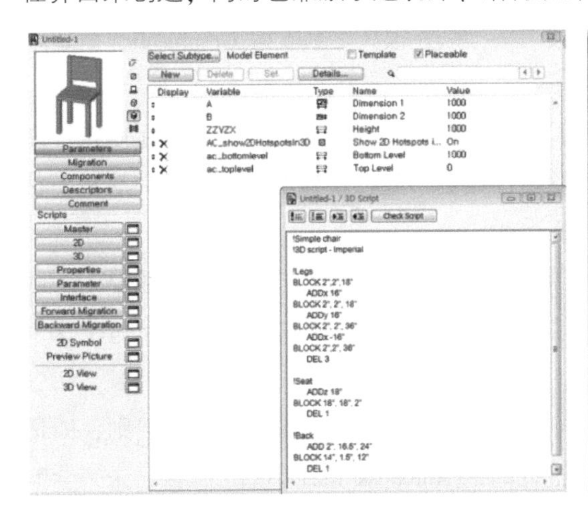

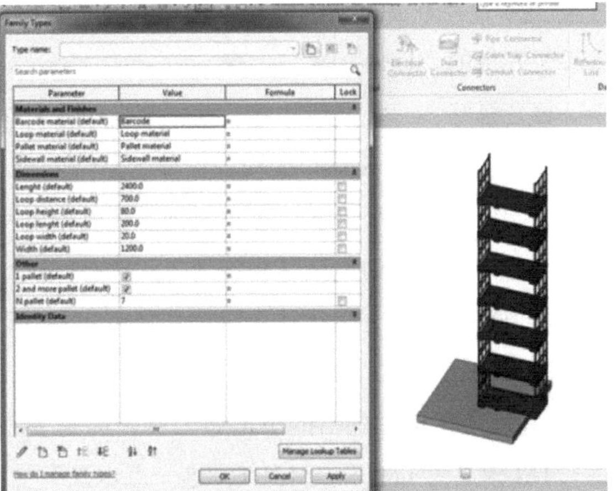

需要 GDL 语言的 ArchiCAD 和可视化编辑的 Revit

不过，战争还远没结束，等待 ArchiCAD 的是一个更大的阵营，和一件更“正义”的武器，这件武器是 Autodesk 自己造给它的。

3. 开放之争：商业与技术的纠葛

开放还是封闭，在普通人眼里是一个非黑即白的问题，但在商业世界是有灰度的。

这个问题的博弈，其实我们每天都能感受到——淘宝商品无法直接分享给微信好友，支付宝里买理财产品也不能用微信支付，而在其他很多方面，腾讯和阿里巴巴又在建立复杂的沟通合作。

BIM 行业的开放与封闭之争，背后同样有着复杂的商业博弈。这场博弈早在 Autodesk 入局之前就已经开始了。

今天的 OpenBIM 与 IFC 有着千丝万缕的关系，但它们发展故事的背后，有一段充满反转的渊源。

20 世纪 80 年代，一家德国设计事务所正处在自己的转型期，在完成了德国本地一系列大型项目后，进军欧洲参加更大的项目。由于跨国项目需要解决不同地区的标准融合问题，这家事务所的负责人莱昂哈德・奥伯迈耶（Leonhard Obermeyer）就开始和美国公司建立合作。

而莱昂哈德的一位同事，对此表示强烈反对。因为那位同事正在开发并向市场销售自己的软件，他认为德国还没做好和国外软件公司竞争的准备，引入外部竞争可能会对本土软件造成毁灭性的打击。

这位同事的名字叫果尔格・内梅切克（Georg Nemetschek），后来收购 Graphisoft、Vectorworks，推出 Allplan 的公司 Nemetschek，正是由他创办的。

颇具讽刺意味的是，当时寻求开放的莱昂哈德进行了一系列活动，帮助了 Autodesk，却让它后来成为“封闭 BIM”的霸主；而当时坚持封闭的果尔格，则在很久之后收购 Graphisoft，坚定地举起了开放的“OpenBIM”大旗。

舞台搭好，一场大戏即将上演，来自学术界的慕尼黑技术大学、来自工程设计圈的 HOK、来自软件开发圈的 Autodesk 公司，被穿针引线的莱昂哈德连接到一起，新标准格式的研究从德国被带到美国，从大学经由设计事务所到了软件商的手里。

来自商业的驱动力让 Autodesk 公司成为这个研究项目的主角，1994 年牵头组织成立 IAI 联盟，以 IFC 的名字注册了这个研究项目的名称。而前文所述的理查德、帕特里克，都参与了这个项目。

当然，IAI 成立的目的不是做公益，而是要在一个新的世界里，建立自己的游戏规则，即便后来 IAI 改名为 buildingSMART，这一点也没有变。而此时的 Autodesk 也还不知道，自己未来会购买一家新公司，那家公司的产品格式 .rvt 会成为新的游戏规则，而它自己牵头创立的 IFC，会成为日后竞争对手的武器。

再回头讲当年反对莱昂哈德把新标准（也就是后来的 IFC）引入德国的那位同事，果尔格·内梅切克。

他是对计算机技术非常感兴趣的工程师，1963 年创办了和自己同名的 Nemetschek 公司，1977 年开发了一款用于结构分析的软件，用的还是带磁条的纸带，当时他反对美国软件公司进入德国，目的就是保护这款软件不受到市场冲击。

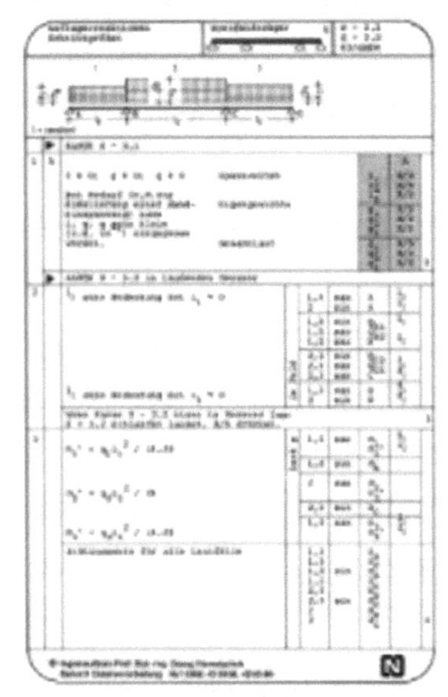

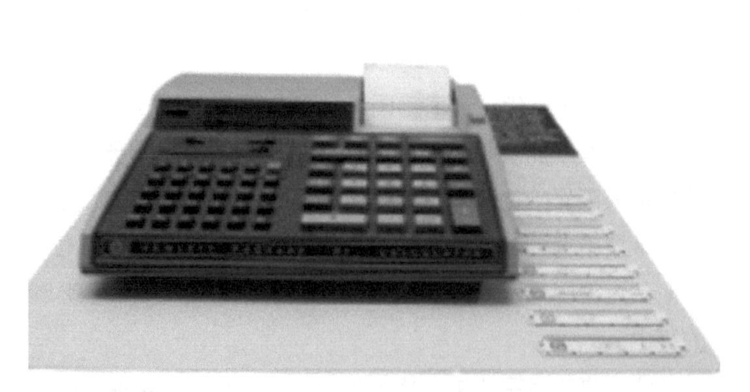

Nemetschek 第一款结构分析软件，计算值打印在纸条上

序

BIM 的 30 年商战史，留给我们什么启发？

1984 年，和 Graphisoft 推出 Radar CH 的同一年，Nemetschek 推出了一款 CAD 软件：Allplan。四年之后，这款软件开始支持简单的 3D 模型功能。

有件趣事说来也真是神奇，几乎和匈牙利的 Graphisoft 推出 Radar CH 的同时，美国一家公司也开发了一款支持 3D 建模的程序 MiniCAD，创始人的名字叫理查德·迪尔（Richard Diehl），他注册的公司名叫作 Graphsoft，和 Graphisoft 只有一字母之差。

这让很多人产生了误解，两家公司后来还真闹到了法庭，最后在 1996 年达成庭外和解协议，结果是 Graphsoft 改名为 Diehl Graphsoft，且在任何宣传中不允许使用简称，以免发生混淆。Graphisoft 的创始人加博尔当时在新闻中说："对于那些可能认为 ArchiCAD 和 MiniCAD 是由同一家公司生产的客户来说，保持两家公司之间的明确区分是公平的。"

2000 年，Diehl Graphsoft 的 MiniCAD 被 Nemetschek 收购，改名为 Vectorworks。六年之后，Nemetschek 又收购了 Graphisoft，把 ArchiCAD 也纳入旗下。

Graphisoft 在加入 Nemetschek 之前，就已经开始拥抱 IFC 了。1997 年，它就发布了第一个基于文件交换的团队合作解决方案。究其技术原因，因为 IFC 的前身是慕尼黑技术大学从军方接手的 STEP，在同样背景下开发的 ArchiCAD 非常适合这个格式，直到今天，它对 IFC 的支持也是最好的。

而更深层次的原因来自于商业竞争。ArchiCAD 来到欧洲，发现自己在建筑设计领域的优势，不足以弥补它在其他专业的缺陷，所以它必须寻找盟友，通过一种更开放的中间格式和"友商"们结成对抗 Autodesk 的联盟。

所以，这家曾经坚持封闭的公司，在收购了 Graphisoft 之后，开始举起基于 IFC 的 OpenBIM 大旗，高喊"只有开放才能进步"的口号。2019 年 4 月，Nemetschek 买来的 Vectorworks 成为第一个获得 buildingSMART International（bSI）IFC4 出口认证的软件商。

我们今天讨论 Revit 对 IFC 支持不利的时候，却很少有人去想，.rvt 和.ifc 本质上是两种交付格式，没有任何的"宇宙法则"规定前者必须遵从于后者，也很少有人去想它们背后的商业竞争——高喊 OpenBIM 的 ArchiCAD、Vectorworks 和 Allplan，背后都是 Nemetschek。

事实上，就开发程度和普及程度来说，.rvt 和.ifc 在当前竞争中属于并驾齐驱的状态，IFC 是 RVT 最大的竞争对手，这场战争正在很多国家悄然进行，并且在一些国家，天平正在向 RVT 倾斜。

今天的 Autodesk 很少宣传它参与创造的 IAI 和 IFC，而是在全世界推行基于 RVT 格式的全套解决方案；IAI 更名为 buildingSMART 之后，很少谈及自己的早期出身，而是积极游说各国政府接受它的开放理念；Nemetschek 也对曾经的封闭理念绝口不谈，在欧洲的市场中悄悄做 OpenBIM 的幕后推手。

这既不是一个屠龙少年最终成为恶龙的故事，也不是"用开放拯救宇宙"的伟大梦想，一切都与道德无关，而只是商业博弈。

4. BIM 之父争夺战：Revit 后来居上的前前后后

尽管后来关于谁才是 BIM 之父有很多争论，但目前比较公认的说法，BIM 的诞生与 Autodesk 收购 Revit 有着直接关系。这背后也有一段有趣的故事，这要从半个世纪之前说起。

20 世纪 60 年代，计算机辅助设计（CAD）和计算机辅助制造（CAM）发展成两种独立的技术，没人会预想到这两种技术会在后面融合到一起，成为改变市场格局的力量。

1962 年，美国发明家道格拉斯·恩格尔巴特（Douglas C. Engelbart）写了一篇论文，题目是《增强人类智力》(*Augmenting Human Intellect*)，提出了对未来建筑师的设想，他在论文里写道：

建筑师输入一系列的规格和数据——6 英寸厚的楼板，8 英尺高、12 英寸厚的混凝土墙等。当他完成后，修改过的场景就会出现在屏幕上。建筑师检查它，调整这些数据。这些数据清单成为一个详细且相互关联的结构。

在本书的最后一个故事中，我们还会提到这位重要的大师，把两个故事串联到一起。

1975 年，查尔斯·伊士曼（Charles Eastman ）发表了一篇论文，描述了一种称为建筑物描述系统（BDS）的原型，论文中提到了很多思想，如从同一个模型获取平立剖图样，任何操作都能让所有视图一同更新，把建筑分解成许多对象并和数据库一一对应，用户可以随时查阅构件对应的属性信息，可以进行算量分析，这些思想基本上描述了我们现在所知道的 BIM，对后面诞生的产品产生了深远的影响。

在后来的 1977 年，查尔斯创建了一种交互设计的图形语言 GLIDE，展示了现代 BIM 平台大部分的特点。

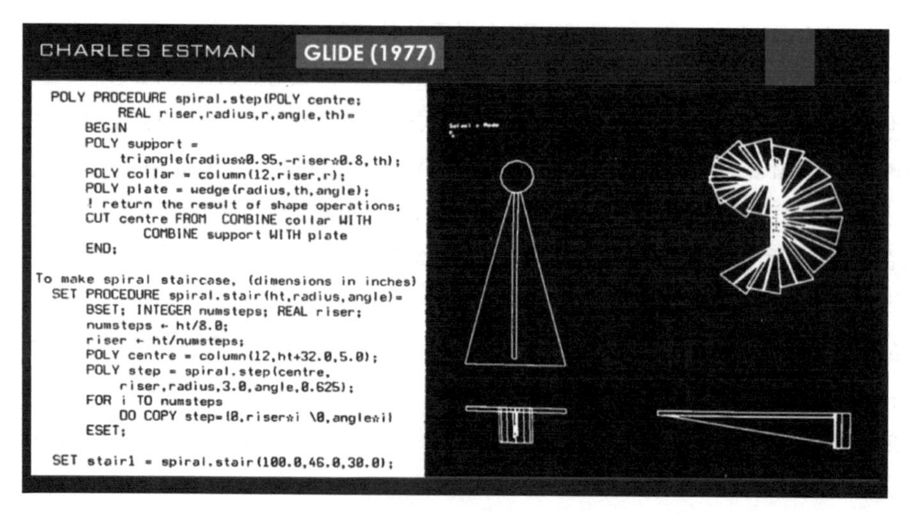

而在历史上留下浓重一笔的，是英国工程师约翰·戴维森（John Davison）和约翰·沃茨

（John Watts）的工作成果，这套系统在 1977 年就开始在世界上的几个国家销售，后来被用于伦敦希思罗机场的项目中，他们给自己的成果起了个霸气的名字：Really Universal Computer Aided Production System（真正的通用计算机辅助生产系统），这个缩写为 RUCAPS 的系统，给后来许多软件的开发带来了灵感，包括 ArchiCAD、Pro/E 和 Revit。

当时在 RUCAPS 任职的罗伯特·艾什（Robert Aish）写下了一篇论文，里面出现了建筑模型这个词，一些和 BIM 相关的理念，如三维建模、自动成图、参数化构件、施工进度模拟等都出现在论文中，后来这位罗伯特先后在 Intergraph、Bentley 和 Autodesk 任职。

1984—1988 年，仿佛是听到了起跑的枪声，受到查尔斯提出的 BDS 思想影响，各地都出现了一批不同方向探索的商业软件。

1984 年 Graphisoft 在苹果系统上发布 Radar CH，1987 年以 ArchiCAD 的名字发布了第一款可以在个人计算机上使用的 BIM 软件；同年，在 2000 公里之外，Tekla 完成了图形和数据库的融合。

1984 年，基思·本特利（Keith A. Bentley）和巴里·本特利（Barry J. Bentley）在美国宾夕法尼亚州成立了 Bentley 公司，并在 1986 年发布了基于 DOS 系统 的 MicroStation。

1985 年，俄罗斯数学家塞缪尔·盖斯伯格（Samuel P. Geisberg）在美国波士顿成立了美国参数技术公司（Parametric Technology Corporation，PTC），1988 年发布了 Pro/E，这款软件是首个用单一实体参数化模型描述整个项目的软件，很快获得巨大的市场成功，后来的 CATIA、SolidWorks、Inventor 都是它的后继者。

这些公司，都曾经声称自己是 BIM 之父，不过回到当时的文献，它们确实提出过类似的概念，确实不叫 BIM。RUCAPS 提出了“Building Modeling”，ArchiCAD 提出了“Virtual Building”，Bentley 提出的则是“Integrated Project Models”。BIM 还要再等十几年才被人提出来。

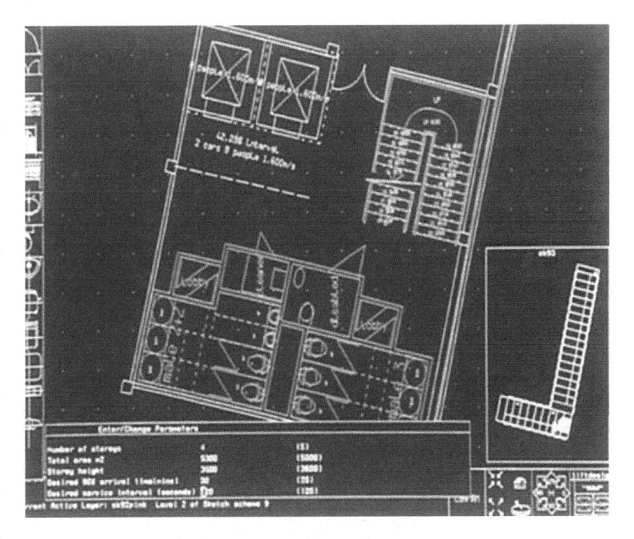

Sonata，Reflex 的前身

Revit 为什么要到十几年之后才出现？因为它的两位创始人这会儿还在 PTC 上班呢。

PTC 推出 Pro/E 之后，成为宝马、法拉利、丰田、现代等大型汽车企业的软件供应商，赚得盆满钵满。PTC 希望把计算机辅助制造（CAM）的成功复制到计算机辅助设计（CAD）领域，在建筑业抢占先机，于是在1996年以3200万美元收购了Reflex。这款软件的前身叫Sonata，也是在1985年被开发出来的。

可惜，PTC低估了开辟新市场的难度，也高估了Reflex的成熟度，一年之后，它把这个失败的作品卖了出去，算是放弃了建筑行业。

但是，PTC的两位顶级开发人员却觉得不甘心。当时，成立不久的SolidWorks在PTC公司大量挖人，仅仅用了3年时间就以3.5亿美元的价格把成果卖给了法国的Dassault公司，也就是CATIA软件的开发商。巨大的商业诱惑，让列昂尼德和欧文动了心思，1997年，他们从PTC离职，创立了Charles River Software，并开始研发Revit。

在Revit成功之后，当时被PTC抛弃的Reflex创始人Jonathan Ingram在一次公开演讲中声称，列昂尼德和欧文在离开PTC的时候，带走了Reflex的开发许可，而正是自己的成果激励了两位工程师在后来写出了Revit，俨然有争当BIM之父的意思。实际上，Jonathan Ingram写了一本书叫作*Understanding BIM*，在作者简介中写道，他被誉为BIM之父。

欧文·荣格里斯看了这场演讲之后非常生气，写了一篇文章反驳Jonathan。他说，在他们离开PTC之后，以继续为PTC提供咨询服务的条件，换取了Reflex的非独家开发许可，主要是用于投资谈判和版权方面的自我保护，而他们在编写Revit的时候，从来没有参考Reflex。两个产品之间有的那些相似之处，要么是行业的常规做法，要么是纯属巧合。

他还批评在PTC收购Reflex时，这款软件中移动一堵墙，所有的门窗都会留在原来的位置，而Pro/E在十几年前就能完成自动化跟随了。

实际上，Revit在产品理念上有浓厚的“机械设计感”，这正是因为它的体内有Pro/E的基因，不仅如此，他们还在1999年聘请了乔恩·赫希蒂克（Jon Hirschtick），他正是SolidWorks的创始人。同时，也因为它不是纯正的建筑软件，很多建筑师眼中的“坏毛病”也一直被保留到今天。

言归正传，和20世纪80年代那一批黑暗中摸索的创业者不同，列昂尼德和欧文拥有更多的后发优势：他们要继续延续查尔斯的BDS思想，要做到比ArchiCAD更全面的功能，要用图形界面代替编程界面来实现构件的参数化，前人思考过的问题和趟过的坑，都在他们面前形成清晰的答案，而汇集在他们身上的，则是RUCAPS、Reflex（Sonata）、Pro/E、SolidWorks等产品背后的丰富经验。

更幸运的是，比起十几年前的先驱，他们有性能更强的硬件设备作为基础。1993年英特尔发布奔腾处理器，微软推出了32位操作系统Windows NT，摩尔定律开始发挥可怕的能量，个人计算机的3D图形处理能力迎来了前所未有的春天。

2002年，Revit被Autodesk收购，列昂尼德和欧文完成了他们的小梦想，尽管售价比SolidWorks低了些，但5年时间卖了1.33亿美元，也是很不错的成绩了。

于是，接力棒被传到了Autodesk手中。历史聚集在此刻，所有的学术思想和技术探索，已经把球带到了禁区，只差最后的临门一脚，BIM 这个词终于要出现了。

进入新公司，Revit 面临的销售难题有两个，第一是外部问题，当时的大部分设计师已经习惯了用 2D 的方式来进行设计，对 3D 设计很难习惯；第二个问题则是来自内部，当时 Autodesk 内部已经有了一个类似的产品 Architectural Desktop，两个开发团队和两个销售团队，本来就是竞争的关系。

一个承载了那么多人技术探索的产品，必须通过一个大众更能理解和接受的理念，才能在“内忧外患”中找到突破口。

在 Revit 被 Autodesk 收购之前，亚历克斯·内豪斯（Alex Neihaus）时任公司市场副总裁，戴夫·莱蒙特（Dave Lemont）则是当时的 CEO。收购之后，二人也一起进入了 Autodesk。在一次销售例会上，戴夫在黑板上写下了用于说服公司和市场的三个单词：Building Information Modeling。

根据亚历克斯和戴夫的说法，他们在进行收购相关工作的时候，就已经独创了 BIM 这个术语，并没有借鉴他人的意见。他们后来把这件事讲给了杰里·莱瑟林（Jerry Laiserin）—— BIM 发展史上很重要的意见领袖，杰里在公开文章里写下了这段往事。

Building Information Modeling 显然很符合 Autodesk 公司的产品战略，就在此后不久，Autodesk 就发布了同名的白皮书。

白皮书里回顾了从 CAD 到 Building Information Modeling（这时候还没有用缩写）的探索之路，建筑信息模型的特点，以及它能给工程管理带来的好处，即便是今天拿来读，白皮书都是一份教科书级别的 BIM 宣传文案。当然，前文中所有其他公司的探索和成就都没有出现在白皮书里。

BIM 能被大众接受，除了这份重要的“官宣”，还有一位意见领袖——我们刚刚介绍过的杰里·莱瑟林功不可没。他是著名的建筑科技行业分析师，在哈佛大学和麻省理工学院等院校开设自己的讲座，有将近百万的行业粉丝，线下也有几万人参加了他的研讨会，妥妥的一位大网红。

2002 年 12 月，杰里在他的博客上发表了文章《比较苹果和橙子》（*Comparing Pommes and Naranjas*），一下子引爆了整个行业。

文章中写道：

比较法语里的苹果（Pommes）和西班牙语里的橙子（Naranjas）是很困难的，在建筑软件中也是一样，给不同对象标上不同的名字时，也会带来很大的困扰。如果连行业里的专家都会在图样的术语中难以达成一致，就不得不承认 CAD 有些过时了。为了表示近年来一些 CAD 程序越来越自动化，专家们提出了很多新的术语，而 Building Information Modeling 这个术语更清晰易懂，又有很强的通用性。

Autodesk 在过去几个月里用 BIM 来描述自己的行业战略，而 Bentley 作为 Autodesk 的竞争对手，则是坚持一体化项目建模（Integrated Proiect Modeling）这个术语，不过我成功说服了 Bentley，也把战略术语改成了 Building Information Modeling ，如此来说这个术语就已经覆盖了 80% 的市场份额，剩余的市场应该会产生多米诺骨牌效应。

杰里的预测很准确，就在这篇文章发布之后不久，Graphisoft、Nemetschek、Vectorworks 等厂商纷纷跟进，使用了 BIM 这个术语。紧跟着，Bentley 、Vectorworks 等厂商也都相继发布了自己的 BIM 白皮书，一个新的市场就这样被造出来了。

因为杰里的个人影响力巨大，也确实是他帮助厂商统一了口径，后来行业里普遍把他誉为 BIM 之父，维基百科也把他的这个身份写进了 BIM 词条里。

后来，杰里又写了一篇文章，谦虚地说：

虽然被一些热情的同辈贴上了 BIM 之父的标签，但我从来没有创造和发明 BIM 的概念，我自己倒是更愿意接受 BIM 教父这个绰号，教父只是一个孩子的监护人，却不是他的生父。

杰里在文章中详述了 30 多年来很多人对这个概念做出的贡献，并表示如果非要说谁是 BIM 之父，他更倾向于查尔斯，是他在 1975 年提出的“BDS”原型，1999 年提出了 Building Product Modeling（BPM），并一直致力于改进建筑、信息和模型的解决方案。

后来，这篇谦逊的文章作为序言，被写进了著名的 BIM 入门书《BIM 手册》（*BIM handbook*）第一版中。

有件事很值得注意，这篇文章中，杰里也写到了亚历克斯和戴夫的故事，他说二人是在 2010 年 3 月亲口告诉他，早在正式进入 Autodesk 之前，他们就独立创造了这个术语，而杰里曾经给 Revit 做了两年的咨询顾问，他了解这二人是真正的市场高手，所以完全相信他们所说的话。

不过杰里话锋一转，举了个例子来说明二人和 Autodesk 的关系：伊莱沙·格雷（Elisha Gray）在贝尔工作室独立发明了电话技术，但贝尔注册了专利，并成功地把它商业化，所以人们今天认为贝尔是电话的发明人，而伊莱沙只会出现在历史的注脚。

文章中的这一小段往事，《BIM 手册》第一版的序言中被“拿掉”了，到了这本书的第二版，整篇序言都换成了另外一篇，而杰里所写的这篇文章原文，也在整个互联网上消失了，只有中文版的译文在国内广为流传，背后的原因无从考证。

30 多年前，历史学家梅尔文提出了著名的“技术六定律”，其中有一条叫作“发明是需求之母”。

很多重要的发明在诞生之前，世界上是没有对它的需求的——人们需要的是更快的马车、更亮的煤油灯。对于绝大多数普通人而言，维持现状就挺好，只有少数的商人，才有强烈的欲望发明点什么东西出来，帮助他们在激烈的竞争中生存下去。

BIM，就是这样被“发明”出来的一个营销概念。

但回顾这段历史也会发现，它不是一个人、一家公司拍脑袋就能拍出来的，而是无数人一点一点探索积累下来的产物，当然，这背后是一个巨大的“蛋糕”，最强大的内驱力依然来自于商业。

5. 爆发与泡沫：自下而上的美国

无论是亚历克斯和戴夫，还是Autodesk，都曾经坦言自己在提出BIM理念的时候，只把它定义为装载建筑数据、进行协同的平台，没有想到它后来会承载那么多的含义。

当时的Autodesk总裁卡罗尔·巴茨（Carol Bartz）说，Revit收购进来，是作为一个“小众用户群的实验”，没有指望获得多大的利润。

然而，BIM这个词的出现，把行业里积累的大量需求点燃了。

首先行动的还是商人，美国几家最重要的开发商在术语层面达成一致，就开始寻找市场上最优质的客户，首先出现在他们视野中的是总务管理局（GSA），它是美国政府的一个独立机构，每年的采购预算有660亿美元，运营预算也超过200亿美元，是真正财大气粗的甲方。

2003年，Autodesk、Bentley和Graphisoft等公司都在发布白皮书之后，开始游说GSA，而这些公司提出的BIM理念也确实直击GSA的管理痛点。这一年，GSA被划归到美国国土安全部，并且在软件商的推动下提出了“国家3D-4D-BIM计划”。

计划提出，要利用BIM的可视化、协调、模拟和优化能力，让GSA更有效地满足设计、建造和资产管理需求，要求与GSA相关的大型项目使用BIM，对使用BIM技术的企业给予资金支持，并且计划与软件商、专业协会、研究机构合作，出版一系列的BIM指南。

这份计划，把BIM的高度提升到了管理层面，把广度扩大到施工、运营和学术领域。

后来，多家类似的机构依次被软件商说服，纷纷发布了文件，都提到了施工和运营中的BIM应用，但实际上，大家提出的都不是现实，而是愿景，这有点像是说：我们手里有1亿块砖头，那一定能盖一座直通月球的通天塔，至于怎么盖，咱们摸索着来。

另外一股不可小觑的力量来自于学术界，BIM出现之后，大量的期刊出版物、会议记录、研究报告、博士论文都瞄准了这个新的学术领域，不算边缘期刊和网文的内容，光是进入最权威的科学引文索引SCI的论文数量，就在2002年之后迅速攀升，几年内达到了数百份，并且一直持续上涨。

学术虽然属于“非盈利”的性质，但更多被引用的论文，会带来更大的学术地位，也就是更高的收入。实际上，搞学术比起搞商业，风险反倒是低很多，不必把真金白银投进去，尤其是BIM刚刚出现在行业里，似乎有无限的可能性，写出来的东西很难被证伪。

商、政、学三界合力出击，裹挟着人们对复杂项目的掌控欲和对信息技术的迷恋，BIM在它羽翼未丰的年纪，就忽然承载了太多人的梦想。而为了填满这个梦想，更多的需求被提出，更多的软件也就应运而生，这带来了从美国到欧洲市场持续十几年的软件大爆发。

与CAD时代相比，BIM时代的软件根据不同角色的需求，不再仅是CAD时代专注于计算机辅助设计衍生出了更多的分类，执行计划、内容管理、3D建模、性能分析、设计协同、模型检查、施工模拟、渲染VR、项目管理、设施管理等领域，都出现了一大批竞争的公司，很多原本与BIM无关的软件，也都来蹭一波东风。工程师和经理在不同的公司之间跳来跳去，公司在资本的推动下一次次并购和重组。

其中很值得一提的是管理类的软件，因为它们所承载的不仅是纯粹的IT技术，还有很多人们的管理愿景，而“管理”这件事，至今在任何领域都没有公认的标准。

Vico Office就是管理类软件的重要代表。这款软件的前身叫ArchiCAD Constructor，由Graphisoft公司在2005年发布。2007年，负责这个软件的工作组从Graphisoft分离出来，成立了Vico Software公司，产品也正式更名为Vico Office 。

2008年，全球爆发的经济危机倒逼了总包企业，让它们不得不在低谷期提高自己的管理效率。学术界也不再满足于3D模型加数据库的BIM格局，4D、5D的概念席卷而来。此后几年时间，针对企业的预算、项目分解和任务进度管理的Vico Office ，快速扩张起来。

公众号JoyBiM曾经这样讲述：Vico Office是严格遵循BIM所描述的完美体系而打造的，它建立了一个以数据为中心的概念，让BIM成为造价和进度管理的工具；它提出的MPS后来发展成为BIM理论的基石之一：LOD（Level of Detail）。

然而，因为Vico Office的管理体系设计得太过完美，甚至很多人学习用它不是在满足自己的要求，而根本就是在重新学习管理思路，这种超前让它打动了一批希望寻求管理变革的理想主义者，也决定了它对于很多人来说“不好用”。

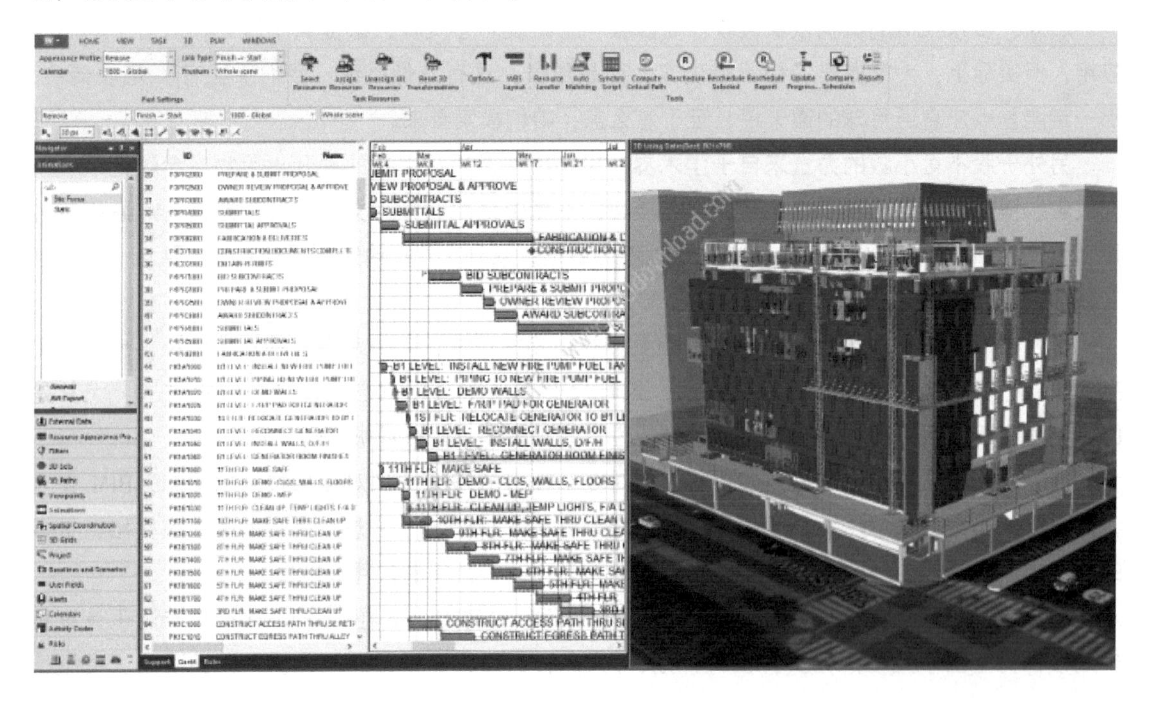

管理是与人打交道的艺术，而任何管理工具——无论是 PDCA、SWOT 还是 6W2H、WBS——往往都是汝之砒霜，彼之蜜糖。有时候那些对管理层越好用的工具，对基层来说就越不舒服。而 Vico Office 的创始团队又是非常坚定的 BIM 理想派，他们不愿意向基层用户妥协，对后者提出的 2D 算量等功能需求断然拒绝，认为那种过渡式的需求是开历史的倒车。

在收购了 Tekla、SketchUp 等公司之后，天宝（Trimble）于 2012 年宣布收购 Vico Office，完善它在 BIM 市场的布局。这对于 Vico 来说，或许是商业上的某种成功，但对于充满理想主义色彩的初创团队来说，是一个充满妥协的结局。

实际上，Vico Office 在被收购之后，确实开始向市场妥协，成了不用 BIM、不用 5D 也能实现项目管理的工具。而最初的创始人团队也相继离开，去重新创业或者加入大公司。

正如 JoyBiM 的文章标题一样，Vico Office 的历程，是美国 BIM 一个时代的缩影。市场经过了 Hype cycle 曲线快速膨胀的上升期，从 2008 年金融危机一直到 2015 年的快速发展期，而在 2016 年前后爬到顶点开始进入冷静期。

美国人开始反思，为什么 BIM 从提出到现在，诞生了无数的理论和标准，发展了无数的软件，为什么还是在搞 3D？为什么数据的应用、管理的应用还是这样混乱？

于是，一批失望的人选择离开，回归传统行业或是干脆改行，而选择坚守的人则是沉淀下来，重新思考一座通天塔的基座该如何打造。

他们开始讨论业主和总包的真实需求，开始讨论项目管理中的人性因素，开始讨论标准化工作流程和协同工作，而那些太过“空中楼阁”的 BIM 应用则被真正地束之高阁，自此，美国进入了 Hype cycle 曲线的理性爬坡期。

而在美国“BIM 大爆发”时代成长起来的一大批软件中，也有很多产品，像 5D 代表产品 Innovaya、QTO，协同平台产品 SmartBIM，还有一众的 VR 和 AR 产品，都逐渐消失在人们的视野里。

6. BIM 强制令：自上而下的英国

在美国人的反思中，有一个重要的议题：美国的自由市场，对 BIM 来说真的是好事吗？

2019 年，一篇《美国的 BIM：第一个实施 BIM 的国家在技术设施技术上落后了》的文章中，谈到了这样的观点：

在美国，尽管许多联邦部门和机构都制定了自己的标准，如 NIBS 的 NBIMS、AIA 的 BIM 指南、AGC 的 BIM 指南、bSa 的 BIM 标准等，但这些标准是行业自发，以独立的方式制定的，各机构之间没有关系，每个项目采用的方式都不一样，而数字建筑的进程则是完全扔给市场，用海量的资金去做试验。

美国的市场缺乏公共协调，让市场充分试错，而其他国家则是借鉴这些错误，采用那些经过了市场考验的技术，改进它们以适应当地的需要，同时又有强力的中央机构来规划协调整体的进程。

这篇文章中的“其他国家”，主要就是指英国。

在软件的研发数量方面，英国无疑是落后于美国的，但它在美国进入快速膨胀期的时候，却选择了一条完全不同的路线：自上而下的全局规划。

2011年，在政府首席建造顾问的建议下，英国发布了一份重要的文件，《政府建设战略2011》（*Government Construction Strategy 2011*），这份战略文件带出的一个历史事件就是著名的“BIM强制令”——到2016年，所有政府投资的项目全面应用BIM。

也正是在这一年，英国的National Building Specification启动了每年一次的《NBS国家BIM报告》，汇报行业进展，这份报告后来在全球广为流传。

同一年，英国政府正式成立了BIM Task Group，类似一个政府BIM推进办，集合了教育、商业、学术、法律、总承包、材料商等行业的一众精英，帮助各界企业在2016年达到BIM Level 2。

这里的BIM Level 2，来自于BIM Task Group制定的BIM成熟度模型，一共分为四个阶段，分别是纯2D图样信息交换的Level 0，2D和3D混合信息交换的Level 1，利用集成化3D模型、用协同工作方式交换信息的BIM Level 2，完全集成工作、具备智能基础的BIM Level 3。

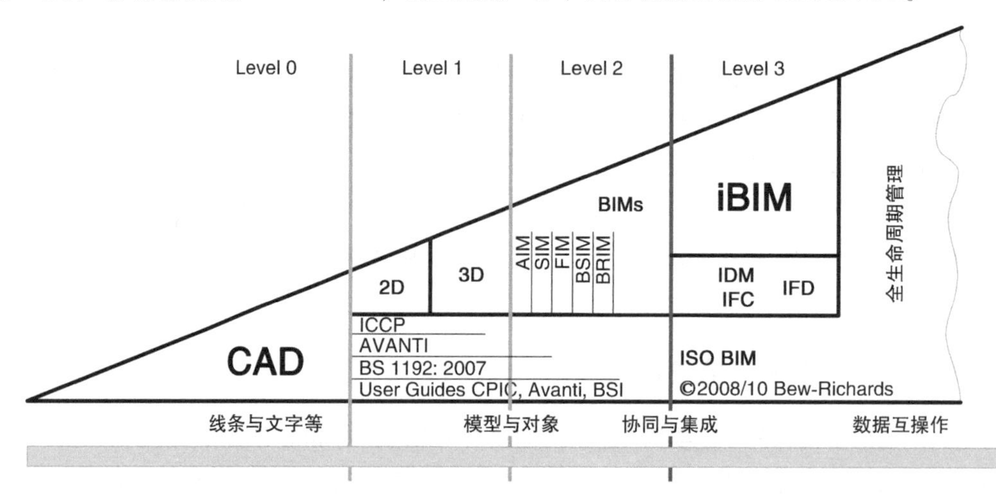

与美国“各自为政、多标准并行”的行业参考性标准不同，英国的BIM标准有很强的统一性。在强制推行BIM技术之后，以英国标准机构（British Standards Institution）为主，发布了一系列框架性的标准，主要围绕BS和PAS两个大系列展开。

BS系列标准主要包括协同设计标准BS 1192、数据基础标准BS 8541、设计管理标准BS 7000-4、信息交互标准BS 1192-4和运营标准BS 8536-1；PAS系列则是先后发布了施工阶段信息管理标准PAS 1192-2、运营阶段信息管理标准PAS 1192-3、模型数据安全标准PAS 1192-5和工程安全标准 PAS 1192-6。这些标准都是为实现政府的 BIM 规划、推进 BIM 成熟度发展而制定颁布的。

英国政府希望通过 BIM 达到的目标：降低 33% 的建筑成本，减少 50% 的建造时间，减少 50% 的温室气体排放，减少建材产品 50% 的贸易逆差。这个目标在每年的 NBS 国家 BIM 报告中都会被问及。

这样长远而宏大的目标，在普通的读者面前往往是无感的，在美国这样的商业环境中更是很难有什么共鸣，但这也恰恰是一个中央政府才有可能去计划和推进的事，这件事英国是认真的。

2016 年，也就是 BIM 强制令正式实施的那一年，民间组织英国 BIM 联盟（UK BIM Alliance）正式成立，接替原来的 BIM Task Group 继续推动 BIM Level 2 的实现，而原来的 BIM Task Group 则被并入到英国数字建设中心（CDBB），开始推进一个更大的国家级项目：数字建造不列颠（Digital Built Britain）。

数字建造不列颠提出了一个长期愿景，把数字技术引入环境建设（而不仅是工程建设）的全生命周期中，让数据的反馈和分析为政府的资产设计和规划提供更好的依据，从而带来更大的社会效益。BIM 在英国不是一个商业产物，而是为英国政府推进国家数字化服务的技术之一。

然而，在美国反思自己的时候，英国也有自己的反思。

2017 年到 2018 年，英国的民间组织开始思考，英国自 2016 年强制推行的 BIM Level 2，主要是在政府投资的项目，而民间还有大量建设项目，光靠政府的力量是远远不够的，要把数字化推进到民营企业，还是要靠市场的力量。而在商业土壤上，尤其是基础图形引擎的软件市场，英国是落后于美国的。

另外一件让英国民众担心的事是，机器人、AI 等新技术的发展速度，也许会远超过政府机构制定计划的速度，也有人呼吁政府应该更多地打开民间自下而上的探索通道，让听得到炮声的人去做决定。

7. 中国的启示：商业视角和本土化时代

马克·吐温说，历史不会重复，但总在押韵。

2004—2006 年，Revit 开始推向全球市场，中国开始有了 BIM 的声音。我们经历了美国式的软件大爆发和学术大跃进，也同样经历了痛苦的反思；我们经历了英国式的政府推进，也在宏观政策与自由市场中举棋不定。

我们把历史当作一面镜子，不是为了准确地预测未来，而是寻找历史的韵脚。

BIM 的发展历程，能给中国什么样的启示？

我认为，这段历史带来的最大启示，就是要让商业的问题回归商业。

BIM 在中国有着浓重的技术味道，甚至很多人说“BIM 就是一个技术”。但回看整个历史，我们会发现，它的本质是商业。背后是企业竞争、营销策略和学术捆绑，即便说它是技术，也是为商业服务的技术。

当我们用商业的视角去重新审视技术的时候，会打开一片新的视野，也会从很多牛角尖里钻出来。

比如人们经常问的那个大问题：BIM 的前景怎么样？我们先看看 Marketintellica 对 BIM 全球市场规模的总结和预测：

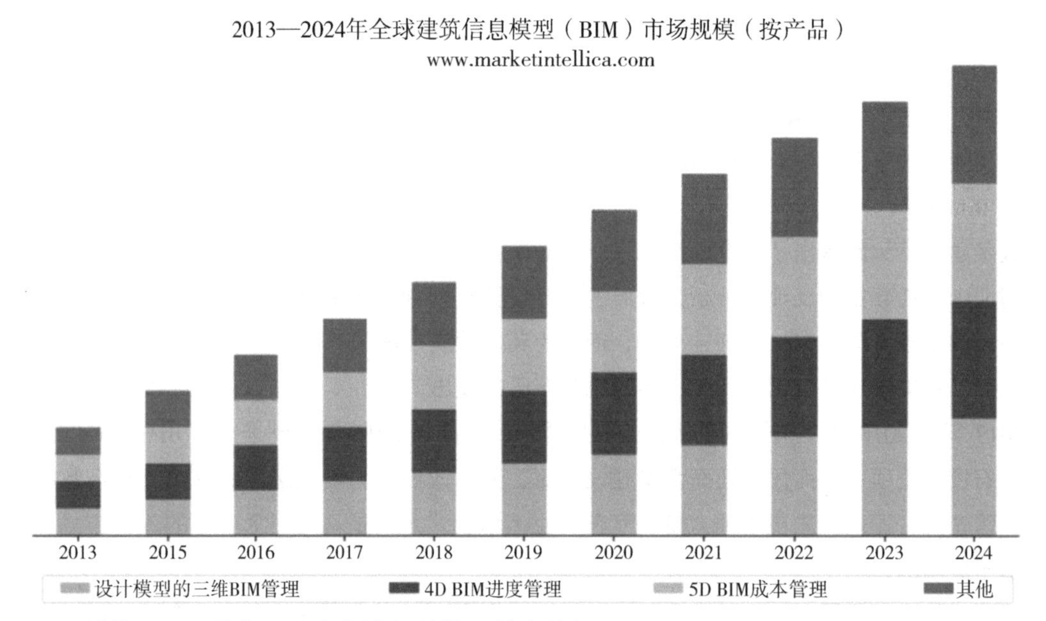

不看数值，只看趋势，四个字就能总结：越来越好。

但你会说，不对呀，前文所述美国和欧洲的斗争，以及美国的非理性期过后，不是有大批的软件商失败，大批的人黯然离场吗？

在远处看一个商业或者技术的发展曲线，会发现它一开始上升很缓慢，然后在过了某个节点之后快速上升，这种增长叫 J 型增长曲线。但如果放大了细看，这条快速上升的曲线是由一条条先是增长、然后趋于平直的小曲线组成，这种小的曲线叫 S 型增长曲线。

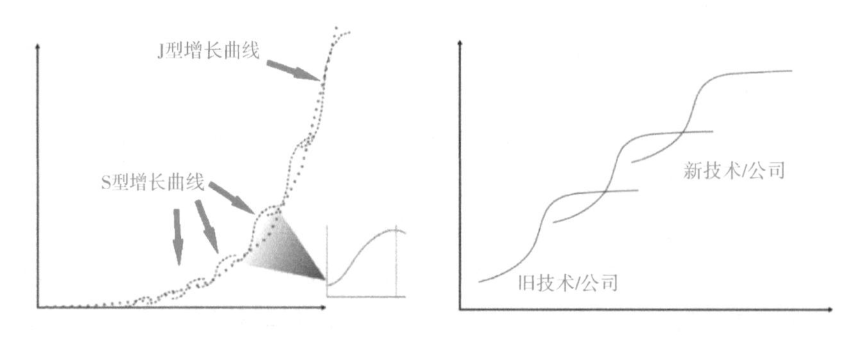

BIM的30年商战史，留给我们什么启发？

J型增长曲线就是代表某种符合社会需求的技术或者商业总体的增长趋势，而S型增长曲线则是代表具体的某一个公司、某一种分支技术。

管理大师理查德·福斯特在1986年提出了这个S型曲线的模型，他说：任何技术、公司和产业都一定会遭遇到S型曲线的增长极限，而一定会有另一个技术取代原来的技术，这种不可避免的发展趋势，叫不连续性。

而政策的作用，绝不是给任何一条S型曲线贴上免死金牌，而是加快J型曲线的成长斜率，让里面的每一条S型曲线成长得更快，也消失得更快。所以英国虽然整体走得很快，但具体的公司命运还是要还给市场去解决。

如果用这样的视角来看BIM的历史，就会看懂那些最终谢幕的人和公司，他们只不过是固守一种技术或商业模式，没有跨过自己那条不连续性曲线；而那些活下来的公司，Autodesk、Bentley、Nemetschek，都是在一条旧的曲线发展到尽头的时候，用新的技术或营销自我更新的公司。

对于个人也是一样，当想知道一个行业的未来好不好的时候，应该关注的不是那条J型曲线的斜率高不高，能不能靠一个技能躺着赚一辈子钱，而是要关注自己的S型曲线，尽快在非连续点到来之前实现自己的跨越。

中国市场作为一个迟来的玩家，也有很多自己的特殊性，这也是为什么历史不会在这里完全重演的原因。

我们的BIM政策不像英国那样集中，文件的强制性也没有那么强，各地区有一定的自由度，允许一部分地区走在前头去探路；但同时，我们集中力量办大事的能力远超英国。当我们说2060年实现碳中和的时候，这里面会有大量新兴产业的机会，当然也包括智能建造、智慧城市和一众的相关产业。

我们的市场里少有个人单机版的好软件、少有行业的好书、少有物美价廉的线上教学，只有ToB业务和基于互联网服务的企业能经营得好，这没什么对错，还是前面说的那句话：都是商业博弈。

中国的市场纵深极大，导致落后的公司关闭得慢、二线城市换三线还能继续经营一段时间，但反过来，因为我们的用户规模超级大、项目超级多，导致那些业务可复制的公司成长极快。所以我们经常会把国外的技术拿回来用，然后依托巨大的规模红利，再用模式创新杀回国外。

我们在新的十年又遇到了5G、物联网、大数据、人工智能的市场爆发，遇到了行业外更大的公司、更汹涌的资本和更强壮的“野蛮人”，遇到了芯片行业和图形引擎的内忧外患，遇到了城市造脑运动的庞大需求，这会带来无数的新机会，也会有更多非连续点出现。

这些因素，都让我们无法完全照搬国外的经验。本土化时代，我们只能向内找答案，在历史中翻找韵脚。

没有自由竞争的市场，美国无法出现那么多软件公司，也无法在试错中逐渐探索出一条务实的路，而没有政府的长远规划，也很难让逐利的企业合力去完成一个更长远的目标，该如何去平衡市场与政策，这也许是中国 BIM 下一个十年需要自我叩问的大问题。

第1章

从BIM到数字化的沉思

过去两年行业发生了很多变化，其中让我们感受明显的，是BIM技术逐渐与其他技术和方法融合，进入更广阔的领域发挥作用，例如数字化转型、智能建造等，这其中既有人和企业的行动，也有政策的推动。

新的变化带来新的迷茫，也带来了新的思考。本章的主要内容是对这些变化的沉思，有些来自我们自己，有些则来自行业里朋友的对谈、写作记录。

BIM到数字化，是棍子与碗的区别

日本设计大师原研哉说过这么一句话：我们使用的东西只有两件“碗”和“棍子”。

什么意思呢？

“碗”是指那些用来承载其他东西的工具，比如冰箱、书籍；“棍子”是指用来作用于其他东西的工具，比如弓箭、锅铲。

原研哉是说，各种各样的工具，都逃不出这么两个范畴：要么是用来收集一些东西，要么是用来延长我们的身体。其实这在中文里也有对应的意向，中文这两个字“器具”，“器”指的就是“碗”，“具”指的就是棍子。

本节就围绕着这两个词语展开。在工程数字化这个领域，大家讨论起事情来，往往关注的工具甚至是思维方式，都有很大的差别，大家思考的差别，就是这个“器”和“具”的差别。

1. 棍子：人的延伸

先说说这个“具”，我把它总结为“人的延伸”。

记得我刚工作那会儿，在一家外企上班，开的还是一辆小破车，车前面没有导航，就买了一个导航仪，用吸盘吸在前玻璃上。当时我的直属领导自己不开车，我俩一起出去办事的时候，就由我负责开车接他。

车上那个破导航仪经常死机或者搜不到信号，导航仪一坏，我就找不到路，领导就特别生气。我都记不清楚多少次被他数落这句话：“记路是司机的基本素养！”

确实，那个时代，我不是一个好司机，也确实没有这个素养。打车的时候，好的出租车司机最牛的地方，就是你随便说一个地名，他就能三拐两拐把你送过去，还能把容易堵车的路给绕过去。

十几年时间过去，曾经难用无比的导航仪，已经成为每个人手机里必备的软件，你现在出门打个专车，“好司机”的基本素养也不再是记路了。时代变化真的很快，曾经需要几十年训练出来的核心技能，现在已经变得无足轻重了。

更值得思考的是，改变一个行业的不仅是导航这么一项技术，背后还有5G、移动支付、LBS服务，甚至老百姓都叫不上名字的无数技术。

每次想到这件事，我都不禁觉得，在现有的技术框架下去预测未来，这件事有多难。

举个例子，如果你是 2015 年的方便面厂商老板，生意干得还不错，你应该担心什么？担心同行研发新的口味，还是担心那些卖饮料的跨界来“打劫”？2018 年，康师傅股价下跌，究其背后的原因，是近三年中国方便面市场年销量的猛跌。

那这个损失是谁带来的？不是方便面同行、不是卖饮料的，那些方便面的生意，被外卖行业给抢走了。技术没出现的时候，怎么去预测未来？

有这么一个人群，他们是围绕着电子商务新生出来的一系列职业，包括直播主播、运营、快递小哥、网络推广、网店模特等，目前的数据有 5125 万人，这批人从事的职业都是最近几年时间突然冒出来的，以前没有这些职业，未来可能也不会有。

你看，刻章的、打字员、电报员、制图员、租碟的、冲底片的、电话接线员、修钢笔的，这些职业要么正在消失，要么已经消失了。

不拥抱新技术的人都会过得不好吗？并不是。我以前的那位坚持不喜欢导航的领导，人家到今天可过得好着呢！我想说的是，那些随着时间变化，过得越来越不好的，是那些“坐在技术上”的人。他们和技术的关系，不是用技术来武装自己，而是把某一项技术作为栖身的居所。这跟守旧不守旧没啥关系。

反过来说，即便是那些拥抱新技术的人里面，也一样有很多过得不好的。

这两年一个词很流行，叫“内卷”。

前几天我看到视频号里有一家公司，做了楼宇运维的可视化。那个成果做得特别精细，点一下每层楼都能拆开，再点一下屋里的桌子椅子都能飞起来，已经特别像一款 3A 游戏了。你说这个花的工夫多不多？肯定多；你说它能给运维创造多少新的价值？我觉得并没有多少。

但有人做出来这个东西，其他人就也得做得特别精细，这就是内卷。而这些活在内卷里的人，被逼着做很多自己都知道没有价值的努力，其实过得不开心。所以我觉得，一个人、一家企业，能在技术这条路上走多远，并不取决于他是不是拥抱新技术，而是看他是“坐在”技术上，还是把技术拿在手里用。

举个例子，对设计师来说，技术的更新换代到底意味着什么呢？

现在，请你闭上眼，想象一只长颈鹿的样子，是不是完全能想起来？好，下面拿出一支笔，试着把它画下来。一提笔你就发现，它的花色是什么样子的？耳朵长在哪里？眼睛什么形状？是不是都画不出来了？

我们总以为所谓设计就是脑子里已经有一个清晰的想象，然后用图样表达出来就完了。但对于绝大多数人来说，脑子里既没有那个清晰的想象，也没办法顺利表达。

不熟悉设计的人认为绘画只是用来交流和表达，但绘画实际上是一种探索。你以为你看到了建筑、理解了建筑，其实你了解的并不是那栋建筑的样子，只有在画它的过程中，才能真正看到它。

那么，用BIM就不只是要画一个长颈鹿了，而是要进一步画出它内部的骨骼、肌肉，要知道这只长颈鹿是如何“运作”起来的。

数据和模型不仅用于三维可视化，而且具有查询功能，如将朝南的玻璃与内部暴露的热质量相比较。设计师需要有一定的专业知识来提出恰当的问题，并能够理解答案。这并不意味着设计师是在黑暗中摸索，这位设计师是在要求设计软件揭示一些建筑中潜在的问题。

说到这儿，你知道设计与技术的关系了，当然也就知道为什么很多设计师会反对BIM了。因为对他们来说，二维的技术反过来决定了他们认为的工作边界：他们不需要知道长颈鹿具体长什么样子，更不需要知道它内部的结构，大多数的设计，只需要放一个形状在图纸上，然后加一个标注——“这儿有一只长颈鹿”。

在这儿我们不批评这种现象，因为它背后是设计师群体实实在在的抉择：是保持出图量保证生存，还是提升自己去思考更远的事情，这并不是一个很容易回答的问题。

所以表面上看大家都是做设计，只是对不同的工具选择有偏好；而实际上背后深层的原因是，技术会反过来影响一个人对设计工作本身的理解。

马克斯·韦伯说：“人们认为身外之物只是披在肩上的随时可以丢掉的斗篷，然而这斗篷却注定变成一只钢铁的牢笼。”很多人以为思想是独立于技术的，但事实上，当我们说“联系某人”“画图”“开个会”“百度一下”等这些词的时候，思想本身时时刻刻都在被外来的技术所塑造。

我们这几年有幸采访了很多优秀的设计师，他们对BIM的用法观点很不一样，他们没有被专家和软件厂商定义的BIM所局限，而是根据自己工作的需求，去选择不同的技术和工具，如用来和甲方交流的工具。

2. 碗：把什么东西装进来？

说完了第一部分，器具的“具”，也就是原研哉说的“棍子”，我们再来说说这个“器”，也就是“碗”。

三年前，有一位来自天津的设计师问了我个问题：“我们为啥要花那么大精力探索技术，等别人都探索完了，知道了什么好用什么不好用，我们直接学过来，不是更省成本吗？”

说实话，当时这个问题我答不上来。

三年时间里，我拜访了很多的公司，逐渐找到了答案：在面对BIM这类新技术的时候，“棍子”和“碗”用来解决两种不同的问题，虽然有关联，但本质上它们是两种思维模式，两套解决方案，不能混为一谈。而这位朋友提出的问题，是关于“棍子”的。

先来说说这个碗。我们要通过新技术，把什么东西装进来？

这里我们要说的“碗”的第一个作用，就是通过把问题集中到一起，把系统的不确定性放到碗里，统一消解。

再来说碗的第二个作用。

现在的 BIM、平台、数字化转型。它们是把标准、流程、构件库、施工方法等知识都写到了软件里，本质上就是把原本在“老法师”手里分散的知识集中管理，做到“人可以走，但知识要留下”。

最后，“碗”的第三个作用，是把数据收集起来。

不要把数据神话，数据哪里都有，如果它们不能成为在线的、格式统一的、结构化的、可以被计算和分发的数据，它们的价值就是 0。而当一个系统能把这种没有价值的数据提炼出来变成一种智能，这种智能才是财富，而它极低的复制成本会带来高额的回报。

那建筑行业目前有哪些数据可以复制呢？如写进软件的标准化工作流、软件研发成果、某个项目积累下来的构件库和服务流程，都可以成为可复制的东西，在后面的项目中降本增效，甚至干脆本身就能卖钱。

好，前面说了三个点，把问题集中处理、实现去人化、在数据垃圾里淘金，我认为这三个点就是今天的企业“数字化转型”的核心问题。我相信，未来的主流一定是问题在云端解决、知识被自动传承、价值被数据变现。

现在，让我们再回到三年前，那位设计师问我的问题：为什么我们不等人家探索完，再把成果拿过来？

我的答案是，“棍子”的思维模型解答不了“碗”的问题。

假如你看到一家公司，已经用数据解决问题并且带来实际收益，现在你想去学习一下，人家请你来参观。你走进这家公司，能看到什么？

以前我们参观成功的公司，能看到人家的工厂有多大，安排多少名工人，买了什么样的机械，参观回来可以有样学样；而现在，你走进一家 IT 公司，或者有 IT 属性的公司，只能看到一群年轻人，每个人都坐在计算机前敲键盘。

你可以问问他们用的是什么软件，别人可能会告诉你，但公司系统里存着的那些数据和流程，你可是看不到的。那些东西在云端，看不见也摸不着。

当我们用“棍子”的思维去看人家的“碗”，只能看到外面的陶瓷，碗里面装着的东西，人家不会给，我们也看不到。

《2011—2015 年建筑业信息化发展纲要》里面就写道：“高度重视信息化对建筑业发展的推动作用，……，进一步加强建筑企业信息化建设”，而《2016—2020 年建筑业信息化发展纲要》口吻变得更急迫：“加快推动信息技术与建筑业发展深度融合，充分发挥信息化的引领和支撑作用”。

再来看看应用层的政策条文，《2011—2015 年建筑业信息化发展纲要》写道：“加快推广 BIM、协同设计、移动通讯、无线射频、虚拟现实、4D 项目管理等技术在勘察设计、施工和工程项目管理中的应用”，到了《2016—2020 年建筑业信息化发展纲要》变成了“深度融合 BIM、大数据、智能化、移动通讯、云计算等信息技术，实现 BIM 与企业管理信息系统的一体化应用”。

读到这里，有没有看出“棍子”和“碗”的区别来？

是的，过去十几年间，从单点的 BIM 到数字化，就是技术从“棍子”到“碗”的迭代。

数字化和信息化有什么差别？数字化转型转什么？

本节我们尝试探讨一个比较大的话题，数字化与数字化转型。

最近这两年，数字化转型这个话题很热，大家都在说，但似乎也没人能彻底说清楚，很大程度上因为“数字化”不是一个描述性的概念，而是一个叙事性的概念。

什么叫描述性的概念？如太阳、绿色，这些概念大家基本不会有什么理解上的偏差，也不会有什么争论。而叙事性的概念就是讲故事，一个故事可能要几千个字才能说清楚，那能不能把这几千个字浓缩成一个概念？

如元宇宙，涉及一大堆的技术和商业构想，像是区块链、NFT、VR、Meta，这么多故事说起来太麻烦，那就用三个字来指代这个故事。

叙事性的概念有两个比较大的问题，第一是因为故事很长，很多人没有听全，理解就会出现偏差；第二是谁都可以讲不同的故事，哪个版本的故事更权威，可争论的地方就太多了。

不过绝大多数叙事性的概念，都会随着时间的流逝，慢慢变成描述性的概念，这其实就是绝大多数人统一共识的过程。古人看到一棵树，两棵树，100 棵树，都是这么个颜色，慢慢大家就产生了共识，管这类颜色叫绿色，当然也肯定有人非指着一棵树说：“不行不行，我就非说这个颜色叫红色”，你说他就错了吗？也不是，只不过他人微言轻，抵挡不了绝大多数人的共识而已。

关于数字化转型这个大话题，我想挑出来讲的，就是我们看到的、听到的、正在从叙事性概念向描述性概念转变，正在形成共识的东西。形成共识的过程中还是有不同的声音，但达成统一意见的人数已经呈现了压倒性的趋势。

1. 数字化与信息化

要把数字化说清楚，得请来一位它的好朋友——信息化，通过和它对比，你能更深刻地理解数字化到底是什么。

首先，数字化和信息化有很多地方是很相似的，如二者都是基于计算机技术，去建立一个或者多个系统，来收集、分析和处理数据。

那这二者又有什么区别？可以先思考几个场景：

➤现在很流行的数字大屏，是信息化还是数字化？

➤企业用的 ERP 软件，是信息化还是数字化？

➤设计师在一个平台上，用同一个模型实现协同设计，是信息化还是数字化？

接下来要说的，是这二者在两个维度上的差别。

第一个维度，是人的差别：技术到底是服务于谁？

直白一点理解，凡是提升了管理效率、降低了决策难度，类似这样的描述，说的都是信息化。

信息化是一种效率更高的管理手段，它是把很多细碎的信息聚拢到一起，呈现给决策者，帮助他们更好地看到原来看不到的全局视角。这里面的技术重点，是数据怎样记录、怎样汇总、怎样管控。

如城市交通管理中心，都有一个大屏幕，监控整个城市的交通状况，决策者坐在总控室来做各种调控决策，这就是信息化场景。原本决策者不可能知道全局的信息，现在汇集到一起可以知道了，就能更快做出决策。

但是它不是数字化。数字化不是多数人贡献数据、给少数决策者服务的过程，它是多数人给多数人服务的过程。

如原来手机上的导航软件，把从哪里去哪里这个复杂的信息，变成一条引导使用者去目的地的路线，这时候使用者是那个少数人，背后是收集各种数据的软件开发工程师，最终这些复杂的数据变成几条路线让使用者选，这个还是信息化。

那怎么才算数字化？就是系统根据每辆车行驶的车速自动统计出这条路堵不堵，然后告诉使用者，前方要绕行，换另外一条路，这个把别人知道的知识自动地拿出来，直接指导使用者的行为的模式，才叫数字化。

一个智慧城市模型，汇集了上千万条数据，帮助城市管理者更好地治理城市，这是信息化；一位设计师，在设计城市排水项目的时候，可以方便地在城市管理中心调取需要知道的容易被淹的地方的数据，帮助他快速实现设计和分析，这是数字化。

信息化服务于管理，数字化服务于业务；信息化的成果给决策者，数字化的成果给执行者；信息化是把信息汇总到一起，还是信息；数字化是把别人的知识，变成你的知识。

说完人这个维度的差别，再来说说事情这个维度的差别：是让原来的事情做得更好，还是做一件新的事情。

数字化转型成功不成功，要看是不是开辟了一个新业态。

举个例子，以前考试，老师要手动出题、手动批改卷子。后来日积月累，老师们攒了很多题目，再一个个题目复制粘贴就很不方便了，于是就有人开发了教学系统平台来统一管理题目，统一批改得分，出试题、批分数这个事情的效率提高了，但本质没变，这就是信息化。

如果有这么一家公司，可以综合分析每个学生对不同科目的成绩，分析他是完形填空更薄弱还是命题作文更薄弱，给每一位学生自动定制不同的学习方案和练习题，还得能显著提高学生的成绩，家长愿意为此买单，那这个就是数字化。

一家设计院，通过BIM、VR、云协作平台，让出图效率更高、质量更好，无论到什么地步，都是信息化；而如果能做数字孪生移交，能为特定项目提供自然环境治理、租赁分析、金融测算等新服务，从而让业主在传统设计费之外再支付一笔费用，这个才是数字化。

信息化是把业务汇总成数据，通过数据打通业务信息传递；数字化是以数据为核心去驱动业务，甚至去开辟新业务。信息化是对内提升管理效率，数字化是对外重构商业模式。

基于以上两个大方向的分类，还可以推演出一些区别。

如数字化因为数据需要从零到整再到零，所以它必须重度依赖互联网，而信息化可以是局域网，甚至可以是单机软件来完成；信息化需要的是简单的信息，可以通过政策要求别人提交，或者可以付钱购买，而数字化需要别人的知识，这个花钱买不来，所以要通过算法去识别他人的行为，甚至要用物联网去采集别人的行为数据，如外卖员走了近路，可不会告诉同事，同事得通过头盔里的GPS模块采集到这条近路。

这么一听，你可能会有种感觉，信息化好像有点过时了，数字化才是未来，那能不能跳过信息化，直接去搞数字化？

答案是不行。

下面讲下我是怎么发现信息化不能跳过去的。

2. 为什么不能跳过信息化阶段？

这两年，行业里著名的软件公司广联达，从企业文化到管理模式，全面向华为学习，也把数字化转型当成一件非常重要的事情来办。公司内部要求把华为的数字化转型作为重点课程来学习，还要组织研讨会，结合各部门工作提交数字化转型方案。

总的来说，广联达把数字化落地，有这么三个关键词。

关键词1：全量全要素

全量，就是数量上足够全，覆盖所有业务对象；全要素，就是单个的业务对象的全部属性齐全。

如给客户做了一款产品，以前主要看三个数据，分别是产值、客户满意度和应用率。而推进数字化转型之后，这几个要素就不够了，还得参考更多要素，如客户用了哪些功能、使用路径是怎样的、哪些功能被跳过了等，只有把这些要素数据都连进来，才能找到影响业务的核心指标。

基于新的评估体系，广联达可以快速定位产品的问题到底出在哪儿，在客户之前发现问题，然后反过来推动公司的研发、营销、服务等不同部门行动起来。

关键词2：瞄准一线作战部队的需求

一线作战部队中最重要的就是销售部门，而数据整理和报表分析，大大拉低了销售人员的工作效率。随着数据量越来越大，原来用Excel填报表的老办法就存在分析维度少、准确度不足等问题。

广联达开发了一套低代码报表系统，里面有各个部门自建的一千多张报表，销售人员通过拖拽标准化的数据模块，就能自助生成当季报表。原先一次季度经营分析，需要3个人花3天时间才能完成，现在只需要1人1天。

关键词3：数字化转型必须一把手干

用户价值图、业务演进图和公司架构生长图，这三张图只有部门的一把手脑子里有，其他人没有。

广联达以前造价业务的数字化转型工作，是交给事业群下面的数据中台部门来做。而现在，作为造价部门的一把手，应该自己先思考造价数字化的顶层设计应该是什么样，想清楚要通过数字化解决什么问题，是引入外部力量还是增加一个部门，是不是需要推行新的组织制度、采购新的工具等。

在我看来，这三个关键词都是数字化转型很重要的思维转变点，但是，广联达的客户能不能把这套思路直接拿来用呢？

答案是尽管广联达的商业定位，不仅是自己要数字化转型，还要推动整个工程行业实现数字化转型，但其经验是不能直接搬到客户身上用的。

首先，浅层的原因是广联达和它的客户不是同行，它主要的业务是卖软件，第一个关键词“全量全要素”，就比较好实现。

不过如果只拿一句“不是同行”来概括，似乎就什么都没法学了，广联达学华为，也不是同行，不能简单地说，行业决定数字化转型的难度。

更深的原因在于之所以很多企业没法直接照搬数字化转型经验，是因为这些企业还没有做好信息化的基础工作，数字化转型这个事，还急不得。

这里有两个层面的原因。

首先是技术层面。

一家公司的产品或者服务，如果要变成数字化，就得先在线化，数据要通过线上统一到一个平台，才可以根据权限分发给所有人。那如果数据都还在单机，或者分属于不同的分支网络、不同的软件，那这就属于信息化的范畴，没办法搞数字化。

数据得先打通，才可能进一步实现业务生产数据，数据再反过来驱动业务的闭环。

很多企业的真实情况是，还并不具备将产品或服务在线化的能力。如一家施工单位所有的图样、表单和现场记录，已经搬到了计算机里，但它们彼此的格式是独立的、分管部门是独立的，设计人员修改了图样上的一条信息，得给财务部门写一份文件，这条信息才会被对方手动更新到相关的财务表格里，也就是数据没打通。

那你说，就为了搞数字化，把数据都统一到一起，不就得了？这是个好的设想，但能这么干的企业，得特别有资金投入，还得有非常大的决心。简单来说，就是技术实现的难度，远超于它能带来的短期价值。

这就来到了第二个层面的原因，人的原因。

为什么信息化不能一步到位，解决全量全要素的数据需求？因为买一个软件也好，自己研发一个平台也好，总得有人买单、有人用才行。信息化有它特有的场景，如领导要全面了解企业的运作情况，那他就要下命令，该买软件买软件，该请人就请人，做出来的东西自然是优先满足领导这个特定需求的。那在这个场景里，绝大多数数据，要自下而上能汇总到领导那里，呈现出一个可视化的结果才行。

而数字化转型，要让所有人的知识能服务于所有人，要让企业做一件以前没做过的事，就得先把这些数据都打通，而且是同时打通。如果连领导全面了解企业的运作情况，所需要的自下而上的数据都没打通，那各部门之间的数据打通，最直接的问题就是，这个事谁来办？

很多公司在开会解决这方面问题的时候，如果研究的是信息化，那分工是比较明确的，谁该开发什么工具，谁该开放什么数据，谁该修改什么流程，最终都能责任到人。而如果研究的是数字化，那就麻烦了，大家畅想未来头头是道，可最后到底哪个部门该做什么事，就落实不下来，毕竟其他部门也都没把数据给准备好。

数字化，人的不确定性要远高于信息化，所以一家企业要搞数字化转型，不是花钱把软件买来了，请一家顾问公司改造一下管理模式就行了。

数字化无论在技术层面，还是人的层面，都需要一家企业深厚的内功，这个内功必须是在信息化这个有明确目标的建设过程中，一点点修炼出来。这个过程，还真绕不过去。

看清自己的企业处于哪个阶段，步子别迈太大，是一件特别重要的事。

从信息化到数字化，一共有三个方面的转变，可以参考一下：

一是在技术架构上，实现从信息技术（IT）到数字技术（DT）转变。

信息化改造是基于传统架构+桌面端；数字化转型是云网段+IoT等为代表的新技术群落。

二是在需求特征上，实现从面对确定性需求到不确定性需求转变。

信息化改造时代，无论是企业资源管理（ERP）还是顾客关系管理（CRM）都是基于规模化的确定性需求；数字化转型时代，客户需求、市场竞争环境快速变化，不确定性增强。

三是在核心诉求上，实现从提升效率到支撑创新转变。

以前企业引进企业资源管理（ERP），是为了提高生产效率和管理效率。数字化转型是为了在面对不确定性需求时，支撑企业的业务创新、组织创新，思路要从围绕领导转，到围绕客户转。

3. 两个思考：山与战略

关于信息化和数字化，我还有这么两个思考。

第一个思考是：他山之石，真的很难拿来攻玉。

我们前面说，从信息化到数字化，要从原来的“围着领导的需求转”，转变成“围绕着客户的业务转”。乍一听，客户就是上帝，这不是一句每家公司都会去讲的话吗？

但如果结合数字化就是创造新的业态，开辟新的业务边界，你就会明白，这里说的围绕着客户转，不是说让客户高兴了就好，要去发现客户的新需求，甚至是客户自己都还不知道的需求，把这个需求做成价值，这个价值才是新业态。

如果一个需求连用户自己都不知道，那你凭什么能知道？就得靠数据去挖掘，用户凭什么把数据给你？就得靠数字化把数据采集回来。

举个例子，前段时间工信部宣布了一批国家级专精特新重点“小巨人”企业，其中有这么一家做压缩机代理起家的公司，叫葆德科技，被树立了数字化转型的典范，这家公司数字化转型的起点，就是在卖给客户的压缩机上，加装了一个小小的传感器。

2008年该公司有3000多家企业用户，每台设备一坏，拖累的就是客户一整条生产线的速度，这就让客户抱怨很多，客服压力也很大。后来该公司就在压缩机上安装了小型的预警设备，通过自建的网络把数据发送回来，在客户还没有发现问题之前就去解决。

后来到了2015年，国家供给侧改革来了，环保节能成为工厂的一个大主流，该公司一边卖压缩机，一边把节能环保的数据服务送给用户，让他们直观地看到节能变化的发生。

到现在葆德科技已经从卖产品转变为卖服务，不仅可以根据工厂生产线的繁忙情况，动态调节压缩机工作，避免空转浪费，而且还把经过一系列节能优化、价值上百万元的设备和服务免费送给客户用，只赚成本节约的佣金，帮客户零成本地实现双赢。

这么一说，好像挺通的，而且“围绕客户转、发掘新业态”，也是前文讲数字化转型定义的时候，就反复强调的一个概念。那为什么很多公司绕了很大的一个圈子，才能走到这一步？为什么很多公司到今天也走不到这一步？

这一点，就是我的第一个思考：他山之石，不一定可以攻玉。

数字化正从叙事性概念逐渐向描述性概念过渡，它都有哪些特点，要做哪些事，要在人们逐渐摸索、逐渐互相分享中，慢慢形成共识。每个公司在做数字化转型探索的时候，都有自己特定的限制条件和能力边界，必须要自己逐渐探索出这么一套标准。

数字化转型，没有什么特别大的秘密，你去问人家，人家也不会藏着掖着不告诉你，但里面的很多事，要一家企业自己去经历选择和取舍，才能最终确定边界在哪儿。

那么一开始出发去做选择的时候，抓手是什么呢？这就来到了第二个思考：数字化到底服务于什么样的战略？

有位朋友告诉我，他们公司的数字化转型业务做得不错，于是有一家很大的公司，派人来和他们交流，获取经验。对方来的人问他们都用了什么技术？配了怎样的管理方式？一开始双方聊得还挺不错的，可是越聊越不对劲，对方来的是 IT 部门的人，但问到很多具体的企业发展思路，对方回答不上来。

后来，我的这位朋友就问对方公司通过数字化转型要达到怎样的战略目标。对方一愣，说了几个比较虚的词儿，什么连接、共赢之类的。这边就说问的不是这些，而是那些在商业上非常具体的目标。如要在整个赛道做到价格最低？还是速度最快？还是用户量最大？

这么一问，那边想了想说，公司可能有公司的战略，但领导给他们这个部门的任务，就是去搞公司的数字化转型，至于企业未来几年的商业战略，好像跟数字化这个事没有直接的关系。

这就到了问题的点子上了。说白了，要先知道为什么做数字化，再定义什么是数字化，最后再谈怎么做。

搞数字化之前，一家企业要明确自己做这件事的目标，再由专门的部门，去海量的工具和数据里面挑出来自己能用的那一部分。数字化是服务于战略的，不能让一个 IT 部门去制定整个企业的所谓“数字化战略”。

数字化并不是只有大公司才能搞，一家小公司也可能把数字化搞得风生水起，关键就是要做到以下两点：

第一，有明确的商业目标，企业要去开辟一块什么类型的新市场，未来希望建立的行业壁垒是什么，这个目标不怕小，就怕不具体，得由一把手定出来。

第二，执行目标的过程中，要明确自己的能力边界，通过优先级的排列，找出哪些指标是直指企业这个核心目标的，其他不重要的指标就排在后边，要在前进的过程中利用这个指标，给自己实时的反馈。

我相信再过上几年，行业里数字化转型成功的案例会越来越多，咱们不妨去抄作业，但抄作业之前，这两点一定要想清楚，再去看应用点和技术路线。

而看别人的目标的时候，如果听到的话特别简单，别急着嗤之以鼻，想一想，自己的团队是不是还没有经历那个“看山不是山”的阶段？

4. “咬文嚼字”的补充

在写关于数字化内容的过程中，一位来自南京叫“+7”的朋友，给我们提供了一些很重要的补充知识。

他先是看到一篇文章，里面说“数字化是信息化的更初级的模式”。这正好和我们说的相反。

后来，他在网上找到了一篇文章，题目是 *Digitization vs. digitalization：Differences，definitions and examples*，翻译过来是《数字化与数字化，差异、定义与案例》。这里 Digitization 和 Digitalization 都翻译成数字化，就会产生歧义。

➤ Digitization 的定义是把数据转换成数字格式。如一张照片、一份报告，本来是纸质的，给它转化成 PDF 文件或者网页，数据的内容并没有变化，只是以数字格式来重新编码。

➤ Digitalization 说的是利用数字技术改变商业模式，提供新的收入和价值创造机会，它是向数字商业过渡的过程。Digitalization 超越了 Digitization，重点在于利用数字信息技术完全改变了企业的流程，重新构建一家企业的经营方式。

按照这样的定义，前一个单词 Digitization 更应该被叫作“数据化”，或者“数码化”，是狭义的、计算机领域的、描述性的概念。

而后一个单词 Digitalization，才是现在大热的数字化转型的那个“数字化”。它是广义的、商业领域的、叙事性的概念。

今后你在读相关的文献时，可能有一些比较老的文献，会把 Digitization 也翻译成数字化，进而会说它的下一个阶段是信息化，千万别弄错了。

一个概念从叙事性到描述性，是要经历大多数人的共识的，而 Digitalization 代表的数字化，就是个还没有官方定义但已经被商业领域广泛接受的共识，只是具体怎么转，还没尘埃落定，如果按照这样的定义去和别人沟通，去读别人写的东西，会省很多力气。

窗口期：等别人搞好了数字化再跟进，行吗？

最近跟一位朋友聊起设计院转型的困境，不经意间解开了一个我心里藏了四年的疑问。

1.

四年前，有一次参加了一个线下活动，一位来自天津某设计院的设计师，问我：“现在 BIM 软件还不算成熟，BIM 的流程也不成熟，各家都在摸索，那我们公司为什么要赶这班早车，去给别人趟雷？为什么不等过几年，人家摸索出来路线了，我们去交流一下，用什么软件，配什么人员，走什么流程，搬过来直接用不好吗？”

当时听他这么问，我本能是反对的，心里想的是，如果大家都不摸索，都等着别人，那行业怎么往前进步？

可具体到他和他所在的设计院，不可能用这种“人人为我、我为人人”的话来回答他，这个问题，就一直埋在我心里。

四年之后，有位朋友跟我说，他有一位设计院的朋友，最近所在的设计院发展遇到了瓶颈，项目没有以前那么好拿了，院里换了新的领导班子，交给他办个事，让他几年之内把院里的数字化、智慧化给做起来，他有点找不到抓手。

说来也巧，就在他找我的同一天，我收到另外两个人发来的私信，大体上都是问类似的问题，企业发展遇到瓶颈了，要搞智能设计、智慧建造什么的，手里什么资源都没有，问我怎么办。

看来目前很多公司都存在这个问题：想转型，没头绪，不知道成本控不控得住、时间来不来得及，也不知道该招什么样的人。

我和这位朋友聊了很多条建议的路线，我突然就想起四年前的那个问题，有些事一下子就想通了。

2.

我朋友说的这家设计院（A院），也是一家大型设计院，在特定专业领域排名很靠前，前些年从来不缺业务，基本上项目从来不会断，对外说是可以做BIM正向设计，实际上因为业务实在多得忙不过来，所谓BIM都是外包给咨询公司，设计师们才懒得去学BIM，领导也谈不上多重视。

后来设计院的发展遇到了瓶颈，他们就请来了国内一家数字化转型方面很成功的设计院（B院）的领导，请人家来交流转型心得。

他们交流完之后，我私下还问了他，感觉怎么样？

他跟我摇了摇头说：“现在起步做数字化，不能说不行，只是难度太高了。”

好，目前一个实际的案例就摆在眼前，正是四年前那位小伙伴问我的问题在四年之后的验证：

A院在数字化方面因为前些年没做准备，所以比较落后，而B院且不说常规的设计项目，就光是数字化方面的业务，都超过了A院的全院产值。现在A院想要跟B院取经，咱不说弯道超车，就说大体赶上，在B院愿意倾囊相授的前提下，你觉得都有哪些困难？

困难不少，下面一条条来讲。

下面A院和B院的对话是虚构的，主要为了说明问题。

先说软件。这两家设计院主营业务都不是普通房建项目，市面上常规的BIM软件跟不上需求，于是B院就说：“你得买软件，软件还不便宜，买了软件还不算，你得自己有开发人员，做内部定制开发。”

A院问：“那需要多少个开发人员？”

B院说：“这么多专业，每个专业你得配三五个吧，加起来怎么也得几十个人。”A院一算账，搞个三五年，这笔支出太大了，而且是几年之内完全看不见成果的支出，此路不通。

B 院又说："我们开发好的软件，可以卖给你。" A 院有点犯难，都是国有大设计院，买他们的成果，这不是承认自己落后了吗？退一步讲，可以买他们的软件，那不配开发人员，总得配使用人员吧？现在设计师都忙着搞生产，年底奖金可是与项目数量挂钩的。用 BIM 搞个项目，是服务质量更高、成果更好，拿一堆大奖，可到了年底发现一共做了两个项目，到手奖金还不如其他同事凑合着干了五六个项目拿得多，这谁也不愿意。软件买回来，也是不小的一笔钱，最后设计师不配合，出不来成果，那这成本不也打水漂了吗？

于是就这个问题，A 院又问 B 院："那你们是怎么解决人员积极性问题的？"

B 院说："我们有大量开发人员，就是为设计师服务的，设计师软件用得不爽了，就提需求，一边提一边改，效率也可以提高，而且数字化相关的项目这不挣得多嘛，有经费当然就可以跟上奖惩制度了。"

这对 A 院来说又有点挠头了，他们还没通过数字化挣到费用，这不是先有鸡还是先有蛋的问题吗？再说了也不能就胡乱提高 BIM 项目的奖金，这也不符合规定。

那到这儿，咱们不说数字化转型，就说传统设计转 BIM 设计，目前有两种模式。

一种是全员换软件的模式，这类似于 B 院的做法，那就得解决开发的问题，解决设计师愿意不愿意的问题，这两道关得想办法过去。

还有另一种模式，就是建立专门的 BIM 部门，这个部门是没有产值任务的，软件不好用，标准不统一，这些问题不靠开发，靠人力，这个部门就是专门帮设计师解决问题的，让设计师在转型的过程中不至于太难受。

这也不算凑合，前面和德国的 Weiwei 聊，专门有 BIM 协调员帮设计师解决各种疑难杂症，这在国外都是很成熟的模式，国内我知道有几家大设计院，这么做出来的成果也是很不错的。

当然，这种模式也要解决一些问题，比如人员留存。

很多内部做 BIM 服务的，一开始可能水平一般，做上几年，不仅软件问题熟悉了，对设计师的需求也熟悉了，能干好这个工作的沟通能力也不会差，可毕竟是个后勤部门，总不能比设计师们待遇还高吧？总不能在设计师前面升职吧？

可人往高处走，外面的咨询公司、软件公司，现在正缺这样的人，待遇可能翻倍，很多人就会选择去待遇更好的公司。

即便是有这些困难，还没有说到问题的核心。这些困难要解决的，都是能不能让大家把 BIM 设计给做起来。

可别忘了，领导给这位朋友的任务，可是几年之内把智慧化给搞出来，建模画图的改变只是开始，离智慧化可还远着呢。

能在领导的任期之内，把事情做成吗？有没有成本可控、风险可控的成熟方案？

有，但是很难。

3.

是先转型，还是先创收，这是个先有鸡还是先有蛋的问题。

转型不成就没创收，没有创收大家就没有积极性，哪怕这创收可以晚一点，但话是不是得说到前面，投入多少？晚几年？

问题跟着就来了，有转型成功的案例，这条路不是走不通，B院不就挺成功吗？他们是先有的鸡还是先有的蛋呢？

为了把这个问题说清楚，我们在互联网行业借个时髦的词来用：窗口期。为什么互联网公司都“996”？都搞补贴大战？抢的就是这个窗口期。

如早期互联网公司，获客成本几乎为0，甚至都没有获客成本这么个词。出来个新公司，大家口口相传，互相打个广告，用户量就迅速往上涨。

艾瑞咨询、华为开发者联盟和有米云联合发布的《2022年移动应用运营增长洞察白皮书》，给了这么一组数据，2014年，头部互联网公司每新增一个活跃用户，成本是67.6元，这个数字到了2021年，达到了572.3元，七年时间差不多涨了10倍。

也就是说，2022年的一家公司，和七年前的公司相比，一样聪明、一样努力，付出的成本就要高10倍。这公平吗？不公平，但市场就这样，窗口期关闭，还想做事，就得拿出不公平的投入。

设计行业一般不是面向个人用户的，但数字化这个事，一样有窗口期，我编了一个词，把它叫作5%进度的窗口期。

2010年，一家公司拿出个翻模的方案，加上点营销，就能让“没见过世面”的甲方眼前一亮、竖起大拇指说：“项目不大，响应一下国家号召，你去做吧。”

假设数字化转型彻底成功的进度是100%，刚学会翻模的进度是5%，那么在2010年，这5%就能让这家企业把投入的成本收回来，是花在做研发上，还是花在激励BIM人员上，两条路都可以接着往下进行。

到了2015年，这家企业搞定了二次开发，提升了效率，再进行包装，进度又往前推进了5%，又拿到一笔钱，接着投入。接下来就是招人、尝试新技术、搞开发，就这么5%接着5%地往前推。当然现实世界没有这么理想化，还是会有磕磕绊绊，但总体上大环境好，不赚钱的时候亏得也不多，至少领导在谈项目的时候多些“子弹”。

回到2010年的那个时间点，对于大多数公司来说，这5%实在太小了，无论是赔是赚，都不值得尝试，折腾半天还不如多拉两个项目实在，于是决定让别人先尝试，自己再等等。而到了当下，一家企业想要往100%的进度追，可不是一口能吃成胖子的。先完成5%的进度，只会翻模，市场不认——甲方早就见多了智慧平台、大数据、云计算、IoT、人工智能、智慧城市了。

市场反馈回来的收益是0，也就是这5%的成本是硬生生砸进去，没有回声。再5%，还是没回声，然后再5%，即便中层耐得住寂寞，高层耐得住吗？

假设你是A院那位朋友，一咬牙说："只要能把路径摸清楚，大不了咱们下决心，B院投入了多少，咱也投入多少。追嘛！"

可把这个窗口期想明白了就会知道，窗口期过了再想追，相同的投入是追不上的，只能投入比B院当年试错成本还要更高的资金。这道理说穿了也不难理解，"BAT"当年起家的成本几乎是0，今天想复制一个腾讯，要投入的成本比它今天的市值可要多得多。

4.

钱有窗口期，人也有窗口期。

有幸去过B院，聊起他们当年刚做BIM的时候，哪里有什么领导牵头、高层指示，那时候连BIM这个词都没什么人提，更别提什么信息化、数字化的方法论了，很多新的三维软件出来，一群年轻人就趁下班的时间琢磨。

有家公司的老板和我说，当年请几位设计师出去玩了一圈，回来就念这个人情，几位设计师就硬生生做了两版方案，二维的做完了，晚上加班再单独做一版三维的，没啥实际用处，就为出去汇报时候出几张三维图，好看点。

后来这几位设计师，全是这家公司的骨干。

还是这位老板，前段时间我们评测了个新软件，他看着不错，他自己现在不接触技术了，就让下面的人去学一学，试试怎么样。结果人家半开玩笑地说："领导，学会了加工资不？"

当然，现在还是有很多年轻人愿意学习，但总体上来说，十年前那种看见个新软件，一群人就如饥似渴地翻论坛、查资料，单纯以搞出点成果为乐的大环境，已经发生了很大变化。

这可不是说什么人心不古，每个时代有每个时代的样子。真追问到底，就得问问十年前的房价多少钱？培训班多少钱？所有东西都涨价，不能指望只有年轻人的耐心不涨价。

换个角度说，十年前，设计是设计、施工是施工、甲方是甲方，地位分明，职业路径也相对明确，转行不容易，除了少数的"尖子"往上游跑，大多数人都是老老实实慢慢升迁，也没多大动力转行。

这两年，我们进步学社里Dynamo和二次开发成了最受欢迎的课，并不是市场上的绝对职位数量多了，而是企业之间的职业路径壁垒变薄了。设计师可以换个公司去做产品经理，工长可以换个地方去做研发。

一个岗位干得不开心了，学点新东西，换个赛道，甚至换个城市的，大有人在，说到底也是信息发达，大家不相信五年或是十年之后的饼了。

5.

说了这么多，悲观吗？不，并不算很悲观。

每个时代都有无数的窗口在关闭，同时也打开无数新窗口，任何在该做的时间点没做的事，往后数上个十年，都会有无数人遗憾地拍大腿。复制“BAT”是不可能了，但你可曾见过有哪一年，大家集体悲观，没有新的公司、新的业务冒出来？

即便到了2022年，打心眼里不拿数字化转型当回事的企业还多得很，所谓数字、智慧都还没有一个彻底的定论，那时考虑转型，绝对还算得上先进分子。还是那句老话：种一棵树最好的时机是十年前，其次是现在。

这么说有点空，那我就隔空给那位A院的朋友以及类似的团队一点可行的建议吧。

第一，降低期待。

打个比方：一款竞技游戏在市面上已经流行了5年，这时候你刚开始玩，尽管比起刚流行的时候，你能找到更多现成的战术指导和训练方法，但要是想入局练一练就跟世界冠军对决，是不是太不靠谱了？

企业也是一样，先把心态放平，不要上来就盯着其他人已经投入了十几年的成果，非要来个三年追上、五年赶超。跟领导沟通，自下而上先有个共识，转型这个事不好搞，不像外面说得那么简单，做好打持久战的准备，把所有告诉你“只要怎么样就能很快搞定”的声音关在门外。

没有人说，到了2025年数字化转型还不成功的企业都得倒闭，除了极少数的企业，未来大家还都是一边摸索一边干。

第二，控住成本。

如果领导着急，五年等不了，可以有些加速的成本投进去。但有些成本风险太高，要再三考虑。

如重复“造轮子”就是很高的成本，尤其是大型IT平台、基础工具的开发，很多传统企业因为跨行业，根本就不知道开发这些东西的成本大概要多少，估算的误差可能会是两个数量级。

不开玩笑，真的有人来问我，500万元能不能开发出一个全自动出施工图的自主图形引擎协同AI平台，还是写成了正式计划书的那种。

观察过去十几年与BIM、数字化相关的技术就会发现，凡是那些认真的开发公司，都只能在一个细分领域做到顶尖，现在少说也有几十个细分领域了，可见做大做全这件事在建筑业有多难。

要说现在比十年前环境好在哪里，那就是毕竟有那么多人试过错了，尤其是那些在商业竞争中活下来的公司。

不了解的领域，优先尝试市场化的软件，每个功能背后都可能是无数“失败者”提过的需求，迭代了几十次才是今天这样，何况现在不少公司服务挺好的，用户付了钱还可以继续提需求。

有些有远见的企业，会觉得买了软件，将来做大了还要搞开发，为什么不一开始就自己搞呢？可以回顾一下前面说的“5%进度的窗口期”，买来软件先用起来，花了钱让人家先给你服务起来，这是平滑过渡的成本，当然比十年前贵，但比十年后便宜。

第三，抓大放小。

看完第二条，别误会，我的建议是“平滑过渡”，并不是建议数字化的未来全都建立在外包和采购上。既然是后起追赶，当然不能事无巨细面面俱到，抓住核心的60%，剩下的可以先放放。

基础建模可以外包吗？可以。

但至少部分项目要自己能做，可以以年为单位，逐渐提高自己团队完成项目的能力和比例，至少在建模外包的同时，提高用模、用数据的能力，提高和外包公司提需求的能力。

软件可以采购吗？开发工作可以外包吗？当然可以，而且必要。

但任何一家数字化转型的公司，都会有越来越重的IT成分，那IT人才，尤其是懂工程、懂IT的双修人才，就得好好留住，还得好好设计这些人才在不同阶段到底做什么事。

传统企业可能没有合适的岗位，这一点实际上也是很多有能力的传统企业中层，正在努力突破的内部沟通难点之一。

还有一类被忽视的是组织型人才，也就是不画图也不写代码，能根据企业现状，在上百款软件里挑出适合的几款，知道什么信息是不现实的，知道当前阶段该招什么样的人，能把各流程环节组织起来的人，这样的人现在连个证书都没有，只能去有经验的企业挖了。

怎么把数字化搞起来，别信一篇文章、一次专家分享，不是写文章的人不认真，也不是专家都不可信，是这个话题太大、内容太杂、变数也太多，一个有话语权的内部专岗才能把这摊事支撑起来，随时应变。

最后，数据是核心，必须一开始就留在自己手里。

数据不仅包括图样、文档、模型、样板、企业构件库，还包括模型里的数据、结构化成为表格的数据、上了云系统随项目移交出去的数据，甚至包括标准、方法、工作时长、优化手段、沟通妙招等知识类的数据，当然财务数据也算，但目前业务财务一体化都做得不太好，先放在一边。

这些数据本来就在所有员工的硬盘里，所以这里说的“留在自己手里”，确切来说是组织和整理起来，放到一个可以留存的统一平台，根据业务逻辑和平台功能尽量让数据的积累自动化一些，不够自动化的地方就靠人工补，并且做好未来换平台数据迁移的准备。不少公司很看重私有化，其实可迁移比私有化重要。

别期待数据能马上发挥价值，很多人说数据是石油，可现阶段对于很多传统企业来说，数据只是没什么用的原油，炼油的方法还没掌握。但别等到炼油方法成熟了，再重新积累原油，因为到那时候，又是一次“进度窗口期”关闭带来的10倍成本增长。

抽丝剥茧：建筑公司搞数字化，为什么离不开BIM？

上一节内容中，谈到了企业搞数字化转型的窗口期问题，其中数次提到BIM是建筑行业的公司转型的关键。

看到这样的说法，你心里有没有疑惑呢？数字化是数字化，BIM是BIM，为什么总要把这两件事联系到一起呢？

这些其实是特别好的问题，抽象一下可以定义为下面两个问题：

为什么传统建筑企业想要数字化转型，必须要有BIM技术？为什么大家认为，BIM技术的未来就在数字化转型，和每个人都相关？

本节我们就来好好探讨这两个问题。

如果偷懒一点，拿出最直接的证据，证明这两件事情是绑定在一起的，可以看看最近几年国家出台的政策。如2022年初，住建部发布的《“十四五”建筑业发展规划》，其中第三条“主要任务”里面有这么一条“夯实标准化和数字化基础”：加快推进建筑信息模型（BIM）技术在工程全寿命周期的集成应用，……，推动工程建设全过程数字化成果交付和应用。

紧跟着，住建部又印发了《“十四五”住房和城乡建设科技发展规划》，其中第七条“建筑业信息技术应用基础研究”中写道：以支撑建筑业数字化转型发展为目标，研究BIM与新一代信息技术融合应用的理论、方法和支撑体系。

后来政策又更细了一步，到了设计行业，《“十四五”工程勘察设计行业发展规划》中提出，推进工程项目设计方案BIM交付，完善工程项目设计及竣工成果数字化交付体系。

虽说搬出住建部的三份文件，力度已经不小了，但还是有点像学生辩论时候说：“老师就是这么讲的”，就有点没意思了对不对。

“十四五”工程勘察设计行业发展规划

（二）推进BIM全过程应用。

加快提升BIM设计软件性能，重点突破三维图形平台、建模软件、数据管理平台，开发基于BIM、5G、云计算等技术的协同设计应用系统。加快推进BIM正向协同设计，倡导多专业协同、全过程统筹集成设计，优化设计流程，提高设计效率。鼓励企业优化BIM设计组织方式，统一工作界面、模型细度和样板文件，不断丰富和完善BIM构件库资源。逐步推广基于BIM技术的工程项目数字化资产管理和智慧化运维服务。

（三）推广工程项目数字化交付。

优化行政审批、成果交付与应用、档案管理等方面制度规定，推进工程项目设计方案BIM交付，完善工程项目设计及竣工成果数字化交付体系。推进BIM软件与CIM平台集成开发公共服务平台研究与应用，积极探索工程项目数字化成果与CIM基础平台数据融合，研究建立数据同步机制。

那就再谈透一点，刨根问底地说说，为什么这二者密不可分？

1. 颗粒度：数字世界和物理世界怎样匹配？

细心的读者可能会发现，上面所说的这几份文件里谈到数字化，有时候说的是“数字化交付”，有时候说的是“数字化转型”，这两个东西还真不一样。

所谓交付，就是把一个成果卖给别人，让数字成果变成别人的资产，换回收入，有时候能让你的工作成果更值钱，有时候是迫于无奈，不得不交付。

所谓转型，就是换一种生产方式、换一种协作方式、换一种管理模式，总之是降低成本、提高效率，改变自己赚钱的玩法。

这两个东西前面都加了个“数字”，就是说，无论是换产品，还是换玩法，都得靠数据。

那么问题来了，数据这东西说起来太虚了，我们要把它收束到哪个层级来讨论？数据的颗粒度要到多细为止呢？

举个例子，咱们说说文本这东西的颗粒度，在怎样驱动着信息的传递。

早期的书籍，都由专门的抄书人手工誊写，一本书被复制的颗粒度，就是这整本书，抄了半本的书是没价值的，于是书籍的价格非常高，信息的传播效率也特别低。

到了十五世纪，欧洲开始流行雕版印刷，人们把整整一页的字母和图片刻在一块木头上，用墨上色再压在纸上，就能印出一张完整的书页。虽然雕刻木板的过程费时费力，但颗粒度到了“页”这个程度，大批量复制就比一本一本抄写便宜多了。

后来，古腾堡解决了一系列的工程和技术难题，把字母刻在金属块上，按顺序排列在一起，再刷墨批量印刷，让活字印刷这个老发明真正被用到机械上。今天我们还把这个行为叫作“排版”，可批量复制的信息到了字母这个颗粒度，效率又大幅度提升，全世界的人这才真正读到了书。

作为现代人，可别小瞧了这些改变，把信息分解再重新组合，这样的思想将会成为后来所有信息革命的理论基础。

400年后，莫尔斯电码的发明者塞缪尔·莫尔斯设计了一个仪器，一支铅笔被绑在一块电磁铁上，当纸带在仪器下方移动时，铅笔就会在上面写下数字，每个数字都对应一个单词，常用单词有几千个，需要查密码本，才能把数字还原成文字。

可这个编码的工作实在是太低效了，1838年末的一天，他站在印刷机的活字盒前陷入沉思，突然意识到，自己犯的错误，就和几百年前的雕版印刷一样，电报信息的颗粒度不应该是单词，而应该是字母。

把信息拆成最小单位，让它更容易被操作，这个简单又强大的概念，正是信息技术的核心。直到今天，互联网还在延续这个概念，把信息拆分成数据包，传输到目的地，再把它们重组、计算、分析，这和古腾堡做的事是一样的。

那么问题来了，建筑行业的信息颗粒度，要到什么程度，才能被“数字化”，完成这样的重组、计算和分析呢？

不同工种不一样，建筑师关注一面幕墙、一扇大门，工程师关注一道梁、一条管道，建筑管理员关注一个房间、一台设备。取个公约数，我们可以思考：建筑行业的信息颗粒度，要深入到一个和现实世界匹配的，可以被拼装、被采购、被管理的对象上。

这也是我们为什么认为，建筑业的数字化和其他行业都不一样的原因。零售业的数字化颗粒度，在于每一次购买行为的具体信息；物流行业的数字化颗粒度，在于每个包裹的运输信息。

我们看人家做得好，就想把这样的经验直接搬过来用，没有意义。

当我们想把一个东西“数字化”，那么数字世界的颗粒度，至少要和我们在物理世界关注的最小颗粒度匹配，才能“数字”得下去。

发现问题在哪了不？

长久以来，我们在物理世界关注的，都是建筑里面的一个个对象，但使用图样这个媒介，可以被拆解、重组的信息颗粒度，只能是整个建筑，再往下细分，就是点、线、面了。当我们用CAD代替纸张作为建筑信息传递的媒介，尽管形式上从物理世界进入了数字世界，但颗粒度还是没变化。

而BIM的颗粒度，是到构件这个级别的，一扇具体的门，一个具体的梁，不仅有构件的基本三维形体，更重要的是每个构件都有可以被统计和计算的信息，它和现实世界的颗粒度是匹配的。

这两年，尽管反对BIM的声音很大，但在建筑行业，但凡要和一些新的IT技术结合，CAD就被放在一边，横竖先得搞一套BIM模型再说，这还真不是形式主义。

如一款国外的人工智能建模软件，对于一些比较规整的民用建筑，在没有图样的情况下，只需要通过输入建筑类型、房间需求、主要功能、容积率等需求，就能在线生成一个Revit模型，顺便把图样和门窗表都给自动做好，两周的工作量被压缩到几分钟。

如果人工智能想要分析，在过去上千个类似的项目中，当用户使用面积是多少、防火要求是多少级的情况下，大多数项目使用了什么结构的墙体、使用了哪些方式来排布房间，这个基于BIM就是可以统计和计算的，能统计，人工智能才能猜出结果。

反过来基于CAD交付的项目，没法这么统计，只能统计过去类似的项目画了多少张图样。想再细一点，就只能统计画了多少根多段线，关于构件的信息是完全丢失的。

其他和建筑业数字化相关的场景，也是类似的道理，比如IoT设备数据接入，也需要接在一个构件模型上，不能接在一张图纸上。

所以，如果你关注的“数字化”是和建筑构件无关的“数字化”，如企业员工绩效管理、客户服务优化等，那你关注的就应该是和员工行为、客户行为相关的数据颗粒度，那当然和BIM是八竿子打不着的两码事。

而如果你关注的“数字化”和建筑本身相关，BIM就是绕不过去的技术。它不是最好的选择，而是目前唯一的选择。

2. 结构化：可处理的数据从哪来？

你可能会说："这么讲太极端了，谁说传统设计只有图样，不还有设计说明、统计表，还有施工单位和厂商提供的一大堆资料，这些不都是数据吗？这些内容都是电子版的，怎么就不能数字化了？"

要说清楚这件事，就要在"数据"这个层面再往前走一步：这些资料确实可以被电子化，但它们不是可以被软件算法统一"处理"的数据。想要被统一处理，很重要的一件事就是"结构化"。

不说传统方式，就说哪怕是用了 BIM，生成一份完备的结构化数据，在建筑业的困难在哪里。

前段时间我们和国药集团重庆医药设计院有限公司的黄欢和姜滔，以及上海水石建筑规划设计股份有限公司的金戈，一起推出了一门关于 BIM 数据应用和运维应用的课程，里面讲到了大量数据的处理方法。

课程里举了个例子，描述了建筑中的风口这么一类构件，有十几条属性，如生产厂家、出厂日期、价格、楼层、安装公司、所在房间、所属系统等。

这就是一张标准的结构化数据的表格，每一行代表一个构件，每一列代表这个构件的一项属性。

有了这张表格，软件才能对所有数据进行查找和筛选，才能有后续进一步的发挥。如下图所示，就是基于以上风口的表格做出来的数据分析。

ID	名称	规格	生产厂家	厂家联系电	出厂日期	价格	维保年限	楼层	安装公司	房间名称	系统类型	系统名称
222356	单层百叶风口	400x400	风调雨顺	13822227777	2023年1月1日	48	3	2F	中建五局六公司	走廊2	洁净回风系统	JK 21
222357	单层百叶风口	400x400	风调雨顺	13822227777	2023年1月1日	48	3	2F	中建五局六公司	走廊2	洁净回风系统	JK 21
222345	方形散流器	300x300	湖北忠诚	15927666666	2023年3月2日	35	5	3F	中建五局六公司	走廊2	洁净送风系统	JK 1
222346	方形散流器	300x300	湖北忠诚	15927666666	2023年3月2日	35	5	3F	中建五局六公司	走廊2	洁净送风系统	JK 1
222358	单层百叶风口	300x300	风调雨顺	13822227777	2023年1月1日	35	3	1F	中建五局六公司	走廊	洁净回风系统	JK 21
222334	方形散流器	300x300	湖北忠诚	15927666666	2023年3月2日	35	5	3F	中建五局六公司	走廊	洁净送风系统	JK 1
222366	单层百叶风口	400x200	风调雨顺	13822227777	2023年1月1日	48	3	1F	中建五局六公司	原料间	洁净回风系统	JK 21
222333	方形散流器	240x240	湖北忠诚	15927666666	2023年3月2日	21	5	2F	中建五局六公司	原料间	洁净送风系统	JK 1
222363	单层百叶风口	300x300	风调雨顺	13822227777	2023年1月1日	35	3	1F	中建五局六公司	仪器间	洁净回风系统	JK 21
222364	单层百叶风口	300x300	风调雨顺	13822227777	2023年1月1日	35	3	1F	中建五局六公司	仪器间	洁净回风系统	JK 21
222339	方形散流器	300x300	湖北忠诚	15927666666	2023年3月2日	35	5	3F	中建五局六公司	仪器间	洁净送风系统	JK 1
222340	方形散流器	300x300	湖北忠诚	15927666666	2023年3月2日	35	5	3F	中建五局六公司	仪器间	洁净送风系统	JK 1
222362	单层百叶风口	300x300	风调雨顺	13822227777	2023年1月1日	35	3	1F	中建五局六公司	样品接收间	洁净回风系统	JK 21
222338	方形散流器	300x300	湖北忠诚	15927666666	2023年3月2日	35	5	3F	中建五局六公司	样品接收间	洁净送风系统	JK 1
262313	单层百叶风口	300x300	风调雨顺	13822227777	2023年1月1日	65	3	2F	中建五局六公司	设备间	排风系统	TP 1
262314	单层百叶风口	300x300	风调雨顺	13822227777	2023年1月1日	65	3	2F	中建五局六公司	设备间	排风系统	TP 1
262345	单层百叶风口	300x300	风调雨顺	13822227777	2023年1月1日	65	3	2F	中建五局六公司	设备间	排风系统	TP 1
222347	方形散流器	300x300	湖北忠诚	15927666666	2023年3月2日	35	5	3F	中建五局六公司	设备间	洁净送风系统	JK 1
222348	方形散流器	300x300	湖北忠诚	15927666666	2023年3月2日	35	5	3F	中建五局六公司	设备间	洁净送风系统	JK 1
222351	单层百叶风口	400x400	风调雨顺	13822227777	2023年1月1日	48	3	2F	中建五局六公司	清晰灭菌间	洁净回风系统	JK 21
262312	单层百叶风口	400x400	风调雨顺	13822227777	2023年1月1日	65	3	2F	中建五局六公司	清晰灭菌间	排风系统	TP 1
222330	方形散流器	360x360	湖北忠诚	15927666666	2023年3月2日	39	5	3F	中建五局六公司	清晰灭菌间	洁净送风系统	JK 1
262032	方形散流器	360x360	湖北忠诚	15927666666	2023年3月2日	39	5	3F	中建五局六公司	清晰灭菌间	洁净送风系统	JK 1
222365	单层百叶风口	400x200	风调雨顺	13822227777	2023年1月1日	48	3	1F	中建五局六公司	女更	洁净回风系统	JK 21
222331	方形散流器	240x240	湖北忠诚	15927666666	2023年3月2日	21	5	2F	中建五局六公司	女更	洁净送风系统	JK 1
222367	单层百叶风口	400x200	风调雨顺	13822227777	2023年1月1日	48	3	1F	中建五局六公司	男更	洁净回风系统	JK 21
222525	方形散流器	240x240	湖北忠诚	15927666666	2023年3月2日	21	5	3F	中建五局六公司	男更	洁净送风系统	JK 1
222368	单层百叶风口	400x200	风调雨顺	13822227777	2023年1月1日	48	3	1F	中建五局六公司	洁具间	洁净回风系统	JK 21
222332	方形散流器	240x240	湖北忠诚	15927666666	2023年3月2日	21	5	2F	中建五局六公司	洁具间	洁净送风系统	JK 1
222352	单层百叶风口	400x400	风调雨顺	13822227777	2023年1月1日	48	3	2F	中建五局六公司	检定间一	洁净回风系统	JK 21
222341	方形散流器	300x300	湖北忠诚	15927666666	2023年3月2日	35	5	3F	中建五局六公司	检定间一	洁净送风系统	JK 1
222355	单层百叶风口	400x400	风调雨顺	13822227777	2023年1月1日	48	3	2F	中建五局六公司	检定间五	洁净回风系统	JK 21
222344	方形散流器	300x300	湖北忠诚	15927666666	2023年3月2日	35	5	3F	中建五局六公司	检定间五	洁净送风系统	JK 1
222350	单层百叶风口	500x500	风调雨顺	13822227777	2023年1月1日	65	3	2F	中建五局六公司	检定间四	洁净回风系统	JK 21
222349	方形散流器	420x420	湖北忠诚	15927666666	2023年3月2日	49	5	3F	中建五局六公司	检定间四	洁净送风系统	JK 1
222354	单层百叶风口	400x400	风调雨顺	13822227777	2023年1月1日	48	3	2F	中建五局六公司	检定间三	洁净回风系统	JK 21
222343	方形散流器	300x300	湖北忠诚	15927666666	2023年3月2日	35	5	3F	中建五局六公司	检定间三	洁净送风系统	JK 1
222353	单层百叶风口	400x400	风调雨顺	13822227777	2023年1月1日	48	3	2F	中建五局六公司	检定间二	洁净回风系统	JK 21
222342	方形散流器	300x300	湖北忠诚	15927666666	2023年3月2日	35	5	3F	中建五局六公司	检定间二	洁净送风系统	JK 1
222361	单层百叶风口	300x300	风调雨顺	13822227777	2023年1月1日	35	3	1F	中建五局六公司	过厅	洁净回风系统	JK 21
222337	方形散流器	300x300	湖北忠诚	15927666666	2023年3月2日	35	5	3F	中建五局六公司	过厅	洁净送风系统	JK 1
222359	单层百叶风口	300x300	风调雨顺	13822227777	2023年1月1日	35	3	1F	中建五局六公司	工艺间	洁净回风系统	JK 21
222360	单层百叶风口	300x300	风调雨顺	13822227777	2023年1月1日	35	3	1F	中建五局六公司	工艺间	洁净回风系统	JK 21
[illegible]	方形散流器	[illegible]	湖北忠诚	[illegible]	[illegible]	[illegible]	5	[illegible]	中建五局六公司	工艺间	[illegible]	[illegible]

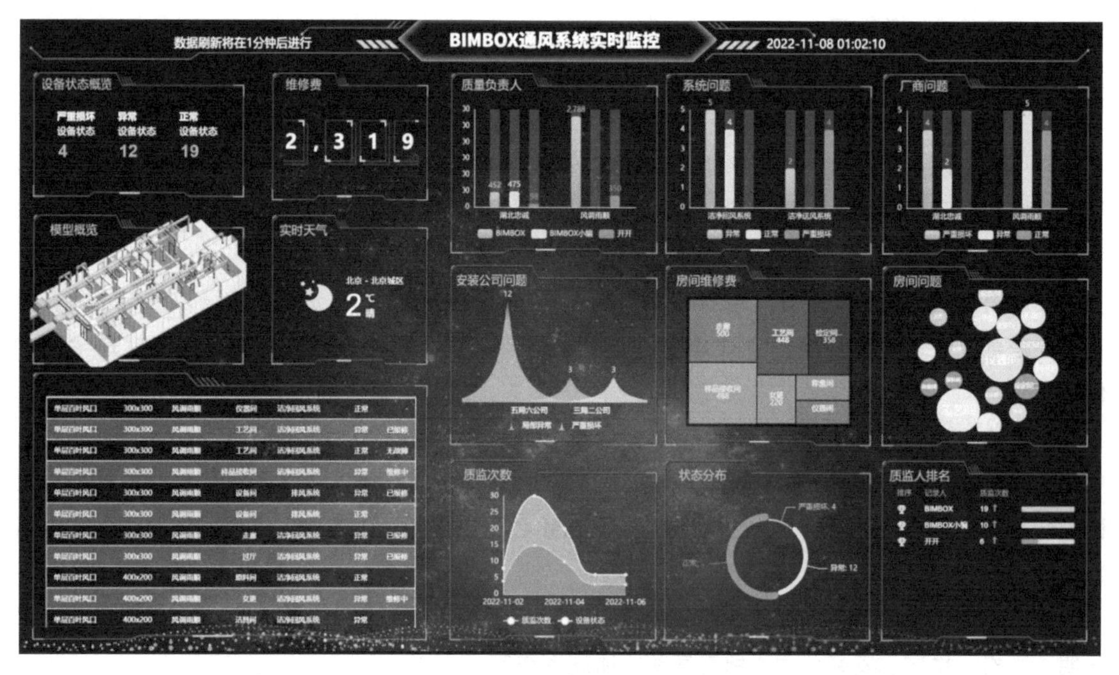

数据分析图中的每个小图表，都体现了风口表格中的一部分数据，如质检员发现了设备运行问题，或者物联网设备上传了运行错误信息，维修负责人记录了修理费用，这些项目也被“写”到了后台的表格里，经过自动查找筛选，在前台就能体现出来哪些房间、哪些公司、哪些系统出现过问题，产生了多少费用，帮助企业了解钱花去哪里了，判断哪个环节容易出问题。

看起来很酷、很美好，但我们要深问一句：这些数据从哪里来？凭什么大家都往一张表格里填数据？

建筑行业一提起搭建数字化平台，大部分人都关注用什么软件、怎么让数据发挥价值，总之就是大家都假设自己手里已经有了大量的、规整的数据，接下来就是怎么把那些高精尖的技术搬过来，让这些技术帮我们实现“数字化”，对吧？

可是很多人都忽略了整个链条的第一步：那些具备潜力的海量数据，从哪里来？

在领导和专家的眼里，我们说的可是企业的数字化转型，是数据改变时代的大命题。这些数据让设计师去填，不就完了吗？

这事儿还真难。拿一份标准来看，《深圳市建筑工程信息模型设计交付标准》，对于模型里面的构件，做了详细的要求，光是风口就有24条信息。这些信息能让设计师全都负责吗？

表J.0.32　（风口）构件级模型单元属性信息表

序号	信息类别	信息名称	信息内容				信息单位
			方案设计	初步设计	施工图设计	深化设计	
1	身份信息	名称	—	▲	▲	▲	/
2		编码	—	△	▲	▲	/
3	定位信息	建筑单体名称	—	▲	▲	▲	/
4		所在楼层	—	▲	▲	▲	/
5		空间名称	—	▲	▲	▲	/
6		基点坐标 X	—	△	▲	▲	m
7		基点坐标 Y	—	△	▲	▲	m
8		基点坐标 Z	—	△	▲	▲	m
9		占位尺寸（长度、直径）	—	▲	▲	▲	mm
10		占位尺寸（宽度）	—	▲	▲	▲	mm
11		占位尺寸（高度）	—	▲	▲	▲	mm
12	系统信息	一级系统分类	—	▲	▲	▲	/
13		二级系统分类	—	▲	▲	▲	/
14		三级系统分类	—	▲	▲	▲	/
15	技术信息	型号规格	—	▲	▲	▲	/
16		主体材质	—	△	▲	▲	/
17		安装方式	—	△	▲	▲	/
18		风量	—	△	▲	▲	m^3/h
19		风速	—	△	▲	▲	m/s
20	生产信息	生产厂家名称	—	△	△	△	/
21		产品执行标准	—	△	△	▲	/
22		产品认证体系	—	△	△	▲	/
23		出厂日期	—	△	△	△	/
24		出厂价格	—	△	△	△	元

所在楼层是几层？系统分类是什么？设计师能填。编码信息是什么？设计师努把力，按照分类和编码标准，给它写进去。再往下，主体材质、厂家名称、产品执行标准、出厂日期、出厂价格，且不说设计师有没有时间去填写，这些信息在设计阶段本来就不知道。

那怎么办？让后续的施工单位和厂家去同一份BIM模型里填写？有可能，但难度很高。

我们在课程里讲了信息录入的四个阶段和四种信息：

第一，尽量不影响效率的前提下，设计人员在设计过程中顺便录入的信息。

第二，专业的BIM人员去查询和填报的信息。

第三，施工单位、生产厂家和其他第三方做BIM深化的过程中，专门填入的信息。

第四，模型交付到运维之后，由运维人员填写的专属信息。

每个阶段填写这些数据，要么是别给这个工种的本职工作添麻烦，让他们能“顺便”填写，如运维负责人本来也要填写报表，那就设计一个小程序，让他们填写的结果进入总数据表；要么就是付费给专门的人来维护这些数据，如专门的 BIM 人员，或者增加设计费用。

要达成这个目的，就得回到原点，得到一个基本的表格框架，包含了建筑里所有构件的数据，具体数值可以是空的，但里面的每一项都要创建好，不能缺项。

有些人的工作场景是基于 BIM 的，有些人则不是，想要这张总表，就得先有个 BIM 模型，然后把数据分离出来，再去一个新的平台把数据和模型关联到一起，如金戈做的 emData 就是为了完成这项工作。

这项工作叫数模分离再合并。

还记得前面说的数据颗粒度吗？这项工作想要软件自动完成，那么数据的颗粒度就得到构件这个层级。换句话说，图样、设计说明、统计表、厂商信息、施工日志、质检日志，这些确实都是数据，但它们只能被人查找，没有办法被软件统一到一个表格里。

只能靠人工办的事，如果没人填数据，领导们想要的数字化，就永远搞不起来。

只有标准化、结构化的数据，才可能是一个不断迭代、不断完善的数字资产，而不是躺在硬盘里的“死文件”。

BIM 能成为建筑业数字化的核心，不在于它的三维可视化，核心在于标准化和结构化，BIM 能提供一个强制人们按一定要求和格式填写数据的环境，这是传统文档做不到的。

所以很多智慧城市项目，用便宜的外包去做 3DS MAX 模型，一堆盒子模型成本倒是很低，但只能是看看，数字化推进不下去，就是缺了这个核心的数据格式。

3. 模型：三维到底有必要吗？

上面讲的这些，是一个数据相关专业人士眼中的 BIM，结构化的数据格式是核心，三维反倒是副产品。但数字化不是专门给专业人士服务的，而是要服务于项目中的很多人，对于数据处理稍微外行一点的人，三维的价值就体现出来了。

我们不说三维在设计和施工过程中的好处，单说数字化，总体来说有两点。

第一，能拉进更多人参与。

建筑中的信息，如果是人去处理，是有门槛的，需要能够得读得懂图样、读得懂报表，但数字化是一个平权过程，人人能贡献数据，人人能在数据服务中获益。

在图样环境下，一个人想查阅某一类阀门的信息，得知道图样里什么符号代表这个阀门，知道那一串字母标注代表什么意思，知道去哪里找到阀门的产品信息表，知道表格的排列顺序，才能查到想要的信息，这个门槛太高了。

而在三维环境下，不需要这些知识储备，现实中阀门什么样，模型里就什么样，还能通过搜索、筛选，批量查找，然后点击一下，就能看到需要的信息，这是最符合直觉的。再通过更符合直觉的操作，就能把更多人拉进协作系统中来，如一个工长、一个维保员、一位负责管理的领导。

这就像PC时代玩互联网是一部分年轻人的专属，很多老人连鼠标都不会用，网站的用户量都做不大；而手机的交互更符合直觉，任何一个老人或小孩都能轻松掌握，于是才有了动辄几亿用户的产品。

第二，基于位置的巨大价值。

我们曾经和很多做建筑运维的朋友交流，有个初步的结论，在建筑行业，“知道一个东西在哪”，这件事很重要，也很容易被忽视。

在移动互联网诞生之前，软件是不知道人在什么位置的，甚至那时候很多人为了省电，会把偶尔用到的手机GPS模块关闭。

而随着空间定位技术和移动互联网的快速发展，基于位置的服务（LBS）火速创造了一个巨大的市场机会。

《2022中国卫星导航与位置服务产业发展白皮书》里显示，2021年我国卫星导航与位置服务产业总体产值达到4690亿元，导航、定位广告、外卖购物、打车、闪送，还有一系列普通民众不常接触的公共服务，共同造就了这个“从人找信息，到信息找人”的大盘子。

建筑行业的数字化终端不是人的位置，而是构件的位置。这件事没有LBS那么大的盘子，但在目前也是一个被严重低估的市场。

我们和深圳迅维的朋友聊天的时候就谈到，地铁站里发生火灾，没人有空去看墙上的逃生图、找自己的位置，这时候系统可以根据不同人的位置，以及运维系统检测到的火势蔓延情况，给不同位置的屏幕推送不同的三维逃生指南。

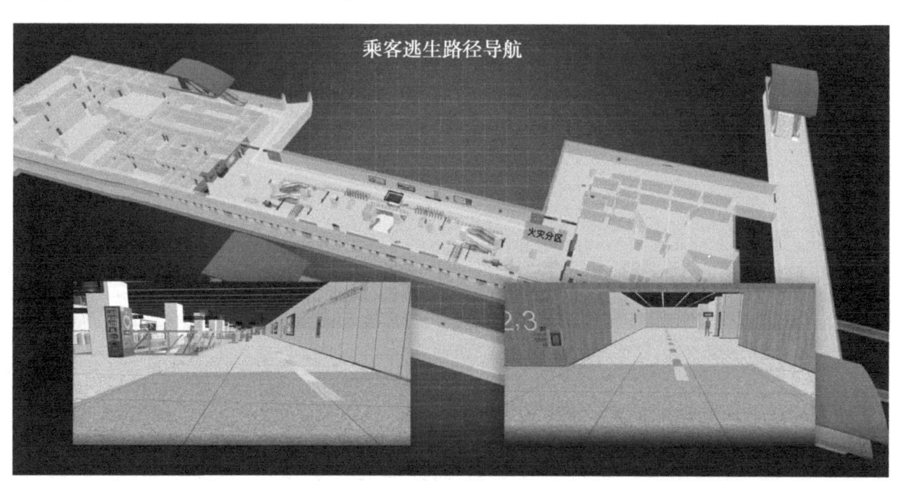

这就不能只靠一张纯数据的表格来实现了，需要所有传感器、所有屏幕，甚至所有可用于逃生的路线，都以三维的形式事先存在后台。

建筑中基于空间位置的服务，还有大量可以被挖掘的可能性。

4. 格局：BIM的未来在于数字化？

说了这么多数字化转型中BIM的重要性，最后还想再反过来说说，为什么搞BIM的人要重视数字化。

整个大建筑行业在下行，作为一个普通员工，可以躺平、可以离开，但企业的领导们躺不平、也走不开，那就得想办法、找出路，站在原地什么都不做，不是一个可选项，商业大环境越是不好，钱越不容易挣，就越得在技术上找破局点。

这个破局点，必须是能翻身救命的才行。

设身处地想想，如果你是一个设计院的领导，你给上级提个方案，花上三年时间，投资一千万元，大干一场，目标是把设计师出图效率提高5%，现场返工率降低10%，你觉得这个方案报上去，上级会怎么说？大概率会说："你就这点格局？没看见国家在推进什么政策吗？"

这真不是讽刺领导们务虚，而是当你在一个位置，就得关心和它格局匹配的方向。

而对于普通的设计师、工程师、BIMer，要把自己工作的价值，放到一个更多层级的人关注的框架里。在当前很多领导还不太了解数字化和BIM的关系的情况下，人家本来就更关心"大事儿"，本来就不关注技术细节，咱们再自己总说BIM跟数字化没关系，这不是自己把自己往红海深处推嘛。

清华大学管理学教授宁向东说，对于任何行业而言，数字化都刚刚开始，就像是百米赛跑，运动员刚知道要跑了，发令枪都还没响，后面还有100米呢。建筑行业的数字化，是一片有国家政策保驾护航、有商业价值藏于地下的蓝海，来来往往的人群里，有胸怀大志的领导、有投机取巧的掮客、有野心勃勃的企业家，也有老实本分的技术员，有关注BIM的人、支持BIM的人、抵制BIM的人，也有本来以BIM为生的人。

每个人都有自己当前的生态位，也有蓝海变红之前的一线生机。

设计院BIM成果，怎样才能把价值传递给施工？

本节的内容，来自与老朋友——四川安装集团任睿的一次长聊，探讨的话题是：站在施工BIM和第三方咨询两个角度来看，设计和施工的BIM工作，到底怎么能融合到一起，真正实现落地？他所在的部门负责公司内部总包、钢结构、综合机电项目的BIM工作，同时对外也承接BIM咨询服务，从拿到图样到施工落地的种种事情都通过BIM去完善。

任睿从2012年在施工单位从事机电BIM工作至今，接收模型的问题已经伴随他很多年。接收过的模型有设计院做的、咨询单位做的，有正向设计、直接翻模的，也有深化过的。不过接触到的模型大多不好用，多数情况下都会选择重新建模。

这两年，和很多设计院交流，任睿都会被问到类似的问题：到底什么样的模型，对于施工单位来说，基本就算是可以直接用的？

详细沟通之后，他才感受到了这样的困局：近年来，设计院会越来越多地被业主和院内部要求在设计阶段做BIM，出于经营肯定都会一口答应下来。不论是正向设计还是伴随式的BIM模式，都会要求将BIM成果提交给施工单位使用，本身现在各类红头文件和规范标准也是按这个逻辑要求的。

反过来看，业主会用先入为主的观点来看待这个交付的成果。业主在设计阶段花了BIM的钱，肯定希望施工单位直接能用，不接受为同一项工作多次买单，施工不能用的BIM就不算落地的BIM。

有的业主还会把很多设计阶段无法完成的BIM工作直接加到设计合同里，比如高度图模一致，甚至模型参数设置还得考虑后期运维接入，这就让设计师很被动了。

反观国内设计院实际的BIM工作，首先必须满足自身设计的需求，然后还有内外部审图的要求。这些实现以后，才能做一些施工的拆分、深化和业主的运维接入。

所以，任睿接触到的绝大多数项目，除了工业和部分厂房外，设计院无论怎样做基于BIM的深化，施工单位进场后肯定还是需要重新做深化的，他们一般都会直接反馈给业主说："评估反而更费时间，这个模型我们用不了。"

有时设计团队因为要应付BIM要求，还会影响设计工作的时长。他也时常想，如果不要求设计团队做这么深入的建模和深化，会不会交付的成果可靠性还更大一些。

所以这两年他们会接设计院找来的项目，由一家施工单位的BIM相关部门，去帮助他们完成机电深化、净高检查等工作。

任睿做这次分享的初衷，就是在他经历过无数次类似的沟通之后，希望能给设计和施工在模型交接方面提供一种思路。

1. 剖析BIM落地问题和原因

任睿的整体观点是，所谓BIM落地，应该分成设计BIM落地和施工BIM落地。

设计阶段通过BIM实现正向设计或图模一致，然后发现问题、解决问题、提升设计质量和效率，模型交付给施工单位用，基本就算设计BIM落地了。这个阶段往往不具备直接施工BIM落地的客观条件。

大部分时候模型不可用，其实并不是设计阶段在深度或软件设置上做不到，主要是设计院还不知道项目施工和运维阶段的BIM参与各方到底需要前端做什么工作。

作为机电施工单位的角色，一般接收到设计模型，首先关注的就是图模一致性这点。拿到模型和图样后，肯定要做对比，一般来说以蓝图为基准，如果连续发现很多错误，如尺寸不对，专业有缺失，基本就不太敢用这个模型了。

从任睿的角度来看图模一致性这个问题，他认为影响因素主要分为以下几类。

（1）图样与模型的同步问题

一个项目，首先看是不是正向设计的模式。如果是非正向设计的模式，基本就是蓝图出来，或者蓝图有比较大的改动，就进入翻模的流程。

这种模式的问题在于，容易出现图样做了修改或微调，模型团队没有接收到提资，或者图样修改量没有触发更新频率的，那施工团队某个时间点进场，拿到的图样和模型肯定有偏差。

而正向设计模式，任睿观察到，主要分为两大类。

全正向设计模式：用BIM模型直接出图，这种模式的图模一致性很高，但因为专业范围不同，不同的专业要分成不同的模型，而模型一旦拆分，在专业模型里做好了标注工作，就很难再合模做深化了。

也有一些团队，是建筑、结构、机电各一个文件，这样的好处是做管线综合比较方便，但是因为多个专业在一个模型里，出图就会有很多麻烦。

部分正向设计模式：由BIM完成设计的工作，然后一些刷图层类的工作在CAD软件完成。这类模式的图模一致性也会比较高，但相比全正向设计的模式，变更周期会更长。

也有一些更加妥协的部分正向设计模式，由BIM完成部分设计，一些其他设计工作在CAD软件完成，如线管绘制。

这种模式后期很可能设计师会直接在CAD上改图，模型要积累一定修改量才会做修改，图模一致性就很难保证了。

任睿认为，这里面存在问题的本质是很多设计师还没有把BIM当成解决问题的工具，而最多把它当作一个出图的阶段性工具。

这一方面是因为BIM软件和CAD相比确实不够高效，另一方面则是来自于“提资”这项工作，他觉得提资就是妨碍正向设计的最大障碍。

负责结构和风系统的两位设计师之间所说的“配合一下”，可能就是两个专业间的提资，但实际上做机电深化，需要把周边相关的专业都兼顾到，一个调整的决策才有可能是正确的，整个配合的过程建筑负责人都应该是全程知晓，且有记录向各专业告知的。

而有协作过程的BIM工作，就是要让相关专业能互相参照、互相调整，“提资”这个行为也从点对点变成了一张互通的信息网。

当然，这只是BIM在理论上能实现，而人们是不是愿意实现，则是另外的问题。

如果用CAD，是可以“规避”很多问题的。这里说的“规避”，不是解决问题的意思，而是从图样上看不到问题，那就可以先不处理这些问题，提资也就意味着阶段性工作结束。而用BIM，那些问题自然就会暴露出来，大家不能假装看不见，这也是现在设计院推起正向设计很头疼的一个问题。

（2）设计流程中的管线综合深化问题

说完图样问题，再来说说机电这个专业本身的问题。

目前设计阶段涉及BIM管线综合深化的项目，一般有三种合作模式。

第一种模式是设计师通过BIM自己来做管线综合。

这种模式下，如果各专业采用单独的文件进行管线综合，一般会让某一个专业牵头，如建筑或暖通专业设计师定一个大致的方案，其他专业再各自进行管线综合。但因为各专业是分开做的，彼此很难实时参照，管线综合效率会受很大影响。

任睿实际经历的项目中，很多是建筑专业在负责管线综合，有时候即便是非常厉害的建筑总工程师，都会出现管道剖面不考虑保温这种低级错误，再给机电专业去修改，而机电设计往往也无法一直考虑到全专业去改。

还有一些项目，是机电设计师按楼层划分来做设计，这样就需要一个人在某个楼层里负责所有专业，尽管他们在自己的专业领域很强，但很难把控其他专业的要求，也没有精力去读其他专业的系统图和设计说明。

第二种模式是专门的BIM团队配合设计师进行管线综合。

这是任睿团队和设计师配合用得比较多的模式，BIM团队主做管线综合，再提资给设计团队做确认。

这种方式要求BIM团队深化经验丰富，还要保持高效的沟通和提资。多久提资一次，多大的改动需要提资，提资方式是用平立剖图样还是用模型，是用本地模型还是在线轻量化模型，都是BIM团队需要考虑的基础问题。

BIM团队作为信息节点，沟通能力特别重要，把几个月没法确定的问题在一两周内实现闭合，是最能体现价值的地方。而为了提升沟通效率，多承担责任和工作量是无法避免的事。这种服务精神，现在设计院内部无论是出于分工还是产值，都很难实现。

第三种模式则是把第二种反过来，设计团队先用CAD做管线综合叠图，然后提剖面给BIM团队翻模。BIM团队针对复杂节点进行调整；节点基本可行后，再提平面路由由设计团队修改，剩余工作由BIM团队来完成。

这类模式的问题在于剖面和平面的提资会有时间差，比较割裂的提资频率会导致管线综合思路不延续。另外由于重点处理局部问题，整体管线综合优化程度不高。

在现阶段，这三类管线综合模式，无论哪条路线都存在一些问题。所以在实际项目中，三维正向设计或早或晚，都会在某一个节点转到二维设计中去。

设计院为了合同履约，或者单纯为了提高设计质量，会继续深化BIM模型，但在这个时间点之后可能业主和咨询单位就要面对两个模型+一套图样，这也是正向设计交付之后需要思考的问题。

（3）BIM信息问题

前面说的，还都只是在几何图形这个层面，而到了信息的衔接层面，BIM落地存在的问题就更多了。

除了施工图上必要的信息，施工方还了解很多业主需求。而很多需求在设计阶段不是很难考虑到，就是根本还无法确定。如装饰需求、成本管理、设备、工艺、材料特性；如约束现场施工的发包方式、工序和流水；再如进度、质量、环保、创优这类管理要求，都是匹配施工组织策划来开展的，不同项目前期的深化需求也不一样。

另外还有很多根据现场变化的情况，如设计需不需要出某专业埋件图，还取决于现场结构是不是已经施工完成；如现场实际会使用哪种材料，会不会因为供货周期变化而发生变化等。

设计院是否有义务处理所有这些信息呢？按照传统的工程规则，当然没有这个义务。

但现在也确实存在着这样的困局：院领导在业主那里接受BIM落地的要求，同时业主也要求设计模型能指导现场施工，经常要在这些信息缺失的情况下强行做很深化的BIM，设计建完一遍模，施工还要再建一遍模，业主肯定是不认可的，这是很多项目的BIM到后期充满矛盾的根源所在，也是很多业主对设计给出的BIM成果不满意的根源所在。

任睿觉得，现在很多项目都已经跳过BIM，直接数字化了，但在最基础的层面，还有大量的问题没有解决。

2. 破局点在哪里？

任睿认为，当前正向设计面临这么多的问题，改变局面的破局点在于业主。或者说，在于清晰地引导业主去明确任务的边界，这往往不是技术问题，而是沟通问题。

抛开那些数字化管理的部分，单说基于BIM开展深化，对业主来说很大的用处在于解决问题、稳定图样，从而有序地开展项目的建设策划。

而在施工阶段，稳定的图样能让项目经理的人、材、机等策划可以落地，从而稳定项目的成本和进度，最终实现业主的投资回报。

BIM落地比较好的项目，往往都在施工阶段，但施工阶段工期紧张，BIM深化引发大量的改图工作、造价不可控等结果，并不是大家在这个阶段所期望的，所以任睿认为应该把很多BIM相关的工作前置。

要达到这个目标，最直接的办法就是说服业主来主导。但他们团队现在没有业主的资源，所以就去到了以往合作愉快的设计院里，提出期望，把施工BIM的工作前置到设计阶段。

这里所说的“合作愉快的设计院”，其实是他们以前在施工阶段就用这样的模式一起合作过的设计院，通过BIM的介入和深度的沟通，让设计院真正体会到工作量有所减少，但工作质量有所提升，能帮助他们解决设计阶段的问题。只有这样，大家才会一拍即合。

接下来的重要工作，就是帮助设计院，一起和业主做前期非常重要的沟通。

在当前的流程下，首先大家应该在众多的信息中，做一个计划性的筛选，确定哪些由设计负责，哪些设计现在没法负责，根据这些信息，向业主提出很具体的需求和时间点。

举个例子，有的项目业主要求设计院出某类支吊架图样，后期不能有变更。这样的图纸设计院做不了，或者强行做一版出来，到现场也没法实现。业主方就会认为这是设计院的BIM水平低，但这其实还真不一定是设计院的问题。

任睿建议，在项目初期，业主、设计和施工应有一个规则明确的判断，哪些信息已经具备了深化条件，就启动哪些深化设计工作。如果缺失一部分信息，那能不能绕过这部分，或者约定一个普遍适用的原则，以可控的深度开启工作。

比如，当前的装饰吊顶形式没办法确定，那双方就找到业主方确认，能不能按某个常见的尺寸开展深化，把这个待定的尺寸写到会议纪要里面，按照这个尺寸做出深化就算交付；如果不能确定，就暂停相关区域的深化，避免来回扯皮。

这样的沟通流程，可以写到合同或方案里，而不是像大多数项目那样所有BIM工作混为一谈，都不知道BIM要做什么，做到什么深度，一边商量一边做。这样的逻辑很简单，一旦形成合同，每一方都会知道深化中需要哪些信息，和基于这些信息的当前工作状态。

而站在施工方的角度看，他们也更愿意在设计方提供的边界明确的模型上做进一步深化，很多明明会做错的东西，现阶段还不如不做，改起来还不如重新深化来得方便。

这么说来，是不是只有面向施工的BIM才有价值、值得推进呢？当然不是。虽然都叫BIM，大家用的也是类似的工具，但要解决的问题是不一样的，带来的价值反馈也是不一样的。

任睿认为未来的正向设计要解决三个大问题：

第一个是进阶的衍生式设计；第二个是用BIM数据替代传统的指标计算；第三个是利用AI技术进行合规性审查。

解决了这三个问题BIM就能真正让设计产生脱胎换骨的改变，如果通过三维+数据的方式没有让设计本身的效率或质量更高，而只是为了交给施工单位做模型深化，那这个工作本身不一定要让设计院的人力成本来覆盖，一个翻模团队在合适的时间介入就行了。

3. 任睿的行动和心得

任睿的团队成长于施工环境，以前他们推进EPC项目的时候，他们作为BIM团队介入后就是这样推行的。现在的项目中，他们属于站在施工视角帮助设计院推进项目的纯顾问团队，即便这个项目不由他们负责施工。

以前设计院也会在项目初期请一些懂施工的人做技术顾问，不过基本上就是问一下材质、工艺、安装类的问题，而像任睿他们这样深度介入到设计工作，帮他们细化到每一个节点的团队还是很少见的。

这种细节上的扫雷，能让设计师放飞自我，不用考虑信息传递和模型设置的问题，专注于完成自己的设计工作就好。

在工作流程中，任睿有一些很有趣的心得。

一般的团队做BIM管线综合，基本上就是拿到上游的图样，调整一版管线和净高去汇报，对方给出修改意见，这里能调、那里不能调，然后在这个基础上一遍一遍地深化。

而任睿带队做管线综合，不是这样的思路。他们会在拿到初版图样的时候，花30%的工作时间，把一些重点位置的问题排出来，就直接拿着“半成品”去跟设计交流。对方看到这个方案会说：“这个地方确实有问题，我们下个月重新改一版图再给你。”

任睿他们基于这个基础，把管线综合调到70%，再和设计去交流。在整个过程中，一些支管的碰撞先暂时不去管，最后随着设计方把主管的位置都确定后，再把细枝末梢调整到零碰撞。

这种渐进式的工作模式，就需要咨询方有丰富的施工深化经验，很多经验都在脑子里，看一眼就知道哪里的净高会存在问题。

任睿经常说：“能用嘴做的工作，就别用手做”，把一定会重来的无用工作尽量减少，而把过程中的有效沟通尽量增多。

在一个项目前期，任睿会坚持这样的工作模式，哪怕业主方反对也要坚持，一般在完成一个区域之后，设计院没有增加额外工作，模型又能交付给施工单位，业主就会接受这个模式。

另外一个值得分享的是，他们配合设计的时候，会提交一份完整的交付报告，其中有两个记录工作很重要：第一个是帮设计记录，哪些细枝末节是纯软件重复操作，但对设计意图表达无区别的东西，不需要在模型中做出修改，只需要在CAD中阐述，设计院按照这个直接去改就行；第二个是记录他们在调整的过程中，基于施工的视角都做了哪些变更和修改，当前阶段由于信息不足做到什么程度，后面是怎么考虑的。

这样一方面可以让业主知道BIM团队在过程中都做了哪些工作，觉得钱没白花；另一方面设计院拿到这个记录，也可以作为设计模型的交底报告交给施工单位。

报告里还包括净高要求，业主的流程要求，哪些区域做了修改，为什么要修改，相关的会议纪要等。严格来说它不是一份BIM工作报告，而是针对从设计到施工的这个衔接过程中那些关键工作信息的报告。

现在已经有几个项目按照这样的模式到了交付阶段，这些项目走下来，任睿觉得设计院的设计能力，加上施工单位的深化能力，再加上双方和业主的沟通能力，是完全有可能把正向设计推进下去的。

他还发现，这样的模式一旦走通一次，设计、施工和业主心里都有这个认知：事情摊开了讲，是可以沟通好的。只不过原来大家都只是站在自己的视角去沟通，或者没有梳理出来一个可执行的流程。

跟任睿合作过的业主，会愿意单独支付BIM的费用，也愿意在后面的项目中让他们作为“陪伴式设计”的一方，尽早介入到设计院的设计工作中去。

4. 后记

任睿的思路，说到底是从之前项目上的EPC模式来的，无论是设计还是施工，最终都是共同服务业主，不能出现“设计画了图，施工干不了”这种状况。到今天，哪怕不是EPC的项目，他也会把它做成EPC的模式，因为他觉得这是未来正确的方向。

在施工项目中，设计院有变更，都愿意来找他的BIM团队，把设计方和施工方的思考深化到BIM模型里，配合完之后再去汇报，甚至有时候汇报材料都是任睿帮他们写，这种工作量减少、业主还更满意的方式，没有哪个设计院会不喜欢。

在成都天府国际机场这个项目里，甚至出现了神奇的一幕：由任睿团队作为机电安装方定下的流程，居然业主方、设计方和总包方都跟着他们的节奏走，其他单位的人要来他们这儿办公。

任睿说，他目前做的所有事，不是提供一个终极、普适的解决方案，而是两个想解决问题的团队进行的探索，在现有的边界条件下，尝试行动起来，带着镣铐跳舞。

为设计院服务，很多时候还是得先满足设计合同，而探索的事还得想办法再往前走。他希望业主在设计招标的时候，能有一个懂施工、懂维保的BIM团队，在为业主服务的前提下，全力配合设计院，在信息不完备的状态下，让设计团队安心地做出自己得心应手的正向设计，再通过他们的深化和模型维护，让施工团队能舒服地开展后续的BIM工作。

他觉得，BIM其实就是一个工具、一个理念、一个新生儿，在现阶段还是半探索半生产的阶段，他更希望在一个没有立场，只为建筑服务的角度去摸索，也认可BIM可以让行业未来更稳定、更透明、更合理。相信很多BIMer也觉得没有立场地搞工作更轻松吧。

40不惑：追寻BIM的人们，未来将会到哪去？

本节内容来自与一位老朋友的深度对话，他叫金戈，网名铁马，想和读者探讨的话题，是这位“老法师”花了十几年的时间，重新审视的一个特别基础的问题：我们这群人辛辛苦苦做BIM，到底是要往哪去？

通过对这个问题的反复叩问，金戈也逐渐找到了属于自己的BIM道路。

1. 入行：2002—2007

2002年大学毕业，我进入一家专门做机电深化设计的公司，主要是做日本的项目。我们的工作大概是：从客户那里拿到一个建筑项目的设计资料，深度大概在初步设计或方案阶段，我们负责进行深化设计，完成的深度要达到能够现场指导施工。

如果对比国内项目的分工，我们的工作大概包括国内设计院的施工图设计、多专业综合、设计交底、施工深化设计、施工配合等几个环节。

我们的成果包括：一结构留洞、二结构留洞、设备基础图、设备定位图、管线综合图、单专业详图、管井详图、机房详图、卫生间详图等。模型的深度包括建筑结构的基本外形尺寸、机电所有构件（含所有设备、风口、软管、阀门、管径从15mm到1000mm的所有管线）等。

我们的成果需要被日方施工单位的工程师确认，也需要被设计师确认，最后指导施工。

因为要完成如此细致的资料，一方面我们会采用专业的三维设计软件，另外一方面需要掌握设计和施工的知识，所以有一个很长期的培养周期。我印象中，一般要培养3~5年才能成才。

这也导致了这个行业非常小众，淘汰率也特别高，不是因为难度大，是很多人等不及出成绩。

在这几年中，我虽然经常加班，甚至有一年，大年二十九还在通宵，到大年三十的早上才完成，回到宿舍，洗澡，然后回家，倒头就睡，一直到吃年夜饭的时候，才被妈妈叫醒。但是总体来说，收获很大，也影响了我现在对任何一个项目，都按照当时日方的标准来要求成果交付。

2. 困惑：2008—2013

2008年左右，上海要为世博会建设大量的场馆，其中就有很多异形的项目，无法在二维图样上表达清楚设计意图。

在一位大学同学的推荐下，我们承接了世博演艺中心（现在叫梅赛德斯-奔驰文化中心）的深化设计。当时，也有其他团队介入世博会的其他场馆，但是他们所做的不叫深化设计，而是叫BIM，用的软件也和我们不一样。

“原来我们这一行叫BIM?”，我一下子感觉找到了组织。接下来，我参加了大量的BIM论坛，BIM讨论群，我想搞明白BIM是什么，后面应该怎么做。

期间，我也离开了原来的公司，和几个小伙伴自己创业，专门做国内项目的BIM工作。我们觉得这是一个很好的机会，国内在当时设计和施工的衔接这块几乎是空白。

后来，又因为种种原因，创业失败。感觉空有一身本领，无处施展。

这段时间，应该是我的第一段的迷茫期：我找了一切资料，问了各种专家，也参加了大量的论坛，但是没有人能解答BIM是什么？BIM的未来是什么？我觉得自己有丰富的实践经验，但是没有理论知识。

所以，我决定自己去探索。

3. 工程BIM：2014—2015

2014年，我加入了上海建科工程咨询有限公司（简称建科）的BIM团队，这应该是我职业生涯的第一个转折点。

在这里我遇到了第一位好领导陆鑫。当时，建科的BIM咨询也刚刚起步，大家也都在摸索。所以陆总给大家找来了很多国外的BIM资料和文献，同时要求大家翻译、讨论和学习。

在建科的这段时间，我养成了一个很好的习惯，就是翻译了大量的国外BIM资料，在翻译的过程中做精读。例如我们经常讲到的BIM的25个最佳应用，是来自《BIM实施指南》。

当时，我在国内至少看过不下10位专家学者，把这25个最佳应用搬到国内的文章中，又做了自己的解读，但是很多解读都是错误的。包括上海的BIM指南，深圳的BIM指南等，都有这份报告的影子。

当我自己拿着多本BIM原著进行翻译和精读后，我觉得一下子对BIM的整体有了一个概念和框架。

用我们陆总的话说：“我们既要做到横向到边，又要做到纵向到底。”所谓横向到边，就是要知道BIM在项目全过程能做什么；所谓纵向到底，就是每个应用点都要做到极致，应该怎么做，能实现什么价值。

在这段时间，整个行业的BIM风风火火，但是大量的BIM说得好听，做得很差。我姑且称之为“概念陷阱”。很多人听说了BIM很好，但是没有实践过，先去做了营销，PPT都做得很好，但是一旦落地实施就一塌糊涂。

但不管怎么宣传，这段时间的BIM，几乎都在做一件事，就是三维协调，这些BIM工作和我之前的工作内容几乎一致。所以，这段时间，基本形成了我的第一个BIM逻辑，我称之为“工程

BIM”。

结合我后面几年的心得，我的理解是这样的：所谓“工程BIM”，主要解决设计和施工衔接的问题，保证施工阶段的可实施性。将传统施工阶段现场“老法师”的经验，进行知识的量化，转化为可读、可学习的规则，让年轻人学习，并利用三维软件的技术，在设计后期和施工准备期就进行复核和验证，并输出真正可以指导施工的，且无错的施工模型和施工图。

然而，工程BIM的核心是人，这类BIM工程师需要掌握三维软件、设计知识、施工知识和两者的融合。而这样的人太稀缺了，也太难培养了。所以我一直认为工程BIM很有价值，但是因为人的因素，让BIM落地确实挺难的。

当时，大量BIM项目不能落地的原因也很简单，这些团队有BIM的概念和建模能力，但是没有相关的工程经验和知识，甚至很多人连图样都看不懂。这样怎么能做好项目呢？

4. 新曙光：2015—2019

在建科的期间，我坚定地认为工程BIM是真正的BIM，但是又不是BIM的全部。那BIM的其他部分是什么呢？我依然没有找到答案。

我能形成工程BIM的想法，是基于我之前这么多年实际项目的经验。而BIM的其他，涉及的三维设计、模型审核、BIM运维等，又到底是什么？该如何实现？

因为种种原因，这些BIM应用我无法在建科验证，其次，因为形成了工程BIM的想法，我内心对BIM的应用场景就是和某个主业结合，可以是设计也可以是施工，但一定不是咨询，所以我就离开了建科，选择了上海的大型民营施工总包企业舜元。

2015年，我到了舜元，很幸运，又遇到一位好领导李青，他几乎是无条件地支持我的工作。

在舜元的几年，应该是我的第二个转折点。当时团队探索了很多认为有价值的技术应用，从三维设计到模型审核，从无人机倾斜摄影到三维激光扫描，从VR到BIM算量，从进度模拟到BIM项目管控平台开发，再到BIM运维平台开发。我们几乎测试了国内外所有的BIM工具，做了大量的测试报告。

我对团队的要求是，要一手资料，不要二手资料。好或不好，必须自己用过后说了算。然后在这个基础上，形成了舜元自己的BIM实施体系。

那时候舜元有一个很好的项目，舜元科创大厦的建设。这个项目是舜元自己设计、自己施工、自己运营的。老板要求我们BIM全过程应用，还申请了上海的BIM示范项目。

在这个项目里，我们遇到了各种问题，其中印象最深刻的就是运维平台的建设。因为需要做到运维，意味着我们的BIM模型需要带数据，也就意味着需要编码体系和数据规格，由此引发了一系列的需求。

带着这些问题，我又开始了新一轮的学习，而这次的出发点都是基于怎样使用BIM数据，也就是现在常说的非几何信息。从那时起，一个新的概念在我的脑海中形成，那就是“数据 BIM”。那是和“工程 BIM”完全不同的维度，但也是 BIM 的一个重要组成部分。

让我真正对“数据 BIM”有完整认识的触发点，其实是我后来离开舜元，在水石设计（简称水石）的一次论坛上，一位德国的设计师在演讲里谈到海南一个医院的设计。

当时对方讲到了他们的一种设计方法：将医院的各种空间指标、设备指标、经验数据放到一个专业 BIM 软件里，然后和建模软件对接，通过输入项目的需求，软件自动根据经验库的指标形成设计方案。

我马上就觉得眼前一亮，这就是我在找的“数据 BIM”案例。之后我联系到一个欧洲的 BIM 工程师，深入地学习了对方在研究的一种新型的设计方式，就是通过 BIM 数据驱动设计。接着又找来了对方的专业软件和相关的一千多页的使用说明，又开始了一轮学习。

在此期间，我初步形成了一个“数据 BIM”的想法，但是具体如何实施，因为没有实践经验，所以还有点懵懵懂懂。但是，我隐隐约约觉得，在施工单位接触的东西可能无法提供我需要的答案。

5. 数据 BIM：2019—2021

2018 年底，偶然间，我看到了两份资料，一份是关于美国科特亚公司的技术逻辑，一份是英国发布的《数据驱动基础建设》。两份资料都传达了一个相同的逻辑，就是同一类型的建筑可以通过 BIM 技术，拆解成若干个标准化的 BIM 组件，基于这些标准件形成知识集成，然后复用这些知识。

而在几乎同一时间，在朋友的引荐下，和 Revit 的早期投资商美国大叔 Arol 有过几次交流，对方也有类似的建议，建议我们先针对单一业态的建筑做 BIM。而要实现这样的技术路径，一般是业主牵头，设计院配合，在前期就开始介入。

基于以上国外 BIM 发展的轨迹，我的判断是，BIM 的未来应该在建筑业的上游，也就是设计院为龙头，由此我离开了施工单位，来到了上海水石。

幸运的是，水石的领导也很支持 BIM。同时，在水石启动了三个非常有意思的项目。

第一个是 A 地产商的方案阶段的 BIM 设计，第二个是 B 地产商的基于封装的正向设计，第三个是 C 地产商后期的 BIM 交付和运维，其中第二个和第三个项目值得重点说说。

B 地产商的正向设计是基于自己现有的模型库，进行复用的封装设计，逻辑上就是 BIM 几何数据的复用，他们已经有了基于模型的企业 BIM 数据库，不过非几何数据层面用得不多。

C 地产商的运维平台，业主的最终逻辑，也是希望 BIM 数据实现从建设到运维的沿用，形成企业数据库，为后续项目提供决策支持。他们要求我们辅助搭建自己的 BIM 数据中台，几何、非几何两个维度都需要实现数据的复用。

结合这些项目实践，我对数据 BIM 的理解也更深入了。所谓“数据 BIM”，应该是各类建筑的知识从几何和数据两个角度进行结构化的沉淀，为后续的新项目以及各种决策提供数据依据。

这就需要经历知识积累和知识复用两个过程，而这恰恰是建筑行业最欠缺的。

我所经历的多家公司的很多项目，都是以项目经理经验为导向的工作模式，所谓的知识都是用二维图样和文档的方式留存。建筑行业迫切需要通过 BIM 技术来进行建筑数据的积累和沉淀。

我的理解是：“数据 BIM”才是 BIM 的未来，是真正能发挥巨大价值的方向。

在所谓的“工程 BIM”和“数据 BIM”之外，我发现还有一个有意思的“工具 BIM”，我对它的定义是：在不改变原有工作内容和流程的基础上，设计师或工程师用 BIM 工具替换传统工具的做法。

其实从本心来讲，我不认为“工具 BIM”是 BIM。例如一个建筑设计师原来用 CAD 做设计，现在用 ArchiCAD 或 Revit 做设计，他就变成 BIM 工程师了吗？不是，他还是建筑设计师。但是，很奇怪的是，在我们大量的微信群或论坛，讨论最多的，恰恰是“工具 BIM”。

各种专业的人员都会标榜自己是 BIM 设计，然后探讨各种软件功能的应用，从三维设计到参数化设计等。至少在现在这个 BIM 推广的阶段，可能“工具 BIM”会依然存在很长时间，所以我姑且认可这也是一种 BIM。

总之，我从 2010 年探索 BIM 是什么开始，到现在有了一个阶段性成果，我不认为是最终的答案，BIM 技术肯定还会继续发展下去。

我一直觉得任何技术的发展，一定需要基础理论的支持，没有理论支持的技术是发展不下去的。所以这么十多年来，我还是一直在问自己：到底 BIM 是什么？

目前来说，我觉得它至少包括三个部分：“工具 BIM”“工程 BIM”和“数据 BIM”。

“工具 BIM”代表了生产工具的提升，但是不改变原来工作流程和方式；“工程 BIM”代表了一种精益管理的落地措施，核心是精益管理，是管理模式的提升；“数据 BIM”代表的是知识复用，是未来建筑业生产方式的革新。

6. 关于未来

老话说，四十不惑。可到了四十，我依然还有很多关于 BIM 的疑惑。

在我职业生涯的前半段，我经历了大量的工程应用，所以在我职业生涯的后半段，我的精力会放在数据应用。在 BIM 数据的落地应用上，还有很多障碍需要去克服。

BIM 作为建筑业的数字化技术，得到了大部分人的认可。最近几年，原来宣传 BIM 的软文，越来越多地转向关于数字化转型、数字孪生或 CIM 等。

但不管是之前的 BIM，还是现在的数字化转型，都存在两个很大的问题。

一个问题，我称之为“概念陷阱”。当一个概念过时后，又会出现新的概念，其实本质都是一回事：只有概念，没有落地的实施路径。

另外一个问题，我称之为“技术陷阱”。建筑业遇到的大量问题，都涉及管理、技术、人员，甚至体制和国情，但是有一些人把它们统统归为技术问题。他们写的文章表达的意思就一个，只要上新的系统，上新的平台，就能解决问题。数字化转型就等于新的平台，BIM就等于新的软件。

于是很多企业或政府被误导，简单粗暴地把建筑业的各类问题等同于软件问题，我觉得这是目前BIM应用或数字化转型最大的危害。

那么，什么才是正确的BIM应用、数字化转型？

最近我在学习浙大博士郭朝晖老师的讲稿，他从制造业的角度分析数字化转型，我觉得讲得特别好。

郭老师认为，我们人类碰到的各种问题，在历史上都有解决的思路和方法，而通过数字化技术，可能优化原来的解决方案。

郭老师的话对我最大的触动是，我们不要觉得数字化多么神奇，我们只需要先思考传统的解决思路是什么，然后思考数字化有什么更好的技术手段。核心是先要有传统的解决思路，再通过数字化技术的加持，而所谓传统的解决思路也很简单，就是降本增效。

学习郭老师的讲稿，让我有一种豁然开朗的感觉。如果是这样的话，我所谓的“工具BIM”“工程BIM”和“数据BIM”，都可以用同一套逻辑来解释了。

我们原来没有BIM，也可以设计异形建筑，只不过手绘很困难，效率很低，现在用ArchiCAD这样的工具更直观便捷。原来设计院也有拍图纠错，也是由现场“老法师”审核施工图，但是工作量太大，工作效率太低，现在通过BIM，降低门槛，提高实施效率。

维特根斯坦有句名言：如果你懂的，你就讲清楚；如果你不懂，就留给沉默。在这几年的工作中，我遇到了太多被误导的业主，被耽误的项目，被浪费的资金和被迷惑的职场新人。作为一名坚定的BIM粉，这也是我为什么希望借助BIMBOX这个平台，把这几年的心得和大家分享的一个原因。

我希望自己能把BIM讲清楚，希望我们的业主对BIM有信心，希望我们更多的新人能加入到BIM中来，希望BIM能有一个更好的未来。

我们团队曾经有一个实习生，做了半年后离职了。我问她离职的原因，她说：“我的工作整天都是整理数据，都没有建模，我的同学在别的BIM团队都很精通建模技术，学到了很多。”我叹了口气放她去建模。

如果有新人还在BIM的门口犹豫，我想说一句，BIM不仅只有建模，它有很广阔的天地。

BIM运维之痛：从“OpenBIM”到“noBIM”

本节的内容，依然来自老朋友金戈，他通过这些年为各种业主提供的服务之中，用BIM做运维的八个痛点，非常实在地讲述了哪些痛点有解决方案，哪些痛点还是当前行业的发展掣肘。

搞清楚这些问题，我们才可能把这件事做得更好。

1. “OpenBIM”和“CloseBIM”的技术陷阱

坊间有两个术语：“OpenBIM”和“CloseBIM”。

所谓“OpenBIM”，是指利用IFC格式进行数据交互的BIM应用。所谓“CloseBIM”，是指利用某个单独的商业软件（如Revit）进行数据交互的BIM应用。

这两者有一个通病，就是需要把数据直接加载到模型中，然后利用这个富含数据的模型文件进行应用。而这会存在三个潜在的问题。

➤第一个问题是数据处理。

当前的技术在处理三维模型时，依然存在很多问题，如流畅度、美观度等。加载数据后，只会加重计算机的处理负担。并且应用程序需要穿透模型文件之后，才能应用数据，这更会增加难度。

➤第二个问题是数据共享。

就算是欧特克公司自己的其他软件产品，在读取Revit保存的文件时，都会出现数据丢失的问题，更不要说其他软件。

➤第三个特别重要的问题是数据归档。

当以某个软件格式存储数据的时候，一旦软件停用或公司停止服务，就会出现无法读取的重大问题。如果文件遗失或损坏，那就是连带着数据一起遗失。

2. 什么是“noBIM”？

美国公司“SMART ARCHITECTS AND ENGINEERS”纽约办公室的主任John Tobin，在一篇文章中提出这个概念：没有模型的BIM数据。大概的意思是数据的交互应该基于数据库，而不是基于模型。

美国的菲尼斯·E.杰尼根写的《大BIM4.0：连接世界的生态系统》，可能是唯一一本不谈模型的BIM著作。这本书提倡的概念，是将围绕着模型文件的应用，称为“小bim”，而基于系统的应用，称为“大BIM”。

另外，ISO19650这份标准中提到的通用数据环境（CDE），主要就是解决BIM数据的传输和共享。

在国内，很多人经常提到“数模分离”，我也多次在文章中讲过，意思也是数据和模型分开存储并应用。

以上种种，姑且统称为“noBIM”，本质上就是依托数据库对建筑数据进行清洗、存储和管理，从而实现建筑数据的共享。

在应用层面依然有模型的存在，但是本质上其实是数据驱动，而非模型。

最极端的情况是，数据本身存储在数据库中，甚至连模型也是基于数据库进行存储，可以根据用户的需求，转化为任意三维格式，而不是以某种固定格式存储。

我认为，“noBIM”可能是未来的一个趋势。是从以模型文件应用，向构件转变，进而从构件向数据应用的转变。那么，“OpenBIM”“CloseBIM”与“noBIM”和运维有什么关系呢？我们把这个话题暂且放下，先讲讲我在运维服务工作中的思考。

3. 什么是BIM运维？

从2015年经手第一个BIM运维项目开始，我一直在思考：BIM和运维是什么关系？

这个问题可以拆分成几个子问题：

➤没有BIM的运维是什么样的？

➤ BIM为什么需要运维？

➤运维为什么需要BIM？

慢慢地，网上开始有一些BIM运维案例，但是除了模型的可视化之外，我没有看出来BIM运维平台有什么特别的价值。尤其是当我尝试在点击各个功能时，把模型遮住，发现对功能并没有什么影响。换句话说，即使没有模型，这些运维功能也是可以实现的。

BIM存在的意义如果不是解决业务功能，那是解决别的什么问题？

在探索过程中，两句话点醒了我：“数据是企业未来重要的资产”，还有“数据即服务”。

所谓BIM运维，并不是说用BIM来做运维的业务，而是提供一种基于数据的服务。传统的运维解决的是业务流程方面的服务，如维修维保、安防管理、设备管理等，而BIM运维是传统建筑运维的升级版，增加了数据管理的功能。

基于模型的三维可视化，只是数据管理的一个子项功能，但是这个子项有点喧宾夺主了。

简单来说，BIM运维＝业务模块＋数据模块。

传统的建筑运维在升级的时候，为什么一定需要BIM技术呢？有没有可能是别的技术？很抱歉，暂时没有，BIM是唯一的选择。具体原因，已经在本书的另外一节“抽丝剥茧：建筑公司搞数字化，为什么离不开BIM？”中进行了详细的论述，在此不过多展开了。

4. BIM运维的痛点

我在近10年BIM运维服务过程中，遇到了八个真实痛点。

第一，需求之痛

一个很有意思的情况就是，在BIM运维这件事上，甲方、乙方、第三方，都说不清需求是什么——负责人说不清需要什么，懂需求的人说不上话或者不会总结需求。

这也是大量BIM运维项目失败的主要原因：为了上系统而上系统，不是为了解决某个需求而上系统。

我们做BIM运维，就是借助建筑数字化的技术，在不降低传统运维的质量下，达到降本增效。传统的运维主要包括以下工作方向：

➤物业管理：包括维修维保、保安保洁等。

➤资产管理：包括设施设备、备品备料等。

➤空间管理：包括办公空间、租赁空间等。

➤安全管理：包括应急、消防、报警等。

➤能源管理：包括用水、用电、用气等。

既然要降本增效，就需要从成本的角度来分析。就成本来说基本上可以整合成这几个维度：人力成本、能耗成本、设备成本、维护成本、其他成本。

很多客户找我们，第一句话就说：“我们要上一个运维系统。”其实没有一个运维系统能包打天下，因为根据不同业态的特性，成本的占比各不相同，需要解决的问题也不同，需要一事一议。

例如住宅项目，设备比较少、人员比较多，人力成本占比较大，那么这种业态的运维，就需要考虑如何有效减少人力成本。而工业项目，设备能耗占比较大，就需要考虑如何有效节能。

第二，架构之痛

我曾经在一家施工总包单位工作过近5年。当时行业内兴起了各种项目管理平台，或者叫BIM协同平台。大部分人理想中的平台，都是要包含工程建设的各个要素，既要有八大员，又要有人机料法环，还要有进度、质量、安全管理等。

可我看到，有些公司好不容易赚到一点钱，都投进去开发平台，活活累死一大批。我们当年是测评了市场上各类软件工具，然后根据项目需求来组合。从来没有一个包打天下的大平台。

其实BIM运维平台也一样。一提起它，业内人士脑海中浮现出来的通常是个很炫酷的、基于三维模型的软件平台。从某种程度来说，现在大部分BIM运维项目还是处于探索阶段。

而基于我们对BIM运维平台的理解和实践，BIM运维平台＝CDE软件＋IOT软件＋物管软件＋数据软件。

BIM运维平台不是一个软件，应该是实现多个功能的一组软件集合。

我在前面提到了“BIM运维＝业务模块＋数据模块。”基于这个逻辑，可以把它拆分成下面的架构：

业务模块负责物业管理、资产管理、空间管理、安全管理等，数据模块则包含解决工程数据的CDE模块、解决动态数据的物联模块，以及解决数据清洗、存储、管理和共享的数据平台。

BIM运维平台架构逻辑

关于业务模块和物联模块，大家基本都有共识，在我的理解中，CDE模块主要解决的是BIM数据在线和共享的问题。数据平台则要解决多种数据的在线和共享问题。现在有很多这样的产品，有数据仓库，也有数据中台，不管叫什么，功能都差不多。

第三，实施之痛

基于前面多软件组合的共识，我认为实施BIM运维需要以下知识和经验：

➤针对 CDE 模块，需要 BIM 知识、引擎知识、IT 开发知识。

➤针对物联模块，需要弱电智能化知识、IT 开发知识。

➤针对业务模块，需要物业管理知识、IT 开发知识。

➤针对数据平台，需要数据管理知识、数据库技术等。

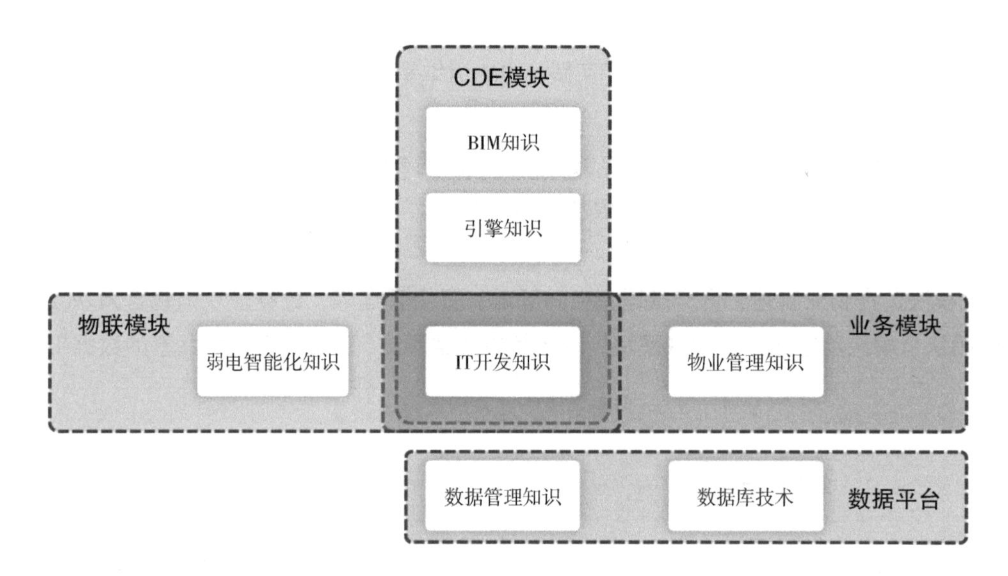

可想而知，具备以上所有知识的团队凤毛麟角，所以大部分项目都需要跨团队协作。

根据我们的调研，市场上主要有这么几类公司在做 BIM 运维。

➤ BIM 咨询公司升级。

如设计院和施工单位独立出来的数字公司，或者第三方 BIM 顾问，包括我们水石设计在内，也都属于这个方阵。

这个方阵的优势在于懂建筑行业、懂 BIM、懂模型创建；不足在于物业管理知识较弱，数据对接和管理较弱，IT 基础比较薄弱，团队稳定性也比较差。

➤三维可视化公司升级。

主要是 GIS 起家、三维引擎起家的软件科技公司，还有一些专门做展示大屏的公司。这类公司的特点是有一定的 IT 开发能力，能迅速交付一个平台，让业主眼前一亮。但是缺少物业管理知识，以及对 BIM 数据管理能力较弱，产品功能较弱。

➤智能化服务公司升级。

主要是以前专门从事智能化服务的公司，如从事楼宇自控、能源、实验室和机房服务等的公司，做业务升级。这类公司 IT 知识相对丰富、智能化业务逻辑清晰、稳定性高。但是物业业务逻辑较差，BIM 和三维引擎的应用较差。

➤传统运维公司升级。

主要是传统五大行和一些物业公司的业务升级。这类公司的物业管理经验是最丰富的，也会引入三维引擎。但是缺少 IT 知识，特别是缺乏对 BIM 数据的应用，对 BIM 的理解还停留在展示阶段。

➤第三方跨界。

这部分主要是一些大厂，从工业、金融、互联网等圈子跨界到运维中来。这类公司的特点是资金雄厚，可以快速整合各类资源。不足是对建筑行业不够了解，物业管理能力和经验缺乏。通常是资金驱动或 IT 驱动，而不是需求驱动，导致产品很难落地。

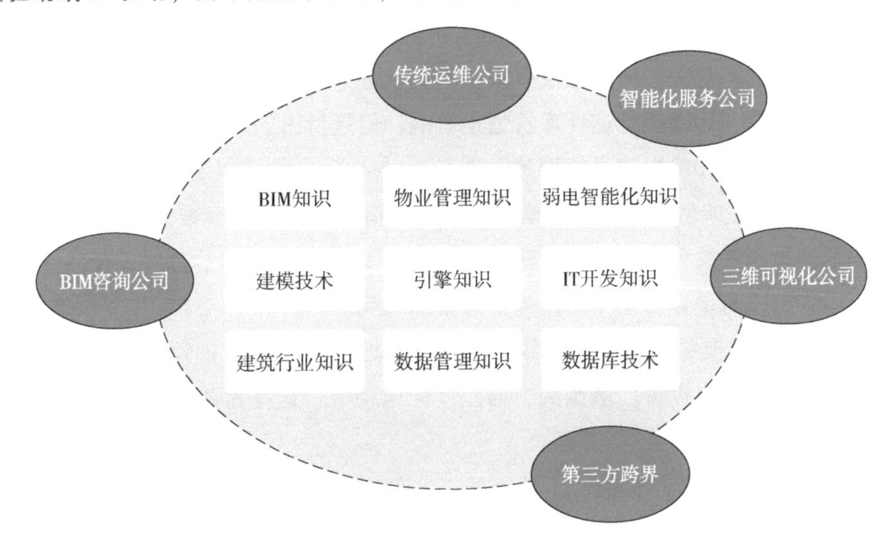

所以在复杂的运维服务面前，每一方都有自己的缺陷，合作才是当下比较可执行的方向。

所有认真做过 BIM 运维项目的同行都会认同：一个 BIM 运维项目，平台开发占一半，实施占一半，甚至更多。一个团队的实施能力几乎可以决定一个 BIM 运维项目的成败。

第四，引擎之痛

现在国内做轻量化引擎的公司很多，主要是类似 U3D 的线下技术，或 WebGL 这样的线上技术。

游戏引擎的好处显而易见，很多开发公司用起来相对熟悉，而且展示效果也更好。但很多公司使用游戏引擎，把 BIM 模型传递给它时，顺手就把丰富的数据格式化，只剩下一个壳子了。这导致很多业主对引擎的理解都停留在可视化。

我认为真正的引擎，应该能完整继承 BIM 模型中的各类数据，并准确地展示出来。

另一方面，在线技术的引擎主要缺陷是模型承载量相对有限，容易出现崩溃。

所以，综合起来的现状就是：游戏引擎漂亮、稳定，成本高，缺乏数据联动；在线引擎数据量有限，稳定性略差，成本低，可以进行有效的数据联动。

目前要破解这一对矛盾，从技术角度来说，我看到了两个发展方向。

➤第一是开发超级引擎，可以流畅地处理各类超大模型。

➤第二是开发基于LOD的引擎，对模型的展示分多个精细度。在视线中的模型高精度展示，离视线远的模型用低精细度展示，以此来降低数据量，实现流畅展示。

这方面的发展很快，也总有新的方案出现，如Unity Reflect、Omniverse、国内很多低代码引擎等。

第五，模型之痛

很遗憾，国内很少有团队具备BIM运维模型的创建能力。当然也可以说，运维模型的要求太高了，导致投入产出的不对等，所以也没有太多的团队愿意做这件事。我找了很多业内的前辈请教，得到的普遍反馈是，运维模型这件事价值是有的，但是付出的代价太大。

简单说几个运维模型和常规建设模型的区别：

➤一般设计模型专注如何出图，施工模型专注如何指导施工，而运维模型专注后续运维使用，如运维模型非常注重拓扑关系，而大部分建模工作不会花时间做真实的连接，反正设计、施工阶段也用不着，运维阶段光是弥补这一点就需要大量的时间。

➤建设阶段的模型主要关注设备和管线安装，而运维阶段除了设备管理需要，更多的是对弱电系统的应用，如各种弱电设备、摄像头、插座、配电柜等，这些都不是建模重点，甚至很多是不建模的。

➤建设阶段的模型主要面向设备和土建施工，会忽视对空间模型的创建。在运维阶段，空间则是作为重要的资产需要被管理。

以上几条是运维模型特别需要关注的几个点，退一步说，撇开这几点，很多竣工模型也是差强人意。

现在有多地方政府要求交付竣工模型，但是这些模型确实质量堪忧，能带来重复利用价值的更是凤毛麟角。

再举一些例子，模型质量差体现在以下这些方面：

➤构件缺失，各种阀门、管件、软接等基本没有。

➤系统错乱，如雨水排水、生活排水、生产排水、空调水等。

➤设备错放，如水管上需要接管道泵，可能就随意放了离心泵。

➤不合理的对接，如20mm管径的空调水管，接了水泵直接变径到50mm。

这些稀奇古怪的错误，真的让人很崩溃。曾经有一个BIM大赛，我检查了将近50个参赛模型水泵房的设备情况，只有寥寥几个项目做了正确的连接，模型质量之差，让我瞠目结舌。

这可能也是BIM经常被人诟病的原因吧，我非常希望今后随着行业的发展、甲方需求的明确，这种情况能有所改善。

第六，标识之痛

现在BIM模型的主要用途在于出图和指导施工，这个过程中，标识的重要性往往被大量的忽视，如构件标识、系统标识、空间标识等。

这也是BIM模型区别于传统三维模型的重要元素。

我们经常能看到这样的分享：运维中出现漏水，利用BIM模型，可以快速排查是哪个阀门出现了问题，从而提高管理效率。

那么，如何实现呢？要知道，到了运维阶段，管理人员面对海量的房间和构件，已经不可能通过轴网、坐标等数据来实现定位了。如果只是把模型放到某个引擎或BIM运维平台，则需要大量的人工挂接。

这些标识在Revit模型中是天然存在的，但是关联关系不足以表达清楚，需要建模人员做一定的优化。在我们实际接触的项目中，这项工作需要后期大量的人力去弥补，如我们会要求在所有构件加上设计编号字段，设备构件里添加所属房间号，部分构件添加轴网坐标等。

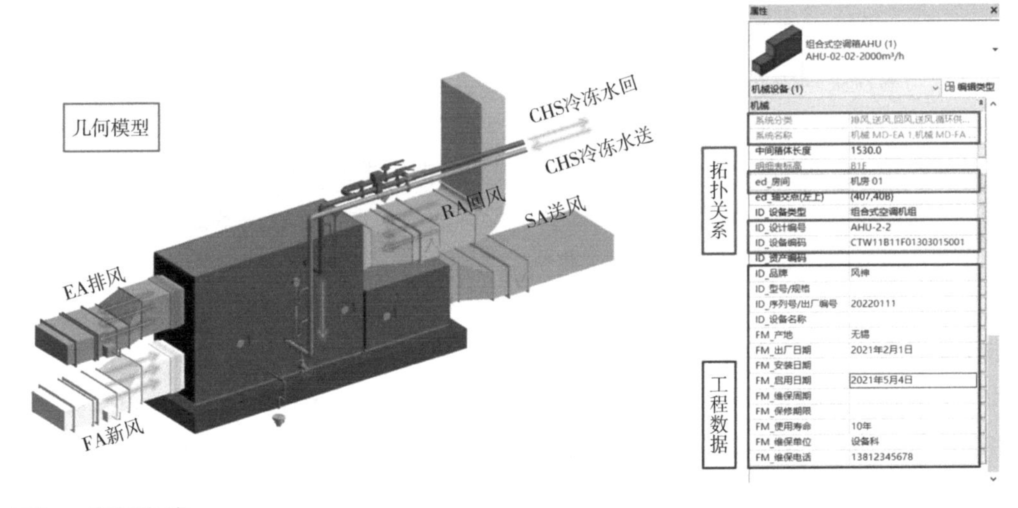

第七，编码之痛

BIM Handbook 这本书里有很生动的解释：编码，能解决不同系统对同一构件的称呼问题。类似人的身份证号，既需要唯一，又需要能方便扩容。

国家标准虽然已经发布了分类编码标准，但也是引用国外的OmniClass标准，不具备很好的落地性。

BIMBOX的上一本书《数据之城：被BIM改变的中国建筑》中，用了好几节专门讲编码，推荐大家去了解一下，简单来说好的编码要有以下五个特征：

➤能唯一性地表述一类设施设备。

➤具备无限的扩容性。

➤方便识别的精简性。

➤和数据字典关联的灵活性。

➤实施的便利性。

比如，身份证号基本上代表了编码的极致，前六位代表所在地，中间8位是出生日期，后面4位是流水号，只留下最精简的信息，有很好的唯一性、扩容性和精简性。身份证号有两个显著的特点，一是随着孩子出生就生成了；二是只保留最基本的识别信息，没有人物特征信息。这两点特别重要。

再看第二个案例，这是一个实际项目的设备编码，有24位，包括了位置、系统和设备信息。

D9	11	B2	C215	H	SA	PA01	EQ	LF	005
项目	单体	楼层	坐标	专业	系统	子系统	类型	子类型	流水号
位置信息				系统信息			设备信息		

很多公司喜欢把编码弄得无比完整，恨不得包含所有信息。这其实是对编码和数据的误解，编码信息并不是越丰富越好。编码是给计算机用的，不是给人用，是为了保证构件的唯一身份可以在不同系统中进行数据交互。如果进一步想知道更丰富的信息，通过数据检索就能查询到。

有一个难点在于，和人类的身份证号一样，最好的编码应该是在设备诞生的时候就能生成，工程中对应的就是初步设计阶段，并且在整个项目中一直跟随这个设备，才能实现所谓的数据复用。

但要实现这一点并不容易。

如一台风机，编码中包含设备的类型，如果开始是一个离心风机，后来变更为轴流风机，那这个编码也要跟着变，这个工作量就太大了。妥协的方法是在竣工阶段去编码，不过那就失去了建设过程中的应用价值了。

经过这么多年的实践，我们认为一个好的编码标准大概是：设备编码 = 限定编码 + 分类编码 + 流水号。

其中，限定编码一般区分最基本的项目、单体或楼层，分类编码区分到类别就够了。

目前，我们的分类编码标准在emData网页端已经公开，大家既可以直接免费使用，也可以在我们的基础上做修改后再使用。其次，我们在emData上，单独开发了一个可以灵活配置编码规则的模块，不同公司、不同项目，可以根据自己的需要进行配置，再一键加载到模型构件上。

分类编码	备注	LV1	LV2	LV3	LV4	LV5	LV6
WR-30.00.00		机电					
WR-30.10.00			风处理				
WR-30.10.21				风机			
WR-30.10.21.03					轴流风机		
WR-30.10.21.06					离心风机		
WR-30.10.21.09					混流风机		
WR-30.10.21.12					管道风机		
WR-30.10.21.15					屋顶风机		
WR-30.20.00			冷热源				
WR-30.20.21				制冷机组			
WR-30.20.21.03					活塞式制冷机组		
WR-30.20.21.06					螺杆式制冷机组		
WR-30.20.21.09					离心式制冷机组		
WR-30.20.21.12					模块化制冷机组		
WR-30.20.21.15					吸收式制冷机组		
WR-30.30.00			水处理				
WR-30.30.45				泵			
WR-30.30.45.45					冷冻水循环泵		
WR-30.30.45.48					冷却水循环泵		
WR-30.30.45.55					热水循环泵		
WR-30.30.45.58					消防水泵		

第八，数据之痛

模型缺少数据，这是运维行业看待BIM的一种共识，这里既包括模型非几何数据的大量缺失，也包括数据标准的缺失。

后者在行业里又被称作“数据字典”，这方面可以参考COBie，它是美国最重要的两个数据标准之一。目前国内已经有一些行业数据交付要求，特别是数字化比较深入的基础设施行业和制造业，建筑业可以参考。

我想说的数据，主要是BIM应用过程中，模型产生并需要关联的数据，一般我们称之为静态数据。里面包含了很多内容，就我们目前的认知，可以从Revit提炼使用的数据，包含下面这些：

➤几何数据。如设备的长、宽、高、标高等，以模型自带为主。

➤空间数据。包括房间或公共空间的面积、名称、归属等，以模型自带为主。

➤编码数据。如构件ID，可以是模型自带的，但一般都是用户根据项目需要自己赋予编码。

➤工程数据。包括设计、施工和运维相关的数据，如设计参数、施工人员、产品厂家等，一般都是用户赋予。

➤关系数据。包括设备的风、水等系统关系和空间关系等，以模型自带为主，也可以根据需要进行调整。

对于Revit的学习，我一直对团队的要求是，一定要掰开揉碎研究细节功能，每一个功能都要点击过、使用过，知道使用后的效果。对于数据使用，首先要知道有哪些数据，哪些有用、哪些没用、哪些需要挖掘。带着这些问题，我从家具模型、结构模型、管道模型、设备模型等角度，利用我们的数据管理软件emData把所有的Revit属性提炼出来研究。

下图是家具族的属性，其中蓝色标注的ID、楼层、房间、类别是有价值的运维属性。

家具属性案例		
序列	属性名称	属性值
1	ElementID	1120415
2	楼层	1F
3	制造商	
4	把手/支架材质	钢，镀铬
5	URL	
6	成本	0.00
7	深度	762
8	类型注释	
9	类型标记	
10	主体材质	木材 - 层压板 - 象牙白，粗面
11	代码名称	
12	宽度	1500
13	支脚高度	152
14	部件代码	
15	高度	750
16	型号	
17	类型图像	<无>
18	OmniClass 标题	
19	部件说明	
20	顶部材质	樱桃木
21	说明	
22	注释记号	
23	OmniClass 编号	
24	创建的阶段	新构造
25	最近轴交点	(6,D)
26	族与类型	桌: 1525 x 762mm2
27	族	桌
28	体积	0.42
29	与邻近图元一同移动	0
30	面积	4.19
31	图像	<无>
32	类型	1525 x 762mm2
33	主体	楼板 : 常规 - 200mm
34	主体 ID	-1
35	拆除的阶段	无
36	族名称	
37	标高	1F
38	房间	办公室2 5
39	类别	家具
40	设计选项	-1
41	类型名称	
42	标记	
43	类型 ID	1071988
44	注释	

再如一个管道的属性，其中蓝色标注的 ID、楼层、直径、长度、系统类型是有价值的运维属性。

管道属性案例		
序列	属性名称	属性值
1	ElementID	2792607
2	楼层	1F
3	类型图像	<无>
4	部件代码	
5	注释记号	
6	成本	0.00
7	制造商	
8	类型标记	
9	布管系统配置	
10	支架	<按类别>
11	说明	
12	类型注释	
13	部件说明	
14	型号	
15	URL	
16	系统分类	通气管
17	隔热层类型	
18	管内底标高	2436
19	族	管道类型
20	相对粗糙度	0.000071
21	系统名称	LNSG 1
22	管段	PVC-U - GB/T 5836
23	端点偏移	2450
24	管段描述	
25	材质	PVC-空调冷凝水管
26	标记	9604
27	尺寸	25
28	设计选项	-1
29	连接类型	常规
30	垂直对正	0
31	外径	32
32	系统缩写	LNSG
33	拆除的阶段	无
34	规格/类型	GB/T 5836
35	剖面	24
36	标高前缀	
37	注释	
38	类型	冷凝水管(PVC-U)_热熔连接
39	粗糙度	0.00200 mm
40	直径	25
41	FOT/FOB/SU/SD/=	
42	参照标高	1F
43	偏移	2450
44	类型名称	
45	管材前缀	
46	族与类型	管道类型: 冷凝水管(PVC-U)_热熔连接
47	隔热层厚度	0 mm
48	面积	0
49	开始偏移	2450
50	族名称	
51	长度	3834
52	图像	<无>
53	水平对正	0
54	类别	管道
55	系统类型	H-LNSG_冷凝水管
56	内径	28
57	创建的阶段	新构造
58	坡度	0.00%
59	立管编号	
60	总体大小	25 mm
61	类型 ID	863777

类似地，还有结构模型的体积、厚度、面积，设备属性的系统名称、系统分类等。

这些数据基本上体现了构件的基本特性：它是什么构件、它的身份、它的重量、它的高度、它在哪里、它属于哪个系统等。有了这些数据，就可以做很多事情，包括工程量统计，也包括设备维修的拓扑关系等。

此外，还有大量的工程数据，是需要我们在项目实施过程进行收集的，结合国家标准，将所有的工程数据分成了下图中的9大类。

工程数据分类

身份属性	产品属性	认证属性
位置属性	施工属性	商务属性
关联属性	运维属性	运行控制

以上就是我总结的八点BIM运维之痛，和截止到目前我的方案与思考。说完这些，我们可以回到一开始谈到的“noBIM”了。

5. 总结：noBIM与数字化交付

经常有人问我，怎样在模型上加载他们需要的数据，也包括数据的排序、类别等各种技术问题。我的建议往往是：不要这么做。数据可以放在数据库里，或者可以放在Excel表里。因为最终所有数据都会在软件系统中被使用，最终还是要进数据库的，那么之前做的各种基于模型加载的工作，都会是无用功。

如果是依据“noBIM”的理念，从项目的开始，就需要一套软件系统全程陪同，模型在设计软件完成更新，而数据在云端更新。最后数据库对接数据库，完成数据交付到运维平台。基于“noBIM”理念，我们服务了很多业主客户，搭建企业级的BIM运维平台，来实现企业数字资产管理和数字化转型。

回过头来看，有两件事很有意思。

第一，经常有客户和朋友问我们选什么软件。

我的建议一般是：BIM建模软件一般分为专业和通用两种。专业软件能更好地解决某一个方向的问题，但是数据传递性较差，如ArchiCAD。通用的软件则是专业功能一般，但是数据传递性更好，如Revit。

为了保证竣工交付，我一般会建议用通用性更好的软件。但是现在来看，这似乎是一个不完备的建议，至少要看项目情况。

原因在于，我们经历过这么多的BIM项目，发现凡是没有企业规划的BIM模型，运维阶段都没办法使用，为了修正这些模型而投入的资源，足够重新建一个了。

所以，如果甲乙双方对数据该怎么用这件事压根没想清楚，也没约定清楚，与其用通用软件做一个交付了也没有价值的模型，还不如直接用专业软件，好好地把建设过程的价值发挥到最大。

第二，只有那些业主自持且有一定体量的项目，做数字化交付才有意义。

前面我们说了这么多，搭建一个合格的BIM运维平台，要花费大量的资源，而能支撑这些资源的回报，必须有后续大量的数据应用。一般销售型的项目这方面不会有太大发挥，而体量比较小的单一项目，就算自持，也没有足够的数据样板。

在很多年前，我就一直坚信BIM的未来一定是“数据为王”。BIM运维的成功一定离不开两个支撑：一是技术，二是数据。

技术可以赋予BIM运维各种可能，而数据却是这些可能成真的底座。技术在建筑信息化这个领域其实已经有了长足的发展，而数据始终不够被重视。

无论怎么说，这些作为我的本行，都不是在给大家泼冷水，只有我们把问题提出来直面它们，才可能有行动和探索的方向，我相信未来有了足够真实有效的数据，BIM运维一定能开出绚烂之花。

未来的方向：BIM技术与数字化发展的六问六答

《中国建筑业BIM应用分析报告》已经连续发布了几年了，每年都会约我们进行一次访谈，让我们谈谈对行业的观察和思考，本节和读者分享其中几个问题的观点。

1. BIM有哪些应用价值被大家广泛认可？

经过这些年的探索，行业里不同性质的企业，对于BIM技术有哪些应用和好处，已经明显分化了——实际上，设计、施工、业主等各方在工程项目中的诉求和工作内容，本来也是不一样的，只不过在探索的路上大家有过那么几年的时间汇集到一起，如今又各自朝着不同的方向发展了。

对于设计公司来说，BIM最直接的价值是用出图效率换设计质量，比起传统的“刷图”模式，利用BIM做三维设计、净高分析、模拟分析，与倾斜摄影技术结合做场地分析，结合算法做智能排布、设计参数的可视化表达，通过在线沟通平台解决远程协作的问题，甚至去探索正向设计、衍生式设计，这些应用的目的都是提高企业整体的设计服务品质，尽管最终提交的还是图样，但更好的设计质量会带来更强的品牌溢价和口碑。

至于天平另一端的“效率”问题，则是有越来越多的企业通过采购软件或内部研发来提升。

施工企业应用 BIM 技术的成果，比设计企业带来的价值更显而易见，也更容易在单点实现突破，无论是前期的方案投标、管线深化设计、精装修深化设计、细部施工交底，还是施工过程中的进度模拟、质量安全管理、造价成本管理，采用 BIM 技术或是间接地节省成本，或是直接与财务挂钩，做好其中的每一项，都能够体现出价值，不同企业在不同项目中也会有选择地使用其中的某些应用。

运维方面的应用则是最近两年才被行业广泛讨论的问题，简单来说大的方向有两个：短期让项目可控、长期服务于运营。前者对于那些偏向于深度介入施工建造管理的业主方比较有吸引力，如打造建管平台，协调项目中各方的设计和施工工作，再如和激光点云、倾斜摄影结合，把控项目进度和质量。后者则对于投资型业主更有吸引力，他们对建造过程不是很关注，更加注重的是 BIM 数据对后期运营的作用，如资产维护管理、线上巡检，甚至是与政府对接的智慧城市数据交付等。

总的来说，BIM 正在为工程项目的各方提供不同的价值，这一点已经基本形成共识，但无论站在市场的角度还是展开对话的角度，今天的 BIM 这个词已经不能作为一个独立的新技术泛泛而谈了，每一场对话都必须建立在一个明确的场景和边界内，否则就会鸡同鸭讲。

2. BIM 发展了这么久，抛开高大上的理念，普通人为什么没啥感觉？

反问个问题，为什么人工智能发展了这么久，抛开高大上的理念，普通人也没啥感觉？

如果我们把“感觉”这个描述拆一下，拆成“够新鲜”和“能赚钱”，那这里面有两个原因，一个是新闻效应，另一个是职业内核。

先说新闻效应，每天你都在接触大量的人工智能，你的邮箱在帮你识别垃圾邮件，你的手机在帮你人脸解锁，App 在给你推荐喜欢的内容，你喊 Siri 或者小爱同学时也在呼唤一个人工智能。

但你对这些无感，隔壁说人工智能将来可以自动出施工图了，大家又都躁起来了。人工智能之父麦卡锡说：一旦某个东西用人工智能实现了，人们就不叫它人工智能了。

出现在新闻里的，永远是那些辉煌的、伟大的、前沿的、普通人够不到的东西，而资本最喜欢追逐的也是这些东西。前段时间一个开发 BIM 工具的老板和我说，他们开出 80 万元年薪，想找一个做 UE 开发的人才，没人来，一打听，全跑去做元宇宙了。

BIM 的应用点多不多？很多，做好了有不少都能创造价值，水平高的人才也不缺地方去，但目前大部分能进入日常工作中的 BIM，都是基础的、重复的，甚至是无聊的。之所以普通人对高大上的 BIM 无感，并不是那些高大上的应用来不到我们身边，而是我们自己主动选择去关注那些不在身边的应用。

说完新闻效应，再说说职业内核。

前些年行业对 BIM 有很多不切实际的幻想，一个技术出现，行业被彻底颠覆，什么设计流程、管理模式都被打破重来，每个人都能吃到技术红利。真相当然不是这样。

你看历史上任何一个技术，蒸汽机、计算机、互联网、区块链，它们的发展都遵循一个规律：发展阶段用起来难，只有少数人能获利，成熟阶段飞入寻常百姓家，大家都用，赚钱也都差不多。

这个道理很简单：技术很难用的时候大多数人观望，技术好用了，观望的人看到前面的人赚钱了，都拥进去，大家回归平均。

BIM 发展的几个阶段，早期翻模的人能赚到钱，后来培训的人能赚到钱，再后来把 BIM 与自身专业结合的人能赚到钱，再到今天搞开发的人在赚钱，可当我们看到这少数人的时候，不能只看表面。

早期的翻模公司，本身就积累了多年的客户；搞 BIM 培训的公司之前也做过其他培训；用 BIM 做设计的人本来设计就很强；做 BIM 研发的去搞别的研发也会很厉害。他们都经历了自己职业生涯中的种种磨难，进入了自己的“职业内核”，然后加上一点点跨界的勇气，才吃到了技术的红利。

今天在 BIM 这个圈子的大多数普通人，还只是在用 BIM 这个技术，而且走的是前人趟过的路线，当然不能指望用这些已经成熟的技巧，职业生涯能发生什么质的飞跃。

要么耐心多一点，在一个领域扎下去，把一件不怎么上新闻的事情做深；要么就勇气多一点，在别人不敢踏足的地方去赌一把，才有可能拥有属于自己的职业内核。

如果勇气和耐心都不太够，其实也没关系，接受自己是一个芸芸众生中的普通人，有一份养家糊口的工作，这真的挺好的。

3. 现阶段推进 BIM 应用过程中最大的困难有哪些？为什么有这些困难？

困难比较多，我谈其中的一点：割裂。

我们说各方都在发展过程中找到了自己最关注的 BIM 应用方向，那些因为种种原因无法落地产生价值的应用都被逐渐抛弃，这本来是好事，不过因为本质上设计、施工和业主方对工程项目的关注点不同，所以大多数技术都会随着时间的推移回归到各家关注的“一亩三分地”。

问题的关键在于，BIM 不是“大多数”技术，就像是电商行业，必须在平台、支付、物流等系统都跑通的情况下才能产生革命性的变化，BIM 也非常依赖上下游各方协同，才能发挥出更大的价值。

在一个项目里，设计更关注表达和出图、施工更关注建造和管理、业主更关注监管和运维，对其他参与方的工作效率和质量能否提高并不关注，当前软件市场彼此数据的互通阻碍更是让这种困难雪上加霜。

那些成功应用BIM的项目，大体分为两个方向。

第一个方向是某个参建方“越俎代庖”，做了很多超出传统职能范围的工作，如为运维企业提供服务的设计方，代替设计方做深化设计的施工方等。这本质上是一家企业为了跨越自己的增长曲线，在行业口碑和自我提升上的突破。

第二个方向是强有力的业主方或咨询方，全面统筹项目中各方的协作，搭建完善的协同平台，制订BIM执行计划（BEP），最终各方在要求下做好新技术引入的“分内事”，反倒彼此成就出成绩。

除了各方需求的割裂，还有理想与现实的割裂。新技术给很多人编织了一个不太现实的梦境，似乎有了BIM，就能一劳永逸地解决所有问题。等到发现BIM没有那么万能，又有很多企业转向对技术的失望和排斥。

这不全是BIM的问题，而是时代的问题。时代需要增长、需要故事，需要人工智能、大数据和元宇宙一夜之间带来天翻地覆的变化，但变化从来不会忽然发生，人们相信那些来自科技圈和互联网行业的颠覆故事，却很少去认真了解背后不积跬步无以至千里的真相。这需要一代认真做事的人，先把前人欠下的技术债还上，再一点点把理想变成现实。

4. 各方在BIM的价值上能达成认可和共识吗?

目前行业里讨论比较多的，是BIM“减少了多少返工、浪费，节约了多少人力和财力”，向着“省钱”的这个方向去分析，也没有什么错，但我觉得不妨从一个“赚钱”的视角来思考BIM的价值，它应该帮助企业创造更多收益，而不是节约多少成本。

想要创造更多收益，大的方向无非是两个：要么在已有的赛道里把单价做高，要么开辟新的赛道。

有些施工企业通过BIM、云平台、机器人等技术的高度集成，加上不断提升的管理水平，去承接业主需求更苛刻、利润也更丰厚的高端项目；一些传统设计公司开辟了智慧城市数字移交业务、软件销售业务。这些案例都在践行着“BIM不是为了省钱，而是提升企业数字化转型能力的抓手”这样一个主旨。

前段时间刚和一家设计院沟通，就是领导下达的命令，三年之内要把院里的智慧化水平抬上一个新高度，当然不只是为了设计师的效率更高，而是要去抢占新的市场，这也和我们在前面说的数字化转型要开辟新业务，是一个逻辑。

但是，对于更多的企业来说，BIM的作用还到不了这一步，它的作用是倒逼企业去面对一个选择：要不要先把课补上，回归到本来应有的水平。

和其他行业相比，建筑业粗放管理、一路狂奔的几十年，很多企业都没有做好传统业务范围内的工作，而 BIM 提供的可视化与数据分析，正在把这种落后赤裸裸地暴露出来，并让很多人感到不适。

这里说很多人感到不适，说白了，就是原来不会暴露的问题，也就没有相应的责任，可问题一旦暴露，这个责任说到底本来该是谁的就是谁的，这就让人很难受了。

不过反过来，往行业外面看一看，我们很难想象，一家优秀的 IT 公司经理，在面对某种更先进的管理方法时，第一个疑问是“太透明了怎么办”。

我们也很难想象，一家汽车设计公司的设计师，在使用某个三维设计软件时，发出的困惑是“发现了问题我还要改，好麻烦”。

但这些事，就在面对 BIM 的建筑业发生着，更透明的管理、更负责的设计，带来更强的企业生命力，这在建筑业之外似乎天经地义，每当我和行业外的人交流时，他们都感到震惊：这种故步自封不会让整个行业都落后吗？

事实上，我们都知道，建筑业确实很落后，很多建筑企业，目前是不可能走出行业保护的温床，去跟门口的“野蛮人”抗争的。

所以，我对“共识”的看法是：技术变革能带来效益，直到我们愿意正视自己，把课先补上。

不得不说的是，任何一场技术革命都不会带上所有人，互联网革命抛弃了绝大多数企业，同时极大地成就了少数企业，移动互联网又把这件事重做了一遍。越是先进的技术，越会造成雪球效应，技术并不会带来公平，它只是加快了比赛结束哨声的到来。商业的世界里，从来不会有什么达成普遍共识，然后大家一起均着把钱赚了这回事。

任何时代，优胜劣汰都是太自然不过的事。

5. 目前“自主可控、国产化”成为重要议题，大家需要做什么准备？

我认为，行业对“自主可控、国产化”的探讨，在大的国际环境背景下，方向当然是正确的，但还可以再多一些理性的声音。

当一个话题进入了公共领域，成为某种“主义”，往往就容易快速升温，话题的温度高了，一些倾向于冷静的声音就会变小——如成本、商业。

BIM 技术是建立在软件基础上的，而在国内很多行业中，软件行业面临的商业挑战是相对比较多的，除了要面对盗版、抄袭问题，还要面对用户黏性带来的可持续发展问题。

至少在建筑业这个大的范畴里，软件是不太可能单独靠政策扶持实现可持续发展的，最终要回归到商业的本质，要靠用户的持续买单来支持软件的迭代，而国产化软件恰恰最需要在赶超的过程中不断迭代。

一个设计师可能为了支持国货，买一双国产运动鞋，但用于生产的软件却不是这个逻辑，大部分人谈到国产化都是“线上大力支持喊口号，线下哪家好用用哪家”。

所以，如果行业讨论的环境中，“自主可控、国产化”成了绝对的主流声音，很大可能会给软件开发者营造一种虚假的安全感，同时也让使用者停留在精神支持但就是不买单的状态。

何况还有个本质问题：到底什么是国产？什么是自主？什么是可控？真要追溯到法律或者代码层，那可要出不少乱子的。

所以我认为，软件的买家和卖家在支持国产的同时，也应该在日常里回到商业的本质。用户用挑剔的眼光去提需求、找问题，开发者用贴身的服务去理解需求、迭代产品。

而一旦到了这个具体的层面，国内软件商占据的优势反倒比单纯的“自主可控”更大，开发者可以陪着设计师加班解决问题，可以跑到工地现场了解需求，可以把本土特有的问题在开发需求书中提到很高的优先级。

对于使用软件的从业者来说，软件是否“自主可控”并不是他们可控的，能对中国软件产业最大的支持，就是在合理范围内去消费软件、使用软件、用需求去滋养软件的迭代进化。

不过这里也需要强调，良性地提意见和挑毛病还是两回事，哪怕试用了一下软件，觉得不好，正经地写一封反馈建议邮件，然后把软件卸载了，也算是比较良性的互动。

不过我还是会在一些地方看到不少只为了显示自己很聪明、很厉害的批评，如说软件的定位不对、未来没发展，拿刚上市的国产软件的细节功能去和国外很成熟的软件做对标对比，在公共场合提一阵批评，甚至有些功能都没有仔细看人家是怎么做的、为什么要这么做，更别提下载用一用。

我们不能一边喊国产崛起的口号，一边不给它任何机会一棒子打死。

6. BIM技术的发展趋势是什么？建筑从业者应该做哪些方面的准备呢？

BIM在短期来看，是一架提问的机器，在长期来看，是一位沉默的助理。

建筑业的落后，并非数字化的落后，而是管理模式与数字化匹配程度的落后，当我们说“补课”的时候是在表达：以现代标准来审视建筑业的公司，很多是不达标的，管理不透明、信息不通畅、责任不明晰，而很多人在“国情特殊、行业特殊”的语境下，认为从来如此便是对的。

BIM不能帮我们解决所有问题，有时候它只是提出问题的机器，帮助人们建立反思的机制。

一个明显的、专业之间的冲突摆在设计师们的面前，提问的机器说：“谁负责改？怎么改？”当我们想要逃离这个问题的时候，会说“以前这种事不需要我管。”

机器继续问：“哪怕没有BIM，设计师难道不应该出一份没有错误的图样吗？”或许不能，因为项目时间太紧，设计费太低。

机器又问：“为什么项目时间那么紧？为什么费用那么低？”我们可以在一层层追问中的任何一层停下来，责怪那台机器有问题，回到安全的领域；也可以让它继续追问下去，直面那些其他行业都经历过的磨难。

直面问题，承认自己的落后，是一件很难的事。

对于那些完成蜕变的企业来说，BIM将不再那么咄咄逼人，也不再那么花里胡哨，它会成为AR设备中的原始资料，成为数字城市平台的显示界面，成为设计师抽屉里一件不起眼的工具，成为多数人不会见到的一行行代码，成为建筑业从业者互相交流最自然的语言，成为一个每天都出现却很少再被人提及的助理。

这并非什么豪言壮语，只是在不断复制自己的历史长河里，观察所有技术起起落落的最终归宿。

你可以把那样的时代理解为技术的成熟，但我更愿意把它理解为人自身的超越。

如果我们能为此做出什么准备，我想首先是与这台机器对话的勇气，我看到行业里越来越多年轻的设计师、工程师和领导层，已经在各种层面追问这些问题，去思考能不能通过新的技术，对管理模式、设计模式，甚至商业模式做出一点点改变。

追问只是进步的开始，但进一寸有一寸的欢喜。

当我们撕开这样一道小小的裂缝，外面的光会自己照进来，告诉我们下一步该往哪去。

林迪与长坡：BIM的新玩法不重要？

前些天有个朋友问我，搞BIM、搞数字化，还有没有什么新案例、新玩法？他已经接触了很多新的软件和技术，很多探索都没能落地，今年大环境不太好，想了解一下同行都在做什么，在哪些应用点上搞出了花样。

我先是给出了直接的回答，如开发智能平台、参与智能建造、做数字孪生项目、成立数字公司搞产品化服务等，但跟着话锋一转，说这些“玩儿法”其实不重要，因为靠信息差赚钱的时代已经结束了，你不可能知道一个别人不知道的玩儿法，就能立得住。

如管线综合这事儿并不新鲜，有公司做得特别好，就是能做出价值来，不仅如此，还能维得住客户、管得住工人、赶得上工期、要得来回款。

其他公司是不知道管线综合吗？不是。

再如软件开发，现在招开发人员不难了，但有的公司方向很明确，一般都是自己本来的强项，如做结构设计的、做水务项目的，把原本很厉害的知识封装到软件里，打包做产品化，很赚钱。

其他公司是不知道软件开发吗？也不是。

那次的聊天，这位朋友最后总结道：“人无我有，人有我精，人精我专，人专我转。”我觉得这话说得很妙，但似乎还不够具体。

现在问这类问题的朋友很多，有不少团队发现只要自负盈亏了，就很难赚到钱。大家探讨的结论也大多是“为客户解决问题、做出价值点”，感觉说得都对，但解决什么问题，怎么创造价值，还缺点抓手。

偶然看到一位大厂辞职的互联网创业者Light写下的一段分享，他写道：在目前的环境下，互联网已经不是一个“新”行业，想要找到“长坡厚雪”的赛道已经非常难，而对于普通人来说，找到“短坡厚雪”的机会太依赖能力和运气，所以我的选择是“长长的坡，薄薄的雪，人迹罕至。”

这句话对我来说，可谓是一语点醒梦中人，无论是看待行业，还是看待我们这家小小的创业公司。

1. 滚雪球

“坡”和“雪”这个说法，来自巴菲特的“雪球理论”，他说无论是投资还是人生，都像是滚雪球，如果你想滚出一个特别大的雪球，那需要具备两个条件，长长的坡和厚厚的雪。

所谓长长的坡，意味着复利增值的时间很长。对企业来说，指的是市场需求和发展空间很大的领域；对个人来说，就是那种可以做很长时间不会被淘汰的赛道。所谓厚厚的雪，意味着利润空间很大。对企业来说，意味着这个生意的毛利率很高，只要认真经营就有很大的利润空间；对个人来说，意味着工作待遇高、创业来钱快。

按巴菲特的说法，选择大于努力，你找一个“长坡厚雪”的地方，哪怕一开始手里有个很小的雪球，只要认真一点，慢慢地滚，总有一天这个雪球会滚得很大。

他自己也是这样践行的，你可能不知道，巴菲特90%以上的财富都是60岁以后才获得的，这就是长期在一个坡道上的复利效应。

这么说是挺励志的，但世界上只有一个巴菲特，对于绝大多数普通人来说，把长坡+厚雪凑齐了可没那么容易。

那么普通人只能退而求其次，要么选择短坡、厚雪，要么选择长坡、薄雪。这就要看是“厚雪”比较好找，还是“长坡”比较好找了。

短坡厚雪，意味着在一个利润很高的行业，抓住机会赚一笔快钱。这个听上去很容易，实际上也是大多数人的选择，谁不想快点财务自由呢？但这对个人的机会嗅觉和运气的要求特别高，因为这样的好事儿，要利用很高的信息差来实现短期套利，当信息差收窄，也就是越来越多人知道的时候，套利结束，坡也就到头了。

很高的信息差，意味着多数人不看好的时候，你看好，或者多数人不愿意做的时候，你不得不做。

现在很多人说，十年前BIM翻模可太好赚钱了，二三十元一平方米，要求还低，现在市场不行了，要求高价格低，实在是太卷了。为什么卷呢？就是因为知道的人多了，供大于求。可回到十年前，又有几个人愿意放下好好的工作，去搞BIM翻模呢？要么是真的看好，要么是没别的可做。

我们要相信自己的平凡，要相信我们已经知道的信息大概率是*N*手信息。当邻居告诉你买基金赚钱的时候，就快要赔钱了；当上网打听什么工作事少钱多的时候，那里已经人满为患了；当你做一件事需要得到所有人认可的时候，雪已经很薄了。

所以，“厚雪”对于普通人来说，确实不好找，那“长坡”好找吗？

听起来比“厚雪”更难找，因为它需要预测未来。哪个创业公司在做业务拓展的时候，不说自己找到了长坡呢？不都得写“预测有几百亿元的市场盘子”，不是有90%的创业公司都经营不下去了，他们说的长坡被证明其实挺短的。

如果是瞎预测，确实不好找，但比起“厚雪”的随机性，有个很好的理论，能帮你更大概率地找到长坡。

它叫“林迪”效应。

2. 存续的概率

什么是林迪效应？

这个名字的出处，是一家坐落在纽约的林迪餐厅。20世纪60年代，纽约百老汇的一群演员，经常到这家咖啡厅吃喝聊天。聊着聊着，发现一个很有意思的现象，百老汇里面一个节目能持续上演的时间似乎可以预测，它和这个节目已经存在的时间成正比。越是新剧，生命力越短，反倒是老剧能不断地上演。

后来，让“林迪效应”出名的，是《黑天鹅》和《反脆弱》的作者塔勒布。他让这个概念迅速在科技、金融、文化、政治等领域被广泛接受。

一句话来讲，林迪效应就是说：对于不会自然消亡的事物，一个技术、一种思想、一种市场需求，未来的预期寿命与它已经存在的年龄成正比。也就是说，存在了越久的东西，大概率也会存在更久。

注意，这里说的是“不会自然消亡的事物”，如果是一个人，当然是活得越久，剩下的日子越短。

一首老歌被传唱了30年，那么它大概率会被继续传唱30年；《人性的弱点》这本经典已经影响了优秀管理者80多年，它更可能继续流行80多年；莎士比亚的剧已经存在了几百年，那么比起新剧，它更可能继续存在几百年。

这么说你可能马上想反驳：封建制存在了几千年，还不是已经结束了吗？

这么举反例，其实就是没理解塔勒布说的“概率”是什么意思。林迪效应的本质是，当我们看到一个事物的时候，“大概率”看到的是它的中间态，而不是两端。

这就好比去别人家串门，电视里在放电视剧，那么你有更高的概率发现这部剧放到一半，而不是恰好刚开始或者即将结束；随机走进一家饭店，你会发现里面的人大概率吃到一半，也不是恰好刚开始或者即将结束。

理解了这个概率就明白了，把你随便扔到一个事物的随机位置，大概率会落到中间附近，那么往回看它的长度越长，往前看它的长度就很可能更长。

如果把你随机扔在中国历史的任意时间点，你大概率会活在封建时代。

所以，林迪效应不是百分之百准确的金科玉律，而是给普通人预测未来发展提供了一个好工具。

普通人不能像看电视剧的进度条一样，知道某个事物到底还有多长的寿命，但通过林迪效应，普通人可以发现更大概率存续的事物。

这也就是我们所说的“长坡”。

即便是那些致力于做点大事、改变世界历史的人来说，林迪效应也是有效的。

如AI这件事，往回看确实没存在多久，似乎是个全新的、改变世界的事物，但思考一下就会发现，先进的AI也必须回到已经长期存在的需求上去，才能继续生存。

ChatGPT刚刚火爆的时候，无数人疯狂地注册试用，一年时间过去，绝大多数“玩玩看”的人已经很少打开它了。

所以，“用AI”不是一个长坡，“用AI做某个经典的事”才是一个长坡，写作、画画、编程，都是长坡。

3. 古老的需求

说到这儿，回到BIM，你知道我想说什么了。

当我们问还有什么新案例、新玩法、新应用点的时候，大概率都会找到短坡，至于雪厚不厚，只能碰运气。而想要找长坡，就要看那些“应用点”背后的，已经存在了很久的需求。

在充分竞争的市场里，这种需求不能大而化之地谈，而是要非常具体地观察。

举个例子，有这样一家公司，德韦国际，它在装饰装修行业搞数字化，成立了得数科技这样一家数字公司，我们再来仔细看看，它找的需求是什么。

德韦国际服务的客户很特殊，主要业务是高端大型别墅、顶级豪宅的EPC总承包装修施工，客户群主要是商业领袖和巨富。

这些项目做数字化，从来没有甲方的“资助”，每一分钱都是德韦自己出的。为什么呢？为了满足一个更古老的需求。

一般体量比较大、造价比较高的装修项目，都是像写字楼、商场这样的项目，业主有很懂工程的项目管理团队，流程很正规。而他们做的项目，造价一点不比商场低，但业主却是个人用户，既不懂工程，也没有监管团队。所以，这类业主对服务方的“透明”就有特别高的需求。

一般家里搞装修，还要在材料上货比三家，在施工师傅那里扣扣减减，富商们的这个需求和普通人没有区别。只不过普通住宅装修的费用，一页纸就能说清楚，大型别墅装修的复杂程度，就远超非工程专业人士的理解范围了。

所以，得数科技提供的服务，是给业主省钱的，不光省钱，还要通过数字化的手段，让不懂工程的业主，一眼就能看懂到底钱都花到哪儿去了。

如果你是一个在BIM和数字化领域工作了很久的“老法师”，那你去看得数科技开发的平台，并不会有新奇的感觉，模型和图样集成、点云扫描集成、进度可视化、工程量可视化、任务管理、工地实时监控、数字VR，平台上集成的这些技术你都应该听说过。

但他们做这些功能，恰恰是为了解决这群业主的需求的。如果你去学习得数科技都用了什么技术、找了什么应用点，然后搬到自己的工作里去，可能就会觉得“这好像也没什么，我都见过了。”你要是光听德韦国际的老板韦峰喊“透明”，可能也会觉得他只是在喊口号。

但韦峰这位老板厉害的地方就在于，他找到了那个已经存在了很久的需求：人人都想要个漂亮的家，也不想被装修师傅坑。

这个需求，就是韦峰找到的“长坡”。

当这种需求在富豪那里被放大，大到必须依靠新的技术才能更好地得到满足，他们就毅然去选择这个技术，而那些不能满足这个需求的技术，再时髦好玩，他们也不感兴趣。

这个生意他能做，别人不能做，也正是因为在我们关注的软件、技术之外，还有大量围绕这个需求的其他事情——怎么找到这些客户？怎么赢得他们的信任？怎么建立口碑？怎么控制自己的成本？怎么在传统行业引进技术人才？

这些，都远远不是我们只问一句“还有什么新玩法”能得到的答案，也是我们找到自己的长坡之后，要下的功夫。

我们总是说，要解决问题，要提供价值，但问题和价值也有区别，是大问题还是小问题？是持续价值还是昙花一现的价值？有了长坡理论和林迪效应，我们可以换个视角，把这些有点空泛的话细化一点，看看自己在做的事情，解决哪些具体问题？这些问题是已经存在了很久的经典问题，还是最近两年追热点的问题？

4. 长坡上的政策

还有个相对容易找到长坡的方法，就是看政策，越是高级别政府文件，在里面找到长坡的概率越高。

但保持对政策敏感，对普通人而言是有点困难的。

而且很多政策是面向长期，在短期来看会和我们的直觉不符。

第1章
从BIM到数字化的沉思

如前段时间住建部发文，推进BIM报建和智能辅助审查，推进全流程数字化报建审批，27个地区开展全生命周期数字化管理改革试点。我看到有人在网上评论，说现在建筑业很难，建筑业搞数字化活得更难。

那么国家为什么要推行数字化？背后有什么已经存在很久的“长坡”需求？

一是国家安全，二是权力诉求。

第一个需求大家都不陌生，说说第二个，数字化和权力有啥关系？

信息对权力的影响非常大。无论是公司还是政府，想要达成有效的管理，必须要掌握关键的信息。管理中最重要的事情是决策权，说白了就是这件事谁说了算，有信息优势的一方自然有决策优势。

但信息的获取是有成本的，如人口密度、地理位置屏障、方言、经济规模等，这些都是收集信息的障碍。在实际执行的过程中，上级不可能掌握和处理所有的信息，也就是获取和分析信息的成本太高了，所以，在技术不发达的时代，中央政府就只能下放更多决策权到地方政府，地方政府也只能下放更多决策权到企业。

这里面就有一个存在了很久很久的需求，从人类有政府就一直存在的需求：上级需要更多的决策权，也就需要更多的信息。

以前这个问题不容易解决，想掌握信息，只能靠层层汇报，汇报的信息还得想办法精简、抽象、标准化，只有这样，才能用有限的资源获取更多的信息。

举个例子，现实的森林很复杂，各种树木都有，还有各种灌木花草，形成一个复杂的生态，但18世纪的普鲁士国王对这些不感兴趣，他需要知道，国内的森林每年能贡献多少树木。

那么对于国家的林业官来说，森林的所有其他参数都消失了，只剩下一个参数：每年能贡献多少立方米的木材。所以森林中每砍掉一棵树，就补上一颗云杉，因为云杉长得快、价格高，关键尺寸还可预测。

一段时间之后，森林里其他树木都消失了，全换成了云杉，像士兵列队一样整整齐齐的，生态的多样化也消失了。但在财政上，它带来了很低的信息传递成本和国家治理效率：国王只需要知道国内森林的面积，就知道明年会有多少木材收入。数字如果差得多了，查起来就很方便。

这样的治理方式对于生态来说肯定是糟糕的，但为了信息和决策权也是必要的，这也说明权力对于政府来说有多重要。

而数字化，就是解决这个古老问题的利器。它天然要求标准化、结构化，可以汇总计算，还能逐层追溯。我们仔细去看近几年推出的政策，为什么要强调BIM图审？为什么要求图模一致？为什么要求模型和现场一致？因为这里面的各种“一致”能形成信息的互查，能尽量去掉不可控的因素，不可控因素少了，信息的通路就变短了。

于是，中央政府会要求地方政府搞数字化，地方政府也不能算糊涂账，就会要求下一级的企业搞数字化。围绕着这个中心思想，技术问题可以想办法攻克，但这个总体趋势是拦不住的。

越是像建筑业这样，复杂、多变、操作空间大、问题多的行业领域，政府推行数字化的大势就越不可逆，而不是普通人出于直觉认为的相反情况。

因为对权力与信息的需求，是已经存在了很久的事物，也还会存在很久。

至于这条长坡上，能不能再找到各自厚一点的雪，那就得凭个人本事了。

不过回到一开始Light分享的那句话："我是个普通人，我选择长长的坡，薄薄的雪，因为这里人迹罕至。"或许在当下，先接受雪普遍很薄的事实，找到长坡，活下去，才是普通人最理性的选择。

新的概念往往能带来新的视角和洞见，希望在今天之后，长坡理论和林迪效应，可以帮助你用更底层的视角，去看待政策、技术和自己的工作。

数据与政策：未来建筑业的一线生机在哪里?

BIMBOX编写的前两本书，都有一章专门分享我们调研的行业数据。本书我们把更多的篇幅留给了观点与实践，不打算用数据报告来占用整个一章。当然，我们的数据调研工作并没有停止，读者可以在BIMBOX进步学社（www. bimbox. club）中搜索"报告"，有很多数据可供参考。

不过，本节我们还是要谈一些数据，因为它们关乎整个行业未来发展的主要方向，非常值得关注。

疫情之后这几年，行业里的人对大环境的总体感觉明显很不好。

一个很明显的现象是：工程项目从项目建议、可行性研究、立项，到方案设计、初步设计审批、扩大初步设计、施工图设计审批，再到施工许可、招标安装等，每个环节都有很长的周期。

根据项目体量大小不同，设计院现在干的可能是短则半年、长则一两年前提出计划立项的项目，施工方的滞后周期还会更长。如果再考虑社会整体的消费意愿下降、长期信心不足带来的投资避险偏好等，建筑业尤其是房地产行业，确实正面临着一次严峻的考验。

那建筑这个行业是整体完了吗？当然不是。

建筑业说到底还是我国最重要的支柱产业之一，它的发展带动着建材、冶金、化工、轻工、机械、石油、煤水电气、装饰装修、智能科技、家电等几十个行业的发展，直接影响着国民经济的增长和社会劳动就业状况。

我国判断支柱产业的标准是增加值占国内生产总值（GDP）比重超过5%，根据国民经济和社会发展统计公报的数据，2018年以来，建筑业增加值占GDP的比例始终保持在6.85%以上，2022年甚至接近7%。增速高于GDP增速2.5个百分点，支柱产业的地位依然稳固。

再看一组数据，城镇化是现代化的必经之路，目前日本的城镇化率是92%，英国为84%，美国约为82%，2021年我国的城镇化率是64.72%，2022年是65.22%，大概以每年0.5个百分点的速度在增长，按此推算，要追上发达国家，还需要几十年的时间。

所以，建筑业必须以支柱产业继续存在，也必须长期继续发展。

对于更多的人来说，“冬天来了、掉头就跑”恐怕并不是好的选择，一方面整体经济环境导致并没有很好的去处，另一方面深耕了几年甚至几十年的老本行，不是说扔就能扔的。

冬天来到的时候，我们要琢磨的应该是存粮、存柴火，在苟住的同时保持敏锐的思考，找到不确定时代里有那么一些确定性的大方向，为气温回暖后的去处做好打算。环境好的时候，凭感觉、凭运气可以，环境不好的时候，就更要好好思考。既然感觉和运气不是好的抓手，那数据和政策就是更客观的方向。

普通人真的不太关注数据和政策，站在现在的时间点回看几年前，那些快速发展起来的公司和个人，无一例外，都是踩中了政策对行业发展的规划和要求，很可能换个时间、换个城市，踩不中那些点，就完全是另一个命运。

数据固然会有水分，政策的执行也必然存在一些滞后和意外，但它们提供的视角和确定性，要远远高于“我觉得”和“我听说”。

1. 数据背后的“不均衡”

先看一组反直觉的数据。

2023年8月，中国建筑业协会发布《2023年上半年建筑业发展统计分析》，数据显示，2023年上半年，全国建筑业总产值132261亿元，同比增长2.54%；增加值37003亿元，同比增长7.7%，增速高于GDP增速2.2个百分点；全国建筑业企业签订合同总额514959.2亿元，同比增长5.03%，其中新签合同额154393.7亿元，同比增长3.11%。

看到这几个“增长”，是不是有点意外？难道我们的感受是错觉吗？

不全是，这里面还有几个发展不均衡：人员不均衡、行业不均衡、地域不均衡。说白了，并不是所有人都能共享发展的果实。

首先看人员方面的不均衡。

截至2023年6月底，全国有施工活动的建筑业企业139740个，同比增长7.91%，其中国有及国有控股建筑业企业8712个，同比增加926个；与此同时，建筑业从业人数4016.41万人，同比减少3.79%。

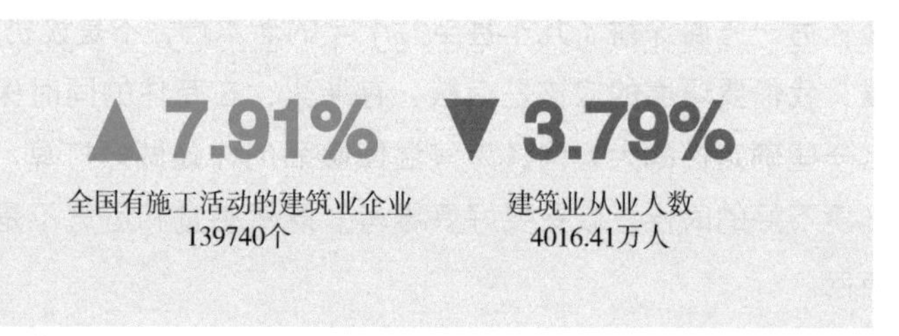

简单来说就是，企业变多了，更多资源向国有企业倾斜，但同时从业人员反倒变少了。企业或者是养不起那么多人，或者是因为技术和管理的发展，不需要那么多人了。反过来待遇和期待也导致了人员流失。

再来看行业发展不均衡。

在建筑业总体数据上涨的同时，我们专门挑房地产行业来看看。

房屋施工面积117.76亿平方米，同比减少2.46%。新开工面积17.69亿平方米，比上年同期降低10.28%。房屋竣工面积14.26亿平方米，同比减少3.08%。其中住宅房屋竣工面积占最大比重，为61.52%。

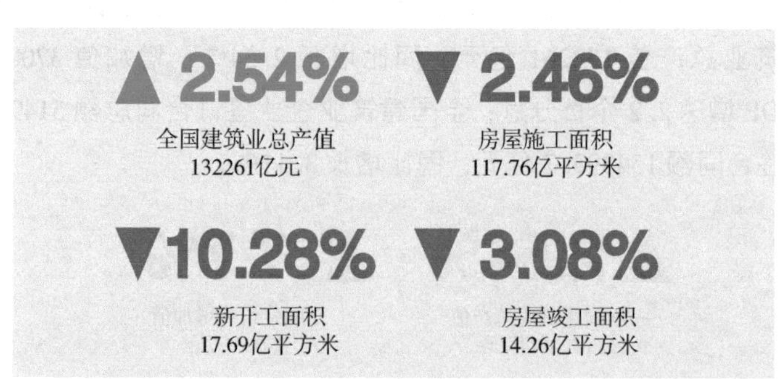

你看，总体上升、局部下降，一涨一落就突出了房地产行业的艰难。这种对比反差并不是从2023年开始的，2022年全国建筑业总产值同比增长6.5%，同时房地产房屋施工面积下降7.2%，房屋新开工面积下降39.4%、竣工面积下降15%，至少有两年，都在发生这样的涨落对比。

这种下降，或者说“回归理性”会持续到什么时间，不敢乱预测，只是根据这些数据，住宅房屋这个领域未来几年真的是很难。

2. 钱花到哪儿去？

那么我们说房地产行业走低，其他行业怎么样？

上一份文件并没有给出直接答案，不过我们可以从另外一份文件里找到些方向。

2023年3月5日，十四届全国人大一次会议的政府工作报告中提出，拟安排地方政府专项债券，随后国家发展改革委发布《关于组织申报2023年地方政府专项债券项目的通知》，这个专项券的金额是3.8万亿元，比2022年多出1500亿元。

专项债是作为一些项目的资本金，再通过财政贴息，引导一些社会资金和民间资本来参加这些项目，起到“四两拨千斤”的杠杆作用，实际吸引的资金会远高于3.8万亿元。

这么多钱，准备花到哪些地方去？

专项债投资指向了十个大领域，几乎都和建筑工程行业相关，分别是：交通基础设施、能源、农林水利、生态环保、社会事业、城乡冷链等物流基础设施、市政和产业园区基础设施、新型基础设施、国家重大战略项目、保障性安居工程。

我们把和2022年对比下来，2023年新增的投资领域做了蓝色的标注，可以重点关注一下这些领域。

2023年专项债投向领域

投资领域	2023年具体项目
交通基础设施	铁路；收费公路；民用机场；水运；综合交通枢纽；城市轨道交通；城市停车场
能源	天然气管网和储气设施；煤炭储备设施；城乡电网（农村电网改造升级、城市配电网、边远地区离网型新能源微电网）；大型风电光伏基地；抽水蓄能电站；村镇可再生能源供热；深远海风电及其送出工程；新能源汽车充电桩
农林水利	农村、水利、林草业
生态环保	城镇污水垃圾收集处理
社会事业	卫生健康（含应急医疗救治设施、公共卫生设施）；教育（学前教育和职业教育）；养老托育；文化旅游；其他社会事业
城乡冷链等物流基础设施	城乡冷链物流设施；国家物流枢纽等物流基础设施；粮食仓储物流设施；应急物资仓储物流设施（含应急物资中转站、生活物资城郊大仓基地）；农产品批发市场
市政和产业园区基础设施	市政基础设施（供排水、供热供气、地下管廊）；产业园区基础设施
新型基础设施	市政、公共服务等民生领域信息化；云计算、数据中心、人工智能基础设施；轨道交通、机场、高速公路等传统基础设施智能化改造；国家级、省级公共技术服务和数字化转型平台
国家重大战略项目	京津冀协同发展；长江经济带发展；“一带一路”建设；粤港澳大湾区建设；长三角一体化发展；推进海南全面深化改革开发；黄河流域生态保护和高质量发展；成渝城区双城经济圈建设
保障性安居住房	城镇老旧小区改造；保障性租赁住房；公共租赁住房；棚户区改造

如交通领域的民用机场、综合交通枢纽；能源领域的边远地区新能源和光伏、海洋风电、新能源汽车充电桩；社会事业领域的卫生养老和托育；城乡冷链领域的物流枢纽、仓储设施；市政领域的供排水、产业园区，这些都是以往大领域里新增的具体项目类型。

国家重大战略项目除了以往的京津冀协同发展、一带一路、粤港澳大湾区等，还重点新增了成渝城区双城经济圈建设，这些地区的“小伙伴”可以重点关注。

值得一提的是新基建领域，包括数据中心、AI 基础设施、传统基础设施的智能化改造、国家级和省级的数字化转型平台等，这个领域整体都是以前的专项债没有包括的，是 2023 年的新增重点。

地产领域的“小伙伴”也要重点关注一下，虽然新建商品房在走下行路线，但围绕着老旧小区改造、保障性租赁住房、公租房、棚户区改造等项目的城市更新，依然占有重要的地位。

这么分析下来，就有那么点眉目了，当我们说“建筑业”不行的时候，往往受到房地产，尤其是新建商品房项目的影响最大，毕竟这类项目离生活最近、从事的人员最多，也往往是入行学习技能的首选，基本上学个新软件都从房子开始画起。

从这儿往后几年，那种老的生产模式，也就是“快速画个房子，赶紧建出来卖钱”的模式，确实会很难发展。但除了房地产项目，还有大量领域正在稳健发展，而房地产领域的“城市更新”也是一片新天地。

原因很简单，一、二线城市土地资源越来越紧张，建设用地指标不足，城市更新、存量改造一定会成为必然选择。

全国住房和城乡建设工作会议上提到，2023 年新开工改造城镇老旧小区 5.3 万个。广州市城市更新专项规划就提出，到 2035 年累计推进城市更新约 300 平方公里，旧村庄旧城镇全面改造与混合改造项目 297 个，旧城混合改造项目 16 个。

所以如果你还在住宅领域，城市更新或许是一个值得关注的方向，里面用到的技术和商业逻辑，和新建商品房有很大的区别。

3. 地域不均衡

接下来看看地域发展的不均衡。

根据《2023 年上半年建筑业发展统计分析》里面的数据，江苏、浙江、广东建筑业总产值都超过了 1 万亿元，分别占全国建筑业总产值的 12.03%、8.61% 和 8.00%，三个省分走了三成的产值。

如果再加上总产值超过 5000 亿元的省份，那么就是江苏、浙江、广东、湖北、山东、四川、福建、北京、湖南、安徽、河南，11 个省市完成的建筑业总产值占去了全国建筑业总产值的 70.14%。

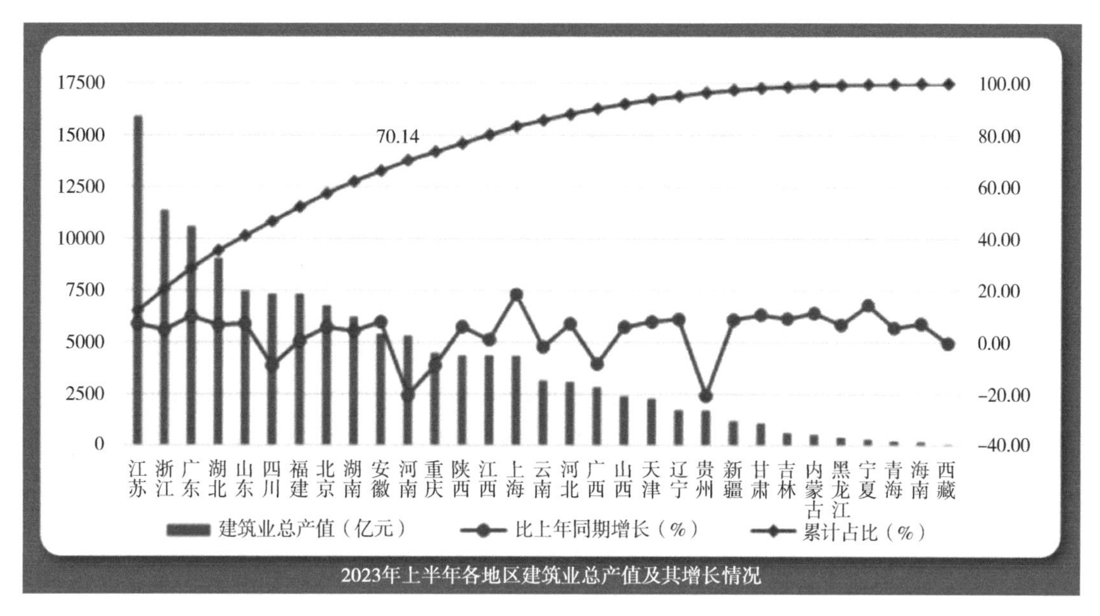

2023年上半年各地区建筑业总产值及其增长情况

人员发展不均匀、行业分布不均匀、地域分布不均匀，这些数据给我们呈现了 2023 年建筑业发展的几个重要信号。

当我们说“大环境”好或不好的时候，不妨思考一下，如果不离开大的行业，未来该去哪？该去哪些领域发展？该储备什么样的知识？

在整理上面的数据时，我发现了一个很有趣的巧合，产值排在前 11 位的省市，和另一份名单出现了高度的重叠，这就要说到行业发展的另一个重要的风向标：智能建造。

4. 智能建造试点城市

2022 年 10 月，住建部发布了《关于公布智能建造试点城市的通知》，把北京、天津、重庆、雄安、保定等 24 个城市，列为首批智能建造试点城市。

我们把《2023 年上半年建筑业发展统计分析》里面，建筑业产值超过 5000 亿元的省份，和这份智能建造试点城市的名单做了个对比，发现这些省市全部出现在了智能建造试点城市的名单里。

建筑业产值超5000亿元的省份	江苏		浙江			广东			湖北	山东	四川	福建	北京	湖南	安徽	河南
智能建造试点城市	南京	苏州	温州	嘉兴	台州	广州	深圳	佛山	武汉	青岛	成都	厦门	北京	长沙	合肥	郑州

其他智能建造试点城市	天津	重庆	雄安新区	保定	沈阳	哈尔滨	西安	乌鲁木齐

也就是说，智能建造试点城市的选址，完全覆盖了建筑业产值较高的省份，同时在地域上也兼顾到了东、西、南、北四个方向。

到了2023年6月，住建部又发布了新的通知，要求这些城市的推荐单位组织开展自评，详细说明相关技术的应用情况、实施效益、技术水平，提出存在的问题困难和政策建议。在这半年多的时间里，这24座城市相继出台了智能建造试点城市建设工作实施方案。如深圳的工作方案里提到，截止到2023年末，列入部、省、市级建设领域科技计划的智能建造技术不少于50项；纳入智能建造试点的项目不少于30个；培育智能建造骨干企业不少于5家。

之所以叫作“试点城市”，就是要在几年时间里树立典型、做出探索，会涉及数字设计、智能生产和施工、产业互联网、建筑机器人和智慧监控等方面。这些技术的单点应用并不是什么新鲜事，重点是要把这些应用向着集成化、系统化、规范化的方向去迈进，要做的工作还真是不少。

探索不一定能拿出完美的结果，住建部的要求里也鼓励各城市在试行过程中，提出存在的困难和对政策的建议。

无论如何，智能建造仿佛一夜之间突然热起来，频繁出现在各地的新闻里，人们都在探讨，手头的事儿是不是能去蹭一蹭热度？

实际上，第一次有朋友和我们认真探讨这个名词，已经是三年之前的事儿了，那时候他发现了政策风向的变动，决定在这个方向赌上一把，到今天，如果你刚开始关注这个词，这位朋友已经在技术、商务和市场关系上，做了三年的储备了。

本节开头我们就说，普通人大多数对政策是无感的，有新的政策出来大体上扫一眼，看看自己关注的东西，如“BIM出现了多少次”，也就算了。直到一个词大家都在谈，才会去关注，而这时候往往低垂的果实已经被人家摘走了。

下面我们再来看看智能建造到底从哪来的，它到底是不是建筑行业未来发展的重要方向。

5. 藏在政策里的“大计划”

我们曾经专门写过如何进行政策分析的文章，分享了读政策的几个窍门，其中一个就是：按图索骥，找到政策背后更高级别的政策。

因为我国所有政策都是一脉相承、有先兆的，越是重大的政策，越不可能突然冒出来。任何地方政府、行业机构、企事业单位颁布相关政策，都不会胡乱拿主意，而是会去执行落实更高级别的政策指示。

这个办法很容易执行，大多数政策文件，都能找到上一级别的相关政策，它出现的位置比较固定，一般就在整个文件的第一段，标题大多数是“指导思想”，写着类似“为贯彻落实某某政策，制定此文件”这样的话。

那个为贯彻落实的“某某政策”是应该去看的，因为越是到上一级的政策，我们前面说的

“稳定发展”的特点越明显，越能发现大的趋势。而一个政策到了地方，往往调子已经定下，成为了事实。

我们来实践一下，如北京在2023年3月发布的《北京市智能建造试点城市工作方案》，如果你人在北京，那这份文件可以细读一下，如果在其他城市，那就只看前面段落里的指导思想。

开篇很容就能找到：为贯彻落实住建部等部门发布的《关于推动智能建造与建筑工业化协同发展的指导意见》《“十四五”建筑业发展规划》《关于征集遴选智能建造试点城市的通知》《关于公布智能建造试点城市的通知》。

北京市智能建造试点城市工作方案

为深入贯彻党中央、国务院决策部署，落实住房和城乡建设部等部门《关于推动智能建造与建筑工业化协同发展的指导意见》（建市〔2020〕60号）、《“十四五”建筑业发展规划》（建市〔2022〕11号）、《关于征集遴选智能建造试点城市的通知》（建办市函〔2022〕189号）、《关于公布智能建造试点城市的通知》（建市函〔2022〕82号）等文件要求，推进我市智能建造试点城市建设工作，结合我市实际，制定本方案。

后两份文件主要是公布这些城市的名单，第一份文件是早在2020年7月，由住建部、国家发展改革委等13个部委联合发布的，算是第一次在行业里激发了对智能建造的广泛探讨。

这份文件很重要，强烈建议去看一下，如里面的这几条：

➤积极探索智能建造与建筑工业化协同发展路径和模式。

➤推动智能建造核心技术联合攻关与示范应用。

➤鼓励企业建立工程总承包项目多方协同智能建造工作平台。

➤各地要将现有各类产业支持政策进一步向智能建造领域倾斜，加大对智能建造关键技术研究、基础软硬件开发、智能系统和设备研制、项目应用示范等的支持力度。

➤各地要适时对智能建造与建筑工业化协同发展相关政策的实施情况进行评估，并通报结果。

这样密集的频繁强调，也给市场释放了强烈的信号。我的那位朋友就是从那时候开始决定向这个方向好好发展。

接下来我们要重点说的，是第二份文件，《“十四五”建筑业发展规划》，它里面藏着国家未来几年对建筑业的规划和打算，也藏着未来发展真正的风向标。

6. 两个五年规划的对比

每隔五年，住建部都会发布一个建筑业发展的五年规划，未来五年，国家和地方很多的政策制定，都会遵循这个规划来进行。

我们之前分享的读政策的技巧，除了向上追溯，还有一条是：一定要拿出往年类似的文件做对比，找到文件里的差异。如果发现有一些东西去年没有提、今年新增了，或者今年的语气更加强调了，那就是发展和改变的机会所在。

所以我们读2021—2025年的《“十四五”建筑业发展规划》（以下简称“十四五”），就一定要拿出2016—2020年的《“十三五”建筑业发展规划》（以下简称“十三五”）来做对比。看条文的时候可以回顾一下，2016年到2020年发生了什么事，“十四五”已经过去的一半时间里又发生了什么事，以及后半段到2025年有哪些明显的政策趋势。

还是先看指导思想，“十三五”的指导思想是十八大及十八届历次全会，“十四五”的指导思想是十九大及十九届历次全会，对于建筑行业来说，这个“向上追溯”基本上可以说是到头了。

值得注意的是，两份文件的指导思想有一处细微的差别，“十三五”中提到，“以推进建筑业供给侧结构改革为主线，以推进建筑产业现代化为抓手”，“十四五”中类似的描述变成了“以深化供给侧结构性改革为主线，以推动智能建造与新型建筑工业化协同发展为动力”。

以推进建筑业供给侧结构改革为主线，以**推进建筑产业现代化**为抓手。	以深化供给侧结构性改革为主线，以**推动智能建造与新型建筑工业化协同发展**为动力。
“十三五”指导思想	“十四五”指导思想

你看，一方面供给侧改革从推进变成了深化，行业变革开始进入深水区，代表性的新增项，就是智能建造与建筑工业化。

说完指导思想，来看看两个五年规划的目标有啥区别。

“十三五”的目标有六条，分别是：市场规模目标、产业结构调整目标，技术进步目标，建筑节能及绿色建筑发展目标，建筑市场监管目标，质量安全监管目标。

“十四五”的目标基本上和它是一一对应的，分别是：国民经济支柱产业地位更加稳固、产业链现代化水平明显提高、绿色低碳生产方式初步形成、建筑市场体系更加完善、工程质量安全水平稳步提升。

“十三五”建筑业发展规划	“十四五”建筑业发展规划
市场规模目标	国民经济支柱产业地位更加稳固
产业结构调整目标	
技术进步目标	产业链现代化水平明显提高
建筑节能及绿色建筑发展目标	绿色低碳生产方式初步形成
建筑市场监管目标	建筑市场体系更加完善
质量安全监管目标	工程质量安全水平稳步提升

和 BIM 等新技术相关度比较高的，是“十三五”里面的“技术进步目标”，以及“十四五”里面的“产业链现代化水平明显提高”。

我们就拆开看看这一条里面说了什么。

“十三五”的“技术进步目标”是：加大信息化推广力度，应用 BIM 技术的新开工项目数量增加，甲级工程勘察设计企业、一级以上施工总承包企业技术研发投入占企业营业收入比重在“十二五”期末基础上提高 1 个百分点。

提炼总结一下就是：推广信息化，增加 BIM 试点，提高国有企业的技术研发投入。

“十四五”的“产业链现代化水平明显提高”是：智能建造与新型建筑工业化协同发展的政策体系和产业体系基本建立，装配式建筑占新建建筑的比例达到 30% 以上，打造一批建筑产业互联网平台，形成一批建筑机器人标志性产品，培育一批智能建造和装配式建筑产业基地。

注意，智能建造和新型建筑工业化协同发展在这里被提起，然后就是背后支撑的三个技术：装配式、产业互联网平台、建筑机器人。

技术进步目标（十三五）	产业链现代化水平明显提高（十四五）
加大信息化推广力度，应用BIM技术的新开工项目数量增加，甲级工程勘察设计企业、一级以上施工总承包企业技术研发投入占企业营业收入比重在「十二五」期末基础上提高1个百分点。	智能建造与新型建筑工业化协同发展的政策体系和产业体系基本建立，装配式建筑占新建建筑的比例达到30%以上，打造一批建筑产业互联网平台，形成一批建筑机器人标志性产品，培育一批智能建造和装配式建筑产业基地。

可能你会发现，怎么不提 BIM 了？是不是 BIM 不重要了？并不是，而是把它放到了一个更大的技术环境里了，要求也更细致了。

7. 下个五年的方向

对比完两份文件的目标，再看看具体的任务。

“十三五”列了九条主要任务，“十四五”列了七条，具体条目稍有区别，大体上也可以一一对应，重点看“十三五”的“推动建筑产业现代化”和“十四五”的“加快智能建造与新型建筑工业化协同发展”。

“十三五”中的“推动建筑产业现代化”又详细拆解成三条，分别是：推广智能和装配式建筑、强化技术标准引领保障作用和加强关键技术研发支撑。

其中第三条“加强关键技术研发支撑”中说道：“加快推进建筑信息模型（BIM）技术在规划、工程勘察设计、施工和运营维护全过程的集成应用，支持具有自主知识产权三维图形平台的国产 BIM 软件的研发和推广使用。”

在这里 BIM 还是被作为一个独立的技术被推广，到了“十四五”，情况就发生变化了。

“十三五”主要任务	“十四五”主要任务
深化建筑业体制机制改革	完善工程建设组织模式
推动建筑产业现代化	加快智能建造与新型建筑工业化协同发展
推进建筑节能与绿色建筑发展	整合到了上一条内
发展建筑产业工人队伍	培育建筑产业工人队伍
深化建筑业“放管服”改革	健全建筑市场运行机制
提高工程质量安全水平	完善工程质量安全保障体系
促进建筑业企业转型升级	
积极开拓国际市场	加快建筑业“走出去”步伐
发挥行业组织服务和自律作用	
	稳步提升工程抗震防灾能力

重申一下，“十四五”技术发展的任务是“加快智能建造与新型建筑工业化协同发展”，这是这两条核心技术被第三次提及，简直就是使劲“敲黑板”给你听了。

这下面又分了七条子任务，拆开说说。

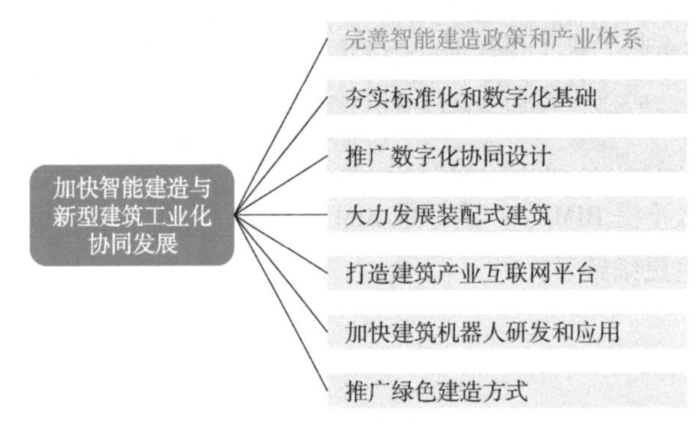

排在第一位的是完善智能建造政策和产业体系。

里面包括创建智能建造试点示范，后来有24个城市被列为试点城市。这条里还有编制智能建造白皮书，推广数字设计、智能生产和智能施工。

接下来第二条，夯实标准化和数字化基础。

这是关于上一条里面数字设计详细的技术要求。

作为国家部委颁布的规划，这里的要求真的很细，包括：完善模数协调、构件选型等标准，建立标准化部品部件库，推进建筑平面、立面、部品部件、接口标准化，推广少规格、多组合设计方法，实现标准化和多样化的统一。加快推进BIM技术在工程全寿命期的集成应用，健全数据交互和安全标准。

这一条又专门针对BIM技术，详细描述了到2025年，要形成的BIM技术框架和标准体系，一共五点，仔细看，每一点都是机会。

➤第一点，推进自主可控BIM软件研发，引导一批BIM软件开发的骨干企业和专业人才，保障信息安全。

未来几年国产软件研发这块会得到不小的支持。

➤第二点，完善BIM标准体系，编制数据接口、信息交换标准，推进BIM与生产管理系统、工程管理信息系统、建筑产业互联网平台的一体化应用。

这句话的意思是，BIM不要再作为一个单点应用存在了，而是要融入各种生产和工程系统里去，还要和产业互联网平台融合到一起，这对大企业来说是个好的前景。

➤第三点，引导企业建立BIM云服务平台。推动信息传递云端化，实现设计、生产、施工环节数据共享。

有没有感觉过去这两年很多企业都开始推出自己的云平台？依据就在这儿了。

➤第四点，建立基于BIM的区域管理体系，研究相关的管理标准和平台建设，在新建区域探索建立单个项目建设与区域管理融合的新模式，在既有建筑区域探索基于现状的快速建模技术。

这里的区域管理，是比单体建筑更大、比城市小一些的范畴，加上“既有建筑区域的快速建模技术”，对应的是什么？可以看看2022年深圳几个区连续几个千万元级别的BIM建模招标，都是以区级别来招的，如宝安区、福田区等，很多标都是既有建筑的建模招标。可以看出来，未来区域建模和实景建模也是很大的一块市场。

➤第五点，开展BIM报建审批试点，完善BIM报建审批标准，建立BIM辅助审查审批的信息系统，推进BIM与城市信息模型（CIM）平台融通联动，提高信息化监管能力。

这里说的是两个方向，一是推进BIM审批，二是CIM联动，都不是一般企业可以入局的，不过越来越多的城市推进BIM报审，可能会从机制的底层推进BIM的应用，毕竟不过审是交不了差的。

前些天有位朋友说，现在BIM咨询的活儿越来越难做了，一个重要原因是“BIM审查”带来对高质量模型的需求，意味着模型成果要做得更深、更精，这对时间成本、管理手段和建模人员的专业素质都提出了要求，不懂设计和施工的人做出来的模型确实就是达不了标。这也就意味着“纯翻模”的未来光景不好。

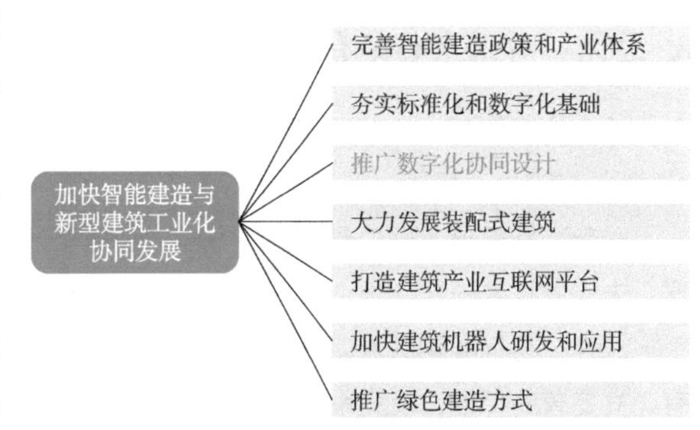

七个大任务的第二条我们拆得比较细，接下来看第三条，推广数字化协同设计。

这里的重点有四个。

➤一是鼓励大型设计企业建立数字化协同设计平台，推进建筑、结构、设备管线、装修等一体化集成设计，提高各专业协同设计能力。

➤二是完善施工图深度要求，提升精细化设计水平。

➤三是研发利用参数化、生成式设计软件，探索人工智能技术在设计中应用。

➤四是研究应用岩土工程勘测信息挖掘、集成技术和方法，推进勘测过程数字化。

这几条对应的鼓励，就是传统设计院进行新技术研发的方向，每个方向都会对应着不少研发岗位，同时这些岗位对传统工程技术的理解又有很高的要求，所以技术转开发在未来几年依然是不错的方向。

除了上面这三条相关度比较高的任务，还有另外四条主线任务，分别是：

➤大力发展装配式建筑。

➤打造建筑产业互联网平台。

➤加快建筑机器人研发和应用。

➤推广绿色建造方式。

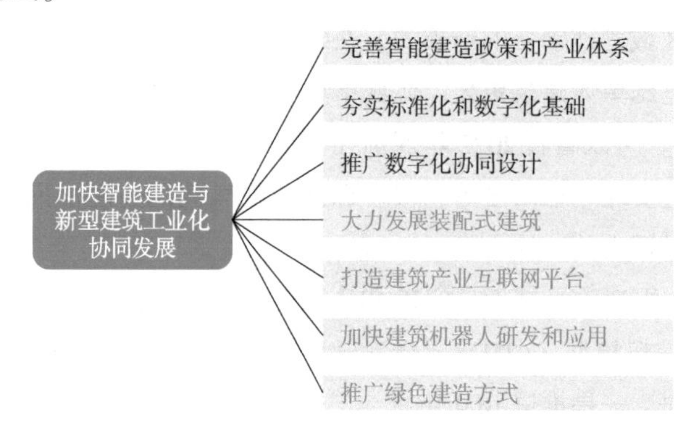

建筑技术的发展一直是多种技术的融合。互相服务、互相成就，也是人才可以跨界合作的点。

产业互联网平台需要BIM数据，机器人是实现从数字建造到智能建造跨越的核心硬件技术，绿色建造则是在碳中和大背景下任何技术都必须服务的大方向，这几点也一定要记在心里，不要觉得与自己无关。

8. 总结：对未来心中有数

综合这些信息，加上“十四五”与“十三五”的对比，总结一下下个五年的发展重点，包括“一新、二深、三拓展、四开发、五兄弟”。

一新，是提出了一个新的核心方向，还提了好多次，加快智能建造与新型建筑工业化协同发展，未来的技术一定往这个方向发展，所有妨碍这个方向的技术都要靠边站。

二深，是标准化深入、数字化深入。数字化这条路还没走完，甚至还没走好，很多企业还没有建立完善的标准，没关系，还有时间，接着做基础设施建设。

三拓展，对应的是传统企业可以尝试去做的三个业务方向，分别是国产自主软件的研发、对接工业化生产、既有建筑区域改造。

四开发，是协同设计平台开发、参数化设计开发、云服务平台开发、区域管理平台开发。

五兄弟，是装配式建筑、实景建模、产业互联网、建筑机器人、绿色建造。

我们从数据和政策出发，按图索骥一路走到这里，大家都感到环境不好，但无论是在爆发期还是下行期，无论步子快一些还是慢一些，作为支柱产业的建筑业都不会停下发展的脚步，机会也一直摆在那里，留给那些不抱怨的有心人。

不可否认的是，明天一定会有变化，无论是建造方式、协作方式还是产品，都在变。路还是有的，只是大家要换新的“交通工具”，如留在原地，用10年前的思路去做事，肯定是跟不上时代的。

所有人和企业都在面对一把“试炼之镰”，过不去，遵从市场规律尘归尘土归土，泡沫碎成土壤、人才回归市场；过去了，就是一片新天地。

多少人和企业能过去呢？少数，真的是少数。唯有追赶才是生存之道——不是破局、不是成长，是争夺活下去的资格。

第2章

来自实践者的真知灼见

如果说第1章的思考是望向未来，那么本章就是对以往的总结。

谁来总结？我们更倾向于听那些实干家的声音，无论最终成就的大小如何，甚至无论是成是败，躬身入局、解决实际问题、尝试把BIM与数字化向前推进的人，是我们最为尊重的采访对象。

总结什么？那些来自项目的成功经验、来自技术探索的阶段性成果，甚至是失败之后的经验总结。

建筑行业的数字化该怎么走，还远远没有终极答案，这些实干家在一个又一个侧面对技术的探索，是我们追求那个答案的路上宝贵的路标。

古建设计：传统造法与BIM的隔空击掌

为大家介绍一位很厉害的人，他用了将近20年的时间，在一条少有人走的路上开出一片天地，也在古建筑BIM这个领域立起了自己的名号。

他的名字叫陆永乐，浙江同仁建筑设计有限公司的副总建筑师。

陆永乐在很多场合都说，自己不是做BIM的，而是一名把BIM作为工具的建筑师。他接触的项目类型很多，从住宅小区到写字楼都有涉及。

很多建筑师的理想是有一天不用画图做设计，而陆永乐却一直很喜欢做设计，尤其是对三维设计很感兴趣。

大概在2002年左右，国内还没有什么BIM的说法，他感觉到用CAD二维画图有很多不必要的流程，后来接触到ArchiCAD，一发不可收拾地喜欢上了这种新的工作方式，自己掏钱买了一套ArchiCAD 8.1版。

陆永乐相信，受到外来设计思潮的影响，一名做着最传统设计工作的建筑师，掌握最先进的计算机技术，将会是未来设计师职业出路的重要突破口。

他和古建结缘，有很大原因是因为他在杭州工作，这里有很多名胜古迹和历史建筑，为他研究古代建筑营造方法，并与现代设计技术相结合，提供了丰富的营养。

这些年随着国家大力提倡发展文化旅游行业，市场中大量涌现出利用现代科技来设计、保护、翻新古建的需求，陆永乐接触过的项目类型主要有寺庙、摄影拍摄基地，还有以政府为投资主体的公园内建筑。

外行人看古建筑觉得很复杂，但在内行人眼里还是有门道的。钻进去研究就会了解，古建定式和构件都是相对标准化的，营造的思想也是从细节开始，确定各个构件的尺寸和比例，再严格按照模数制进行制作。

宋《营造法式》、清《工程做法则例》等经典中，给出了建筑材份制与权衡制。

所谓材份制，是古代房屋整体和构件尺寸的基本计量单位。官方把建筑的规模、单体房屋的形式、房间大小、台基栏杆、斗拱脊瓦、彩画装修，甚至木构件的截面尺寸等，都做出了严格的等级划分。

而所谓权衡制，是官方将房屋各部位尺寸和构件尺寸，都在材份制的基础上规定了一个比例倍数。如柱径与斗口、面宽与进深、柱高与柱径等都有严格的比例规定。

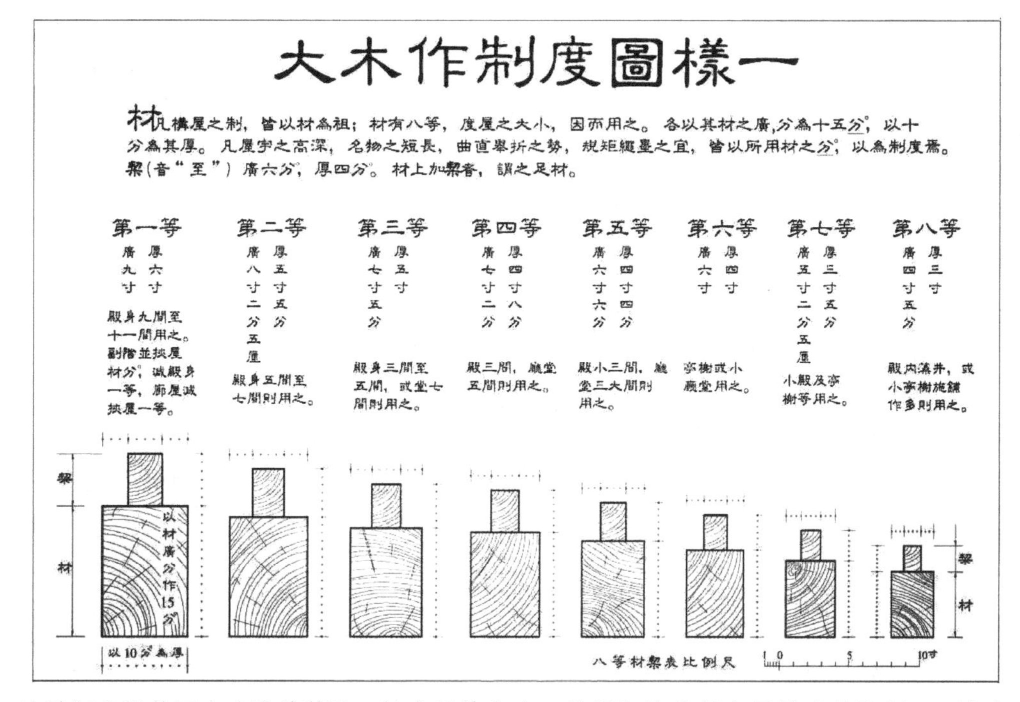

这种制度规范了古建筑的营造，让房屋的大小、等级和造价都有了精确的控制，而这也成了陆永乐用现代技术实现古建设计的基础。

一般人很难想象，在看似飘逸灵动的古建筑背后，还有这样严丝合缝的数学框架。

这正是因为古建都不是现场浇筑，而是先按照“份”和“材”计算，然后按生产流程制作构件，再到现场拼装出完整的建筑。

有趣的是，这种生产方式在千百年后，遇到了参数化、智能化设计，古今的智慧穿越遥远的时空，擦出了新的火花。

陆永乐就是这样一个擦出火花的人。

在陆永乐自学研究 ArchiCAD 之前，就已经遇到了古建项目。当时用 CAD 很多构件都很难设计表达，在发现了新工具之后，陆永乐又产生了学习的动力和兴趣。ArchiCAD 并不是专门做古建设计的软件，需要有针对性地去做大量的古建构件库。

ArchiCAD 内置的可视化构件创建工具叫 GDL，全称是 Geometric Description Language（几何描述语言），用它可以创建参数化构件。

与 Revit 的族类似，GDL 构件对象也可以通过一系列的参数来驱动形体，并且可以通过预设好的参数，变化出很多个不同的构件，来适应不同的实际需求。不过使用 GDL 创建参数化构件，需要懂一点编程语言，所以在国内早期会用的人并不多。

陆永乐早在 2003 年左右就对编程产生了浓厚的兴趣，曾经用 LISP 语言编写过程序，对编程

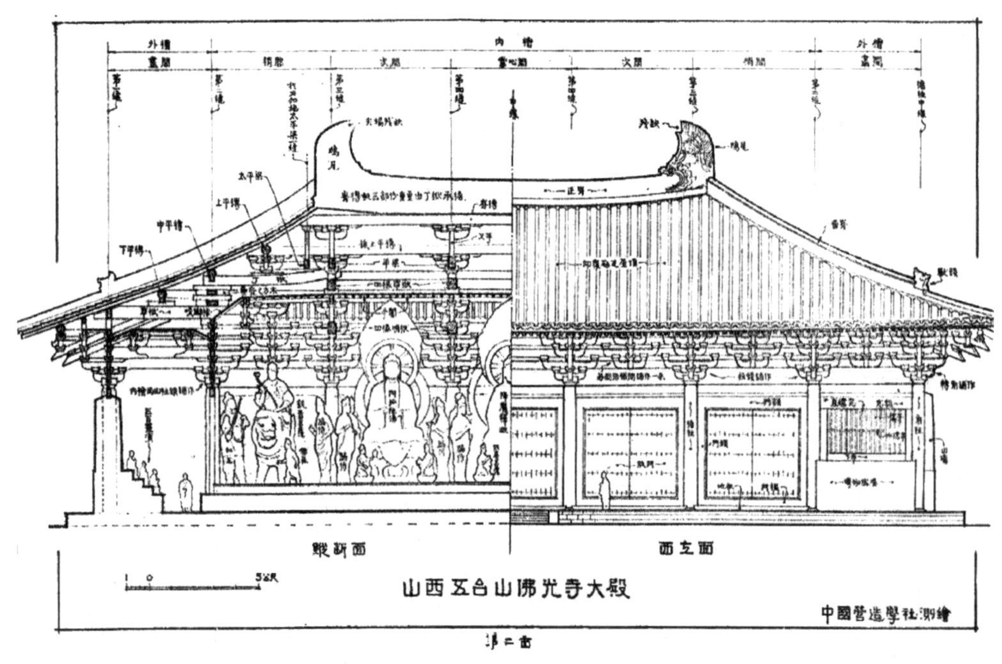

有一些基础，GDL又是建筑师与数学家合作开发的语言，对建筑师比较友好，总的来说自学上手不算太难。

通过GDL语言，他和他的团队从最小的构件开始，按照材份等级设计构件变量参数，定义好唐、宋、清的尺寸与现代公制换算关系，再进一步编写3D形状、2D符号、材质、线型颜色等属性，按照要求把构件从小到大进行拼装嵌套，最终完成古建筑的搭建。

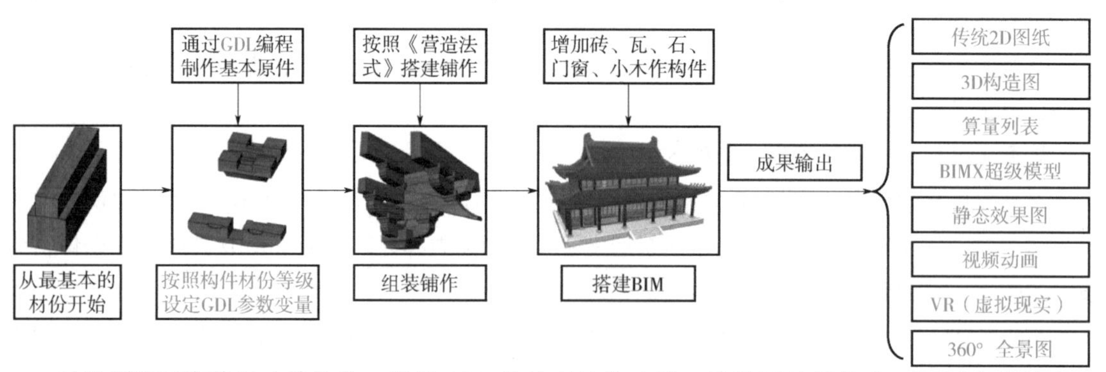

对于那些可变换尺寸的构件，利用GDL的热点拉伸功能，设置了关键热点，可以在设计窗口中直接拖拽这些热点，相关联的尺寸参数会按照规则实时发生变化。

为了完成这项浩大的基础工作，他们查阅了大量的古建文献，观摩研究现存的古建，请教资深的老师傅，先把这些知识内化到自己头脑里，再通过设计师的空间想象力、几何能力和编程能力，把这些知识固化到构件库里。

举几个例子，来说明他们所做的工作。

1. 斗拱

斗拱是古建筑上特有的构件，是柱子与梁和屋顶之间的过渡承重部分，同时发挥着结构功能和美学功能，在唐代发展成熟之后，便规定为高等级建筑专属构件，民间不能使用。斗拱的类型很多，主要是由斗、升、拱、翘、昂等基本构件组合变化而成，直接用 GDL 编写成型，对尺寸变化做参数定义。

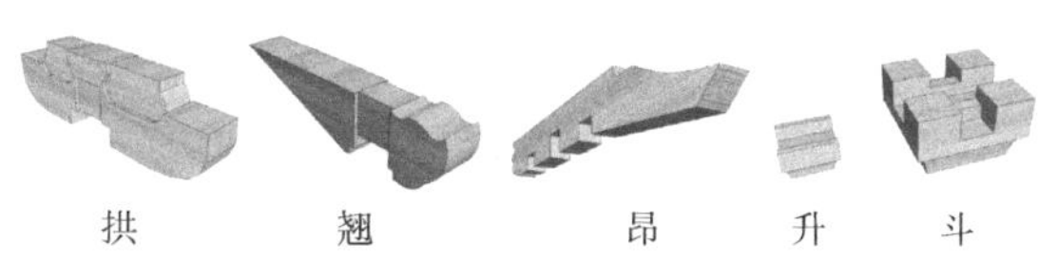

GDL 本质上是一个编程系统，为了提高设计阶段的效率，他们还进一步编写了构件的可视化选择界面，把参数代码封装成图标、列表、按钮和文字，这样其他人在修改和选择构件的时候，可以不用输入代码，直接选择朝代、样式、尺寸等参数，生成对应的构件。

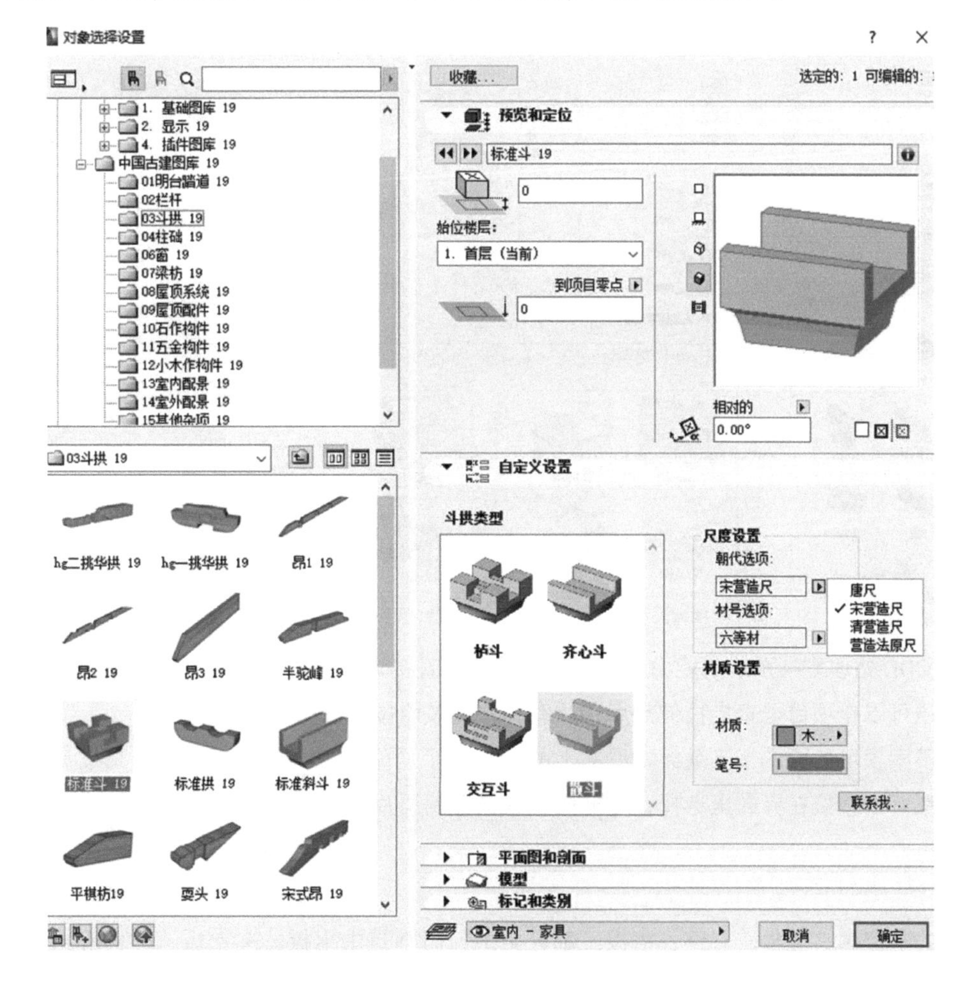

唐、宋、清等不同朝代的斗拱做法区别很大，比如宋代会根据外挑的层数分为四铺作、五铺作、六铺作等，根据华拱出跳的数量分为单杪、双杪、三杪等，根据出挑构件的方向分为上昂、下昂等，又根据横拱的放置结构分为偷心造、计心造等，变化非常多。

他们把各种构件按照不同方式组合到一起，做出了完善的斗拱构件库，把 2D 和 3D 的表现形式、剖面样式、材质等都做了参数可视化选择界面。

2. 屋顶

古建的屋架和翼角是建模的难点，每座古建筑的屋面都千差万别，甚至有些项目情况不允许按照古法的尺度来设计，一次性建模不难，难在要用参数化来应对千变万化的形式。

在 GDL 里面，他们编写了大量的嵌套关系和三角函数变量，也把编写好的构件做了可视化选择界面，这不仅要对古建形态做大量调研，深入了解屋架和翼角的样式规范，还要有相当的立体几何和数学能力。

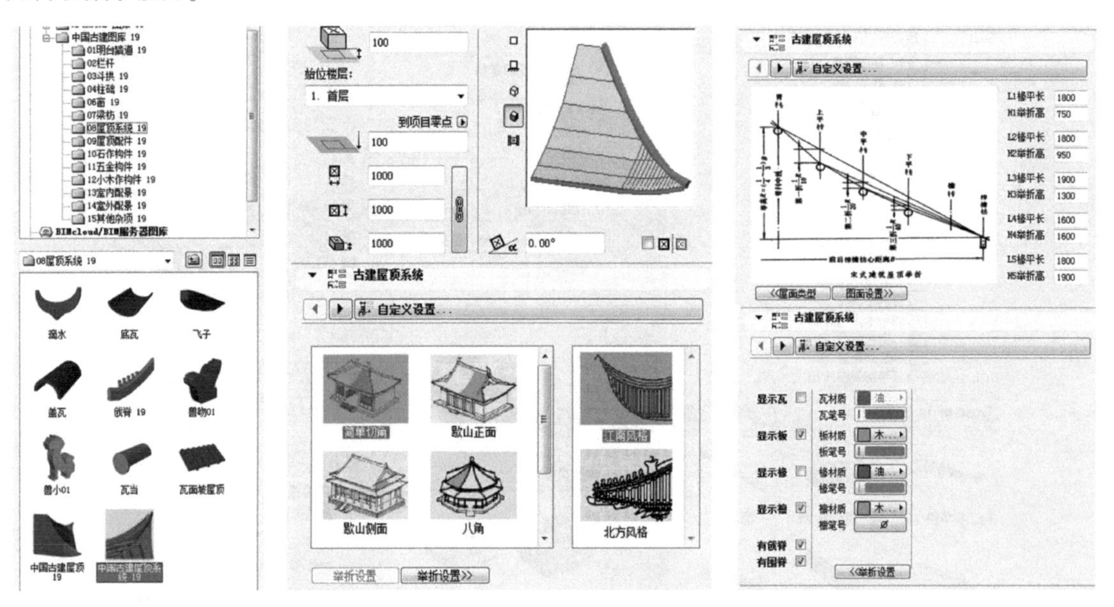

利用 GDL 处理复杂系统的能力，整个屋架既可以直接调整撒网椽起点、布椽密度、翼角出檐等参数，还可以在项目里直接拉伸热点，所有构件都按照拉伸自动排列生成。

根据不同项目的要求，又继续把屋面上的瓦片做了深化，梅花形勾头、小青瓦或者滴水的勾头样式，都可以直接在界面里选择，还可以用数值控制瓦片密度、圆滑度、瓦提升高度等参数。

3. 门窗

古建的长窗由夹堂板、心仔、裙板三部分组成，门则是由裙板、夹堂板、心仔等组成，框料截面也有很多种。通过编写可视化的门窗部件，让各种构件和框架截面自由组合出几十种门窗样式，用参数直接控制长度、宽度、厚度等数值。

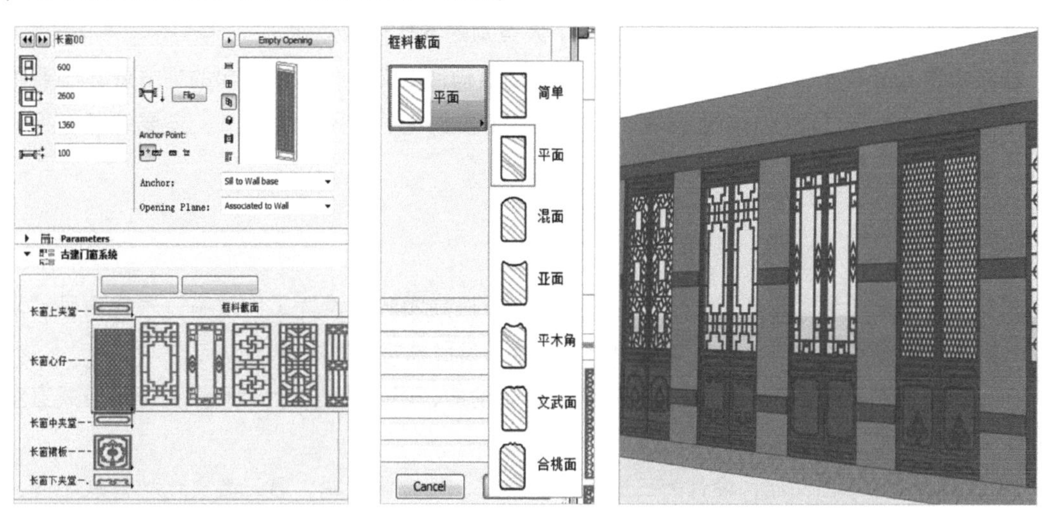

4. 栏杆

古建的栏杆分为室内木栏杆和室外石雕栏杆，样式很丰富，他们也编写了可视化部件，通过预设的立柱和栏板组合，可以有多样的变化，还可以在布置完成之后随时更改样式。

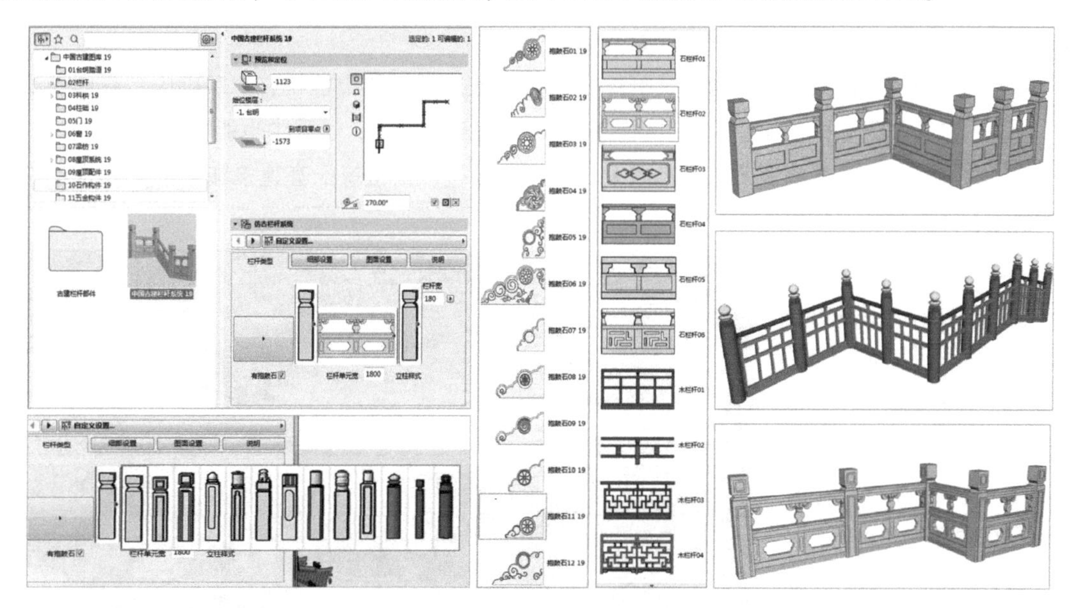

在创建栏杆系统的时候，陆永乐独创了两个算法，一个是通过热点拉伸，让线段内自动增加节点，另一个是让栏板在线段内自动匹配。这样在做设计的时候，无论是平面上的端点、中间点，

还是调整高度的关键热点，都可以随意拉伸，栏杆扶手跟着自动生成。

除了这些之外，他们还完善了明台、踏道、柱子、屋顶配件、石作构件、五金构件、室内外配景等构件的建模和可视化编程，形成了19个大类别的参数化构件库。

在经常做BIM模型的人看来，这些都是很基础的构件准备工作，了不起的地方就在于要把古建千变万化的构件形式总结出用数学描述的规律，用参数化的手段建立起来，还要编写可视化的界面，最终形成一套高效快捷的设计工具。

5. 更多实践

每年，陆永乐都至少能接到一个仿古项目，不断提高团队的设计工作效率，随着项目越来越多，也积累了越来越多的古建筑参数化构件，形成了自己独特的数字资产。

有了这些积累，加上ArchiCAD优秀的建筑设计功能，团队中的设计师可以用三维方式直观地理解空间关系，上手速度也非常快。

2017年的甘肃永昌文庙，设计为三进院落的形式，包含儒、释、道三教文化教育展示区，三教结合最好的朝代始于唐朝，项目又正好位于古丝绸之路上的甘肃，唐代的丝绸之路文化意象，与当今的"一带一路"建设遥相呼应。

唐式建筑的整体风格雍容大气、质朴归真。把对传统文化的理解融入建筑、院落空间的设计中去，是项目设计的核心。为了做这个项目，他们恶补了传统文化知识，结合当地的环境特点、民俗风情和文化底蕴，提炼出项目设计的方向。

整个项目是规模比较大的仿唐建筑群体，包含庑殿重檐、歇山重檐、十字歇山、悬山、长廊等。利用手中准备的参数化构件库，可以在建模的同时开展设计，过程中也能快速调整方案。

项目的屋顶通过参数的调节来满足要求，钟楼、鼓楼、角楼等配套建筑和细部部件也都在三维模型里设计完成。

在三进院落里，模型的每一片瓦、每一个斗拱都是实体显示。对于建筑专业来说，有了三维模型，出图就是很简单的事了，施工用到的所有dwg图样，都是从ArchiCAD直接导出。

2018年的广西柳州窑埠古镇项目，基本建造思想为"再现窑埠老镇古朴风貌，古埠码头昔日繁荣”，是柳州十大重点工程。

其中的观光阁是古镇的点睛之笔，采用高台基、三层重檐、四面歇山顶的造型，高度达到30多米，内部功能为餐饮、商业以及观光平台。

建筑设计为仿唐风格，盛唐时期的建筑群格局很开阔，楼阁造型饱满浑厚，木构条理明晰，装饰风格端丽大方。

查询资料时，他们在唐代画家李思训的《江帆楼阁图》，以及李昭道的《洛阳楼图》中借鉴意境，设计为高台式四层楼阁的外观。设计风格上尽量保持唐风遗韵，构筑上也借鉴了宋营造法式的一些做法。建筑采用一等材，斗拱样式为转角铺作单杪三下昂、柱头铺作单杪双下昂，依然是全部图样从ArchiCAD模型中直接导出。

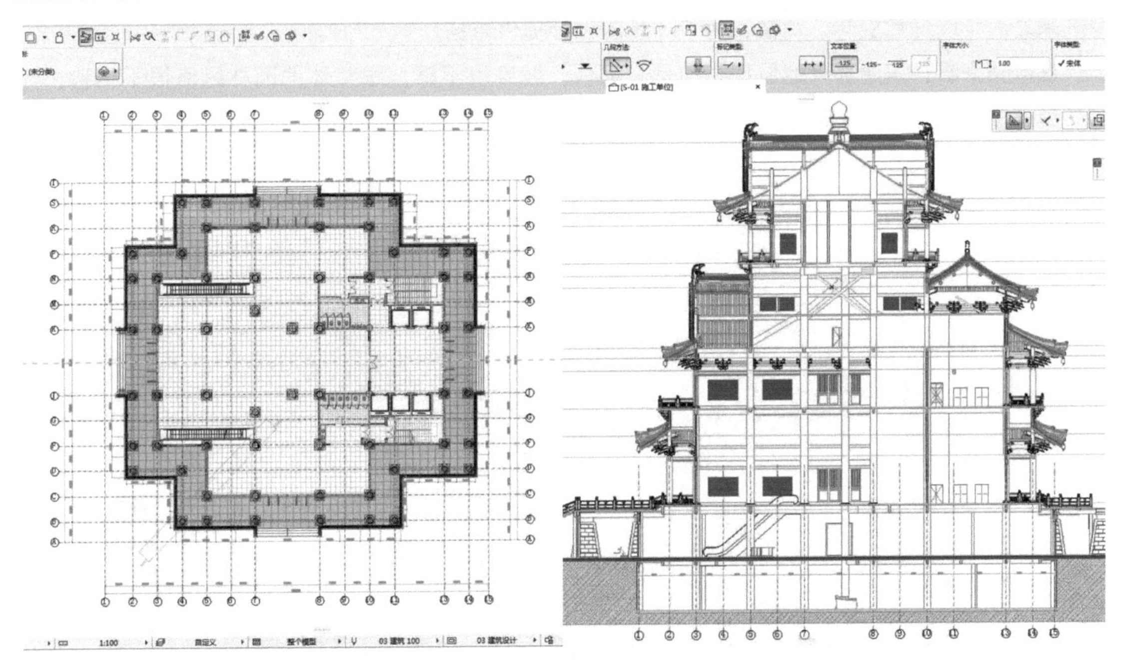

这个项目里，也用ArchiCAD导出了BIMX格式文件，它是把模型和图样整合到一起，可以在三维模型的任意位置查看对应的图样，也可以在手机、平板电脑上随时查看，在做方案演示的时候很方便。

此外，他们还使用ArchiCAD和Twinmotion配合，模型和渲染分屏联动，快速制作精美的动画。

陆永乐说，古建项目与甲方沟通的时候，因为要涉及很多韵味和意境在里面，优秀的动画渲染是很有必要的，同时在设计工期紧张的时候，使用便捷的工具在每一次修改中快速呈现效果，也是提高效率的重要手段。

这个项目目前已经完工，成了国内第一个被GRAPHISOFT公司收录在官网上的经典案例。

最近两年，陆永乐开始尝试把点云技术纳入到古建设计的流程中来，他分享了两种工作方式，对应两种工作场景。

第一种应用是整个建筑物的点云数据采集。

在一个仿古建筑屋顶改造项目中，他们使用无人机点云采集技术配合GDL参数化构件，提高了改造设计的效率。这个改造建筑处在风景区，屋顶部分与园区整体风格不协调。因为建筑物本身年代久远，已经找不到设计图样，“翻模”的工作没办法展开，加上古建的屋顶、檐口构造比较复杂，不像现代建筑容易测量尺寸，这时候用点云来辅助建模就是个很好的选项。

他们把采集到的点云数据直接导入到ArchiCAD中，软件对点云的支持很好，不需要转换，模型进来之后可以任意旋转、测量，为下一步的设计提供依据。

从数据来看，搭建部分的屋顶材质是彩钢板，坡度也不够，跟整体的园林风格很不相称，同时又带来了净高低、光线暗的问题。

进一步提出的改造方案是，整体建筑尺寸保持不变，建筑风格沿用江南宋式风格，屋顶采用歇山顶形式，侧面加高窗，增加采光量。

古建的定式和构件都很标准化，参考点云模型，懂行的人只要找到对应的部件，参数调整尺寸再拼接就能比较方便地完成建模，这时候参数化GDL构件的能力就可以发挥出来了。

以三维点云数据作为参考，再从建模软件中找到对应的构件，建立出模型，陆永乐把这种工作方式称为“匹配建模”。

基础模型完成之后，就可以正式设计改建的屋顶部分了，这里走的就是正向设计的流程，沿用前面的构件参数，就能很快搭建出符合形制的建筑模型。后续的改建方案设计也就顺利多了。

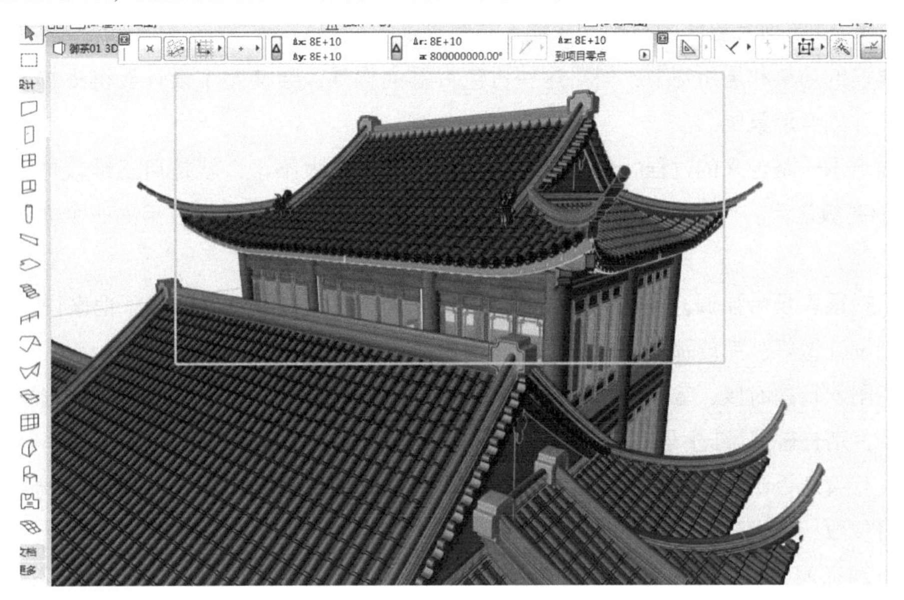

第二种应用是采集人体大小范围内的小构件，如雀替、栏杆、石雕等。这些构件形体比较复杂，手动建模会花费很多精力，很适合用点云采集数据，完善自己的构件库。

这种方式采集点云数据，甚至不需要专门的无人机，因为物体不算大，对精度要求也没有建筑构件那么高，只要用手机围着物体拍一圈，再用软件处理一下就可以生成，积累这种构件库的效率很高。

点云模型是由一系列带颜色的空间坐标点组成的，所以在渲染的时候不会反射光线，需要转换成dae或者obj等面片格式的模型，才能正常渲染。

在古建筑的渲染和展示环节，有了这些古色古香的构件，会使整个设计显得更加灵动，也更能表达出设计的意境氛围。

看了陆永乐一路走来的过程，你可能会想，这也没什么大不了，就是用三维软件做设计，没什么BIM的高级应用。而我们觉得他了不起的地方，恰恰在于抓住技术应用的一个方向，把它做专、做深。

陆永乐在很多场合强调，自己不是做BIM的，而是一名建筑设计师，对于他来说，用BIM作为工具，把设计做好，完成那些之前很难完成的项目，才是最有成就感的事情。

在我们刚入行的时候，曾经听不下三位前辈说："古建筑那东西，形体没规律，构件太复杂，BIM做不了，别去碰。"陆永乐也坦言，刚刚面对古建项目的时候，和所有人面对同样的一团乱麻。但他没有着急否认，而是边行动边尝试——形体没规律，就去学习和总结规律；构件太复杂，就一点点写参数、敲代码。

他用行动证明，BIM不仅可以做古建设计，而且可以做得很好，不仅自己做了，还把方法都拿出来分享。当这些知识从古籍中走出来，变成了可以复用的数据，这就是我们常说的数字资产。

海外经验：高度成熟市场中怎么做出有价值的创新？

本节的内容，是一位老朋友唐越带来的分享，他讲述的是在新加坡一个很小的项目里，集中所有力量办的一件"小事"。

说它是"小事"，是跟国内很多动辄几十个应用点的大型BIM项目相比，没有那么"大而全"；而之所以加引号，是因为我们觉得这事还真不小。唐越用他的真实故事，给国内苦苦挣扎为BIM找出路的人们，一个非常有价值的启示。

我们先用第一人称转述他的故事，最后来说说BIMBOX自己的想法。

1. 工作的背景

我是唐越，2021年结束了新加坡的9年学习工作生活，回到了国内，在江苏金寓信息科技有限公司担任BIM事业部负责人一职。

2012年开始我在新加坡建设局学院（BCAA）系统学习了BIM技术，在学习期间，永远不会忘掉的一段对话，就是导师在第一节课程上问大家的这么一句："What is BIM?"（什么是BIM?）

同学们各种花式回答接踵而至，"BIM is Revit" "BIM is a solution" 等，而导师在听完大家的答案之后说出了一句经典的话：

"BIM is a process."（BIM是一个过程。）可以说，这句话从一开始就深深植入了我的脑海。

我们在大力推行全生命周期BIM应用的当下，也是在不断探究BIM作为一个过程技术，如何拓展应用场景和思路的一个阶段，在中国，大家尽显技术能力，百花齐放，然而往往到最后甲方的一句："你能给我带来什么?"又让众多大拿沉下心来认真思考这一充满哲学意味的问题。

近几年来，新加坡在BIM技术应用上一直走在前列，作为发达国家，新加坡不光在经济发展，同样在建筑业也有着较为领先的技术和思想，更重要的则在于，整个国家层面对推广BIM技术应用不遗余力地坚定支持。

新加坡在1997年开始部署CORENET（Construction and Real Estate Network，建筑与房地产网络），初步建立建筑业数字化信息系统，从刚开始的2D图样电子图审，到后期的3D模型E-submission（数字移交），最终成功地在2016年将建筑全专业BIM图审落到了实处。

在这里，我不过多赘述新加坡政府和建设局这十几年的过程和研究有多艰辛，但是值得我们学习的是，他们制定了目标，就要将它完成的这种恒心和毅力。

2018年，我在新加坡的老东家Vigcon（一家本地总承包商）承接了MOH（新加坡卫生局）的一个新建项目——AMK23NH宏茂桥23街区老人院新建项目，我当时的身份是公司的BIM部门经理。

这个项目总建筑面积只有7928平方米，很不起眼的一个小工程，可以说跟国内动辄十几二十万平方米的工程完全无法相提并论，但是就是这么一个不起眼的工程，却被赋予了新加坡建设局对于BIM项目最高级别的要求——1st Class BIM Project（一级BIM项目）。

当时公司是懵的，我也是懵的，BIM，还是一级，就这么小一个项目，做什么BIM应用才能达到如此的高度?

2. BIM的努力

说到这里就不得不提一下，新加坡的项目BIM执行团队架构以及管理模式。

新加坡的BIM项目管理体系较为科学成熟，首先甲方有专门的BIM管理部门，针对特定项目再由建筑设计院（Architect）建立项目的BIM全流程管控体系，并确定项目BIM总负责人，然后由结构顾问、机电顾问以及造价顾问提供专人，形成设计阶段BIM执行团队。

当项目结束设计，交付到施工总承包商手上时，再由总承包商指定专人，接过项目BIM模型和数据的拥有权，继续进行项目实施，而建筑设计院的BIM经理以及甲方的BIM经理，全程都会审核承包商的工作内容以及提交的成果。

同时，顾问公司的BIM负责人也会全程配合施工阶段的BIM协调等相关工作，在这样一个周全完善的组织架构下，确保了整个项目BIM执行周期内的体系化管理。

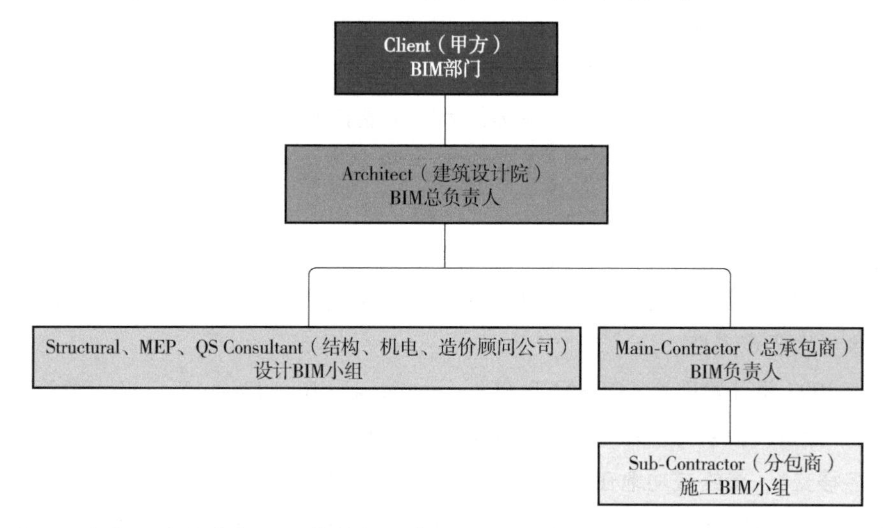

再回到项目本身，我在获得项目的执行目标和BIM目标后，了解了具体的要求：根据甲方需求创建BIM模型，至少在三个里程碑节点提交多专业协调模型，实施4D施工模拟，用于关键区域的实体模型，预制混凝土装配式BIM模型，机电设计和分析，基于云的BIM协作和信息交换，提出并落实新技术。

在这一整个目标文档里，只有第5条（BIM与装配式）和第8条（承包商需要提出并且落实新技术）属于非常规BIM应用。在这样的条件要求下，我们做了相应的思考，除了这两条，其他的几条要求在应用上似乎很难做出亮点，那我们就集中在这两条上做进一步讨论。

在2018年，DfMA（Design for Manufacturing & Assembly）也就是常说的装配式，在新加坡的项目技术层面上已经达到了相当的高度，新加坡的PPVC（Prefabricated Prefinished Volumetric Construction，箱式预制装配系统）和PBU（Prefabricated Bathroom Units，预制整体卫浴）应用，以及常规的预制构件，包括横向竖向结构，都已经有着成熟的工艺技术。

那么BIM与DfMA又能有什么关系？精细化钢筋建模？模型出图工厂预制？装配式安装工艺模拟？这些都不是核心应用，也带来不了多大的价值，毕竟几乎所有的项目都在做这些事。

我们和公司技术部门进行了一次比较深入的讨论，从项目管理的角度、现场安装的角度，我们逐渐发现了问题，而且是实际工作中真正遇到的问题——预制构件生产、运输及安装管理。

新加坡是一个很小的岛国，本国制造业不发达，几乎都是依靠进口，预制构件的生产 100%都是由马来西亚厂家生产，并运输到新加坡，这也是为什么几乎所有的项目都不约而同会存在生产滞后、运输延误等问题，还有本地仓储及项目现场堆放管理混乱，预制构件到达现场后验收不通过等问题。

而 AMK 项目的预制率高达 76% （结构预制率），也就预示着后续的工作过程中，我们也会面临同样的管理问题。

甲方、设计院和我们自己都很关心预制构件管理问题，那么我们最终就敲定，通过这个的项目，进行预制构件管理的研究。

3. 从开发到管理

Tekla 是我们项目预制构件模型搭建的主要工具，项目中 Revit 和 Tekla 进行模型、数据交互的标准文件格式是 .ifc，同时我们的预制分包商也是使用 Tekla 进行出图和工厂预制加工。那么如何利用模型管理好整个项目的预制构件进程、运输及安装情况？

刚开始我们就决定利用天宝（Trimble Solution）的云平台 Trimble Connect，原生的平台及对 Tekla 的完美支持都很适合这个项目，但是问题来了，Trimble Connect 作为一个成熟的平台类产品，无法根据我们的需求进行多样化的定制。

那么我们只能利用现有平台的功能去进行设计，在一套完善的平台流程中插入定制化成分比较高的模块，但这显然是不科学的。于是我们请天宝提供研发人员，与我们一起设计一个 B/S 架构的构件追踪平台。

这个时候还没有雏形，一切都是我们内心的想法，下一步，就是将想法形成产品。

由于曾经学过编程，所以在大家第一次坐下来讨论目标的时候，几个不同技术领域的沟通也成功地擦出了火花，无论是从程序、研发的角度，还是模型、建筑的方向，各参与方都成功地领悟到了对方想要什么，自己需要做什么，这也使得后续整个开发落地的过程异常顺利。

那么虚拟世界中的构件与现实世界中的构件，怎么能产生关联和互动？是不是需要用到一些介质，如二维码？但由于预制构件的运输不是两点一线，张贴在构件上的二维码纸张很容易损坏，而从马来西亚到新加坡的整个过程中分为了马来西亚预制场、新加坡临时储存地、项目现场、安装等四个主要阶段，针对这么多运输步骤的现实情况，最终我们确定并选择了 RFID 芯片作为介质。

通过编码器对 RFID 芯片进行编码，对应芯片通过构件属性里的 GUID 识别并绑定模型，保证了唯一性，一个 GUID 对应一个构件编号，构件编号又与图样上的标号保持一致，这样一个输入的步骤，数据库里就多了一列 RFID 编号。

8. RFID LOGISTICS PLANNING - KEY PROCEDURES

RFID Precast Components Real Time Tracking

RFID 编号通过数据库的实时更新，传输给了平台端的模型，平台端显示用的是 Trimble Connect 的底层轻量化引擎，这也间接解决了图形显示的问题。

通过定制化的开发接口，我们可以自由地给模型定制不同阶段和相对应的颜色，让进度一目了然。

同时，扫描器的 App 也同步更新，每一次扫描，我们都可以写入实时的时间和相应的阶段，在更新数据库的同时，通过服务器同步更新到平台端的模型。

8. RFID LOGISTICS PLANNING - UI

RFID Precast Components Real Time Tracking

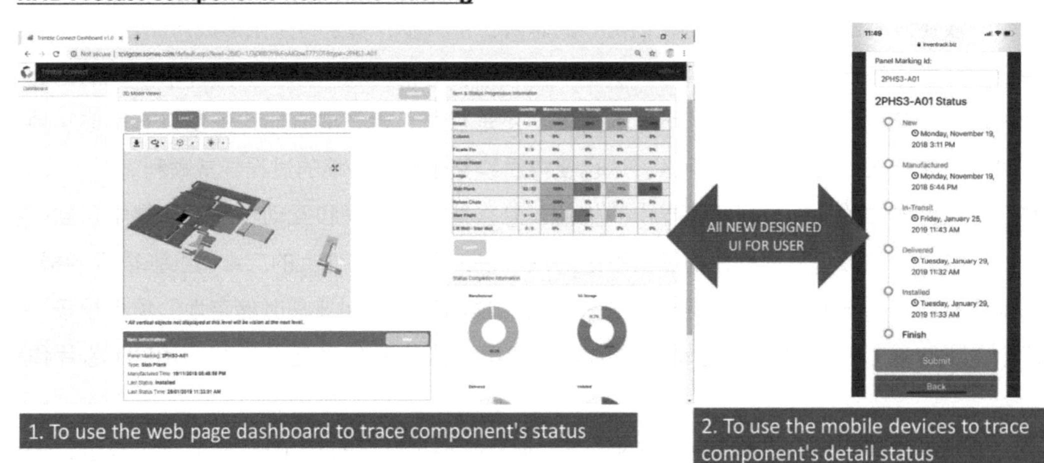

解决了技术上的问题，接踵而来的，也是所有做 BIM，并且想把 BIM 给做好的同行们遇到的最大问题。

那就是人的问题。

数据是死的，实时数据之所以有价值，是因为它会跟着时间的变化而变化，客户能够通过不同时间模型变化所得到的视觉反馈，了解现实世界中所发生的实际情况，所以实时的数模更新才是最终我们要得到的成果。

每一个构件都要经历 4 个过程阶段、4 个不同位置的移动、4 把扫描器，接收送出一共 6 个阶段的扫描。同时，我们还需要 4 个负责任的专人，在每一个构件的物理状态发生变化的时候，及时用扫描器对埋在构件里的芯片进行数据更新。

这是一个持续的过程，也是最容易出现问题的过程，因为一旦跳过某一个阶段，整条数据链条的准确性就产生了问题：我们一定要确保 10 个构件已经生产了，才能发生 10 个构件运输到了新加坡这样的情况。

这个过程很痛苦，特别是在应用初期，基本上每一个位置的人员都会出现不扫描、漏扫描的情况，导致运输列表、生产列表，以及平台模型三处信息的不一致。同时也导致我们无法确定，每一个构件在经过这些不同步骤的时候是否进行了有效的验收，这样的不确定性，很容易增加构件运输到现场后的不合格率。

幸运的是，在预制厂家、运输仓储方、现场验收人员，以及安装人员的全力配合下，大家在近一年的时间内，将整个预制构件追踪的全过程，以近 98% 的准确率完成了数据动态录入。

这轻描淡写的一句话，无法道出这其中有太多的不易。其实这个过程在很多项目上都是“补充录入”，换句话说就是“为了录入而录入”，这也是目前很多应用场景下，大家都不愿意去做的一件事。

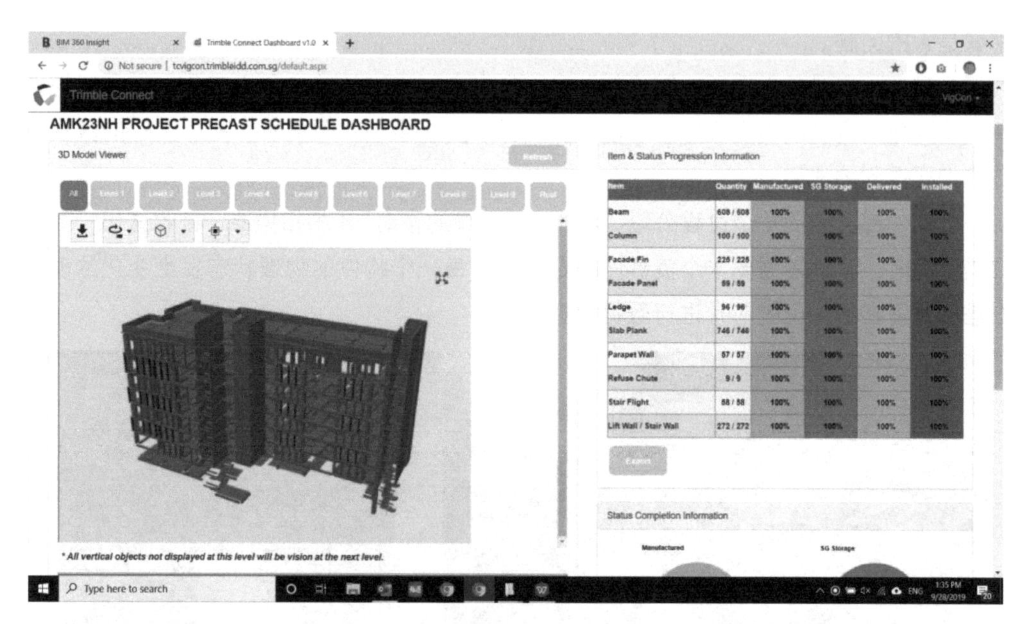

从使用者的角度，在整个执行过程中，每周的会议各参建方都通过平台，沟通讨论预制情况，结合预制安装计划进行项目管控，时间精确到每半天，我们也通过平台对各参建方进行工作协调及进度调整，无论是PC端还是移动端，随时打开随时得到我们想要的内容，各层级之间的管控也依赖于平台上所展示的实时状态。

最后我们也得到了行业内在预制构件追踪数据方面很好的成绩，和另一个常规类似体量预制项目相比，这个项目的平均构件安装时间提升了50%，而项目的预制构件运输和现场验收准确率达到了100%，整个项目预制构件没有一个不合格品到达现场。

一方面，这样的模式提升了项目的执行效率；另一方面，公司后期对多个项目采用了同样的应用，结合各个项目最终导出的完整项目构件追踪表，通过数据分析，也能够摸索出一套更加科学的生产、预制、安装管理流程和时间体系框架，从而为总承包商积累相应的管理经验，并拿出比同行更加成熟的解决方案。这个操作给公司带来了更长远的价值。

这个AMK23NH项目，在得到新加坡卫生局基建办高度认可后，在2021年新加坡建设局举办的第一届数字化集成交付项目（IDD Integrated Digital Delivery）评选中，得到了金奖的荣誉。如此小规模小体量的项目，在众多大型项目的对比下，显得是那么的不起眼，但是就是这么一个小小的应用、一个不算创新的创新，落地后所带来的成果让大家都看到了它的价值。

由于在AMK23NH项目上的成功应用，天宝也看到了其中的商业价值，专门安排拍摄了宣传片，对这个项目的应用进行了大力推广。目前，Trimble Solution Asia已经在新加坡市场实现了这个平台的商用，平台目前的功能容量已经远远超出了当时我们所做的原型，包括材料、人员、堆场等各方面的电子化管理也被收录进其中。

从市场角度去考虑，新加坡这5年的技术路径，就是实现IDD数字化集成交付的全面普及，我们则通过这个项目的成功实践，在这条发展道路上留下了难能可贵的足迹。

4. BIM是一个过程

故事讲到这儿，我又想起了当年导师的那句话："BIM is a process."（BIM是一个过程。）

在这个项目BIM技术执行的整个过程中，我们不断地进行人、机、模的交互和管理，在这个解决路径中，我们既没有提及Revit，也没有用到算量、深化这些常规的应用，而在这个预制构件追踪方案已经层出不穷的大环境下，我们仍然把这件事做出了价值，得到了业主、政府——最重要的是我们自己——的认可。

这一点，可能是我们在今后的BIM技术应用推广中，需要多加关注的，对人员的精准管控，一定是确保应用成果和应用价值得到体现的关键节点。

数据的录入是一个持续的过程，除了一些有明确运维和数据需求的项目，如何让模型摆脱"空壳子"的尴尬境地，这是一个长期需要面对的问题。

我们一直在考虑数据对于客户有什么价值，也应该反过来考虑，数据对我们自己有什么价值。我认为，核心就在于用数据去生成更有说服力的数据。

同时，采集数据和录入数据的过程和工具也非常重要，我们需要思考，为什么大家都不愿意去做某件事情，怎么能够让某件本不应该由他们去做的事情，隐含在他们的日常工作行为中，不会轻易被察觉，但又能够给BIM过程录入重要的数据信息。

我国地域广、体系多、建筑系统庞大，BIM在发展过程中会遇到不少困难。

我在跟同行交流的过程中发现，很多朋友都会迷茫，看不太清今后的发展趋势，不知道BIM的真正价值是否能够得到体现，也不知道大环境什么时候才能给BIM正名。我认为，坚持初心，绝不轻言放弃，才是正确的选择。数字化转型是一个既漫长又痛苦的过程，方向对了，恒心和毅力就是抵达目标的保证。

好了，唐越的故事和观点就分享到这儿。

很多人会来问我们，还有哪些BIM应用点？再来一点，多来一点。而一旦看到其他项目用了哪些技术的时候，又会嗤之以鼻——就这些？早听过了。还有新鲜的不？而唐越的故事告诉我们，别着急跑，别着急表演，把一件事做稳，把果子里的汁水榨干净，价值会自己浮现出来。

怎么做稳？就是正视技术的局限性，正视PPT和真实世界的区别。

如果技术还不够自动化，那就通过管理去解决，同时用现有的技术去做开发，让有限的技术尽可能为人服务、为过程服务。

RFID构件追踪，这在很多项目的汇报PPT里，也许就是两张图片、三行文字，你非要说这个技术本身有多少价值？我看，远远不及让它落地的人有价值。不同项目的构件追踪，追到什么程度，积累什么数据，带来怎样的说服力，这些才是硬实力的表现。

所谓成熟，不是不吹牛，而是对每一个吹出去的牛要付出怎样的代价，心中有数。而所谓成就，就是埋下头躬身入局，付出代价，把吹出去的牛，变成实实在在解决问题的现实。BIM目前还有很多事是在“吹牛”，但我们很高兴地看到，同时有一个个牛人、牛团队，让飘在天上的东西一点点落地。

站在十年之后回看，他们今天用的办法可能会显得有点拙钝，但也正是他们在塑造未来的十年。时间会给每个人答案，我们为这样的人起立敬礼，也衷心希望你也成为这样的人。

以小见大：从一个具体技术点，谈谈BIM的上游思维

本节想给大家介绍一种工作中的思考方式，通过一位老朋友的亲身经历，引出另一位老朋友的干货分享，最后谈谈关于“上游思维”。

1. 区展聪的故事

区展聪在他的个人公众号“装BIM”写了一篇文章，叫《设计阶段门窗族创建血泪史》，听着就挺惨的。

他在2020年5月，从同事手上接管了一套公司的标准门窗族，这套族拿给负责设计的人员去使用的时候，反馈回来一大堆问题，于是区展聪就开始修改这套族。

他花了一周多的时间，先琢磨公司的出图习惯，再重新梳理门窗族在设计阶段的需求，然后把整套门窗族重新建了一遍。这套族在公司内部用了一段时间，后来公司内部又有了二次开发的需求，需要读取族里面的特定参数信息，为了配合算法的识别需求，他又重新做了一遍排查和修改。

这时候他还没意识到，整套族存在着一个致命的缺陷。

后来他们公司开始用Revit做一个正向设计的试点项目，他发现单凭一套标准门窗族库，永远无法满足一个项目的门窗需求。

项目里除了标准的门窗，还有大量的非标准门窗。参与项目的都是刚接触Revit不久的设计人员，完全没有自己创建族的能力，项目时间又特别紧，非标准门窗的创建，还是得由他来负责。

于是他又拉了两个同事，一起加班建族。经过几天奋战，总算是弄出来了，可忙完了项目，区展聪想再把所有人的族整理到一起，就又发现问题了。

三个人创建的门窗族虽然都能满足项目需求，但建族的方式各不相同，这就会导致后期族库的维护特别困难。

于是他就想，必须得让所有人都学会使用同一套建族方式，他们需要的不仅是一套门窗族库，更是一套门窗族创建标准。

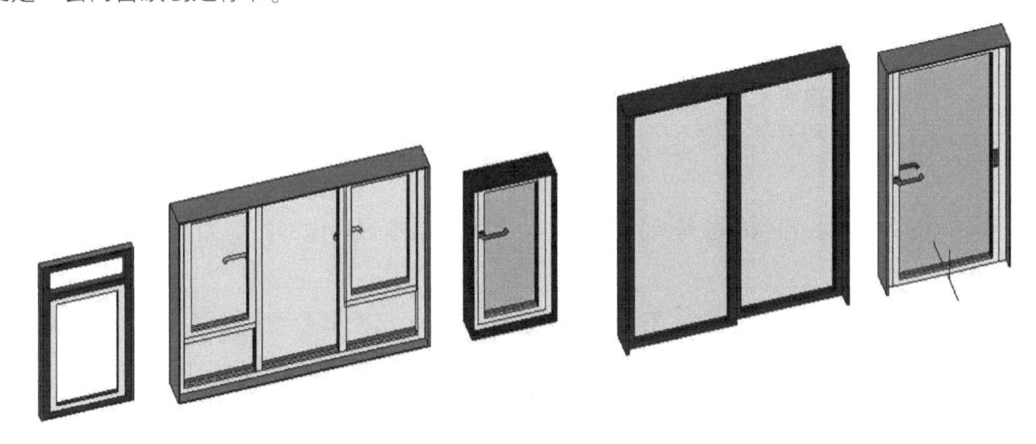

于是，为了提高其他人的接受程度，区展聪推翻了自己以往的建族思路，重新研究了一套简单快捷的工作流程，制定了通用的族样板，还把大的族拆分成一系列更基本的小族，如玻璃、门框、把手等，这样其他人就能像搭积木一样把整个门窗族给组装出来。

区展聪在复盘整个过程的时候说，如果从一开始就不急于做那些缝缝补补的工作，而是先把标准的工作流程梳理出来，尽量考虑多人合作的模式，让所有设计人员都能参与到这套族的建设中，有些班就不用加了。

他在这篇文章里，提到了一本书，叫《上游思维》，书的副标题是“变被动为主动的高手思考法”。那些防患于未然、在问题发生之前解决掉的思维，叫上游思维，与它对应当然的就是下游思维了。

下游的问题是显而易见的，而上游的问题不容易被看出来。下游问题的责任非常明确，该由谁来负责一清二楚；而上游问题往往没有明确的责任人。下游的问题都比较紧急，不解决不行；而上游的问题常常是“重要而不紧急”的。

后来，我又和另一位朋友图图聊起了区展聪的故事，聊到了这个上游思维，他说正好自己也有关于团队建族方面的避坑经验，这里面值得说的东西还真不少，于是专门整理了一下，在这里以图图第一人称的视角分享给大家。

2. 图图的经验之谈

我是图图，之前和 BIMBOX 一起合作了精装室内 BIM 分享课，这门课程是根据我自己一年多的工作经验总结的。最近我在结束了一个阶段工作的间歇期总结了一些感悟，帮助大家避开我趟过的坑。

我曾经在一家头部民营房地产公司控股的精装设计院做 BIM 技术负责人，日常的项目大部分都是住宅项目，有用 CAD 出图的，也有用 BIM 的。我所在的技术部，主要是给项目组提供 BIM 各方面的技术支持，并负责所有基础资源的制作迭代、标准的制定管理工作，另外还跟集团有对接的任务，同时也兼任多个产品的产品经理。

和一般的设计单位和咨询单位不一样，我们无论是 CAD 还是 BIM 的生产工作，都是由设计团队完成的。

做精装出图的时候，用到的族是特别关键的，要保证族放置后做到零调整、不二次加工，才能保证效率。

要知道绝大部分设计师为了效率不会做任何妥协，所以出图体验要摆在第一位，体验好了，后面落地执行都是水到渠成的事，就和做产品一样，好的产品用户体验永远摆在第一位。

我想重点讨论的是：一两个人做正向设计，和几十上百人做正向设计有什么区别？

区别非常大。

一个人做设计，自己改改族、出出图，做完一个项目没有什么大问题，但是当参与者扩大到几十上百人的团队时，完全就是两种概念了。

首先，这几十上百名设计师，绝大部分都没有独立做族的能力。其次是做族手法，每个人做族习惯都不太一样，每当有新的族需求时，拿到一个其他人做过的族，看了族的内部结构之后，大概率会想自己重新做一个。

所以，为了保证族的重复利用价值，以及规范生产流程，我们制定了一套完整的做族规范，具体到每一个参数怎么设置，每个族使用什么族类别，族的二次分类等。

其中族的二次分类是个很重要的步骤，Revit 默认的族类别是固定不变的那些大类，如系统族的墙、可载入族的门窗等，我们把它记为一次分类，一次分类是无法自己创造的，如门槛石，没法创建出一个名为“门槛石”的族类别，并让它和其他默认的族类别享有同等地位。

但在实际应用过程中，不管是哪个专业，肯定都是有这种需求出现的。

所以，在建族之前，我们在规范里指定门槛石的族类别为常规模型，这里不一定非得是“常规模型”族类别，只是选一个相近的族类别放进去，没有相近的就统一放到常规模型里了。

这一步的选择不是关键因素，关键因素是这个族的二次分类。二次分类强调动作，和“二级分类”可能会混淆，需要重点强调一下。

和前面的一次分类相对应，我们在所有的族里面都加了几个固定的新参数，如一级分类、二级分类、族发布日期、族发布者、族版本、构件层级、编码等。

族类型

类型名称(Y)：标准

搜索参数

参数	值	公式	锁定
约束			
门嵌入	0.0	=	☑
构造			
文字			
一级分类	地面构件	=	
二级分类	门槛石	=	
族发布日期	2022.8.31	=	
族发布者	图图	=	
族版本	3.0	=	
构件层级	成品	=	
编码	******	=	
材质和装饰			
尺寸标注			
分析属性			

管理查找表格(G)

如何管理族类型？ 确定 取消 应用(A)

这些参数都是用插件或脚本一次性写到所有族里的，所以和族样板里自带的那些参数并没有什么区别，同时也可以在过滤器中被直接调用。

说到过滤器，族的二次分类好处就看出来了。举个例子，在创建一个视图样板过程中，其中一步是需要把所有的地面构件隐藏，那么，按照传统的手法，需要先隐藏楼板，再通过常规模型的过滤器单独隐藏门槛石；如果还有其他的构件，如地漏，那么可能还需要通过卫浴装置的过滤器单独隐藏地漏。

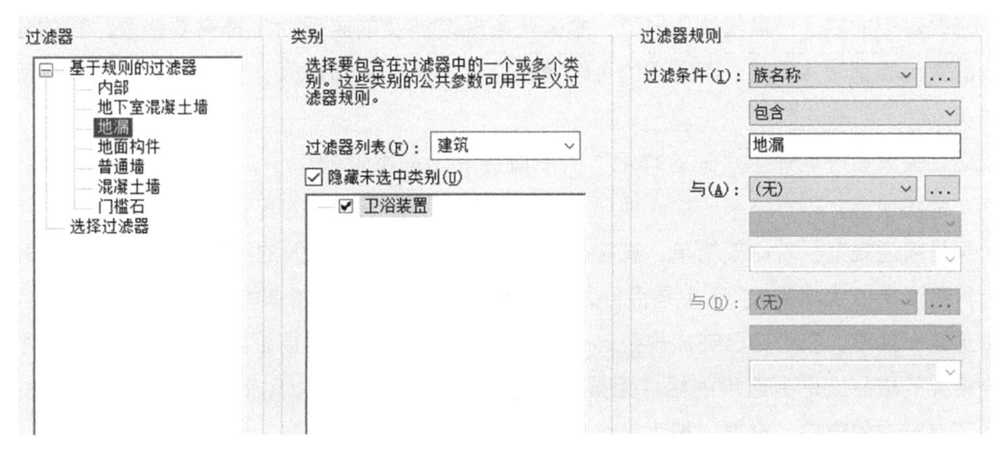

虽然可以使用多个条件同时过滤，但设计师很难理解这个逻辑，也不利于样板的维护迭代。

如果进行过二次分类，那么以上所有的构件的“一级分类”都是地面构件，“二级分类”才是地砖、木地板、门槛石、地漏等，所以通过一级分类，我能直接在过滤器中过滤掉所有的地面构件。

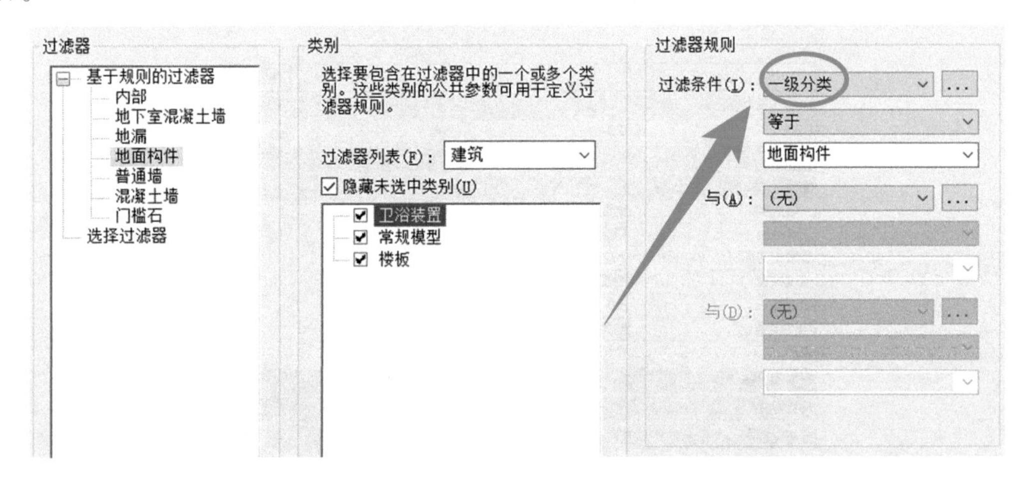

这里首先解决了效率问题，另外族的分类信息变得更加整洁、规范，有规范可循，有标准可依，不再像以前那样某个人拍脑袋就定了一个分类，量大了之后，导致后期维护样板和族的时候异常艰辛。

其实无论是中国建筑标准设计研究院编写过的《建筑信息模型分类和编码标准》，还是各部门发布过的标准，都有对构件进行分类，一开始我在咨询单位，对这些分类其实没什么感觉，不觉得有什么作用，直到自己用到了，才有如梦初醒的感觉。

族的分类不可能一开始就做得非常完备，一开始1.0版本的族规范，会定得大而全，只要能想得到的都给定了，等到具体实施的时候，如果发现不合适，再启动修改规范的流程，接着按照新规范修改对应的族。一旦修改了规范，那么这条规范涉及的族理论上都需要修改，我的建议是将涉及的常用族都一并更新，不常用的可以慢慢迭代，这样虽然麻烦，但是可以避免后期版本混乱的情况。

反之，决策者一旦开了“先这样吧”“后面再说”等类似的口子，那么后面就会越缠越乱，导致整个系统崩溃，不得不来一次大换血，这是小病不治拖成大病的真实写照。

如果是新增规范，就比较简单，直接往原规范里塞就行了，新做的族也大概率不影响旧的族。

为什么说是“大概率”，而不是百分之百呢？因为族和族之间还真能互相影响。

讲这么一件事：我们自己在族规范这一波“手术”之后，面对橱柜类的族，又陷入了两难。

橱柜类的成品族是由通用的组件组成了不同的形态，如门板、侧板、顶板、层板、底板等，类似的还有窗户的窗扇、窗框、把手等组件族。

针对所有组件级别的族，我们面临两个选择，要么勾上“共享”这个选项，要么不勾这个选项。

勾上之后，在所有橱柜类的成品族里，该组件的版本将会成为唯一，如果有其他版本，那么必须选择是否覆盖。将这批已经组装好的族文件载入到同一个项目里，它们的小组件版本也必须是唯一的。如果项目里的双开门橱柜和单开门橱柜共用了一个门把手，但这个把手的版本不一样，软件就会提醒是否覆盖，只能保留其中一个。

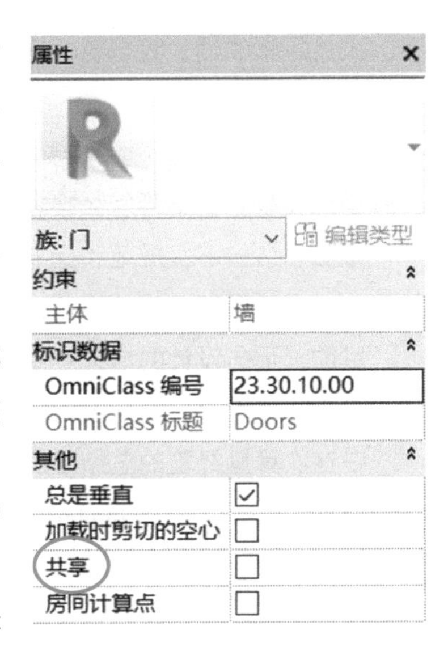

这样也就意味着，只要正在载入的组件是最新的版本，那么就可以一次性在项目环境下，替换掉所有橱柜类成品族的该组件，前提就是之前迭代的时候组件全部勾上了共享选项。

这样操作下来之后，不管再多的变更，一个组件永远只需要一次修改，之后再载入项目环境就能覆盖所有的成品族。

这样能给每次迭代工作带来极大的便利，但是，代价也是巨大的。

一旦决定了勾选共享，那么所有的橱柜类成品族都需要一次性迭代完，基本上等于重做了，因为组件参照以及方向的原因，原本正常的橱柜成品族，在被新组件替换后，方向和参数的约束出现混乱是很常见的，一旦在载入项目环境下时选择了覆盖，以前旧的族都会被打乱。

所以这一百多个柜体，必须完完整整地拿出去一次性修改完，再完完整整地放回来，供设计师使用。那么实际操作会是怎样的呢?

当时我们制定了初代的族规范后，集合了5名有做族能力的设计师，将所有的常用族进行了迭代，一共有一百多个成品族。单纯地看这一百多个族，算不上特别多，但是按照新规范，一个成品族，组件就有好几个，像复杂的门、柜体，这些组件就有七八个，再加上图例，总数量在一百多的基础上要翻好几番。

我们把这次版本统一在了3.0。

后来，在3.1版本柜体族专项迭代的时候，他们就在勾选共享这里趟了坑。

这一次，就没有上次那么大张旗鼓地一波弄完，因为图样不稳定、错误多、投入人员不够等原因，迭代是缓慢进行的。

但因为之前3.0版本的迭代，已经将所有的组件勾了共享，所以3.1版本已经迭代完的橱柜族，会对未迭代的橱柜族造成影响，而剩余的族数量更多，而且因为审核的原因没法继续迭代。

也就是说这一波现有的资源，是互相冲突的，但是，项目又不断在推进，我们必须保证平台上的族是能用的版本，所以，我无奈地决定将已更新的橱柜类成品族及其组件全部取消共享，并上传族库平台，保证设计师正常使用。

经历这一波之后，我知道我们选错了战场，不应该决定在橱柜类的族里勾上共享。正常情况下，人员足够的话，我们能一次性迭代完，但是实际上叠加了太多不利条件，导致没法快速解决战斗，最后不得不壮士断臂，回到原点。

如果问我前期能不能预想到这种结局，我恐怕不可能做到，这些负面因素完全是意料之外，也就是这波教训，不管怎么挣扎预判，都无法避免。

最后总结一下，规范和标准是排在第一位的，同时还会解决其他的小问题，要记住，不是为了解决某个问题而制作的规范，而是接地气的规范顺便解决了这个问题。

目前，正向设计的成果主要还是施工图，成果单一，可替代性强，由Revit生态衍生出来的算量、渲染等应用，还没有得到很好的发挥。

在这次算量经验的总结之后，我在视频课程里加更了一期精装算量的内容，有兴趣可以去看看，在进步学社（www. bimbox. club）搜索“精装修”就能找到它。

3. 再说上游思维

图图的分享就说到这儿，最后我想再说说“上游思维”。

这种思维方式让我想清楚一件事：这几年见到一些圈子里的朋友，一开始的水平能力都差不多，为什么四五年之后无论是能力、职位还是收入都越差越多？

有这么个故事，有两个人，看到有个孩子掉到河里在喊救命，就赶紧跳进河里开始营救。好不容易把这个孩子救上岸，可马上又听到另一个孩子在河里被淹着喊救命。

紧接着，一个又一个小孩出现在河里，两个人都有点筋疲力尽了。这时候，其中一个人上了岸，往上游走去，他的朋友就赶紧喊他，这河里还有孩子救不过来了，你干什么去？上岸的人说，我得到河的上游去看看，是谁把这些孩子扔进水里的。

这个故事里的两个人，其实代表着完全不同的两种思维方式。

下游思维的人，是典型的遇到问题就解决问题，每天都在处理最紧急的情况，每一个行为都很被动，而且还经常陷入“只有苦劳、没有功劳”的境地。

而与之相对的，是那些拥有上游思维的人，他们懂得未雨绸缪、防患于未然，能够去找到问题的本质，主动出击，他们的工作会从容很多，也经常会取得改变组织的大成绩。

所谓普通人改变结果，优秀的人改变原因，顶级高手改变模型。

拥有上游思维能给我们带来什么好处？我总结了三个：

第一个好处：给自己创造更多的机会。

现在大家工作都很努力，那领导在一群辛苦的人之中，最想提拔的是哪个呢？对，就是那个最能承担责任的人。

下游思维本质上都是只敢承担自己一亩三分地的责任，领导需要的是在更大的格局下，帮他解决更大问题的人，这个更大的格局，就是上游思维。

这里的领导不一定是你现在的领导，可能是下一次面试你的领导，也可能是你出去创业时的第一个投资人。

第二个好处：境界稍微高一点，打造你的秘密武器。

有的公司，两个人各带一个团队，手里的资源差不多，一段时间之后，一个团队的战斗力就很强，客户也很满意，而另一个团队的表现就很糟糕。

你要去问团队里的人，他们可能会给你一些很模糊的答案，如大家手里的工具好用或大家很团结等。

但他们不知道，所有这些模糊的体验，都不是碰运气，而是团队负责人站在上游，有意设计出来的。他在问题还没发生的时候，就把问题解决了，所以除了他之外，没有人知道到底秘诀在哪里。

当别人把你的努力看作天赋或者运气的时候，你就已经成功了。

第三个好处：再提升一下境界，上游思维给你更大的自我成就感。

你迟早会面临这样的问题：当温饱问题已经解决，一定会有更高的需求，如赢得他人的尊重，找到工作的意义，以及自我实现。

要得到自我实现的满足感，光是自己给自己画饼——我不是在搬砖，我在建造一座城市，这是不够的，当你真的去思考一座城市应该是什么样的，并且用自己的智慧解决了关乎更多人的大问题的时候，可能有时候你做的事没有带来直接的经济利益，甚至可能你的贡献不为每个人所知，但你会觉得不枉此生。

升职加薪，偷偷成功，自我实现，就是我敬佩那些拥有上游思维的人的原因，希望能给你一点点参考。

传统民营企业怎样看待 BIM 与数字化转型?

本节的内容来自申捷科技的朱彬，一个在支吊架行业数字化发展道路上撞破南墙也不回头的“好汉”。或许他的工作企业和你有很大不同，但他的思考还是有不少可以共同探讨借鉴的。

数字化转型这个词，现在被越来越多的人谈到，可以在网上找到各种各样的解释，读起来也可能会感觉一脸问号，不过在本质上，那些看上去高深莫测的理论，回归到现实工作中来，也许就是我们每天都在做的事。

作为行业里最传统的建筑材料商，怎样在这一场浪潮中，抓住数字化发展带来的机遇，打造企业数字化竞争力呢？他从一个传统的建筑材料供应商，同时也是一个中型民营企业的角度，说说他们公司是如何走上这条路的，以及对将来有怎样的想法。以下采用朱彬第一人称的方式转述他的故事。

1. 起步

在传统建筑材料企业里搞数字化并不简单。我们工作的所有目的，还是要把企业生产的产品销售出去，先解决吃饭问题，再谈数字化发展。

我所在的企业，是一家民营企业，公司最开始主要是做金属电线导管、电缆桥架，2010年赶上了上海世博会这么个契机，公司进入了装配式支吊架这个新领域。一方面是想丰富自己的产品线，创造更多的利润，另一方面也是感觉到这是个新东西，应该会有比较好的前途。

当时公司的人都觉得投入成本不会很大，后来的事实证明我们太天真了。

当时公司添置了一组生产C型钢的设备，开始闷头做产品。那时候客户对这个产品也没有什么技术要求，C型钢做出来也就当作普通产品销售，不存在什么技术支持和服务。

在当时的工程环境下，因为C型钢的单价比较高，做支吊架的成本比传统的角钢、槽钢高很多，所以该产品也基本是在外资企业、工业厂房，以及一些重点市政项目上使用，市场对它的接受程度有限。

所以当时这条产品线就是不温不火地发展，公司也没有投入太多的精力。直到2014年前后，我无意中从朋友那得到一份行业顶尖企业喜利得的支吊架计算书，当时就感觉好像开了一扇新的大门：原来成品支吊架还可以这么做！

然后我又找到了另外一家国内企业的计算书，相互一比较，差距的确不小。然后我就开始了自学之路：材料力学、结构力学、工程力学，买书、看视频课程。从此我们公司的装配式支吊架开始了新的一页，同时也为我们开始做成品支吊架的数字化基础工作奠定了理论基础。

那段时间做成品支吊架的深化设计，都是在CAD平面上做，2015年前后BIM理念开始在国内普及。于是我们就想，在BIM里做成品支吊架的深化是不是可行？

于是我又自学了Revit软件。支吊架是可以在Revit里做，但往前一步，真正去做专业深化设计就非常难。一方面国内并没有一套成体系的规范来定义支吊架应该怎么做，另一方面在当时的环境下，做BIM机电管线综合都比较困难，综合支吊架深化设计就更难搞了。

于是，我们就诞生了自己研发软件的

想法。当然，我们毕竟不是一家软件公司，当时也不打算在软件方面投入太多的资源，所做的一切工作都是为了更好地为自己的产品服务。

那时候广联达的MagiCAD也是刚刚被人们所知，鸿业、橄榄山、品茗等这些公司还没有专门关于支吊架的软件。我们先是做了大量的数据统计工作，研读施工标准，制作自己的产品族文件，后来又花了大半年时间，整理了项目上碰到的问题和解决方法，把思路确定下来，在2015年底，我找了几个认识的朋友正式搞起了自主研发。

研发的过程一直到了2017年，我们跌跌撞撞迎来了软件的1.0版本。这个版本并没有对外，一切都是为了我们自己的项目服务。

拿着这个软件试验了几个项目，包括上海浦东国际机场三期卫星厅项目，虽然只是做了部分区域的测试，也没有形成最终的成果展示，不过也算是验证了支吊架BIM深化设计的可行性，也不负我们这几年的投入，在当时可以说是行业内比较先进的。

而最让我感到鼓舞的是武汉军运会主媒体中心项目，在我们产品报价并不占优势的情况下，我们给出的BIM深化设计解决方案成了加分项和亮点，最终确定我们中标。

当时软件还处于早期，我们也缺乏系统规划和顶层设计，没有形成关于数字化的系统性理论和可以复制的经验，做完一个项目，下个项目很多事还得从头再来。从现在的视角往回看，这根本不是数字化，还是停留在做支吊架BIM深化设计的阶段，但它确实是一个好的开端。

我觉得，一家传统企业想要在“填饱肚子”的前提下推进数字化，前期的定位，恰恰不应该只盯着数字化这一件事去想。制造业企业做技术、做BIM、搞数字化，本质上也是为了产品销售服务的，通过增加产品的附加值提升销售业绩，顺便“填饱技术的肚子”。

中国人对中低端工业产品的学习仿制能力是很强的，传统材料企业要在成千上万家同行的惨烈价格战中脱颖而出，单单靠产品去实现，未免有点异想天开，只有去做那些别人无法轻易模仿的事，才可能有机会在市场竞争中博得一席之地。

2. 数据库

2019年，1.0版的软件已经满足不了复杂项目的要求，客户的需求在不断提高，我们自己对行业和政策的了解也在加深，我们觉得该对软件做一次彻底的更新了。

首先，最重要的就是更新产品族库，创建自己的企业级族库。我们完善了第四个大版本的族库更新，对每个构件的尺寸参数、技术参数、性能参数、商务参数都做了大幅度的完善，库里面任何一个族文件都不再是孤零零的三维图像，而是具有数据和信息在内的、可以被任何项目直接调用的构件。

同时我们也优化了产品族的参变逻辑，不止简单的尺寸变化，同一个型号的产品，可以通过改变材质，自动改变构件的性能参数，在力学分析的时候能根据产品的材质去做相关的力学分析。

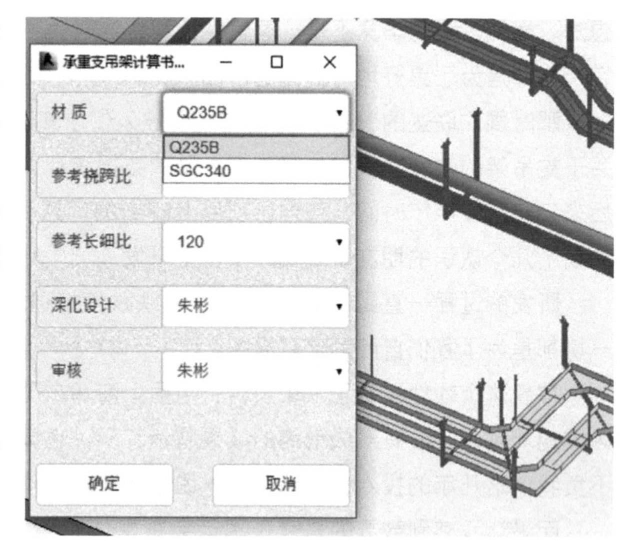

第二，嵌套产品族的类型种类和数量都更加丰富，特别是综合支吊架的类型。简支梁、连续梁、悬臂梁、外伸梁、多层结构、结构降板、不等高多层梁形式等，我们都做了细化设计，小到一个螺栓螺母都能在模型中体现出来。这点也可以使统计算量工作更为精准。

第三，彻底对角钢槽钢支吊架、成品支吊架的布置逻辑进行优化和改正。

在整个研发过程中，我们也得到了很多的帮助，如连续性布置的逻辑，是受到了 MagiCAD 的启发；净高控制提醒的设置，是接受了一个设计院领导的建议；力学分析计算书的科学合理性，是得到了上海交大结构专业教授研究生团队的指导建议；在出图方面很多好的思路，也是得到了总包施工单位朋友们的建议。

第四，通过对数据库的完善，让所有的信息都在数据库中体现。我们对以往散乱的数据进行归纳、分类，数据库就是我们的信息管理系统，通过这个系统，可以把产品模型、力学性能、商务架构等联合在一起，改变任何一个独立构件，都会引起整体数据的联动变化。

第五，量化统计里增加了商务报价模块。基于公司制定的销售策略，将销售的指导价体系导入到软件中，深化设计方案出来后，针对这个项目的报价也能全部出来。这个功能在处理大型项目的预算、报价投标中带来的效率提高是非常明显的。

还有很多其他零碎的东西，在软件发挥它应有功能中都起到了至关重要的作用。这也是我在最开始说的，很多看上去很大的概念，划归到现实工作中来拆分开，也许就是我们平常天天在做的事。

其实，每个人的日常工作，都以散乱的文档、表格等形式躺在硬盘里，现在我们需要将它们全部整理起来，形成自有的数据库。即使不开发软件，也可以在 Excel 中通过函数、关系等逻辑语言形成自己的串联数据。这也就是我们平常所说的数据化、信息化。

我也看到过一些施工企业，通过 Excel 表格做出了支吊架的选型小工具，虽然是简化版的，但能把这个表格做出来，并且还在实际施工中实地运用，仍然可以说是在数字化方面已经是比别人多走了半步了。

3. 从标准化到数字化

对于材料企业而言，产品标准化对企业发展具有非常重要的影响，同时也是数字化发展的重要组成部分。我们有很多同行，其实对自己的产品并没有明确的认识和定位，单纯地从利益角度出发，价格战打得不亦乐乎。这本身并没错，企业总是要先活下去。

但是一家企业今天通过一些手段把钱赚到了，今后呢？还能一直这样赚到钱吗？

在建筑材料这个行业，劣币驱逐良币的现象已经到了非常严重的地步。而如今“高质量发展”已经成为国家级战略，产品标准化似乎也迎来了春天，用心做高质量产品的企业也有了自己的生态地位。

以前我们想，数字化是作为产品的附加价值，提升产品的内在实力。而现在，我们想通过数字化来反哺产品，促进产品向标准化这条轨道上迈进。

那么产品标准化应该怎么去做？

首先，建立企业级族库。

BIM的运用，最基本的就是各种产品族。对于我们公司而言，不仅是支吊架产品，同时电缆桥架，金属电线导管的主材、辅材等，都在不断更新完善产品族库，要把所有能用到的参数存储到文件中，形成统一的数据库。

第二，建立企业级质量管理体系。只有合格的产品才可能成为标准化产品。材料材质、规格型号、尺寸大小、功能和性能，乃至包装、储存等，都应该有配套的管理体系来约束和规范。

第三，有条件的企业要上自己的ERP系统。一个能行之有效的产品标准化体系，单单靠人去管理实施是很难实现的，我们需要一个能统筹企业日常行为的系统，把关于标准化的一切行为管理起来。

第四，制定的产品标准化要具备可操作性，不能盲目瞎搞，要充分了解市场和需求，而且在制定了产品标准化之后，不要轻易更改，一旦明确就务必遵守实行。产品标准化，往小了说，是有助于企业的长期发展；往大了说，就是规范行业，引领市场，抢占市场高地，创造更长远的利益。

企业日常行为的数字化管控，这一点可能大多数人并不在意，觉得它是公司领导需要考虑的问题，但其实它和企业的每个人都息息相关。

任何一个企业都有很多日常经营行为，小到考勤，从以前的机械打卡，到后来的指纹和刷脸；大到产品进销存管理，以前是人工统计产品采销、资金流动，现在是ERP系统的单据留存记录。再往细处说，还有企业应收款、客户信用、业务员拜访记录、项目跟踪进展、客户合作意愿、生产部门原材料消耗、成品产出入库、废品损耗、工人计件工资等。

企业的日常行为管控会涉及多人员、多部门、多单位的协调和沟通。现在很多事也会有专门的软件进行管理，但这些软件都是各管各的，数据不互通。如公司进销存由ERP来管，员工日常工作记录由钉钉、CRM来管，内部沟通、客户交流通过微信或者QQ来实现，文件共享协作用石墨文档，还有其他拍照、录音、文档的各种App软件。

那么企业日常行为管理的数字化模式，能不能通过一个平台、一个软件把所有的行为都整合在一起？我相信答案是肯定的。我也仔细拜读了中国电建集团华东勘测设计研究院陈健老先生著的《追梦》一书，在感慨华东院数十年发展历程之余，也在想这些大企业的经验有哪些能被我们学习和借鉴。

作为民营企业，无论企业规模和资金实力，和华东院自然是不能比，盲目照抄必然是死路一条。但是前人栽树后人乘凉，我们是一家中小型民营制造企业，但愿景和《追梦》中讲到的华东院应该是类似的，总结提炼一下就是：人无我有，人有我优，人优我精，当别人追赶上的时候，我们已经确立了下一个目标开始新的征程。

黑猫白猫：BIM 能给 EPC 项目带来哪些真价值？

本节的内容，来自一位 BIM 咨询行业的朋友，他叫 SenLin。

作为一群爱琢磨、爱思考的年轻人，进入工程项目，面对众多的技术和甲方不断提升的需求，经常要逼着自己一边学习、一边应用，而他们选择和使用技术的方向，是很值得我们参考的，那就是我们一直推崇的“小米加步枪”精神，不管够不够“高大上”，先解决客户的实际问题再说。

下面就以第一人称的视角，转述他的分享。

我是 SenLin，目前在重庆一家咨询公司从事 BIM 工作。

我曾经在中铁的公路和铁路项目上工作过一段时间，和大多数人一样，从最开始到项目上感觉一切都比较新鲜，到后来因为经常没有假期、回不了家，也不能和朋友一起聚，慢慢感觉越来越和社会脱节，心里也逐渐变得迷茫。

刚接触到项目 BIM 板块的工作时，我负责一个外部公司做的 BIM 平台的数据录入，与这家公司对接项目上遇到的一些情况和进度。当时感觉项目上使用的 BIM 和我自己学习的很不一样。

因为在大学的时候学过一门“BIM 技术应用基础”的课程，再加上做毕业设计的时候系领导要求用 BIM 来做，所以对 BIM 还算是比较熟悉，通过那次机会，我又燃起了对 BIM 技术极大的兴趣，也乐于在工作当中做一些新的尝试，所以就离职回到重庆，找了一份专门从事 BIM 的工作。

这次主要是想跟大家分享一下 BIM 在 EPC 项目前期工作中一些细小琐碎的事情，所谓魔鬼都在细节里，正是这些小事，对项目的协调和推进起到了不小的作用。

和大家分享的是一个医院 EPC 项目，BIM 作为全过程咨询单位的其中一个服务板块，在项目的方案前期就开始介入，和设计、现场的进度同步，也同时做分析工作，随时提供报告成果，为业主做决策提供了很多可参考的意见。

公司拿到这个项目的时候，我主动提出了想要负责这个项目的意愿，说自己在工地工作过，对现场有一定的了解，能够比较清晰地抓住业主对 BIM 的需求；同时也承认自己在技术层面还有所欠缺，对机电专业的研究没有其他人那么深入，但是大体上的东西是没问题的。

公司领导综合考虑过后，让我前期负责项目各方的对接协调，其他同事配合，争取让 BIM 工作尽快进入正轨。从目前效果来看，我做的成果还不错，能够胜任这个职务。

1. 倾斜摄影解决的问题

业主在项目中，提出了要应用倾斜摄影技术，而当时我们对倾斜摄影的了解非常有限，对于它和 BIM 模型结合有哪些应用点，还一点都不了解，当时本地市场上的应用参考也不多，我们甚至认为合同上的要求就只是一个噱头，让 BIM 听起来更高大上一点。

为了完成任务，只能硬着头皮上网查资料自学，向周围认识的人咨询。花了将近一周的时间，慢慢地熟悉了倾斜摄影的技术，厘清了从概念到实景建模操作的整个流程。

我们先用手机做简单的模拟，用一个杯子进行倾斜摄影模拟拍摄，然后将照片导入软件进行建模，基本达到期望的效果以后，才到现场采集原始地貌，然后生成实景模型。

我们在这个项目中，主要是运用了三维实景展示和实时测量。

实景三维展示的运用

当时 EPC 总承包单位还没有招标，所以业主单位很多人还没有去过现场，对现场的各种情况也只是从文件上了解到的。会议上我们运用实景模型展示，结合相关的讲解，给业主做了一个简单的汇报，也从业主那里了解到现场的拆迁、供水、供电等情况，会议的沟通和交流就简单了很多。

还有就是施工单位进场，需要确定土方开挖的车辆进出场方位，也是通过实景三维模型，业主和施工总承包单位讨论后才确定的。

实景分析的价值

我们在网上查的很多应用点，如土石方的挖填分析，都是建立在一些基础资料上才能进行的，我们想着能不能做一些前瞻性的工作，对项目产生实际的价值。当时不光在计算机上查看了实景模型，也到现场了解过实际情况，没想到还真让我们发现了一个风险点。

当时有个和我们项目紧挨着的市政项目，那个项目先立项，所以是按照前一版的规划进行的设计和报批。我们项目地块怎么使用，暂时也没有确定下来，邻近市政项目设计的时候，就有一个箱涵临时排水到我们项目地块。

如果这个排水箱涵的出水口不引走的话，会影响到我们项目前期的基坑和基础的施工。我们当时做了一个重大危险源预警的提示，希望业主能够引起重视，并且做了一个汇报材料。

我们先对项目之间做了当时现状的描述，并且指出，邻近项目用来排水的箱涵已经在施工，未来这个箱涵会向我们项目的地块排水。

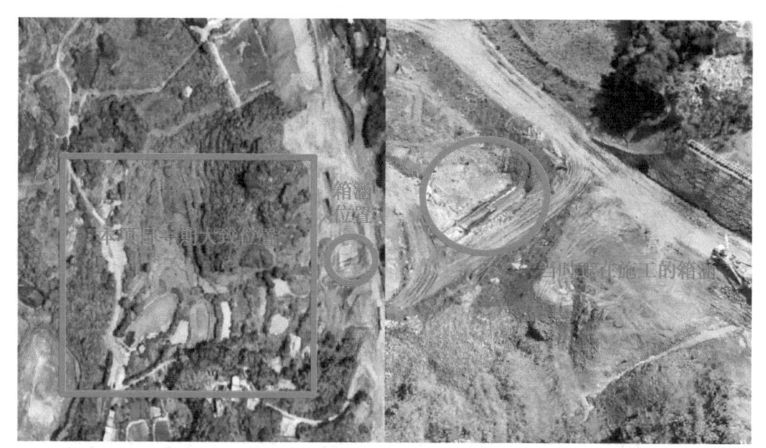

我们做了地势的分析，指出我们这个项目地块处于低洼区域，即便是开挖临时沟渠，也不能解决雨水旺季地块被淹的风险。在业主的帮助下，我们拿到了邻近项目排水箱涵的设计资料，包括箱涵的尺寸、设计流量等参数，接着尝试运用分析软件，做了一个雨水旺季来临时的排水模拟视频，并且建议业主及时和邻近项目负责人沟通，让他们先暂停这个排水箱涵的施工。

遗憾的是，当时业主并没有听取我们的建议，没有及时和邻近项目负责人沟通，等到邻近项目箱涵成型了，到了七、八月份雨水旺季，这个箱涵对项目地块进行了大量的雨水散排，并且对土方开挖造成了影响，滞后了工期，才意识到问题的严重性。

一直到箱涵成型后，业主才与邻近项目方对接，为解决这个问题，前后花费了三个月时间。

庆幸的是当时还没有进行到土方开挖和基坑的施工阶段，避免了一些损失。但是，由于是雨季，再加上箱涵在不断排水，施工方不敢继续进行下一步工作，进度也落后了不少。这也让我们自己意识到，BIM 还是可以做很多前瞻性的工作，来为项目服务，避免这样的事情再次发生。

测算拆迁时的建筑废渣量

当时这个项目建筑废渣清运的工程量，业主和施工单位争执了一个月，因为建筑废渣已经被清运走，也找不到地方核查工程量，双方始终不能达成一致，业主觉得工程量没有施工单位提交的那么多，施工单位则觉得自己提供的工程量是准确的。

当时业主问我们有没有可以让施工单位信服的一种测算方法，我们想能不能运用实景模型的实时测量，加上 Revit 的建模，估算出来一个量，这样有一个实际的数据支撑，大家都能接受。

我们运用实景模型进行测量，得到拆除物的长、宽、高以及墙体的大致厚度。根据测量的数据，运用 Revit 建模，然后导出了工程量，供业主和施工单位参考。在这次计量中能够帮助到业主，解决和施工单位的争端，我们也获得了很大的满足感。

2. 设计方案阶段解决的问题

接下来，再说说我们在方案设计阶段干的事儿。

两个采光井方案的对比

在方案设计过程中，我们同步创建了 BIM 模型。过程中就发现，医院的医技楼建筑中间位置，自然采光不理想，反馈给设计人员后，他们做了两个方案。

业主方想要实际了解一下，两个方案的采光效果是怎样的，然后根据现场模拟的实际效果来决策。为此我们也更新了两版方案的模型，还做了光照模拟，在方案讨论会上实时模拟了一天的光照动态效果。

第一个方案，采用分开的两个采光井，采光效果比较差。第二个方案，把采光井范围扩大了，采光效果有了很明显的提升。这种模型加光线渲染的方式，业主当时的感受很直观，经过讨论，最终选定了第二个方案。

考虑到采光井采用全玻璃幕墙能耗较大，方案会议现场对部分全玻璃幕墙进行修改，也给业主实时查看了效果，最后在不影响楼层光照效果的前提下，确定墙体采用实体墙加窗户以节约能耗。

为功能区确定提供辅助

项目中的业主单位人员，有时候并不是职业的工程设计人员，在设计单位和业主对接医院方案设计流程的时候，由于医院很多科室负责人的建筑空间想象力不够，运用平面图方式和他们沟通，他们理解起来比较困难，如不知道5m具体有多长，办公桌尺寸在办公室所占的空间大小等。

设计单位在和他们对接的时候，需要带上卷尺当场演示。看到这种情况，我们就想着能不能运用三维模型来解决一些沟通问题。

不过实操的时候还是有一些困难，主要是来自于效率问题，如和甲方沟通房间区域的时候，每一次方案修改，每个房间都标注，要花费很久的时间，等标注好了，方案沟通都已经结束了。

于是我们思考，有没有什么简单的方式来标注，能够及时提供带有三维字体房间标注的模型。

后来还真被我们找到一个插件，能比较准确识别方案图样的房间标注，并且很快标注出房间的三维名称。

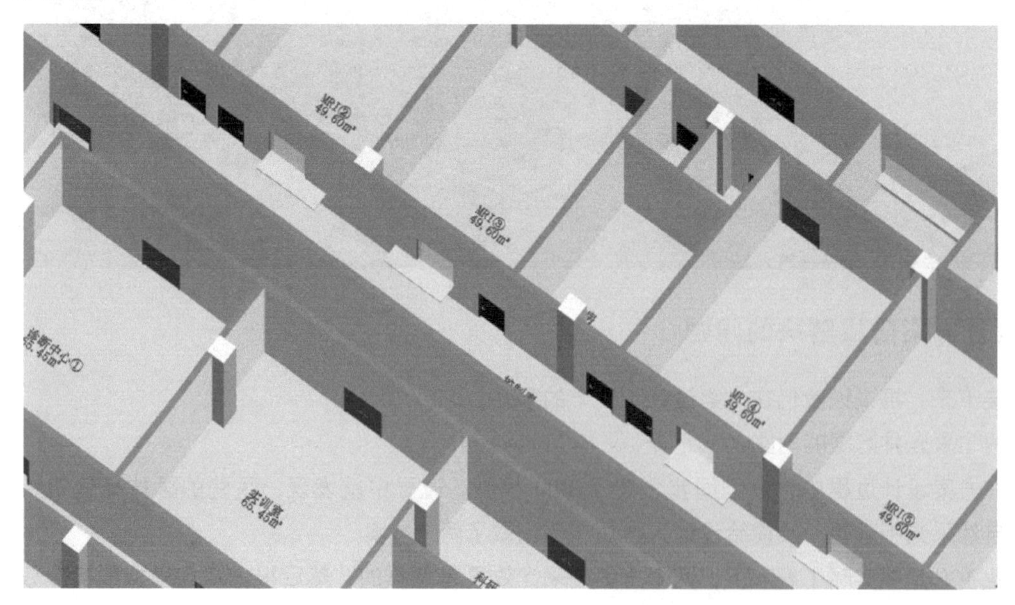

我们和设计单位商量过后，他们同意采用带有三维字体房间标注的模型，和业主对接一级流程和二级流程。

根据业主的需求，及时调整功能区的大小和位置，然后导出二维图样提供给设计单位作为参考，辅助设计单位修改。通过这次业主和设计单位都能够充分理解的沟通方式，我们为方案的确定节约了大概半个月的时间。

管线路由的净高分析

在方案阶段，设计方确定的标准层的层高为 3.9m。考虑到 EPC 项目边设计、边施工的特殊性，如果等设计结果完全出来后才做净高分析，再反馈给设计单位修改的话，时间上肯定来不及。

于是，我们就和设计单位商量，先把住院楼结构图样和机电各专业主管的路由图给出来，我们先做一个大致的净高分析，在初期就把关键部位净高不足的问题解决。然后我们就用很初步的图样，做了一版住院楼机电方案管道路由的模型，然后进行了净高分析，把方案拿到会议上和业主、设计单位讨论。

会议上我们指出，哪怕只考虑了主要路由干管，净高最低的地方也完全不能满足相关的规范和业主需求，还没有考虑顶棚上需要垂挂的指向牌、时间表、叫号显示器等设备。

如下图所示，红圈部分的过道，宽度为 1.5m，空调机房、强弱电和水表间的很多主管，包括新风、消防、给水以及强电桥架等，都要从这个过道通过，所以在这个地方，即便是调整好管线综合后，净高也只有 2.33m。

五、净高偏低的原因分析：

1、标准层设计的层高仅 3.9m，由于结构降低 0.1m，再扣除梁的高度，剩余给管道的排布空间不多。

2、多数系统路由都要从住院楼**配餐间**旁边的过道通过，并且此处过道比较窄，只有通过降低净高来让管线通过，如图所示。

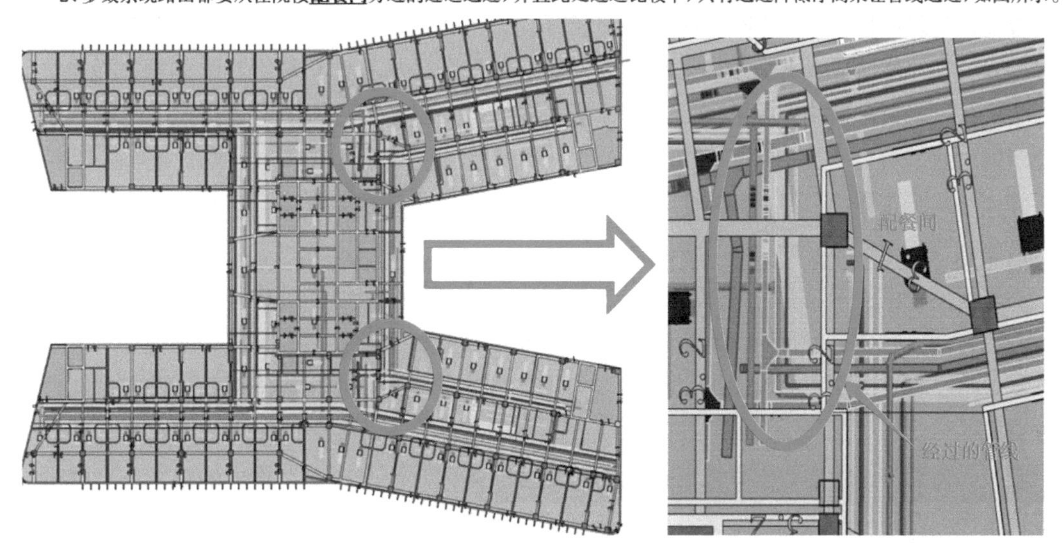

因为方案已经报批，所以层高不能再次更改了，设计单位后面做了功能区局部调整和主管线的路由调整，才解决了最低处净高不足的情况。

交通接驳的模拟

项目中，设计单位提交了《内部交通方案及周边道路接驳情况》方案，在业内人士看来，已经能完全表达出市政道路与这个项目的接驳情况。

不过，在方案交流会上，尽管设计方和咨询方都解释过多次，业主还是不能完全领会设计方要表达的意思，最主要的是他们想要了解现在的出入口设计，在医院运转的时候会不会出现不利于病人看病的情况。于是我们就想办法，让业主能更直观地理解设计意图，提高各方的沟通效率。

一开始想得很复杂，要做人流量和车流量的分析，多方查找资料之后发现，这是另外一个专业领域的事，我们根本不具备这方面的专业知识，很多数据我们手里都没有，有了也不知道怎么分析。

后来我们讨论了一下，认为这个交通接驳没有我们想得那么复杂，应该只是简单的直观感受。

后面我们用第一视角，在设计单位提供的《内部交通方案及周边道路接驳情况》和前期模型的基础上，模拟了接驳处行走的漫游视频。使用软件里的计步器工具计算距离，模拟了从公交车站到达医院门诊的理论时间，大致的步数，还模拟了私家车、出租车、救护车等交通工具到医院内部的路线。

后来的事实证明，在会议上，业主对这种简单明了的东西反馈非常不错，我们开始确实是把这个简单问题复杂化了。这件事让我们认识到，很多时候在工作中遇到类似的问题，如果总是以自己专业知识的方式去和非专业人士沟通，那肯定是一件非常痛苦的事。

以上，就是我们在这个EPC项目中，在方案阶段利用BIM为业主提供的一些支持工作。总的来说，我们在方案阶段没有做很多炫酷高大上的东西，全是从基础和最不起眼的地方着手，运用软件中的各种功能来解决业主的实际问题，最主要的是为业主和各方的沟通提供了一种大家都能够理解的方式。

其实在实际工作中，最开始我们BIM全过程咨询方，也不是完全得到了设计单位和各施工单位人员的认可，他们一开始也不会采取我们的意见。

后来他们慢慢能采纳我们的意见，一方面是我们确实是在帮他们解决实际问题，得到了各方的认可；另外一方面，就是全过程咨询的总负责人和业主赋予了我们签字权，他们要求各方的进度款支付签字栏，必须要有BIM全过程咨询方的签字才能支付。基于以上原因，我们的工作才能正常开展。

我也一直思考，BIM肯定是以后建筑业的发展趋势，为什么在大力推广的情况下，感觉还是进展很缓慢？我想一个原因可能是行业内把BIM吹得太厉害、太高大上，很多业主用的时候并没有解决实际的问题，他们觉得花了冤枉钱，所以造成BIM现在比较尴尬的局面。

另外一个原因，就是BIM人员没有签字的权限，不管是名义上的还是实质上的。没有签字权，就没人会当真，这也导致了BIM人员说话没人听的尴尬局面。我想，这些都是慢慢完善的过程，需要很多规范和条文去支撑，就目前知道的情况，很多单位还是愿意相信BIM，并且逐渐赋予了BIM人员一些权限来为项目服务。

3. BIMBOX观点

我们曾经在很多文章里提过类似的看法，可以理解为“二八定律”，也可以理解为“用户思维”，意思是说，当讨论在项目中用哪些新技术、找哪些应用点的时候，不是站在自己的视角，把一大堆高尖精的技术堆到一起扔给业主，而是站在他们的视角，去解决他们的问题——哪怕那些问题对于专业技术人员来说甚至都有点低级。

可能很多人都被人问过这样的问题：花钱让你们做BIM，创造了多少价值？怎么算？

这问题真刨根问底，有些账能用财务模型来算，有些还真算不清楚。如那些未发生的拆改到底有多少？给企业带来的宣传效应值多少？响应政策带来的扶持红利有多少？这些可都没法精确地计算出来。

不过，有个秘密想分享给大家：从我们介绍的那些优秀案例来看，那些真的用BIM让甲方满意的项目，很少被问到这个问题；那些追问乙方这个问题的客户，也大多数是没有被真正服务好。

这里面的服务包括很多东西，这里想借着SenLin的分享，单拎出来和人家一起思考的，就是沟通成本。

他们这个项目，甲方很多人员在很多地方显得“不专业”，而这种对专业图样和分析报告的不理解，也实属正常。这时候技术人员拿出顶级的分析报告，或许还不如一个漫游动画来得直接。问题沟通清楚了，项目推进了，自然就觉得技术提供方有价值。

在业内人士来看，有些技术就像是“小米加步枪”，不太高级，不断提升技术实力也确实是应该做的。可往往客户没那么关心你用的到底是什么技术，而是关心自己的问题能不能被解决。

最终，甲方依赖的一定不是BIM，而是依赖那个用BIM的人。

业主方视角：华润置地怎样靠技术控场？

夏末秋初，何威来北京出差，行程安排得很紧，我们没有约正式的访谈，在一家咖啡厅简单聊了两个小时。

何威是业主方，他在华润置地（以下简称华润）酒店旅游与健康事业部做BIM负责人，这次我俩聊的话题，是他深度参与的成都东安湖体育公园项目，今年刚刚拿到龙图杯综合组一等奖。

跟何威这次聊天，我非常关注的一件事是：在一个项目里，业主方到底看中哪些BIM应用？业主方主导的BIM，和其他项目又有什么不一样的地方？

这次申报龙图杯奖的项目是成都东安湖体育公园，它是第31届世界大学生夏季运动会的比赛场馆，也是由多个项目组合而成的综合项目。其中一座体育场、三座比赛场馆和一座图书馆是华润置地与成都市政府签约代建，还有一座配套的木棉花酒店，是华润置地自建、自持的酒店项目。

需要重点强调一下，这里要讲的内容，绝对不是获奖项目的案例分析，更不是龙图杯报奖指南。

一个报奖光是PPT就有上百页，这个项目还是多个场馆结合在一起的，BIM应用点有几十个。不过，如果把这些内容一股脑地罗列到一节内容里，恐怕哪个点都说不透，所以我们跳过这些应用点，挑出几个比较有启发的方向，展开说一说，不仅谈谈用了什么技术，也要说说为什么要用这个技术。

同时，我们也把关注的视野从分散的几个项目，集中到华润置地自建自营的木棉花酒店。

1. BIM靠什么抢时间？

一般我们都说，项目时间太紧了，没时间用BIM，而这个项目恰恰是一个反例——正因为时间太紧，所以才必须用BIM实现进度可控。甚至我们下面要说的一系列操作，都源自于项目对工期的超高要求。

但是，用BIM出图比用CAD要慢，这可不是喊几句口号就能消除的时间成本。这里多出来的时间，一定要在其他地方省下更多的时间来消除。

为了达成这个目的，他们做了哪些工作，不做哪些工作？这是下面要破的第一个迷。

华润置地在做这个项目之前，已经有了一些积累，从2018年开始就把BIM应用到项目中，从最早的深圳罗湖木棉花酒店，再到北京大兴国际机场项目，主要是点状的尝试，没有实现全链条的BIM应用。在这个项目里，他们是第一次从设计到施工再到物业管理，把BIM全链条地用起来。

木棉花酒店项目和其他项目相比，有个很大的不同：它用于现场的BIM模型是出在正式施工图之前的。

以往他们的项目做BIM，都是施工图出来之后再建模，或者模型与图样并行，等有了施工图再施工。但对于这个项目的建设周期来说，这么做是来不及的，BIM不仅帮不上忙，还会拖慢周期。

所以，当木棉花酒店的室内方案设计单位拿出扩初方案的时候，他们马上就开始了BIM建模工作，模型完成之后先做方案渲染。

这个阶段的渲染不是为了美观好看，而是联合施工单位一起，把项目准备采购材料的真实材质，扫描进来做渲染，并且集合所有顾问的力量去评审和讨论材质、灯光的问题，渲染也只在这个阶段才做，后面绝不会再浪费施工单位的人力去做渲染动画。

大家没有意见之后，再报领导去确认方案。效果确认之后，所有精装图样直接从模型导出，交到施工方手里。因为设计的材料都已经直接反映到效果上，实际施工的时候变更会很少。

我们还要追问一句：模型凭什么能走在图样前面？

这里面业主方很激进的一个做法，就是精装现场按BIM模型导出的图施工，而不是按正式蓝图施工，整体的施工时间不等报审，现场施工和报批是同步推进的事情。

但要知道，图样无论有多少错，它可是盖着章有法律效应的，而模型一旦出错，或者模型没错、现场土建产生了施工误差，后面一系列的动作就都是错的了，那没有签字盖章的模型，谁来为错误负责？

这就要请出BIM的第一个帮手——点云扫描了。

对于这个项目来说，点云扫描不是众多应用点中凑数的一个，而是在整个项目的顺利推进中起到了灵魂的作用。

原来各个专业的图样到现场施工的时候，出现不匹配的问题很常见，而这个项目的重点就是每一层施工完之后都要做土建点云扫描，把现场所有的土建结构尺寸数据全部收集回来跟模型去核对，然后手工调整模型。

出现现场与模型不一致的情况要和设计单位核对，如果设计单位没有意见，就按模型来调整新方案，如果不能调整方案，就需要拆改现场。

这样一个模型，就作为一个基底，其余全部专业都基于它去做进一步的调整。最终项目的土建、机电和精装模型合到一起，就是一个确实能指导施工的模型了。在模型与现场一致的前提下，施工单位基于模型，把材料拆分下单，所有的瓷砖和木饰面没有现场加工的，都是工厂加工，直接到现场安装。

实际上，木棉花酒店深化设计的过程，就是BIM建模的过程，BIM是辅助深化设计工程师完成本职的工作，在专业角度上来说它被弱化了，这两条线没有互相脱离。

接下来，在施工安装的时候，怎样保证现场与模型一致，这是个和点云扫描逆向的过程——放样机器人。

以前的项目，工人用的是人工的五步放线法，拿着卷尺量，本身就存在误差，在把大空间拆分成若干小空间的时候，又会因为人为操作不稳定再次出现误差。

木棉花酒店项目用的是放样机器人来放线，基于现场定位标靶坐标系，导出BIM放样控制点文件。首先机器本身的精度就比手工测量要高，更重要的是这种方式可以重复、可以检验，这次是这样做的，下一次重复同样的步骤都能实现精准复制，实现数据从模型到现场的精确可控。

通过点云扫描和放样机器人这两个技术，与BIM建模、真实材质渲染相结合，他们分别实现了三步操作：土建模型与现场一致；精装模型与土建现场吻合，且经过多次论证；精装现场与精装模型吻合。

这样，在基层施工的同时，面层的材料下单工作是完全可以开展的，相当于把审图跟现场结合的时间给节省了。

举个例子，之前正常做宴会厅，大量的铝板和不锈钢不能在现场切割，而现场的钢结构做完之后会有伸缩变形，这些变更是不会落实在最终的施工图里的，所以不仅要等图样，还要等现场施工测量完才能给金属材料供应商下单，整个时间要七八个月。

而这个项目里，因为有了点云扫描加 BIM 模型的校审，工厂直接拿着模型去生产，生产材料的时间和现场施工的时间几乎是同步的，再依靠放样机器人，实现现场安装零偏差。

实际上，对于材料厂来说，加工师傅其实看着有尺寸信息的三维图更好加工，他不需要经过审批签字的那个二维图样，甚至有的工人拿到图样还要自己翻成三维模型。

从这个角度看，有一些传统规定是落后于时代的，而只有作为项目主导的业主，才能在一定程度上打破这种传统。

2. 技术与技术的“化学反应”

当几个技术分别能落地应用的时候，就会在意想不到的地方产生新的“化学反应”。在木棉花酒店项目里，这个“化学反应”就是大幅度的户型优化。

华润置地以前做酒店或者住宅都存在一个问题，每个房间的部件尺寸都不一致，这给生产效率和成本带来了很大的负面影响。总结起来有三个原因：

首先，因为建筑设计本身的原因，如之前建造的北京大兴国际机场项目，因为扎哈的双曲线设计，导致 400 多间酒店房间全都不一样。

其次，因为主体结构本身的施工误差在图样上不体现，提前测量规划也不太现实，只能是做到哪一步再临时修改。

最后，施工现场做精装的尺寸也是不可控的，基本上现场做出来差个三五厘米也就那样了，业主管不了。

很多时候现场做出来有误差，到底是主体结构的问题还是二次结构的问题，前面没法预测，到了后面因为没有依据，也很难说清楚，也不可能让精装单位给拆了重新装，时间和成本就在这个过程中浪费了。

以上这几个问题，正好可以用点云调模型、BIM 深化设计、放样机器人施工来解决。

木棉花酒店一共有三百多间客房，楼层设计是波浪形的，所以在设计阶段每个客房都是不一样的尺寸，这一层管道和下一层的位置很可能对应不上，房间里又有大量的斜梁，施工时偏差零点几度最后就能差出十几厘米，房间的异形会导致管井、精装和机电等专业施工非常困难。

于是，户型标准化就又是一个省钱、省时间的发力点了。

这件事华润已经在之前的几个项目做了技术积累，当时北京大兴国际机场项目就把 400 多个户型优化成 40 多个户型。这次的木棉花酒店项目，他们还是在 BIM 模型上做了大量的尺寸调整，把 351 间客房优化到 33 个标准尺寸。

首先是把所有房间尺寸尽量统一到一个标准尺寸，实在无法统一的，把异形的尺寸放到卫生间等不太重要的区域，把大片区域标准化，这样，对应房间的机电管道、饰面、隔断、镜子等，就都能最大可能地优化工厂的批量加工、生产和安装。

设计团队在户型优化的过程中，会根据现场实际的土建尺寸做一遍调整，把已经存在的误差消除掉，给施工单位做参考。正式安装之前，则是由精装的施工队伍针对尺寸、节点和排板图再次进行深化，然后再到现场放线。

如有些房间的镜子是严丝合缝卡在两个隔断之间的，必须要在隔断安装好之后，现场测量尺寸才敢去生产这面镜子，前后要耽误一个多月。而户型标准化工作完成之后，再结合现场点云扫描和基于BIM的机器人放线，就可以精确控制镜子的尺寸，在隔断施工前就完成镜子的下料定制。

以前他们做的项目，基本上现场都是人等材料，这个项目算是第一个材料等人的项目。人工成本省了，材料损耗低了，整个工期也快了，这些都是实打实的价值输出。

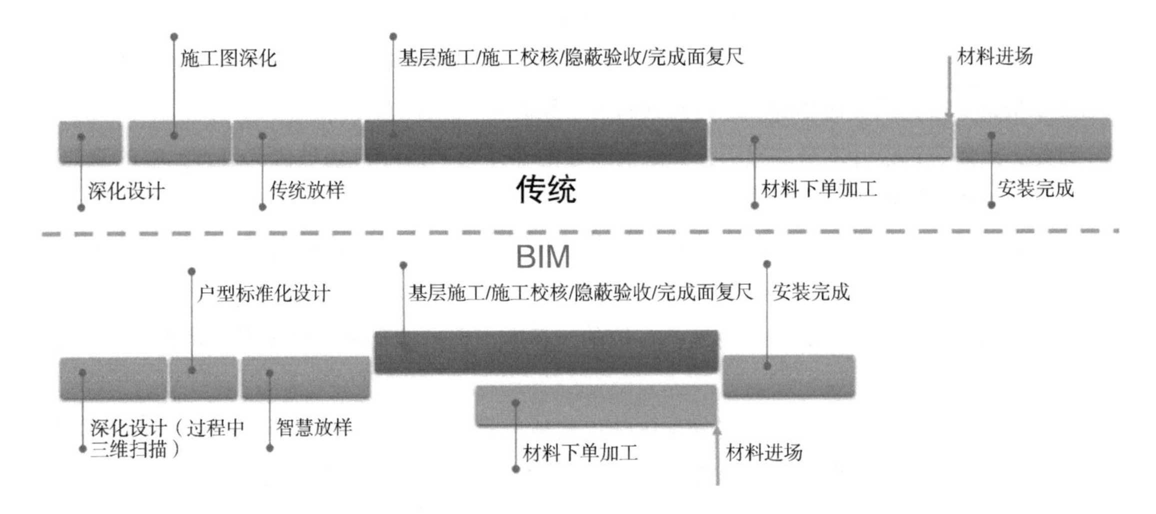

3. 平台与编码：业主方怎样控全场？

当我们看一个案例项目的时候，总会看里面用了某某技术，达成了某某成果，但如果回到项目的开始，它真实的逻辑应该是：谁主张用什么技术，为什么要用起来，其他人怎样配合？

华润置地作为业主方，认为BIM不是一个BIM中心、几个工程师就能推进的事情，而是要让设计方、施工方、业主方设计管理部、工程管理部等部门里具备BIM能力的人都参与进来。而要让所有人的工作形成合力，就需要一个属于业主方自己的平台。

华润置地从2018年就开始研发自己的平台，到了2019年又重新编写了一年。它是把所有参建方全都集成进来的统一平台，从华润总部，到项目业主，再到设计方、施工方，都在里面基于BIM统一工作。底层是通过解析几种主流建模软件的格式，生成一个结构化的数据集，再通过轻量化的三维引擎，在应用层面把数据展示出去。

平台研发的一个重点是轻量化引擎，因为项目上需要全员配合用BIM，但成本上考虑不可能给所有人都买一台高配计算机，而且对于大部分人来说，并不需要打开建模软件。

木棉花酒店项目里光是室内设计的图样就有70多个版本，用传统方式管理起来会特别乱。平台首先带来显而易见的好处是，所有文件都在同一个地方管理，不会出现图样版本不一样的问题。任何一方上传了资料，所有人都会收到通知，不会出现有人不知道资料更新这件事，能否看到相关的资料取决于每一方的不同权限。

整个项目会涉及六十多个专业，一套图样需要很多人去审核，审核的流程本身就很花时间。以前大家全凭想象去确认设计意图，审起来还是比较痛苦的。现在可以通过平台实现多专业协同，不仅是不同专业的设计之间，也可以和其他参建方进行信息交流。

基于模型的轻量化图形和远程协作，只是平台的基本功能，华润置地的平台没有止步于此，而是进入了编码这个深水区，用更精确的手段来操盘整个项目的进行。

他们基于《建筑信息模型分类和编码标准》（GB/T 51269）做了一套企业BIM的分类和编码标准，主要改进了表14（元素）、表15（工作成果）、表30（建筑产品）三张表，在建模的时候就把整套编码体系嵌进去。

因为项目中有Revit、SketchUp等多种软件参与，华润没有选择万达建立族库的形式来输入编码，而是先做数据库，再通过授码器，以插件的形式把编码写到模型构件里。

这里面对国标编码表最重要的改进，是结合港式的清单算法，把编码从一个层级改为两个层级。和国标清单算法区别在于港式清单是全费用清单，包含人材机、管理费、利润、规费、税金等全费用，任何一个工作都是通过材料费加人工费形成一个工作内容，最终的量可以基于模型，通过编码完整地体现出来。

因为华润一直不用定额，用的是清单制发标，施工单位依据清单来报价，所以BIM与编码可以在平台里起到核心的作用，模型的工程量可以衡量模型本身的质量，并且进一步作为一切工作质量的保障体系。

拿精装专业来说，传统的装修，最简单一个白色石材的墙面，没有BIM的时候，即便设计用其他三维软件做了效果图用的模型，但现场到底需要多少材料、需要订购多少片板材、成本多少、损耗多少、利润多少，都是负责人对着厚厚的一本图样，一点一点查、一点一点算的。

这项工作一般都是连夜加班做，往往负责人对图样的理解和计算的水平，就决定了这个项目未来的成本控不控得住，利润够不够。

华润开发的这套系统，模型里面都有了材料信息，点击一个白色的石材，可以把整个酒店里所有这个编号的石材全都单独显示出来，然后就可以一键导出，所有材料都在一张表格体现。

导出的时候，表中的大项和小项已经按区域列出来了，精装施工单位拿着这个成果去跟材料商谈，材料用量的多少大家很清楚，供应商也能根据现场用量多少、库存多少来报价，也能很大程度避免因为后期尺寸变化的退换货扯皮。

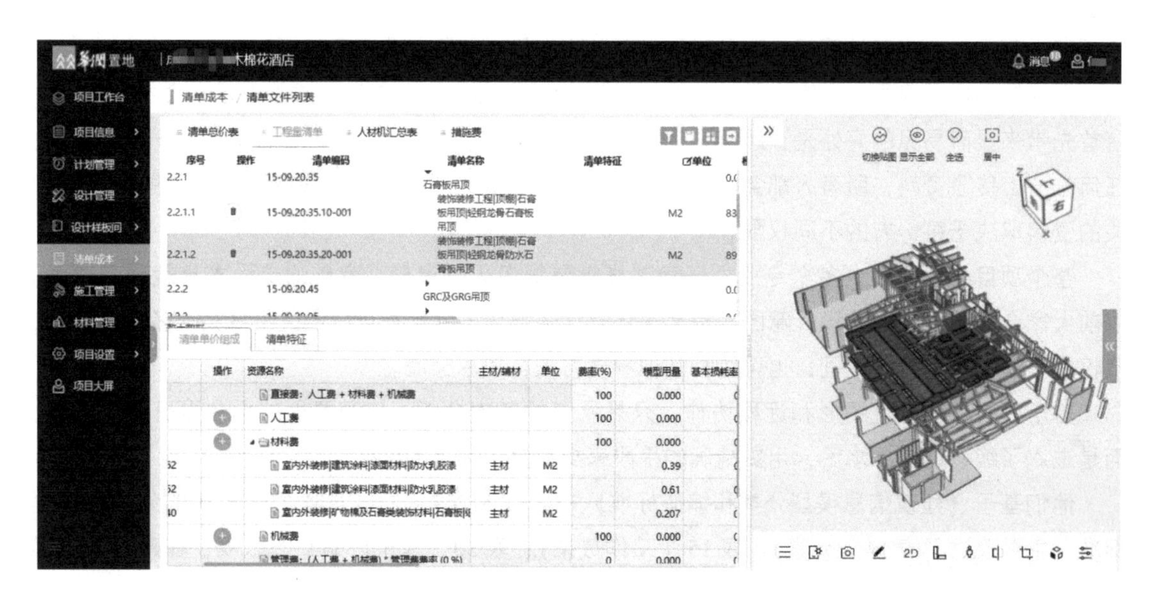

在施工的后期，对于材料的定制需求也比较多，一个酒店大堂里有不锈钢、木材、石材等材料，很多设计阶段没有考虑的材料分层问题，在 BIM 深化设计的时候就考虑怎样把这些定制材料合理拆分，把不同材料的尺寸用量发给不同的供应商。

对于施工方来说，那些工艺复杂、材料昂贵的地方，并不担心材料商报高价，只要事先能说清楚，该拆分的地方拆分明白，后期不要变更扯皮，成本就可控。

进度计划方面，平台也是通过编码表直接生成进度计划，它和原来编完计划再挂接信息到模型上的方式不一样，是通过定制后的编码表格，把轻量化之后模型的量全都提到平台上来控制。

华润根据以往的酒店建设经验，建立了一个标准工效库，根据平台里上报的每一道工序的工人数，可以得到一个基本天数，最终汇总看工期能不能满足要求，如果不行，就回到模型上去做调整，通过这样的流程来得到一个包含机械和人工的施工进度计划。

最终的进度计划、模型和工程量三者是互相挂钩的，在平台上点击进度计划的条目，相应的模型构件会高亮，相应的量也会显示出来。

总结一下，华润的平台，轻量化协同是最直接的功能，编码是底层支撑，工程量是串起整个项目控制的枢纽。

4. 业主方到底关心什么？

有人说，一个项目 BIM 做得好，最大的受益者是业主。对华润来说，让所有参与方用 BIM、上平台，核心就是要实现两个目的：短期项目可控、长期服务运维。

短期项目可控，就是把原来线下的管理模式线上化了。

如施工日报，以前线下的时候都要由施工单位填写，然后发到业主方的微信群，而现在是基于计划条目，施工方直接在线上填施工日报，所有人在平台里都可以查看当天的施工进度。

以前的施工日报可能到了业主方项目部就截止了，现在他们在总部也能直接看到不同项目施工的具体状况，可以跟计划做对比，甚至可以在长期的项目积累中找到更优的方案。

再如问题追踪，以前施工方和业主方没有一个发现问题和解决问题的闭环过程，而现在通过平台，业主方和监理可以把发现的问题分配给施工方，施工方整改处理完之后再由业主方和监理确认，这才算是问题闭环了。同样施工单位也能发现设计的问题、关联移交单位的问题，通过一系列的分配和确认实现闭环。

长期服务运维，则是让数据积累下来，发挥更长远的价值。

平台只是数据的容器，想要发挥价值，业主方从一开始就需要明确知道数据的不同功能。

以前的图样和表格，在项目结束之后都是躺在硬盘里不可复用的沉默数据。所以在这个项目里，华润一方面要求施工方最终提交的数据必须真实，另一方面自己也要做数据清洗。

平台中的每一个构件都有自己的编码信息，实际使用的时候根据这些编码信息给数据做筛查归类标签，不同标签的数据分别进入业务平台、项目管理平台，最后当建造过程完成之后，这些数据会再经历一轮清洗，打包进入运维管理平台。

建筑本身的运行维护，需要大量的设备数据。建筑维护是一个长期的工作，设备损坏、更换，都需要相关的数据。

比如，就在木棉花酒店交付之前，酒吧有一块弧形的石材损坏了，他们直接在平台里调取这块石材的编号，对应的尺寸、位置和联系方式都有，他们只要给厂商打个电话，厂商也不需要重新到现场测量，直接按照系统里的规格重新生产一块就可以了。

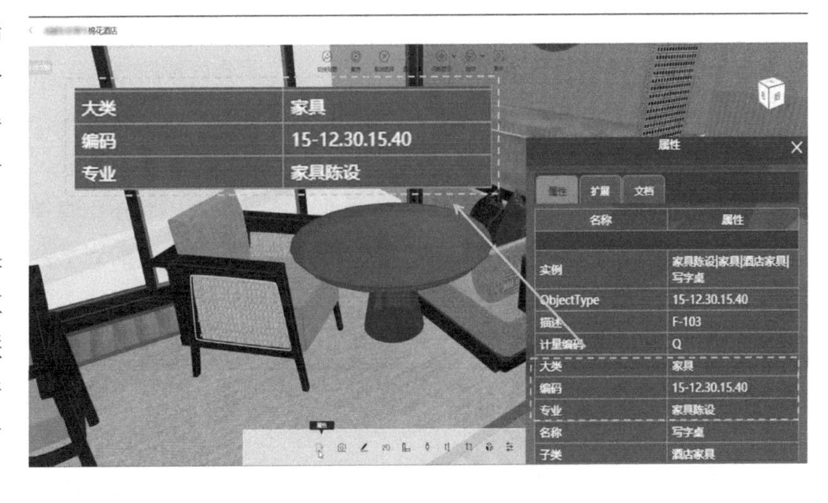

短期来看，这些数据本身可以存储在一张表格里，不用平台也能找得到，但将来施工方离开了，不再对项目负责了，甚至业主方的人员也更换了，那时候能够把相关数据和三维空间直观地关联到一起，快速让新的负责人找到数据，就显得很有价值了。

此外，这些数据还会与 IoT 数据结合，进入到华润自己的酒店运维系统，所有酒店项目的

EHS、能效能耗、资产都能实现集中管理，这些IoT设备都是在施工阶段安装完毕，现场实际位置与模型位置一一对应。

除了酒店设施的运维，在面向酒店客户的运营方面，华润也做了很多相关的研发工作。如人脸识别自动开电梯、用微信当钥匙开门、客房电视音响的智能联动等优化体验的服务，还可以把用户的消费习惯等数据存储下来做精准用户画像，提升长期的定制服务能力。不过这部分动作和BIM本身的关联性不高，这里就不展开多说了。

总体上来说，很多运营工作并不是非要有BIM模型不可，不过BIM是一个衔接建设和运维的开端，也是保证运维基准数据准确的手段。这反过来也要求业主方从源头开始就要控制每个环节数据的准确性，任何一个环节脱节都会导致最终的数据是废的。

那这个控制有没有成本？当然有，而且成本还不低。怎样让这个成本值回票价？就是要在建设过程中产生前面说到的所有价值和收益。

5. 新的规则和玩法：业主方的角色定位

聊天的时候何威和我说，有些项目业主方并不清楚用BIM到底做什么，也不管合作单位具体怎么用，只是为了评奖，让参建方堆各种应用点，这样给合作方额外带来很多工作量，怨声载道是一方面，关键是出不了有用的东西。

而华润作为业主方，所做的事叫作BEP（BIM Execution Plan）。从一开始制定编码、平台和建模标准的时候，就对BIM的效益做好预判，要用BIM干什么、达到什么样的程度，从一开始就做好了详细的计划，不当甩手掌柜。

整个模型和信息的生产，要严格遵照一个标准化的流程，从建模工作开始的那一刻，每一个尺寸、每一条信息都有它将来明确的去处。

另外，在“用BIM”这个前提下，不让参与方各自重新造轮子。

很多项目都是设计出一个模型，算量出一个模型，施工再出N个模型，而木棉花酒店是一个模型从设计到施工再到算量，所有人都在这个平台里一点点去深化，互相传递信息。

这里的“互相”两个字很重要。作为业主方，华润不希望信息单向传递、一次性使用，算量做完深化，信息要回到平台给施工，施工做完深化，信息要回到平台给运营，这样才能最大限度减少重复建模工作，让流程不在任何一个地方“断”掉。

再如，华润并不要求各施工方做基于BIM的施工模拟，因为这件事本身就要牵扯到关联单位的变数、设计方案的变更等问题，各家自己去做的话，基本上很难保证按模拟施工，还会浪费很多人力。

同样的精力，不如省下来在业主方的平台里按照多方配合制定的整体计划，每一方的BIM工作量都变少，整体效果反倒更好。

一个项目从上到下百十家企业，整体的“BIM 环境”，决定了这个项目最终 BIM 应用的质量。大家都能认可这样的工作环境，都去关注新的协作方式，慢慢地才能发展出稳定的合作模式。

工程项目的降本提效，只是业主方的目的之一，业主方更重要的角色是新规则和玩法的促进者。

一个项目的 BIM 要用好，不是单纯地往下施压，逼着所有人用，那样一定会“上有政策、下有对策”，而是要让所有的参与方从自己的需求出发，如业主方的需求是缩短工期、提高质量，设计方的需求是节省画图人员、提升设计质量，施工单位有自己的成本和质量需求。

而面对这些需求，业主方要站在全局来思考，因为一旦过分关注于某一个环节，如方案设计或是现场施工，就会发现有些技术投入很高，但短期内又没有太大收益，大家都会站在自己的角度不愿意去做多余的工作。

像是前面说到的，现场基于 BIM 模型施工和图样报审过程同步进行，再如基于模型算量控制项目预算和进度，这些都必须是业主方主导、各方配合才可能实现的。

同时，通过模型和信息的共享，很多企业的员工是不需要重复生产信息的，他们只要进入这个环境，按照规则使用信息就好，甚至都不需要建任何模型。

有趣的是，当业主方主导一个项目全面使用了 BIM 之后，所有参建方都会发现自己在里面获益了。每一方都在其他人做的“多余”工作中得到了好处，这是个一加一大于二的过程。

拿施工方来说，项目盈利是最起码的要求，原本施工方和业主方处于长期的博弈关系，施工方最希望项目不可控，才能赚取利润，可业主方就拼命压缩不可控的空间，反倒是搞得大家都很难受。既然现在做了 BIM，就要在材料可控、工期可控、拆改可控这几个方向上争取最大的利益。

木棉花酒店的精装施工方，通过平台和编码的支持，对供应商的控制能力大大增强，光是材料成本就节省了 10% ~15%，这可是实打实的利润。

业主方在项目中占主导地位，这不假，而想让事情推进得更顺利，让计划更完美地执行，“共赢”这个听起来有点虚的口号，确实是摆在新技术时代所有业主面前的一个大课题。

技术预埋：一家设计公司怎样跨越增长周期？

这个故事，说的是一位普通的钢结构设计师，通过“技术预埋”，一步步做成一家人均年产值 120 万元的装配式建筑设计公司。这不是个鸡汤励志故事，这位老朋友让我想明白一个关于生存的道理。

我们经常会被问道：技术在短期内看不到效益，该由谁去推动？

要回答这个问题，最好的代表，可能就是宋工，我习惯喊他老宋，他创立的公司叫上海富凝建筑设计有限公司（以下简称富凝）。

和老宋的几次见面，都让我对这位外表温文尔雅、内心豪爽霸气的老板印象深刻。有一次我们在北京举办了一场线下交流活动，老宋专程从上海跑来北京捧场，全程都在拿笔记录，只站起来说了一句话："我是国内做装配式设计最牛的公司的老板，欢迎大家去我们那看看"。

2022年夏天，我从北京到上海，又坐了40分钟的汽车，到了富凝的门口。刚下车，连着旱了十几天的上海就下起了瓢泼大雨，老宋从里面大笑着迎出来，拉着我说："老孙你这是给我送雨来了呀！"

那天，我在富凝交流了一下午，心里两个大字：服气。

晚上老宋请我吃饭，聊到了很多未来的规划，也聊到了他的一些烦恼，如有的技术白送给人家用，还会遭到拒绝。要说清楚我服气在哪，老宋的烦恼又是什么，后来有没有解决，我们得稍微往前倒一倒，从十几年前说起。

1. 初入行：从钢结构到装配式

老宋原本是个普普通通的设计师，本业是做钢结构设计的。2008年离开设计院，自己出来创业，主要做钢结构深化设计服务，团队很小，接不了太多项目，就尽量接一些比较异形、难搞的项目。

公司艰难经营了几年，直到2013年，机缘巧合认识了两位专门做装配式的领导专家，带他们接触到了这一行。当时上海有两家大型设计公司在积极推动装配式设计，一家是主推AutoCAD工具，另一家是主推BIM工具的中森。中森找到了富凝，希望他们全程配合推进BIM+装配式设计的工作。

和许多做三维设计的团队不一样，富凝是带着钢结构设计的基因创业，主要使用的工具不是更偏向于生产施工图的Revit，他们比较了国内外的软件，结合预制构件加工图的特性，最终仍然选择了Tekla。接下了以混凝土为主的装配式设计任务，富凝就转向去研究用在钢结构上的Tekla怎么设计混凝土项目。

早期富凝的技术探索，主要就是解决两个问题。第一是根据国家政策要求的装配率指标，生成一份拆分设计方案；第二是基于这个方案，出一份给工厂的、合格的装配式构件加工图。比起相对容易的二维设计路线，要面对的技术困难更多，既要解决三维设计本身的效率问题，还要解决不断变更中图模一致的问题。

这样一边探索一边做项目，短期来看，很难和AutoCAD路线效率持平，这导致他们在每个项目投入的人力都会比其他公司大。

但那时候他们还没有想到，不同的路径选择，会在未来给他们带来多大的收益。

2014年，两个装配式项目顺利完成，在圈子里也积累了些口碑。隔年，上海集中发文出了几个政策，要求装配式建筑面积比例不少于50%，2016年起外环线以内新建民用建筑全部采用装配式建筑。

政策的变化对于民营企业的命运往往会起到至关重要的作用，有没有在风向改变之前做好准备，是关乎存亡的大事。所幸的是，富凝幸运地做好了准备，从这一年起，大量的项目找上门来，公司开始扩大规模，野蛮增长一直持续了三年时间。

到了2017年，老宋决定带领团队，自己去开拓市场。如果这样讲下去，可能就只是生而逢时的普通商业故事了，当然，故事要在这里发生转折。

2. 转折点：从野蛮生长到技术至上

野蛮增长遇到瓶颈的时候，往往也是人员规模效应遇到瓶颈的时候。

2018年，富凝的项目越来越多，设计还是纯手工建模出图，很多节点都是靠各种软件使用技巧凑出来的，再加上装配式专项设计和设计院的建筑方案设计是同步推进的，整个过程中会有大量的变更，出图效率低，错误也非常多，只能靠堆人力去解决，人员多了，管理就会有很大麻烦。

这时候老宋遇到了一位重要的老友，是他在上海工作第一家公司的领导，一位非常厉害的开发人员，在老宋的力邀之下来到公司，专门负责软件研发。

政策会改变公司的生产方向，技术则是会改变公司的生产方式。对于老宋和富凝来说，这是第二次决定命运的转折点。

他们根据富凝的工作流程，在二维AutoCAD和三维Tekla两个方向开展了软件研发。先是基于动态图块在AutoCAD上开发了图样快速拆分的软件，拆分后的图块可以被参数驱动，实现拖拽拆分、修改和批量标注，大幅度降低了人工处理图样的效率。

为了服务内部做的BIM+装配式深化设计，他们也在Tekla上开发了快速拆分插件，根据江苏和上海等区域的装配率要求，实现墙板构件的自动分割，批量赋予构件属性、构件编号和标注。

因为很多项目为了报审图样，第一步还是配合设计院用AutoCAD插件完成设计拆分，为了避免重复劳动，他们开发了AutoCAD和Tekla联动建模工具，可以根据AutoCAD中划分好的构件，在BIM模型中批量识别生成模型。

基于BIM的装配式设计，除了当时可以满足政策要求的BIM加分，实际设计中门窗洞口的扣减也更准确，设计完成后，装配率和构件清单量等数据也可以一键生成。

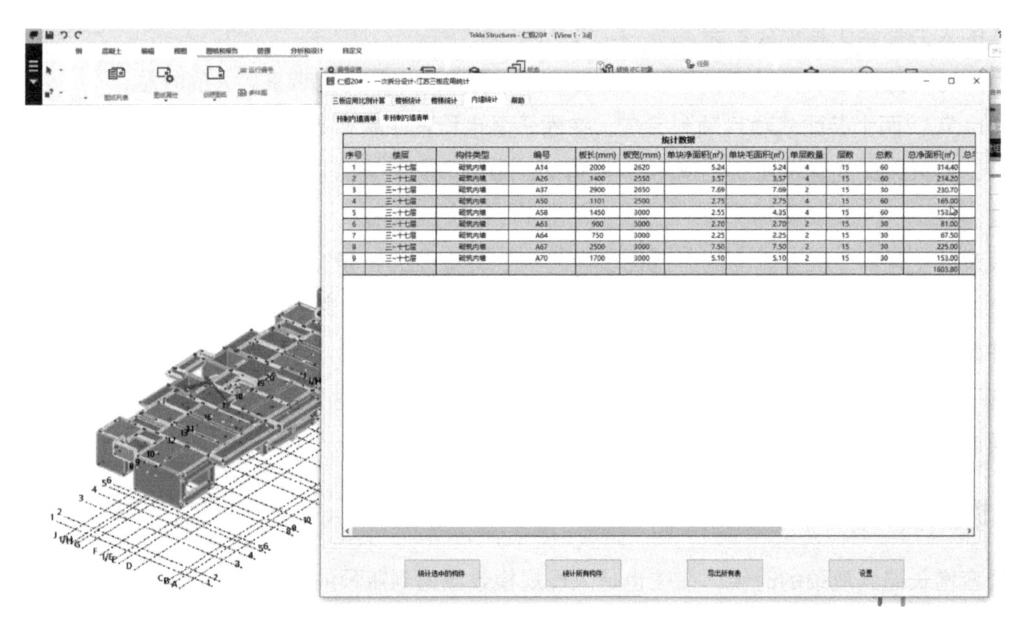

统计数据

序号	楼层	构件类型	编号	板长(mm)	板宽(mm)	单块净面积(m²)	单块毛面积(m²)	单层数量	层数	总数	总净面积(m²)
1	三~十七层	砌筑内墙	A14	2000	2620	5.24	5.24	4	15	60	314.40
2	三~十七层	砌筑内墙	A26	1400	2550	3.57	3.57	4	15	60	214.20
3	三~十七层	砌筑内墙	A37	2900	2650	7.69	7.69	2	15	30	230.70
4	三~十七层	砌筑内墙	A50	1101	2500	2.75	2.75	4	15	60	165.00
5	三~十七层	砌筑内墙	A58	1450	3000	2.55	4.35	4	15	60	153[illegible]
6	三~十七层	砌筑内墙	A63	900	3000	2.70	2.70	2	15	30	81.00
7	三~十七层	砌筑内墙	A64	750	3000	2.25	2.25	2	15	30	67.50
8	三~十七层	砌筑内墙	A67	2500	3000	7.50	7.50	2	15	30	225.00
9	三~十七层	砌筑内墙	A70	1700	3000	5.10	5.10	2	15	30	153.00
											1603.80

一个项目的加工图动辄就是几千张，标注、排版等工作占了设计工作的大部分时间，软件会根据国内出图要求，自动补充所有缺失的平立剖视图，把所有视图自动排布到一张图样中，一键完成全部标注，让出图这件事变成了无人值守的自动化工作。

那时候所谓“正向设计”的说法还没有流行起来，在BIM圈子还没有涉及装配式、装配式设计圈子还在用AutoCAD的时候，他们在预制部分的所有设计和变更环节，就以高精度的建模工作保证了图模一致性，甚至配合总包去做像是现场爬架这样的模型。

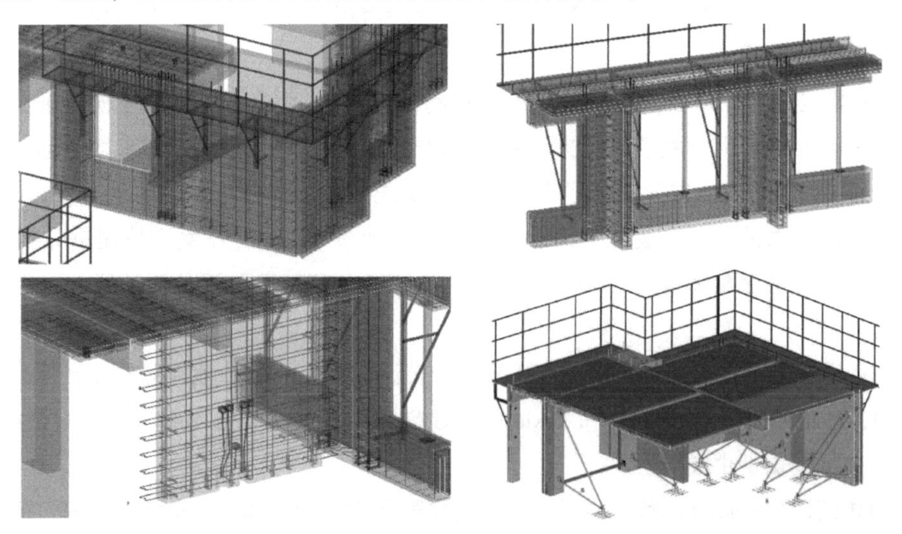

短短一年时间，富凝就实现了叠合楼板、剪力墙、框架结构的参数化设计，效率翻了一番。

很多公司都有内部的设计规范，而写得再细致的规范标准，都不如变成软件中的按钮来得更高效。这时候，一个同时做项目又同时研发软件的团队，就能爆发出巨大的能量。2018 年底，富凝研发团队把几年做项目积累下来的经验全部转化成代码，又在参数化设计研发方面往前走了一大步，甚至有的功能就是在项目过程中完成更新的。

在构件深化设计阶段，可以批量把梁、板、柱、墙等构件转化成参数化节点，通过对话框输入的方式，一键生成装配式构件里面用到的钢筋、埋件、开洞、线盒、吊点等，生成高精度的模型，修改变更也全部由参数完成。

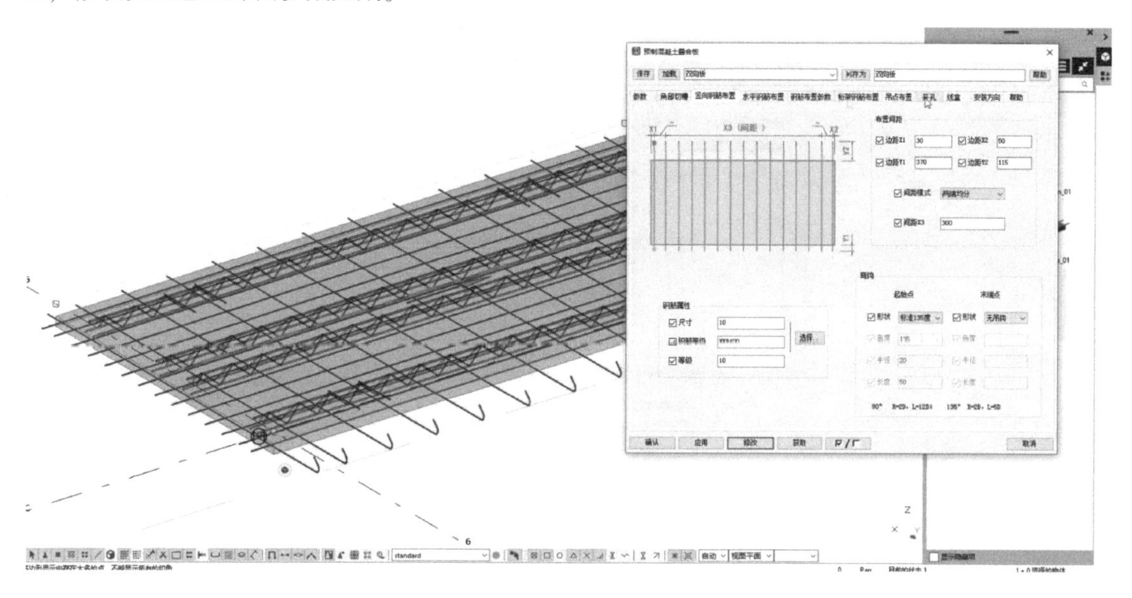

像是钢筋避让这种烦人的操作，在现浇项目里可以不用设计人员操心，留给现场工人想办法；但装配式设计必须把每一根钢筋的避让都提前考虑好，参数化驱动的生成就起了非常大的作用。

对于装配式机电专项设计，需要考虑给水排水、强弱电等专业，在混凝土构件上做好线盒、止水节等预埋，也需要事先做好开洞处理。

这部分工作也不需要手动对照图样，只要机电工程师事先在 AutoCAD 里转换好图样，再通过联动程序，把数据读取到模型里，就能批量完成这些预留和开洞工作，也会自动避让钢筋。

2019 年，做好准备的他们又迎来一波红利。全国各地都在推动装配式建筑，其中叠合楼板形式又占了主流，富凝的参数化设计和自动出图给他们带来了大量的业务，人均年产值达到了 120 万元左右，这在传统设计院来看是不可思议的成绩。

富凝也是在这期间提出了“新流程”的概念，基于更深层次的研发，在内部推行了装配式加工图深化的“比拼设计法”。

以往的设计，一个小区的 1 号楼可能有 A 户型，另外 10 栋楼也可能有这个 A 户型，相同户型里又有类似的构件，但这些楼的设计是独立的，发生变更的时候，就得逐个修改。他们采用的新方法，是把每个楼按外轮廓相同的户型切分，把所有相同构件提取出来，同时，那些归属于同户型，但因为精装、施工等原因有差异的构件，也通过算法彼此关联和派生，最终得到一个最小建模量的对照表单。

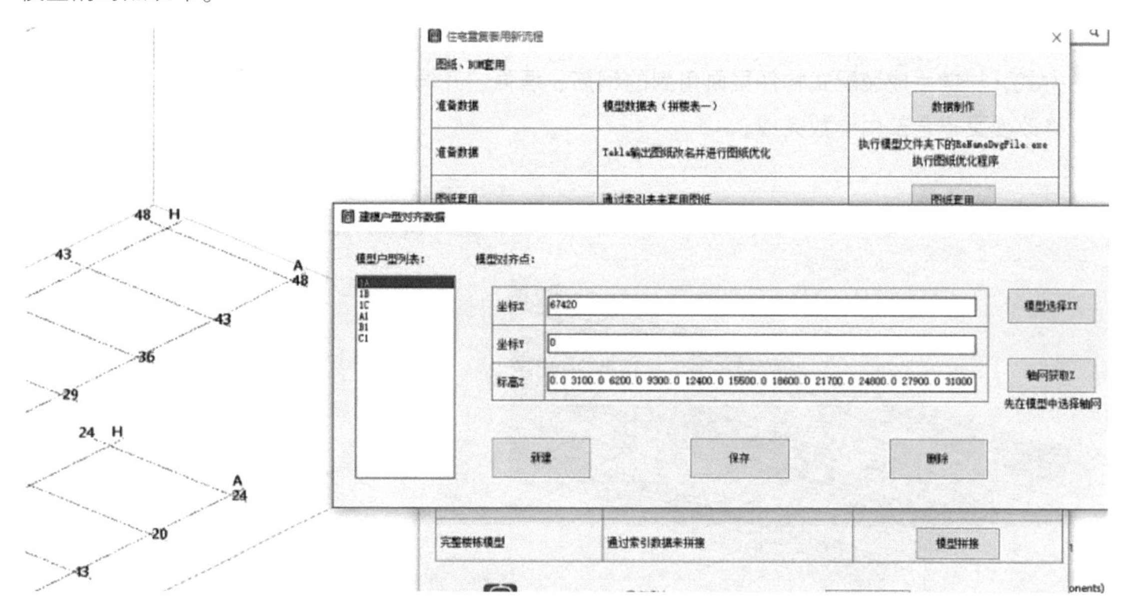

程序会根据设置好的构件对齐位置，自动大批量地生成多栋楼的模型。

这正是之前说到的，BIM能让设计的颗粒度达到构件这个层级，这是数字化、自动化最重要的基础。

这个技术在不同楼栋出图的时候，也提升了很大效率。因为后台相同构件和派生构件的对照表，再加上之前开发的自动布图程序，只需要完成最小集合的构件出图，再根据楼栋的类型对照关系，软件就会把套用的楼栋图样全部自动完成，还能自动修改图样编号。后续一旦整个小区的设计方案发生变更，这些不同楼栋的构件也可以完成同步修改，大幅度减少了重复工作。

经过这一次变革，富凝在变更频繁的设计项目中，在几乎没有增加人员的情况下，产值又翻了两三番。在那之后的几年时间，富凝马不停蹄地把项目经验沉淀下来，化作研发成果，从手工画图时代，飞跃到了参数化、智能化设计时代。

随着业务的扩展，远程协作和流动作业的需求越来越高，他们研发了自己的在线协同校审平台，所有问题都记录在云端，形成责任到人的任务清单，每个任务都会定位到问题位置，逐个排查完成校审。

后来他们又把基于AutoCAD的图样校审，前置到BIM建模阶段，在Trimble Connect上开发协同工作平台，让大量问题在出图之前就能被发现和解决。

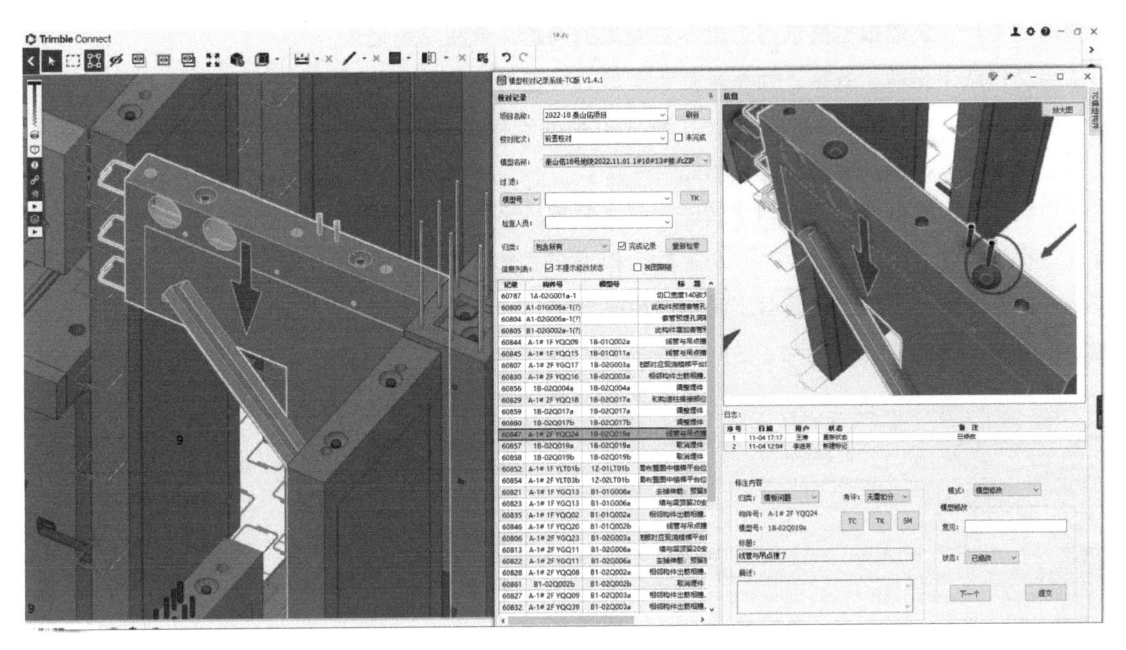

项目不断积累下大量的标准和流程，加上在线规范文档和远程协作，让他们在单个项目里只需要有一两个人保持固定跟踪，其他所有人都可以浮动完成流水作业。

2021 年，富凝在“混凝土联盟杯”预制混凝土构件深化图绘制比赛中取得冠军，效率和完成度都得到完美的展示。

3. 新物种：从图样车间到数据平台

过去两年，房地产低谷期加上疫情的影响，整个行业的业务量都在缩水，富凝在这段业务蛰伏期，研发工作却没有停下。

也就是在这期间，量变带来了质变。

有了高效创建的全 BIM 模型，以及大量研发工具和项目数据积累，富凝从原先以二三维图形为核心的设计模式，进入了以数据为核心的设计模式，这让一家传统的设计公司，从一家高效的加工图生产车间，进化成了一个新的物种。

他们建立了精准数据平台，项目所有的 BOM 清单信息，还有钢筋折弯、含钢量、土方量等预制构件的加工信息，都统一上传到平台。

这样做最直接的好处就是可以实现变更后的实时交付。以前所有基于图样交付的项目，经常出现工厂加工错了，沟通后发现图样发了两版，或者业主漏发图样的情况，但工人是按照第一版加工的，变更没有实时更新到工厂端。

利用数据平台交付，就不存在第几版图样的问题了，后台发生变更，模型和表单的更改会实时传送到工厂，还能根据需求筛选出发生变更的问题，查阅变更记录。

当交付成果是基于数据，而不是基于图形，可走的路一下子就变宽了。

比如，工厂希望根据生产日期，了解最近需要安排的钢筋加工单，就可以在后台直接查询，批量打印发下去，保证钢筋及时进场配合生产。

再如，以前经常发生构件到了现场，塔式起重机吊不起来，而每个构件的位置和重量信息是存储在模型里的，他们就开发了一个工具，根据塔式起重机的型号、位置，自动分析整个区域所有构件能不能顺利吊装，让所有出错构件高亮显示。

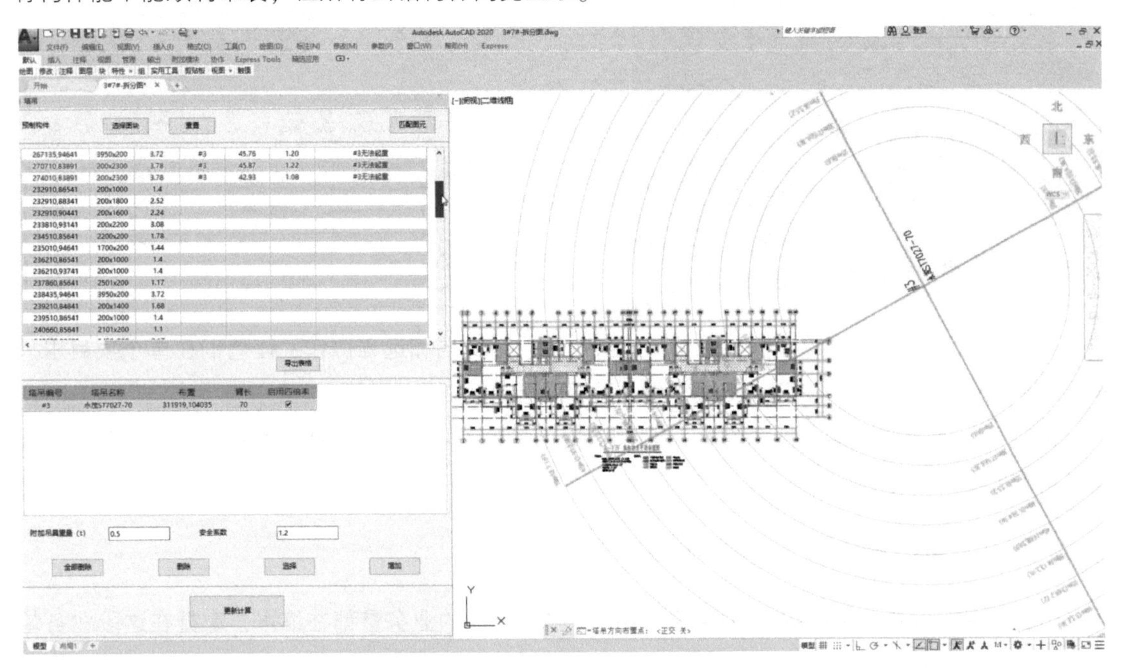

装配式构件都是在工厂浇筑，原本构件的模具都要等方案设计确定好，由构件厂再找人设计的，这中间耽误更多时间不说，出现变更还会导致不同单位重新设计一遍。

富凝基于精准数据平台，开发了模具和预制构件一体化设计平台。混凝土的构件设计完成，就可以自动布置好浇筑模具，因为底层数据是打通的，变更也可以同步进行，大大压缩了预制构件的生产周期。

构件和模具都有了，能不能让工人的加工更方便，从而降低工厂的人工成本呢？

有数据，当然能。

他们更近一步，开发了工序动画交付功能。富凝交付给工厂的，不是一个简单的播放动画，而是交互式的三维安装指导，先安装哪个模具，点击下一步，再放置哪根钢筋，一直到整个构件浇筑完毕、完成拆模。

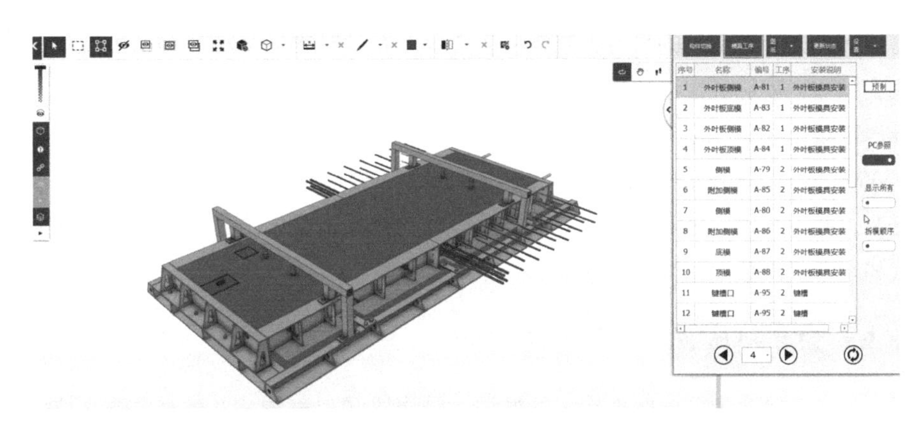

以前的图样都是构件成品图，怎么把它造出来，设计公司是不管的，工厂的技术工人要先解析平立剖图样里的标注，还要绞尽脑汁去设计加工工序，非常耗时间，也很依赖技术工人；而现在只需要把平板电脑放在一边，照着流程一步步操作，就能完成构件生产过程，这又大大降低了工厂的错误率和人工成本。

富凝的每张图样上都带着一个二维码，熟悉工序的工人如果只想查看构件的详细信息，也可以扫描任意图样上的二维码，查看成品模型，还可以按需要隐藏部分构件，专门查看内部的钢筋等模型。

对于一家第三方深化设计公司来说，这些已经是为总包单位和工厂提供的“超纲服务”了，富凝能通过这些超额的交付提高服务质量和口碑，却不增加服务的周期，背后重要的原因就在于，大部分工作都是基于后台数据，由程序自动完成的。

到现在这个平台已经对接了20多个项目，解决了工厂端、使用端大量的人力物力，也受到了业主方和总包方的欢迎。

如业主方非常想知道一个项目完成之后的含钢量是多少，不同构件的含钢量相比类似项目是偏高还是偏低，都能直接汇总查询。

首页 | 构件汇总

楼栋：17#, 21#, 6#　查询　打印清单　下载所有清单

预制构件汇总表 | 钢筋汇总表 | 桁架筋汇总表 | 成品(埋)件汇总表

序号	楼栋	构件类型	数量	混凝土方量(m3)	含钢量(Kg/m3)	含钢量(Kg/m3),含桁架筋
1	17#	叠合板	144	53.28	↑ 159.45	↑ 216.77
2	17#	纯外叶墙板	90	37.78	81.82	130.90
3	17#	预制凸窗	180	292.68	102.82	107.73
4	17#	预制填充墙	31	40.72	↑ 85.47	↑ 85.95
5	17#	预制填充开洞墙	194	184.86	↑ 126.98	↑ 134.88
6	21#	叠合板	120	44.40	↑ 159.45	↑ 216.77
7	21#	纯外叶墙板	78	32.74	81.75	130.83
8	21#	预制凸窗	156	253.56	102.83	107.74
9	21#	预制填充墙	27	35.44	↑ 85.36	↑ 85.91
10	21#	预制填充开洞墙	168	160.02	↑ 126.91	↑ 134.80
11	6#	叠合板	144	53.28	↑ 159.45	↑ 216.77
12	6#	纯外叶墙板	90	37.78	81.82	130.90
13	6#	预制凸窗	180	292.68	102.82	107.73
14	6#	预制填充墙	31	40.44	↑ 86.06	↑ 86.54
15	6#	预制填充开洞墙	194	185.43	↑ 126.59	↑ 134.47
				合计：1745.09m3	平均:112.56Kg/m3	平均:125.36Kg/m3

比如，总包单位发现施工现场有的预制构件损坏了，重新

加工需要再等十几天，在他们的平台上就能精确查找，有没有其他楼栋已经运到现场的构件和损坏的构件完全相同，就能调配过来先顶上，不耽误工期。

到今天，富凝已经是一家有60多名员工的公司，建立了装配式设计中心和装配式数字科技中心，完成了3500万m^2的装配式建筑设计。老宋和我说，这是一次技术的胜利。

说到这儿，并不想用一个简单的“美满结局”作为结尾，我们的故事要回到2022年那个夏天的晚上，我和老宋的酒桌上，说说他的烦恼。

4. 让子弹飞一会儿：从装配式到智能建造

酒过三巡，老宋给我倒了一杯他珍藏的好酒，轻声叹了口气说：“有时候吧，技术搞得太超前了，也有糟心事儿。”

富凝在上海的项目，主要客户是设计院和开发商，工厂和第三方设计都由业主方选择，他们和加工厂之间，没有互相选择的权利。上海的装配式工厂还是以老一辈的技术人员为主，他们已经基于传统的读图加工的模式，建立了一套熟悉的工作方法，还不太接受富凝的数据理念。

因为工厂没有决定深化设计公司的权利，所以要在不同项目里配合不同的设计公司，富凝提供的服务有数据支持，可以大幅度减少工人读图和设计工序的时间，甚至能替代很大一部分人工，但其他深化设计公司不能提供这样的服务，于是工厂不可能因为和富凝的配合就减少工人数量。

曾经有一位工厂老板对老宋说：“你们这服务是真好，又不收我的钱，按说我们应该欢迎，可用了你的技术，我的技术工人数量就得往下减，下面的人都被你给养懒了，下个项目怎么配合别人呀？”

这样的问题富凝也解决不了，也不可能为了配合工厂而去开历史的倒车，降低自己的效率。

这是在技术储备期，直面成熟市场的时候，一个很大的困境。

那天我喝下老宋倒的酒，说道：“要不，我讲讲你的故事，看圈子里有没有其他城市的新型工厂，愿意和你们一起搞点事情？”

几个月过去，我这个故事筹备得差不多了，打电话给老宋，第一句话问的就是：“去年你说的那个烦恼，有什么新的进展不？”

老宋在电话里开心地说：“你还真别说，我们把业务扩展到其他地区，还真取得了很大的突破。”

像是济南、泰安这样的城市，模式和上海不太一样，有很多新成立的工厂，工厂里没有很多的老技术员，接触到的第一批项目就是和富凝合作，并且很多工厂都有自己的装配式深化设计权限，在对接了富凝的数据平台之后，他们节省了大量人工，也让深化设计和生产效率大幅度提高。

目前泰安跟他们合作的工厂，同样的项目规模，可以比其他工厂少三分之二的技术人员，有一家工厂过年的时候，还给老宋寄来了两箱特产酒作为答谢。

反过来对于富凝来说，这又是一次生存空间的跃迁。以前的客户群体都是设计院和开发商，现在的业务扩展到了直接对接生产，新型工厂付费使用他们的平台和数据服务，硬生生多了一个客户群，这又是一次技术的胜利。

下一个等待富凝的，是一个更大的机会：从装配式设计向智能建造迈进。

前些天老宋和一家南京的工厂谈合作，合作方对于数据平台带来的高效生产非常感兴趣。聊起他们最近在做的技术探索，对方很兴奋地说："以前很多技术都在解决工人的体力劳动问题，而你们在做的很多事，解决了大量脑力劳动的自动化问题，这不就是智能建造的方向吗?"

在很多一线城市，装配式野蛮生长的窗口期已经过去，同时国家和各地方都在推行智能建造，装配式作为一个板块，被纳入到这个更大的主体中被重视起来。其中被政策明文提到的三维建模和仿真技术、工厂预制加工技术、信息化管理技术，对于富凝来说，都已经是驾轻就熟的成果了。

5. 技术预埋：一切都关于生存

老宋的故事，不是一个励志的鸡汤故事，我想要讲的无外乎两个字：生存。

何帆曾经讲过3.65亿年前，第一批鱼上岸的故事。这些鱼既不会预测未来海平面要下降，也不知道陆地上有好吃的，一个合理的解释是，它们爬上岸边，是为了晒一会儿太阳。

晒太阳会让它们的体温上升，回到水中的几分钟内，更快的新陈代谢速度能让它们更容易捕捉猎物。就是这几分钟时间，让它们抓住转瞬即逝的机会，建立自己的生存优势。

等到大的环境发生变化，这预留出来的一点点优势，就让它们有机会成为一个新的物种。

富凝的故事，让我想起苹果这家公司喜欢做的事：技术预埋。

iPhone 12 pro上放了一颗不常用的激光雷达，2020版MacBook里放了一颗ARM架构的M1处理器，很多人都说这些技术很鸡肋，能用到的软件很少。

不到两年时间，iPhone上就出现了大量基于激光雷达的AR应用，Macbook则是能运行iPhone和iPad上的所有程序，帮助苹果彻底摆脱了Intel公司的制约。正如当年推出AppStore，看起来只是为了帮助手机卖得更好，后来却让这家公司成为最赚钱的软件平台公司之一。

所谓技术预埋，就是在大众还没有意识到的时候，在竞争对手还没有危机感的时候，把未来的技术悄悄地布设到自己的产品里，然后默默等待机会来临。

老宋说，他们开发基于BIM的装配式设计，一开始很慢、很笨重，完全比不上AutoCAD路线的效率，两年后迎来了一波BIM+装配式的政策红利；随后这些技术又进化成数据平台，一开始在上海很难推进，却在之后和其他城市的合作中发挥价值。

2023年他们又在上海推进智能建造的数据理念，本来为了满足装配式设计研发的软件和积累的数据，又独立出来，涌现出全新的板块，变成智能建造的敲门砖。

在富凝发展的过程中，每次都是先储备技术两年，到了第三年，这些储备的技术就会迎来价值转化，从而给公司带来一轮新的竞争优势。两年的储备期，对于注重短期利润的同行来说，是很难追上的。

这是富凝走到今天，有底气说自己“牛”的资本。

回到本节开头提出的问题：技术在短期内看不到效益，该由谁去推动？我在其中一条留言下这样回答：“没有人有义务推动，同样，也没有法律规定所有人都能共享果实。”

短期能看到效益的技术，自然不用推动；短期看不到效益的技术，要不要预埋到自己的生长结构里，是每个人、每家公司要做出的独立选择，并为自己的选择负责。

没人能准确预知未来，如果能，所有公司也就长成一个样了。

就像没有一条鱼知道未来环境改变的时候，自己是会爬上岸，还是会回到深海。

至少在我的眼中，老宋和他的富凝设计，做了这三次选择之后，正朝着一片广袤的大陆，毫不动摇地前进。

数字化豪赌：一家顶级装修公司的 BIM 之旅

曾经有朋友问了这么个问题：很多企业搞数字化，都是“貌似”在搞，没有真刀真枪地做起来，说到底大家对“太透明”这一点还是心有戚戚，除了喊口号，这种人性底层的矛盾，怎么破？

我认为破局点在于一批人——他们是有生存危机感的企业家。

本节我想从一位装饰装修公司的老板——韦峰，在数字化这件事上的一场“豪赌”开始，说一说为什么很多企业推不动数字化，是上下游互相锁死的僵局，以及这个僵局到底怎么破。

1. 传统公司

韦峰最早创建的德韦国际，核心定位是给国内私宅别墅提供定制化装修服务，主要业务是高端大型住宅的EPC总承包装修施工，客群多是高端别墅、顶级豪宅、豪华酒店。

这个赛道的商业门槛比较高，相应的服务标准也非常高。无论是选材、质量，还是进度管理和造价预算，都对服务团队有很苛刻的要求。

一般的家装公司，标配可能就是一个设计师、一个施工队，无论是规模还是服务能力，都没有办法满足这种上千平方米顶级豪宅的装修要求。这个细分领域有趣的地方，是要用“工装”的管理模式，去给家装做服务。所谓工装，就是规模比较大的、公共场合的装饰装修工程，如写字楼、办公室、商场等。而高端别墅的业主，往往对装修工程不甚了解，对装修成果的要求很高，却没有专业的项目管理团队，项目的实施和管理，很大压力要转嫁到施工方头上。

可能你看到这儿，首先想到的就是“信息差”和“不透明”，那种伎俩在这个赛道还真是走不远，在这个顶级富豪的小圈子里，一家公司的口碑是生命线，别说欺瞒业主，哪怕有项目出了小小的纰漏，都很可能再也接不到任何项目。

德韦在这个细分领域核心的价值和秘密，就是用工装模式的技术密集型 EPC 管理，把项目的复杂性自己消化，再把最好的效果简单直接地交付到业主手里。

不过说到底，做的还是最传统的装修业务，和给一般家庭做装修的施工公司，没有本质的区别。一家传统装修公司，是怎么走上数字化转型之路，自己革自己命的呢？

2. 钱从哪来？

关于“数字科技给传统行业赋能”，德韦原本是没有这个概念的，连开发的想法都完全没有，更别提建立一个数字公司了。

一切的起点都和大多数公司差不多，单纯地想用新工具提高一些设计和施工管理效率，于是就去市场上找国内外各种软件，希望把开发成熟的软件买回来，像是买个财务软件一样，开箱即用，解决装修行业从设计协同到施工管理的一系列问题。结果是找了一圈，没找到。能找到的软件，都不能针对性地解决他们的问题。

这里面最主要的困难是，工程行业软件的开发者，都需要在工程和 IT 两个领域完成跨界，工程行业又存在很多的细分领域，其中装饰装修领域与 IT 跨界的公司太难找，而大型开发公司目前又不太关注这个细分领域。

有一次，韦峰找到了一位在德国工作的博士来交流，对方给出的建议是：“装饰装修行业在某些业务逻辑的细节，复杂程度要远远高于土建专业的 PC 领域，你们想做的事其实不是简单的降本增效，而是要坚决地走数字化转型的路。”

这条路，第一步不是去买软件，也不是去搞 IT，而是先要把装饰装修的设计逻辑、施工进度逻辑、质量管理逻辑、资产管理逻辑都梳理清楚，再把这些梳理出来的逻辑，变成计算机可以处理的程序。

经过这次交流之后，韦峰做出了两个决定：第一，要在企业数字化这件事儿下一把大赌注；第二，正式启动自主研发的工作。

事后回想起来，这其实是一把字面意义上的“豪赌”，因为搞开发，是要花钱的。

这里面的第一个思考就是：钱，该从哪里出？

建筑圈子里总是说，对于那些没经费、时间紧的项目，去做 BIM、做数字化是个性价比很低的事儿，纯属自找麻烦，想把这些技术用起来，得遇上愿意掏钱的业主。和韦峰聊起他们的用户特点，我的第一个问题就是：是不是因为这种项目的业主给的资金充裕、周期很长，才能把数字化服务打包进成本里，提供给对方呢？

韦峰给出的回答却正相反。

首先，装修项目的业主要的是保质保量的结果，对你用什么BIM技术、上什么数字化，都是完全没有诉求的，甚至一开始用这些技术都不算什么竞争优势。

其次，无论多么高端的项目，业主都不会随便给钱让你去试错，越是商业领袖，越是很精明的人，这个赛道门槛高，但却依然是市场化的，如果要用数字化提升自己的管理水平和工作效率，业主不会为此买单，更不可能为所谓的“数字化业绩”买单，你涨价，订单就是别人的。

德韦的服务思路和很多圈子里的公司正相反：对于这样有重要影响力的客户，绝不能利用信息差赚钱，而是要把业务利润做透明。想要透明化就需要新技术的加持，而想要用新技术，不能等着遇到愿意掏钱的业主，而是自己先把利润率降下来，自己先掏钱做。

做透明本来就“吃亏”，还要自己掏钱做，也难怪很多企业都走不出这一步。

韦峰说，数字化转型，需要企业的一把手有那么点狠劲儿，主动把短期利润降下来，把钱花到研发上面，这并不是讲情怀，做生意最终是在商言商。但一家优秀的公司，不能只看眼前的利益，要考虑五年之后的利益，要让未来的自己能通过技术的加持，在时间维度上跑赢竞争对手。

往往经过投入研发成本，几年之后再提高的利润，已经不再靠增加业主方的成本来实现，而是通过提升自身管理的能力，在透明处提高利润。

这种利润的提高，会伴随着自身竞争壁垒的提高——你的价格更低、服务更好、利润却更高，业主还不需要为此买单，这才能保证公司在未来的竞争中更好地生存下去。

这听起来挺有企业家悲壮的历史感，实际上却是个很朴素的道理：老李、老张都开包子铺，老李赚来的钱都揣进兜里，老张却拿出一大半收入去雇顶级大厨、研发新口味，短期肯定是老张赔得多，长期却是老张能把包子铺开成连锁店。

而整个“脱胎换骨”的过程中，投入多少做研发、承担多大的风险，短期利润降多少、降多久，也都是只有一把手能做的决策，这就是本节开头所说的：数字化转型的破局点，在于那些有生存危机感的企业家。

3. 得数智云

2019年，德韦国际正式成立了数字公司“得数科技”，在北京和武汉分别搭建了两个团队，北京的团队负责项目指导实施、BIM技术的验证、基础族库的开发，武汉的团队负责系统架构的搭建和IT开发。

其中最重要的工作，就是梳理行业逻辑和系统验证，这个过程持续了 7 个项目，每个项目都要真金白银地花钱进去。

前三个项目是纯 BIM 工具的验证，这部分可以在行业里找借鉴的内容相对多一些。到了 2021 年下半年，后四个项目平台基本开发出来了，BIM + 平台验证的过程就很痛苦，经常出现 IT 团队花了好大力气开发出来的功能，到了项目上发现跑不通，项目上的人和 IT 工程师互相又很难沟通清楚，消耗了大量的时间精力。

韦峰和我说，这个验证的过程很磨人，前面又没有可借鉴的经验，但却又是必不可少的。

数字化的“数据”想要落地，要经过一系列的基础建设，如可复用的族库、软件功能的验证，都必须在真实的项目中进行，不能闭门造车。而且还不能因为要用一套系统，而改变项目的作业模式。

不过，利用高端项目验证数字化有个好处，几千平方米的别墅，复杂程度往往比五星级酒店还要高，在这样的项目跑通了产品功能、数据应用，还有新技术带来的时间和质量控制，能够让一套系统服务于真实情况中设计资料、变更资料的同步，满足合同指标和进度指标，那到了一般的项目就能“向下兼容”了。

2021 年 6 月，得数科技给企业内部研发的产品“得数智云”1.0 版本上线，那时候功能比较简单，先从 BIM 模型浏览器开始做起，然后是关于进度和商务指标的功能雏形。2022 年，开发团队又继续一边验证需求，一边完善这个平台的开发工作，加入了施工现场的管理功能，通过与 U-nity 公司的沟通合作，加入了虚拟现实技术，打通了模型空间和施工空间。

现场的施工人员只要拍好全景照片，做一个标记，这个全景照片就可以在云端后台和模型坐标自动关联，再把现场管理的所有碎片信息整理到这个点上。

管理人员不需要下现场，只需要在办公室点击这个点，平台上前端和后端的所有数据，就可以全面地展示出来。

截至目前，“得数智云”已升级为 3.0 版本，集成了一系列成熟的版块，包括模型集成浏览、空间碰撞标注、分配协作图文消息、多专业协同交互、施工进度图文信息联动、模型与现场双窗口数据联动、产品库、AR 施工指导及验收、数字 VR 施工巡检和运维等板块。

平台首页是数字建造控制中心，可以在这里看到工程施工进度卡、任务分配卡、工地实时监控等功能，可以实现整个工程的可视化数据联动。

如模型集成，可以把不同软件创建的建筑模型、机电模型、精装修模型，以及现场采集的点云模型放到平台，统一比对和管理，工程量也是基于平台上的模型进行计算，实时同步、透明公开。

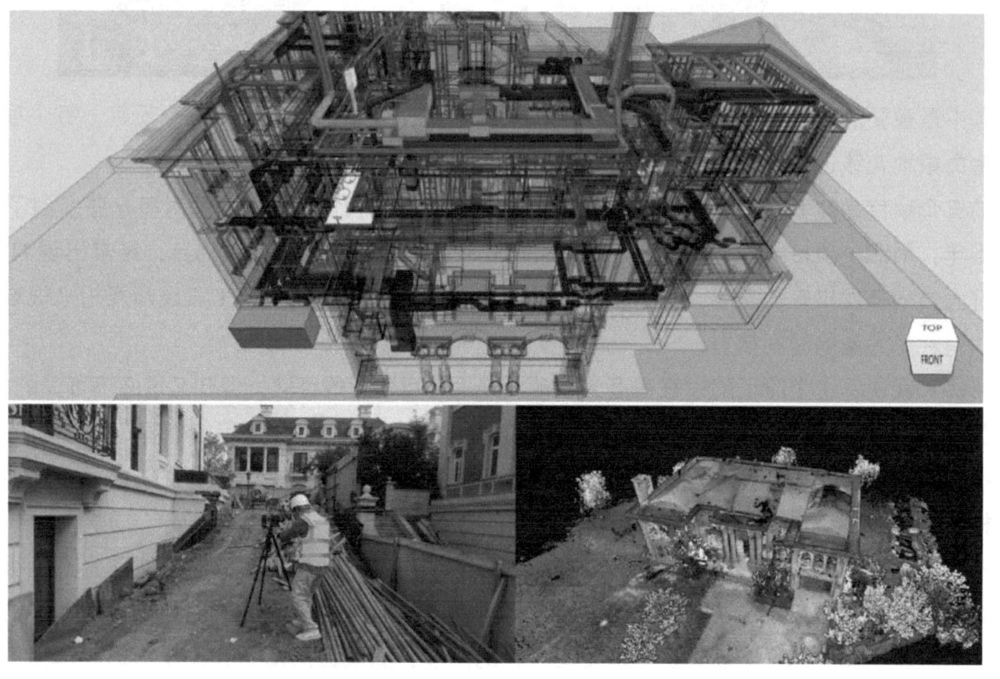

平台开发了可以打通设计、施工和运维的数字 VR 功能。

这和德韦面向的用户群有关，这类客户不太喜欢看工程味儿很足的 BIM 模型，而在 VR 里加入效果图、施工图、设备信息等，和他们沟通起来就会更加顺畅。

举个例子，以前的项目汇报，业主突然想看某个房间部位的效果图，设计师要在计算机里翻找半天，找着找着业主就不耐烦了，现在可以把效果图集成到 VR 里面，想看哪里就看哪里。

这里值得思考的是：技术往往不是越先进、越难越好，而是要找准客户的需求，解决他们的问题。

对于BIM行业的人来说，VR已经司空见惯，一个产品如果需要设计师花很大精力去制作精美的VR渲染，然后拿给现场的工长去看，对方可能觉得还挺华而不实的。

而装修的业主，没有那么多的工程视角，他们对装修的要求首先就是要美观漂亮，最关心的永远是“最终效果是什么样的”，这时候把数据集成到VR场景，而不是BIM场景，就显得很有必要。

同理，和施工方沟通的时候，需要调取的施工图、设计说明、设备信息等内容，也不需要分散在文件夹里，看到哪里直接调用就可以，这样沟通协调起来就很顺畅。

在施工的过程中，平台可以把现场的视频监控、施工进度、任务分配等，都集成到平台，除了能给自己的项目管理带来效率提升，也能让业主随时登录，尽管私宅业主并没有工装项目业主那么专业，但这种透明的服务会让用户很安心。

施工过程中，平台利用叠加模型与现场实景的AR功能，把设计模型和现场实施情况做比对，有错误第一时间修改，没错误就直接用于交底。施工结束之后，关于这个项目的所有模型和数据，可以移交给业主方专门负责别墅维护管理的团队，形成一份数字资产，可查看隐蔽工程、软装家具的型号信息和售后信息。

4. 意外收获

和韦峰的交流过程中我一直在追问，数字化它到底帮助德韦这家传统公司创造了什么价值？

德韦国际搞IT，并不是开发了一个商业化软件，然后靠出售软件创造价值，而是把软件、数据、管理和服务打包，一起提供给客户。这背后，是韦峰对装饰装修行业数字化实施的思考，包括基于ERP思维的信息化管理、以BIM为核心的数字化设计，还有能用机器语言对接工厂的智能化生产。

通过数字化实施，对内和对外可以实现三个方向的价值。

➤首先是数据复用。

除了BIM模型库的标准数据，还包括结构的数据、工程量的数据、物理空间的数据、施工作业的数据等。想要这些数据在后续项目中实现复用，最重要的就是把它们标准化。

数据复用的下一步就是“去经验化”，标准化的数据就可以代替一部分的人工经验，在后续项目自动发挥价值。

➤其次是数据转换。

不能让每个软件各跑各的数据，如点云和BIM模型数据要打通，还要实现设计到制造（BIM to CNC）、设计到管理（模型到平台）的打通，这一点开发自己的平台就能带来很大的迭代优势。

➤最重要的是作业指导。

一切的数据对于工程项目来说都只是“前端”，你和用户都能看到成本、看到进度、看到很棒的效果，而一旦到了施工作业的“后端”，如果还是采用传统的做法，技术人员和管理人员还是各忙各的，那断层的前端最终就还是会成为没用的花架子，不会有人为此买单的。

这三点价值思考，就对数据提出了两个要求。

第一是从项目中来，所有积累的数据不能窝在办公室瞎编，而是要对现场的机具、工法、材料、成本、工序、工期等做解析优化。

第二是要回到项目中去，除了要把项目实施人员都拉到平台里来协作，还必须让平台的使用足够简单，让它输出的结果能够比传统方式更高效地指导施工。

这些想法，并不是德韦在数字化道路上出发的那一天就计划好的，而是一边思考、一边做，逐渐磨出来的方法论。而时至今日，数字化对于韦德是全面服务于设计、施工和运维全过程的。

还有一些，韦峰决定做这件事的时候，完全没有预料到。

除了最直接的好处——施工周期变短、管理效率提升、服务质量提高，意料之外的收获之一是很多设计师比业主更喜欢这套系统，还帮他们找项目。

和其他行业不同，高端装修市场的设计师，在项目里是很有话语权的，甚至不少总包会去讨好设计师，德韦发现，这种讨好远远比不上给设计师提供价值来的有用。行业地位越高的设计师，就越重视自己的长期价值。

装修设计师有40%左右的工作是在创意部分，剩下60%都是后期出施工图、盯现场、和安装公司沟通等工作，德韦的数字系统可以帮助他们充分地把设计思路表达出来、实现落地，设计师只要出到扩初图，工作基本上就完成了，后面的工作全都由得数科技来完成，还能通过线上协同工作，大量减少他们沟通的麻烦。

这个过程中，设计师是收了业主方全部设计费的，德韦并不会向他们收费，设计师和其他公司合作的那些工作时间全部省下来，还能更好地完成项目，这对设计师来说非常重要。

很多和他们合作过的设计师，会把业主带到德韦参观，告诉他们说：“你看，这是在设计施工一体化方面，做得最好的私宅装修服务公司”。这样德韦才有机会让获客、服务、口碑的飞轮转起来，让更多认同他们理念的人成为长期客户。

5. 商业逻辑

说到这里，我想把故事暂停一下，再次和你一起思考这里面的商业逻辑，也是本节一开始提到的那个问题：数字化推不动，上下游锁死的僵局，怎么破？

我们看德韦在这个“意外收获”背后的逻辑。

业主出钱，设计方、施工方各做一份工作，现在施工方替设计方做了一部分工作，如果要设计方少收一部分费用，设计方会同意吗？

肯定不会。

那么设计方维持原来的收费，施工方把多出来的工作向业主收费，业主能同意吗？

大概率也不会，肯定会问出那个经典问题：没有数字化，设计师本身就没有责任让项目顺利实施吗？

于是，很多项目的三方，就这样被传统的利益关系锁死了。

BIM和数字化，跟工程行业很多其他的技术不同，它并不是像当年的“甩图板”，谁用起来谁就马上获益，而是非常依赖上下游各方协同，才能发挥出更大的价值。那想要这件事往前推，就一定要有某个参建方“越俎代庖”，去做超出传统职能范围的工作，承担这多出来的费用和风险。

而数字化的重要价值在于，这一方多承担费用的情况必须是暂时的，后面的项目可以通过数据的复用、管理成本的降低，以及更多更优质的客户，把这个投入赚回来，而且一旦越过收支平衡点，企业就会迈进下一个层级。

任何一方站出来的情况，我们都见到过，如本书中多个章节中出现的，推动数字建造强管控的华润置地，利用BIM和数字工具提供更优质服务的湖南省院，以“技术预埋”为思想提前布局自主研发的上海富凝设计，还有本节讲到的德韦国际和得数科技。

这里面最重要的逻辑是：承担费用和风险的那一方，押下的赌注是短期收益，而期待的真正收益是脱离“互相锁死”的三方关系，进入到一个新的关系结构里——或许是开拓新的用户市场，或许是筑起更高的竞争壁垒，或许是进入更加高端的合作圈层。

没有哪条历史规则要求所有企业投入成本去使用新技术，要不要“赌一把”，去承担这个费用和风险，是每个企业决策者需要自己做的决定，然后自己承担后果或是享受硕果。

韦峰收获的是在传统的装饰装修行业一个很高的壁垒，甚至对于很多“友商”来说，不是赌不赌的问题，而是压根不敢要这个壁垒。

它的名字叫：透明。

韦峰说，这个市场里所有公司都在喊透明，甲乙方心里也清楚，大家嘴上喊的透明，不能太当真。

而如果一家公司，想要真的透明，怎么办？那就不能喊，只能做——基于工具、基于系统、基于全部数据在业主面前的精准呈现。

从一开始点云的数据就是精准的，基于点云进行的模型深化也是精准的，再基于 BIM 模型做出来的工程量和物料清单也是精准的，紧随其后的工艺工法和作业流程也是精准的。在构件库建设的过程中，得数科技也把供应商拉到了这套系统里，他们自己不生产门窗和空调，却通过一个统一的平台，把供应链清单、设计清单、建造清单也穿起了一条线。

光是自己精准还不够，还得把这个东西摊开给人家看。机器不会说谎，这个系统里的数据彼此关联，牵一发动全身，不是人为可以操作的。

原本只能靠嘴说、靠 PPT 写的那些同质化内容，如工匠精神、质量第一、经验丰富，都比不上把所有数据精准地摊开来得更有力量。

每当设计师把业主带到德韦，他们就会把自己这套基于精准数据的服务模式讲给业主，韦峰说，凡是有业主来寻求安心和值得信任的服务方，都能很快被他们说服。

对于德韦来说，数字化没有彻底改变传统行业的作业模式，却深刻地改变了他们和设计、供应商和业主之间的协作与信任关系，这种信任在他们所在市场，是一张千金难求的贵宾票。

6. 人才与替代

最后，我想说说与每个人有关的、关于人才的问题。

这也是韦峰和我聊到成立助学基金时，探讨最多的两个问题：数字化新人才从哪来？被“替代”的旧人才往哪去？

传统企业做数字化，最缺的就是人才，尤其是可以跨界的人才。关于“人才从哪里来”，韦峰直言不讳地说，尽管公司从事的是高端市场的业务，但传统行业想要招既懂装饰装修，也懂数字 IT 的人才，还是很难的。如果短期内不能改变行业和市场，那至少可以改变自己的团队架构，既然人才不好招，那就自己培养。

德韦与德国的公司合作很多，也学习了德国公司的双元制人才教育模式，他们和高校共同开设专门的数字建造班，定向招生，目标明确，培养具有数字化思维的专业项目管理人员。

建造班的培训包括装饰装修项目实训、定向的数字化课程编制、定期讲座，并且为成绩优秀的学生设立奖学金。这个班里的优秀毕业生，会直接进入得数科技工作，进入职场就接触高端的装修项目。

谈到数字化，还有个绕不过去的话题是“去经验化”，对于很多职场老人来说，这并不是一个好消息。经验这个东西，是需要时间积累的，并且从人到人传递的效率很低，这里面有客观的技术原因，也有主观的意愿原因。

而在平台上打造的标准，积累的时间周期更短，传递的效率则要高成百上千倍。举个例子，从前一个项目进行到两个月，存在哪些问题？进度是快了还是慢了？这些问题年轻人没经验，说不清，只能靠老师傅到现场去看，转上一两天，再告诉业主，现场和图样之间有差别，这个差别会带来多少预算超支，会延误多少天。

业主甚至是自家的老板都只能相信，没办法，经验就在人家的脑子里，不服气你就先去干20年装修再说。而现在，平台上可以采集现场的点云数据，传到平台上跟模型对比，通过VR、AR给业主直接展现出来，再把后续的用料、工序用数据表的形式算出来，摆在桌子上所有人都能看。

这件事可能几个小时就把整栋楼都完成了，数据的精准程度是覆盖到全流程的，要远远高于老师傅的经验，最重要的是，数据不会撒谎、不会出差错，不存在人与人的信任问题。

装饰装修行业有很多有经验的老师傅，他们对涉及IT的工具很排斥，很多新思想也是他们的盲区，而经过德韦培训出来的年轻人，从离开校园进入公司的那天起，就“预装”了数字化思想，他们愿意拥抱新技术、使用新工具，也愿意按照平台上的数据反馈来执行工作。他们在现场手里拿的是平板电脑而不是图样，扛着的是激光扫描仪，而不是卷尺。

目前在得数科技负责一线工作的，包括VR产品开发、平台管理、现场资料验证、质量管理等，都是年轻人。

以往进入装饰装修行业的年轻人，先别说接项目，连学真本事都得等一等，先给师傅打几年零工再说，师傅用顺心了，再慢慢教东西。而现在进入德韦的年轻人，很快就可以基于平台，实际上手项目，或者进入数字产品研发岗位，几年时间就可能独当一面。

如果一家公司离开某个人的经验就出大问题，那这家公司在商业上的抗风险能力就会很弱——老师傅可能会生病休息，可能会有其他想法，可能会带着经验离开。韦峰总是在公司说，对于德韦这套系统来说，没有谁是最骄傲的。通俗地讲就是：公司离开谁都必须能转得起来。

韦峰觉得，在标准化工作面前，凡是能被数字记录、被算法处理的事情，都迟早会被替代。企业想要在数字化时代生存，这是不得不走的一步。

这不是当老板的心狠——在随时可以被替代的人里面，也包括韦峰自己。他说自己就是一名有经验的工程师，他创办德韦这家公司而不是自己单干，有件事早就想好了，要把作为工程师的自己干掉——这不是手段，而是目的。

实际上，目前德韦国际的运转已经不需要韦峰自己操心太多事，得数科技需要他直接关注的事情也越来越少，而只有一件事，公司离不开他，那就是公司要往哪里走。

这些大方向的决策，当然也包括几年前作为传统行业的老板，下决心将全部流程数字化所下的赌注，这一点，是算法永远替代不了的。

MBD："消灭"纸质图的匕首？

前段时间有这么个明星项目，武汉江夏区新一代天气雷达气象塔项目，官方宣称：从设计到施工没有使用一张纸质图样，利用 PLM 平台，实现了"一个模型管到底"的无图设计、无图建造，打破了建筑业千百年来的传统。

看到这里，你的第一个反应是不是"这怎么可能？"对，我的第一反应也是这样的。法律法规层面首先就过不去，再说不出图怎么指导施工？

不过，"完全可行"与"完全不可能"之间，并不是非黑即白的，我在这里面嗅到了有趣的气味，本着对新鲜事不嗤之以鼻、保持好奇的态度，我找了几位圈子里的朋友，也联系到了真实参与这个项目的人员，去刨根问底追了追，还真追出点新东西来。

我们先放下来自传统的成见，一起去看看这个项目到底是怎么回事。

1. PLM 系统：他山之石可以攻玉？

新一代天气雷达气象塔项目的牵头方是中南建筑设计院（以下简称中南建院），这两年中南建院提出的几个概念，如无图样施工、免费设计，提出这些先锋性的理念，本身就很不像一家成立了 70 多年的老牌设计院所做的事。

这个项目本身并不是为了哗众取宠，而是中南建院、中国核工业第二二建设有限公司和法国达索公司合作研究成果的外化表现，"无图样"可以理解为打造一个明星项目的宣传点，但它只是一个系统的外在显性结果，这个系统真正要去解决的问题，是数字化交付的行业难题，以及所有设计院在这个时代面临的转型和生存难题。

这里所说的"系统"，是中南建院投资近亿元打造的一个叫作 3DE 的平台，核心就在于尝试把航天、汽车等制造行业常用的 PLM（Product Lifecycle Management，产品生命周期管理）系统，引入到建筑行业。

PLM 在航空、造船、汽车等工业制造领域已经发展得比较成熟，它把三维建模、数字仿真、数字制造和数字管理集成到一起，让模型和数据在云端交付，帮助这个领域的企业打破对图样的依赖，进入到以数据为中心的时代。

我们走访了参与到这个项目的负责人，了解到了一些基本情况。真说一张图样都不打印，那还是不可能的，毕竟还是要盖章过审的。但这个项目重要的改变是以往设计和施工沟通的主体是图样，模型最多起到一个辅助的作用；而这个系统带来的改变，是模型成为沟通的主体，施工方连接 PLM 平台，在移动端查看具体节点的几何信息和工艺做法等数据。

需要进一步施工指导的，就提资给设计院，设计院从模型里直接出节点大样，而不是由人来绘制大样图。纸质的图样退居二线，成为主要用来满足合规性的辅助角色。

这样前进的“一小步”，也意味着设计院可以更深地介入到项目的全过程实施中。

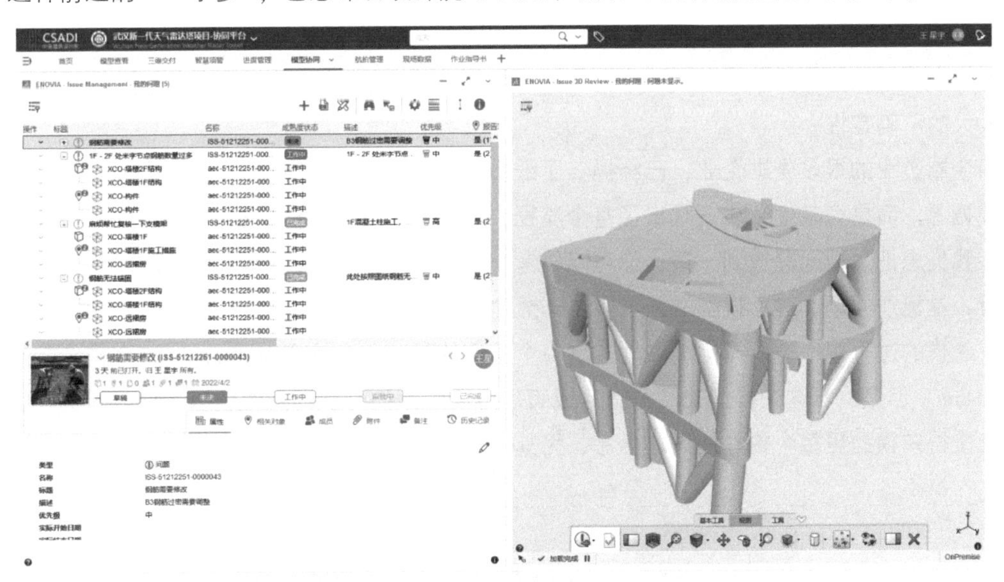

实际上，中南建院在实现这个目标的路上做了大量的工作，如给国外跨行业的平台补齐本地化功能，完成大量的建筑构件库扩充，二次开发云端的工具包等。

不过我们想把这些赞颂放到一边，单独拿出一项最有意思的突破来进行分享，它解决的是关于“无图样”指导施工的核心问题。可以思考一下，假如现在你的项目，用最小的出图代价满足了过审的要求，其余还有大量现场工作需要指导，如果不用纸质图来实现沟通，那么最需要突破的瓶颈是什么？

直接抛答案：这个技术突破的名字叫 MBD。

2. MBD：刺向纸质图的匕首

MBD 的全称是 Model Based Definition，基于模型的定义。官方描述它是一种使用 3D 模型、产品和制造信息（PMI）以及相关元数据来定义单个部件和产品装配体的方法。

这么说有点拗口，要说清楚它是怎么回事，我们先要回到设计的本身，从文档这东西开始说。

“产品文档”是一个产品设计和制造过程中非常重要的组成部分，无论这个产品是一台机器、一辆汽车还是一栋房子。

产品文档可以用来清晰地描述这个产品各种组件的规格、尺寸、详细要求，还可以给制造商提供规划、制造和优化这个产品的信息。在很长的历史中，人们一直使用二维的、纸质的文档提供这些信息，主要包括图样、表格和一些文字说明。

这并不是天经地义的，毕竟我们的大脑是在三维空间构想一个产品，是纸张这个载体在文明的大部分时间限制了我们的三维表达能力。所有的规则、玩法、政策和法规，都围绕着这个限制来不断展开。

图样带来的问题是显而易见的，那就是从三维到二维的表达，再从二维到三维的解读，这中间有太大的不确定性。

如今制造业的很多先进企业，已经抛弃了纸质工程图，这些企业并不是选择三维模型作为出图的数据源，而是彻底把纸质图踢出了整个流程，转而直接用三维模型来表达设计。

让我们先把法规问题放到一边，你可以思考一下，用模型来表达和沟通，最大的问题在哪里？

对，是标注问题。建立模型的人，可以一边建模，一边考虑每个构件的尺寸、材质、规格等，他们在建模的过程中，也能无比精细地控制每个构件的尺寸——输入 3000mm，这个构件就不可能是 3001mm。但是，当这个模型交给制造商或者建造商工人的时候，问题就来了，他们不可能通过肉眼直接得知模型里每个构件的具体信息，尤其是构件本身与构件之间精确的空间尺寸关系。

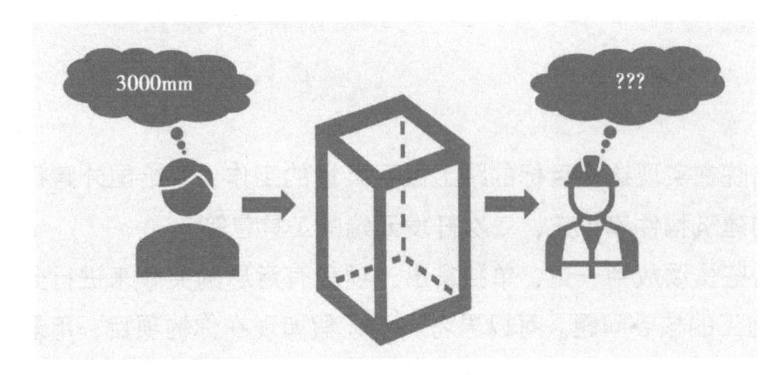

于是，即便有了非常精确的三维模型，出图这个工作还是必须要有的，目的之一就是要在图面上把需要表达的尺寸都给标注出来，甚至标注的重要性比图样的真实尺寸还重要：一个实际长

度 3200mm 的构件，只要你标注成 3000mm，构件就会按照 3000mm 的尺寸被造出来。

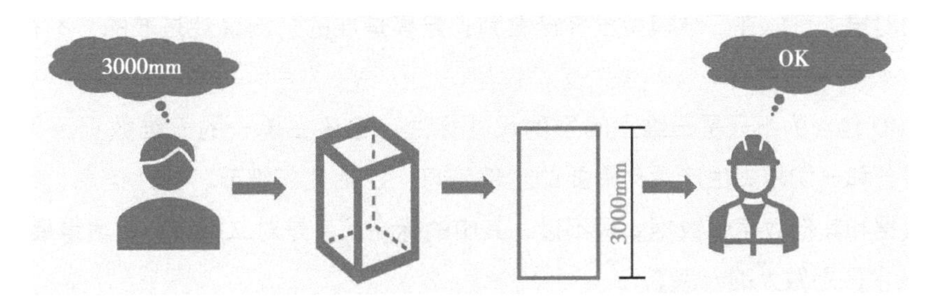

那就用模型来出图，多一道标注的程序不就得了？实际干过这个工作的人都知道，在一个持续迭代的项目里，保持模型和图样始终一致，是几乎不可能达到的。

如果是负责出图的设计师，利用三维软件直接做设计，有时候明明改一个标注数字就能完成的工作，却要先把模型里的真实尺寸改了再出图，图样还要到 CAD 软件里再刷图层、调格式，那效率就会很低，总会有那么一两次，直接用二维 CAD 软件改了，后面再说，这一"再说"，模型和图样就再也对不上了。

好，我们为了能精准地传递关于尺寸的信息，就必须用三维模型出二维图样，然后就遇到了各种难题，怎么办？行业中有各种团队在想办法解决这个问题，如各种自动出图标注的工具、导出图样批量调整格式的工具、行政层面的建模标准要求等。

而如果我们转过身去看工业制造领域，会看到那里的前人们很早就问了一个更加底层的问题：能不能在三维模型上，直接实现标注呢？这就是 MBD 和图样最大的不同。采用了 MBD 方法之后，设计师和工程师们可以直接在三维模型上进行标注，并且想标注哪里就标哪里、想标多少就标多少。

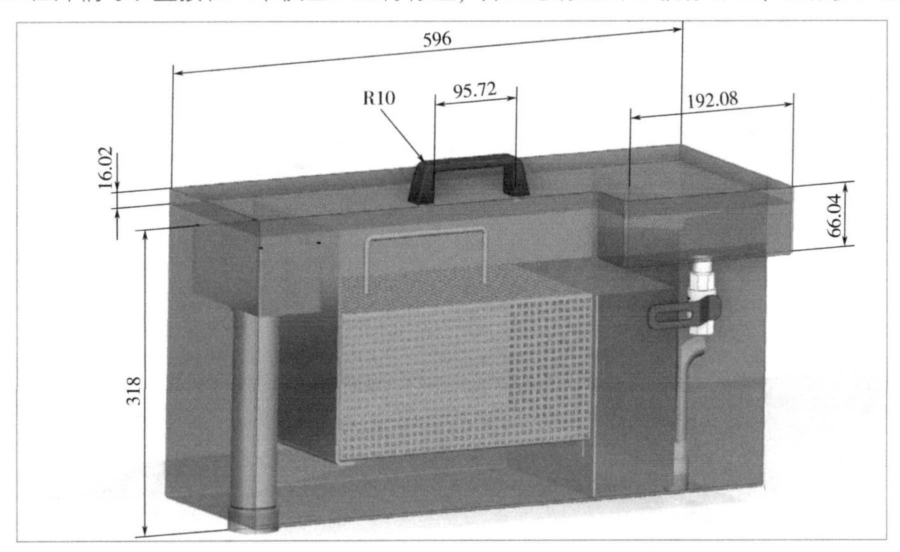

大家不再需要手动定义图样里面的尺寸，因为三维模型本身已经包含了这些信息，人们在需要某个尺寸的时候，可以在三维模型里直接看到，建模是准的，测量就是准的，不存在表达上的误差。

当然，MBD 包含的不只是三维空间里的尺寸标注，它还在单一的三维数据源里，集成了采购、制造、服务和一切相关生产活动需要的全部信息，包括几何细节、标注信息、物料清单、表面加工、元数据和其他数字化数据。只不过，其中的标注信息是对二维图样颠覆得最彻底的一项，也是和 BIM 技术区别做大的一点。

MBD 的核心在于“单一数据源”，也就是上面说到的这些信息，全部来源于同一个模型，同时有多人对这份模型进行持续的维护，而不是像传统设计方法那样，每个人想到了不同的东西，表达在图样和设计说明的不同位置。

大家在一个数据源上工作，也就不存在我的图样版本和你的不一样的问题了，所有人用的都是最新版本。当然这也就意味着 MBD 必须是在线的、云端自动更新的。

很多制造企业拥抱 MBD 的原因，就是希望可以利用独一份的数据来源，形成多人互相监督的局面，从而消除设计流程中巨大的不确定性。在日益复杂的设计和制造中，1∶1 的模型和数据变得完全可以由机器读取，彻底消除了多人协作中误解的可能，从而降低对工程师丰富的经验和图样解读技能的要求。

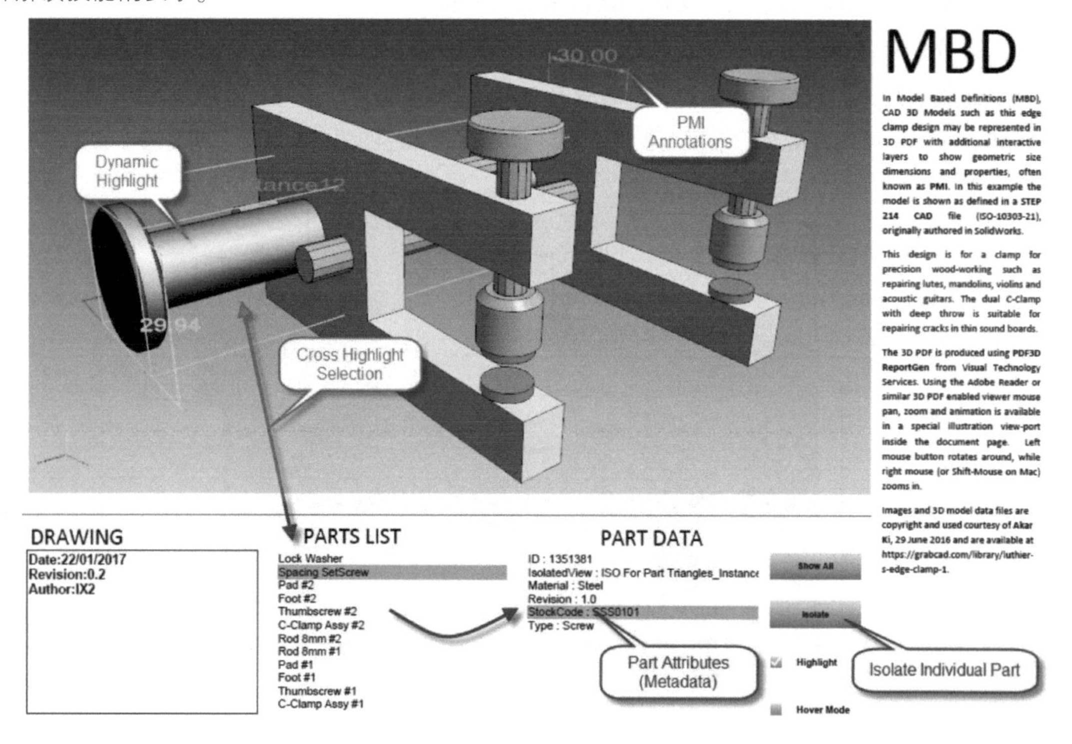

三维模型因为符合人们的直觉，所以在沟通和协作过程中也很省事，不存在跨专业不认识符号、读不懂对方图样的问题，哪里尺寸有问题，哪里空间对不上，一目了然，在大型项目里减少了很多专业之间的内耗。

到了生产制造的下游，人们也不再需要维护图样上的“人为标注”。对产品的优化可以直接在模型上进行，“模型与人”直接对话；对接大型自动制造设备也不需要工程师输入各种尺寸参数，MBD 会自动完成传输工作，“模型与机器”也是直接对话。

MBD 是天然排斥纸张的。一方面，由计算机生成的标注信息不需要在纸面上表达，另一方面，固定视角的纸张会限制 MBD 的自由度，人们读取这些数据的时候，应该可以根据需求，自由地旋转、放大、剖切、隐藏部分标注。

3. 建筑业的 MBD：意识与工具

工业领域是先有了对三维设计的高度依赖，还是先有了三维标注的成熟技术，这是个鸡生蛋还是蛋生鸡的问题，不太容易考证。但反观建筑业的现状，可以看到意识形态和软件技术的双重欠缺。

➤先说意识形态方面。

在建筑业，“项目必须出纸质图”似乎是天经地义、完全不需要讨论的事。

但如果站在高一点的视角去思考，就会发现恰恰相反，是先有了技术的限制，我们才不得不把知识和信息“压扁”到图样上，再通过大量的技能训练（包括制图技能和读图技能）来填补这个沟通系统，最后围绕着这些技能巨大的不确定性，制定了一系列标准、规范、责任制度和法律法规，确保人的错误被降到最低。

我们必须把一些显而易见的构件抽象成符号，绘制在图面上，对方必须能解读这些符号，双方签字确认，后面出了问题，看是画符号的人出了错，还是解读符号的人出了错，谁错就惩罚谁。

而让我们回到最初的问题，如果没有了技术的限制，我们能在三维里实现所有信息的表达和传递，是不是后续所有的“不得已”就没必要存在了？

这种“第一性原理”的思考正是制造业迈出的一步。你可以说建筑业参与者更多、更复杂，但很难说在基本原理上，造房子和造汽车是彻底不同的两个东西，对不对？

至少，中南建院敢迈出思考和行动的第一步。2022 年，中南建院还牵头主编了《建筑工程三维模型标注（MBD）技术规程》。目前的试点项目为了合规性，依然采用二维图样 + BIM 模型的图审制度，同时中南建院也在申请直接使用三维图审。

➤再说软件支持方面。

建筑业常用的三维设计软件，如 SU、Rhino、Revit，理论上都可以支持三维标注，但想要实现快速而全面的标注，和工业设计软件 Solidworks、Catia 还是差出一截的。

像Autodesk这样的公司，也有支持MBD的产品，不过主要是围绕着机械设计软件Inventor开发的一系列解决方案，并没有在建筑领域发力。

中南建院和法国达索公司合作打造的PLM平台，是Catia的开发商。

行业里都知道，达索的产品很贵，但这也并不意味着，使用其他工具的团队没有机会在这个领域做出探索，相反，这个思路打开一下，很可能是不少二次开发或者平台功能开发的方向。

这也是做这个分享最希望表达的想法——技术已经摆在那里，有人在用，我们愿不愿意去尝试一下？

4. 尾声：改变历史的细节和勇气

MBD，一个听起来洋气说开了也不算太复杂的小技术，但由它作为突破点，或许我们能做的事很多。

这让我想起一个改写了人类历史的“小发明”。

人类很早就驯服了马，但骑兵却一直不是战争的主角。因为虽然马的速度很快，但人骑在马上为了不掉下去，必须用一只手拽着缰绳，另外一只手就只能拿着很轻的武器，这样骑兵就没有太强的战斗力，只能作为侦查用。

直到4世纪，中国人造出了一个不起眼的小东西，它叫马镫，是个特别简单的发明，就是人们骑马的时候，两只脚套进去的那个小铁环，让骑马的人可以“脚踏实地”地和马连成一体，人可以解放双手，拿起弓箭或重型武器，马奔跑起来的冲击力还能给武器带来更强的攻击力。

就是这个小小的马镫，直接导致了骑兵成为古代战场的主角，又进一步导致了蒙古帝国的崛起。

后来马镫传入欧洲，诞生了骑士阶级，此后的故事就更加具有蝴蝶效应了，以骑士为主角的十字军东征之后，骑士阶级开始反抗王权，逼着国王签订了《大宪章》，慢慢形成了欧洲后来的君主立宪制。后来有人就把《大宪章》称为马镫上的民主。

多年后我们回看今天很多小小的技术突破，可能都会影响行业的走向。在本节的故事里，MBD或许就是中南建院推动PLM、推动设计行业数字化变革的“马镫”。

如今中南建院主推的PLM平台，已经申报了湖北省数字经济试点示范项目，获得了政府的资金支持，在湖北省2022年“数字经济”项目中排名第一，除了三维标注，还集成了三维设计、数字仿真、虚拟设计和建造等技术。

中南建院董事长李霆说过这样的话：“未来建筑工业化、EPC、全过程咨询和建筑师负责制，已经成为板上钉钉的确定趋势，这些趋势背后有个共通的逻辑，就是把碎片化的建筑行业向一体化的制造业推进。”

他还提出，PLM会改变设计院的商业模式，由基于图样的设计费模式，转向基于模型和数据的分润模式，让一部分设计院站在工程项目的上游，通过数据的交易和流通，实现从传统公司向懂行业的科技公司迈进。

在很多人认为BIM模型应该由甲方买单、所有权归甲方所有的时候，中南建院提出，如果模型归甲方，那设计院就永远是卖苦力的商业模式，所以平台要自己搭、模型要自己建、收益也要归设计院所有。

在这个普遍抱怨设计费太低的时代，中南建院甚至提出“免费设计”才是最好的出路。设计院免费出设计模型，向所有参与方在全过程中提供数字化服务，从卖图样向卖服务转变，才是大型设计院数字化转型最终努力的方向。

当然，这条路很难、很长。如模型和数据的确权，就是需要突破的难题。

李霆还有湖北省人大代表的身份，他已经在湖北省的两会上提出并推动BIM数据确权的法律建议，这件事乍一听又是天方夜谭，但倒退几十年去看看，数字版的音乐也是自由流通、很难通过确权实现盈利的，但如今却有几家大公司解决了这个问题，Apple Music每年为苹果公司贡献了超过100亿美元的收入。

在这需要强调的是，有这些设想和行动，并不代表所有问题被一夜之间解决，数字化是一场漫长的旅程，进度条哪怕往前推进5%都是很艰难的，不一定每条被规划的路都能走通，少不了第一个吃螃蟹的勇士，也一定会出现试错和探路。

代码的力量：解决BIM造价的部分问题

本章的最后三节内容，来自三位全职或非全职开发者的分享。BIM和数字化是建立在软件之上的，本书也不能缺少他们的视角。

我们尽最大努力简化所有涉及开发代码部分的内容，也尽量在研发思路之外给你带来新视角的参考。但毕竟软件开发是相对专业的领域，如果这三节你读起来稍感吃力，也完全可以跳过它们。

本节的内容，来自福建的朋友Shaw Black，一位工程、造价和BIM的老手。他分享的内容是通过二次开发的工作，去解决BIM在造价领域的难题，如设计模型和算量模型不通用、重复工作量大、项目超概算等。

如果你对造价、对软件开发没什么感觉，也丝毫不影响理解这些内容，分享的重点是解决问题的思路。同时，他的思想不仅可以给二次开发或者造价行业的人一些启发，还值得建筑行业里所有的人去思考：当我们有了一个新工具，发现它在很多情况下不能满足需求的时候，是抛弃它，还是改造它？

对于大部分人来说，其实这两点都很难做到。抛弃它，身不由己；改造它，能力不足。

但我们还是希望把那些有勇气选择后者的人，讲述给你，也许他们的技术你不能马上拿来使用，但我们认为，他们的思路和精神值得圈子里的人看一看。

下面以他的第一人称开始分享。

我是Shaw Black，一位默默从事建筑信息化的同路人，从土建造价员到土建造价项目负责人，因为深感传统造价作业模式的不明朗，便毅然转型BIM咨询+Revit二次开发。目前就职于福建省一家建筑设计院，负责BIM正向设计和咨询相关插件开发的工作。

1.

在深入探讨BIM和造价的结合点之前，我们有必要先把单个项目造价的全过程过一遍。如果你对造价算量的工作比较熟悉，可以跳过这部分内容。

单个项目造价整个流程大致分为八步，分别是估算、概算、预算（清单控制价）、变更、签证、进度款、结算、决算。

举个例子，如福建省某大学，要加盖一栋学生公寓和一栋专家楼，设计师就会根据需求进行方案设计，确定建设规模，最终定下总建筑面积为55722m^2，其中地上建筑面积47771m^2，包括学生公寓楼建筑面积25946m^2、专家楼建筑面积21810m^2、门卫建筑面积15m^2，地下室建筑面积8001m^2。

接下来，专家会通过指标估算的方式来计算项目的投资估算金额，如学生公寓在指标库中对应建筑安装费的综合指标是3301.5元/m^2，那么这个学生公寓的建筑安装费就等于学生公寓的建筑面积25946m^2 × 指标3301.5元/m^2 = 8566.07万元。

当地发展改革委对项目的可行性研究报告批复后，项目就要开始初步设计了，初步设计完成后，由于图样中的建筑信息进一步完善，便可以进一步测算更准确的造价，也就进入了设计概算阶段。

设计概算主要有两种方法：

第一种方法，是对于初步设计图中有表达的内容进行工程量计算，然后套用对应的概算定额。大部分混凝土和模板量，都是通过手算或者电算出量的方式计算。

第二种方法，对于图样中没有表达，但又属于设计范围的内容，则通常是以指标的方式进行估算。

如弱电线槽和桥架造价就是用学生公寓的建筑面积25946m^2 × 相应清单单方价指标18.51元/m^2 = 480260.46元。

这两种计算方式的结果，可以组合成项目概算。

初步设计和概算，在得到当地发展改革委的批复函后，就可以开始施工图设计了，出施工图之后，造价人员同样得快速跟进，进入施工图预算或者清单控制价阶段。

在国有资产投资的项目范畴内，如果是预算编制，则很有可能就是 EPC 项目，因为已经在项目概算阶段通过下浮率招过工程总承包标，所以不需要清单控制价；如果是清单控制价编制，则证明这个项目是 DBB 项目，因为要用清单控制价招施工标。

在编制清单控制价或者预算时，造价人员要把每一项清单的工程量计算准确，项目特征描述完整，然后对着清单名称和清单项目特征进行组价。施工完毕竣工验收后，施工单位要提交结算报告，业主就会找咨询单位做结算审核，根据竣工图和现场勘察报告、桩基记录等资料，进行工程量和单价的审核。

结算审核报告中，每项清单都分为审前造价和审后造价。

分部分项工程量清单审核书

工程名称：　　　　　　　　第1页 共137页

序号	项目编码	项 目 名 称	单位	审前造价			审后造价			审核增减
				原工程量	原单价	原合计	工程量	综合单价	合计	
						建筑工程				
						地下室				
						一般土建				
1	010304001001	空心砖墙、砌块墙 (1)内墙 (2)粉煤灰（陶粒）小型空心砌块（390×190×190），抗压强度MU5.0 (3)砂浆等级M5	m^3	155.109	302.54	46926.68	138.180	302.54	41804.98	-5121.70
2	010401006001	垫层 (1)混凝土强度等级:C15 (2)混凝土拌合料要求:泵送商品混凝土	m^3	322.676	364.09	117483.10	315.000	364.09	114688.35	-2794.75
3	010401003001	满堂基础 (1)混凝土强度等级:C30 (2)混凝土拌合料要求:泵送商品混凝土 (3)防水混凝土，抗渗等级P8 (4)高效微膨胀抗裂防水剂含量6%	m^3	1033.200	388.50	401398.20	1020.880	388.50	396611.88	-4786.32
4	010401005001	桩承台基础 (1)混凝土强度等级:C30 (2)混凝土拌合料要求:泵送商品混凝土 (3)防水混凝土，抗渗等级P8 (4)高效微膨胀抗裂防水剂含量6%	m^3	224.528	382.28	85832.56	224.528	382.28	85832.56	
5	010402001001	矩形柱 (1)框架柱 (2)混凝土强度等级:C35 (3)混凝土拌合料要求:泵送商品混凝土	m^3	137.897	470.18	64836.41	137.550	470.18	64673.26	-163.15
		本页小计：				716476.95			703611.03	-12865.92

以上这些，就是不同阶段的造价工作，我们还需要了解一个预算人员编制出一份预算或清单

控制价报告的具体流程。

2.

下面拿一个DBB模式下的土建清单控制价编制来举例。

首先，造价咨询单位收到业主清单控制价编制的委托后，通常资料就只有施工图和甲定品牌，然后预算员会通过施工图进行广联达GTJ建模。

建完模型后就可以导出工程量报表，然后对导出的工程量进行筛选，如要套混凝土C30矩形柱的清单，结算施工图上描述C30矩形柱对应的是5F、6F，就通过工程量清单汇总，5F、6F的矩形柱的工程量为145.445m^3。

接下来，在计价软件中添加矩形柱清单，填写清单特征描述，把工程量填入清单，然后再给这个清单组价。

工程概况 | 计价依据 | 取费设置 | 分部分项 | 单价措施费 | 总价措施费 | 其他费 | 材料汇总 | 造价汇总

组价方式 合价 收缩 展开 特征 不改名称 修改编号 同时改主材名 量、价为零不显示 不同步自动汇总项 标记 fx

序号	项目编码	换	项目名称	单位	量价			类别	主要项目	条件
					工程量	综合单价	合计			
1	010502001006		矩形柱 (1)混凝土种类（商品混凝土、现场拌制，泵送、非泵送）:泵送商品混凝土 (2)混凝土强度等级:C30 (3)混凝土添加剂:无	m3	145.445			合价		
2			分部小计		145.445					

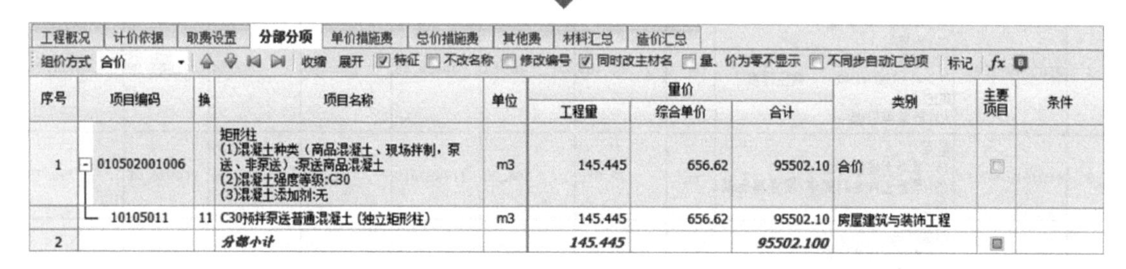

工程概况 | 计价依据 | 取费设置 | 分部分项 | 单价措施费 | 总价措施费 | 其他费 | 材料汇总 | 造价汇总

组价方式 合价 收缩 展开 特征 不改名称 修改编号 同时改主材名 量、价为零不显示 不同步自动汇总项 标记 fx

序号	项目编码	换	项目名称	单位	量价			类别	主要项目	条件
					工程量	综合单价	合计			
1	010502001006		矩形柱 (1)混凝土种类（商品混凝土、现场拌制，泵送、非泵送）:泵送商品混凝土 (2)混凝土强度等级:C30 (3)混凝土添加剂:无	m3	145.445	656.62	95502.10	合价		
	10105011	11	C30预拌泵送普通混凝土（独立矩形柱）	m3	145.445	656.62	95502.10	房屋建筑与装饰工程		
2			分部小计		145.445		95502.100			

下一步就是套用信息价，你可以简单地把它当成地区财政认可的材料价，在业主没有指定品牌时，通常信息价的优先级最高。而对于信息价中没有的材料，通常是通过人工询价的方式获取价格。

当然，还有一部分工程量无法通过模型出量，需要手动计算，如基坑支护、塔式起重机施工、电梯使用、台班等，造价员们称之为手算稿。

后面还有一些步骤，如根据费用定额添加总价措施费、调整取费、调整材料价、出报告、和财政助审协商等，这些工作不是本节的重点内容，这里就不详细描述了。

通过前面的内容，我们已经了解了不同阶段下的造价和编制一份清单控制价报告的流程。那么接下来就进入正题，开始讨论我们的BIM造价之路。

3.

我认为，造价和BIM早早就相关联了，虽然很多人不认可，但广联达GTJ本身的确是属于BIM造价的一种，这软件早就实现了建模出量。

但是为什么还是有很多人觉得广联达出量和BIM没有关系呢？

原因也很简单，广联达这款软件专门为造价而生，无法承载除了造价外更多的建筑信息，甚至部分造价的信息都无法承载，如令人头疼的楼梯模块、悬挑位置顶棚装饰、单梁和顶棚的冲突等问题。

同时，也因为GTJ专门为造价而生，所以需要造价人员另外建模，也就导致没有一模多用这一说。

从这两个角度，又可以认为GTJ不属于BIM范畴。

GTJ是否属于BIM范畴，并不是我们要讨论的重点。重点是能否有一款大众所熟知的BIM软件，既能承载设计过程中需要表达的数据，又能承载造价过程中需要表达的数据呢？

市面上也有一些基于Revit的造价解决方案，但是我总觉得用得不是那么顺手。正好我也是个搞二次开发的，那么关于造价BIM，首先要解决的就是出量这件事，当然，必须是准确的量！

下面这个案例是计算柱子的混凝土和模板工程量。要让BIM模型出量，首先要确定一个原则：出量规则必须由造价人员去适配设计人员的模型，而不是让设计方去做额外的模型处理。也就是我们要做到，他们的模型不管如何绘制，到我们手上都能直接出量。当然，不能出现建模上的逻辑错误，如把结构柱的族归在常规模型类别里。

这很关键，因为如果做不到这一点，那么后期模型变更的时候流转到造价人员手上，就会相当痛苦。

比如，如果我们计算柱子混凝土体积，是通过修正梁柱、板柱之间的剪切关系，然后通过Revit内置的体积参数作为该柱子体积工程量的话，那么后面有关于柱子的设计变更或者出施工图前的改图过程中，每一次获取柱工程量之前，都需要把它的剪切关系重新设置正确，这种额外的重复操作是相当致命的。

如下图所示的这种情况，如果不小心用梁剪切了柱，在柱子的默认体积参数中的工程量就是错的。

所以我们这里计算柱子体积的思路，并不是用Revit本身自带的体积参数，而是通过Revitapi提供的布尔运算功能去手动计算。

接下来我们就到代码界面了，没编程语言基础的话也不用担心，你完全没有必要看懂代码。其实在Revit二次开发中，代码始终只是手段，解决问题的思路才是核心。我们需要用代码去解决什么问题，解决这个问题又要用到什么业务逻辑，这些才永远是重点。

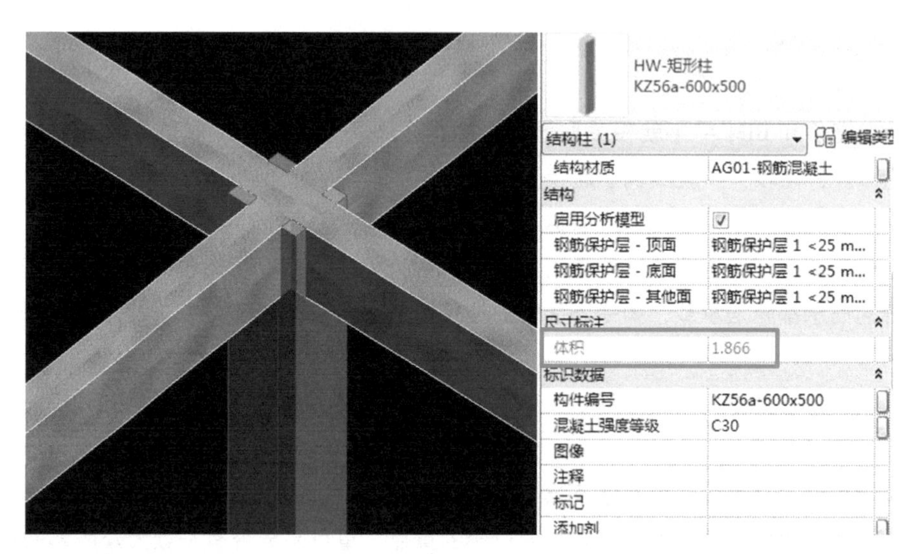

首先新建共享参数，分别新建“混凝土体积”“模板面积”“混凝土体积计算式”“模板面积计算式”这四个名称的参数。接下来把这些共享参数绑定在结构柱和结构梁上。

```
//print('Hello,HuangLingying!')
Helper.SharedParameterHelper_.Create(doc, new List<string> { "混凝土体积", "模板面积", "混凝土体积计算式", "模板面积计算式" },
new List<ParameterType> { ParameterType.Volume, ParameterType.Area, ParameterType.Text, ParameterType.Text },
new List<BuiltInCategory> { BuiltInCategory.OST_StructuralColumns, BuiltInCategory.OST_StructuralFraming },
new List<BuiltInParameterGroup> { BuiltInParameterGroup.PG_GENERAL, BuiltInParameterGroup.PG_GENERAL, BuiltInParameterGroup.PG_GENERAL
, BuiltInParameterGroup.PG_GENERAL },
 true);
```

接下来过滤出当前打开的项目中所有的结构柱、结构梁、楼板。然后是体积计算，这里的体积使用的不是结构柱参数中自带的体积，因为它不可控。体积的计算公式为长 × 宽 × 高，长和宽我们直接通过类型参数获取，而净高度是通过柱的“顶部标高 + 顶部偏移 – 底部标高 – 底部偏移”来获取。

```
//体积
double b = element.Symbol.LookupParameter("宽度").AsDouble();获取矩形柱的'宽度'参数值
double h = element.Symbol.LookupParameter("长度").AsDouble();获取矩形柱的'长度'参数值
double bottomElevation = (element.Document.GetElement(element.LookupParameter("底部标高").AsElementId()) as Level).Elevation; 获取柱底标高的高程
double topElevation = (element.Document.GetElement(element.LookupParameter("顶部标高").AsElementId()) as Level).Elevation; 获取柱顶标高的高程
double height = topElevation + element.LookupParameter("顶部偏移").AsDouble() - bottomElevation - element.LookupParameter("底部偏移").AsDouble();
double volumn = b * h * height;    体积 = 长 * 宽 * 高                                                      柱高度 = 柱顶标高高程
element.LookupParameter("混凝土体积").Set(volumn);    将计算后的体积值传到名称为'混凝土体积'的参数中                  + 柱顶偏移 - 柱底标高
element.LookupParameter("混凝土体积计算式").Set($"{Math.Round(b * 304.8 / 1000,3)}*" +                          高程 - 柱底偏移
    $"{Math.Round(h * 304.8 / 1000,3)}*{Math.Round(height * 304.8 / 1000,3)}");        编写计算式
```

接下来就到模板的计算了，这一步需要用到布尔运算，具体过程不在此展开。

```
//模板
string note = "";    声明计算式
var area = GetTemplate(element, floors, framings,ref note);获取模板面积、计算式、以及生成模板模型
element.LookupParameter("模板面积").Set(area); 模板面积赋值
element.LookupParameter("模板面积计算式").Set(note);   模板计算式赋值
```

到此脚本就写完了。运行插件后，按照提示选择一根结构柱，会看到已经生成了扣除楼板和梁交接面积后的模板模型。

这根结构柱的参数里面已经有了工程量和计算公式。

常规	
混凝土体积	0.900
模板面积	5.961
模板面积计算式	1.8-0.036-0.25+1.8-0.05-0.24+1.8-0.012-0.36+1.8-...
混凝土体积计算式	0.5*0.5*3.6

如果矩形柱的长、宽参数不叫“长度”和“宽度”，而叫其他的呢？最简单的方式当然是让建模的小伙伴统一名称，但我们的大前提是不让建模工作去适应算量工作。正确的解决方案就是直接改代码里面的参数名，复杂一些的也可以通过开发的方式，到族文档中获取关联几何的参数，从而自动判断矩形柱的长、宽参数名称。

市面上大部分人对于 Revit 出量总是报以怀疑的态度，说 Revit 只能出实物量，但是其实这种说法是不太正确的。只要几何模型在，无论什么清单规则下的工程量理论上都能出，无非是开发的投入多或少。

如板洞 $0.3m^2$ 以内的空洞不扣除其体积，要通过二次开发实现这一逻辑，只需要获取板的轮廓线，然后通过筛选，获取内部空洞的轮廓线，过滤出围合面积小于 $0.3m^2$ 的轮廓线，最后用板的体积再加上这部分空洞体积，这样楼板的混凝土工程量就计算正确了。

在解决 Revit 的花式出量后，我们就要进一步解决工程量清单的问题。

还是刚才那根柱子，它属于结构柱，截面是正方形，混凝土强度等级为 C30，无添加剂，混凝土工程量等于 $0.9m^3$。通常结构模型是由盈建科或者 PKPM 导入，像是混凝土强度等级信息都会自动带进来，如果不是通过这两种途径生成，也可以通过简单的二次开发手段，把施工图上的混凝土强度等级表匹配到实际模型里。

有了这5条信息，关于这个模型的一条清单就诞生了。可以先给结构柱添加三个共享参数，分别是清单名称、清单编码，还有项目特征。然后给这些参数简单赋值。

属性

HW-矩形柱
KZ55-500x500

结构柱 (1) 编辑类

标记	
添加剂	无
阶段化	
创建的阶段	新构造
拆除的阶段	无
常规	
混凝土体积	0.900
模板面积	5.961
模板面积计算式	1.8-0.036-0.25+1.8-0.05-0.24+1.8-0.012-0.36+1.8-0.05-0.24
混凝土体积计算式	0.5*0.5*3.6
清单名称	矩形柱
清单编码	010502001006
项目特征	混凝土强度等级:C30;添加剂无;混凝土种类:泵送商品混凝土

有了这些参数，就可以通过明细表导出工程量清单表格，还可以进一步把工程量清单表格导入到计价文件中来完成组价。

4.

接下来我们再进一步思考，已经有了工程量清单，那么离编出一份清单控制价，只差组价了。

还是拿福建省来举例，只要有这么一条清单，名称是矩形柱，混凝土强度等级是C30，那么这条清单下的福建省定额必然是10105011，这条定额下的主材必然有一条标准换算成混凝土C30。

工程概况 | 计价依据 | 取费设置 | 分部分项 | 单价措施费 | 总价措施费 | 其他费 | 材料汇总 | 造价汇总

组价方式 合价 收缩 展开 ☑特征 ☐不改名称 ☐修改编号 ☑同时改主材名 ☐量、价为零不显示 ☐不同步自动汇总项 标记 fx

序号	项目编码	换	项目名称	单位	量价			类别	主要项目
					工程量	综合单价	合计		
1	010502001006		矩形柱 (1)混凝土种类（商品混凝土、现场拌制，泵送、非泵送）:泵送商品混凝土 (2)混凝土强度等级:C30 (3)混凝土添加剂:无	m3	145.445	656.62	95502.10	合价	☐
	10105011	11	C30预拌泵送普通混凝土（独立矩形柱）	m3	145.445	656.62	95502.10	房屋建筑与装饰工程	
2			分部小计		145.445		95502.100		☐

结论很明显，在相同特征描述下的同一条清单，理论上组价是唯一的。每一个BIM模型都有可能导出C30矩形柱混凝土的清单，每一条这样的清单都会套相同的定额，也会做出相同的标准换算。

这就意味着组价的工作同样也存在着大量重复。

为了避免重复组价，传统的做法是把曾做过的项目当作组价模板，再用当前项目的工程量替换旧项目的工程量。

这样的确不用重复组价，但是也带来了一些问题。

第一，工程量和之前套价的海量清单需要匹配，也就是把新工程量一条条匹配到之前的组价清单中，手动的工作量依旧很大。

第二，因为套价模板来源于不同特征的项目，是否为优质工程、建筑等级不同、采用的信息价不同等因素都会影响到整体的取费，这些不同特性往往在不断修改中很容易出错。

而实际上，完全可以把清单、项目特征与对应的组价保存起来，然后下一次遇到相同的清单和项目特征，只要从数据库中匹配到相应的定额和定额的标准，换算就好了。

当然，要做到这一点需要和当地的计价软件做数据对接，也有很多不确定因素，这里就只是抛砖引玉，不做深入讨论。

在实现这一流程后，大部分传统预算员该做的内容，都已经被自动化，剩下的就是处理那些BIM模型无法给出的工程量，如脚手架、塔式起重机使用台班、施工电梯使用台班等。

通过这样的方式，设计和造价就建立了强关联，与传统方式设计与造价分离的模式相比，有着绝对的优势。

5.

不同造价阶段的推进，其实是随着设计的进展而跟随其后的。不过现实的情况往往不尽如人意，做过公建项目的人都应该比较清楚，现在公建项目上了规模基本上就是EPC模式。

在传统的设计与造价分离的情况下，非常容易遇到问题，最直观的感受就是改图，不停地改图。在出施工图之前，可能会有无数版的方案和施工图，这些施工图最终到造价人员手上，都需要转换为对应的造价清单和清单单价，这往往就是加班的开始。

每一版图样，业主都会问造价多少，这一版图样下某某清单工程量多少，对比上一版图样差了多少造价，分别是哪些清单工程量多了哪些清单工程量少了。苦的不只是造价人员，设计人员也要为“设计－造价分离”的模式买单，在一些财政拨款的项目中，投资估算和设计概算就像把利剑悬在大家头上，如果设计概算超过投资估算或施工图预算超过设计概算，那么设计人员请改方案吧。

如何避免这一情况呢？我认为就是通过造价BIM，在设计和造价之间建立强关联，当然前提是BIM正向设计。你可能会说，装修没办法参与到正向设计的建模流程，而我认为，采用二次开发的方式，装修模块在做到算量的目的下，根本就不需要建模！只需要在建筑模型建立的时候，绘制房间，然后通过装修表的匹配关系，加上二次开发，就能自动计算房间内部的楼面、顶棚、墙面的工程量。

6.

最后我想再谈谈数据利用。

造价的数据在方案估算和设计概算阶段中，具有重要的指导意义。因为投资估算中的建筑安装费严格来说必须大于设计概算，然后设计概算必须大于项目预算。这一点在财政拨款的项目中尤为明显，这种情况反映到工程中往往就体现为造价指导设计，即不断地调整设计方案，使得最终的造价控制在限额以内。

而现阶段对造价数据的应用又更是让人头疼，我就曾遇到一个项目，在设计概算阶段，含钢量、机电管线、电气设备都用指标估算出工程量，结果实际含钢量和管线、电气设备的工程量远远超过概算中的工程量，而且恰好这个项目又是EPC项目。

项目已经用设计概算，通过下浮率的方式招了标，也已经有总包单位中标。中标后，我方在核对概算的时候，发现工程量差异很大，而这时施工单位已经通过下浮率中标，并签订固定总价合同。

让人更头痛的是按照初步设计深化后的施工图计算造价时，即使我们把装修材料、电气设备的品牌档次一降再降，最终造价却始终都是超过概算的。如果要解决超概算问题，那就只能在施工图上减配，而这时业主又对施工图减配提出反对意见，也就是不让减项。

结果就是造价根本降不下来，最后双方闹到说要调概算。总包和业主在知道调概算的流程后，默默放弃了，结果就是双方各退一步，都吃一点亏把项目继续下去了。

如何通过已有数据，精准估算下一个同类项目的造价，将是造价数据分析的重点。

一般可以分为两类特征，离散型特征和连续型特征。

离散型特征可以是字符型的，如项目类型是住宅或是商业，结构形式是框架结构或者剪力墙结构等；而连续型特征则通常是可计算的数值型，如楼栋的平均单层层高、平均单层建筑面积、长宽比、宽高比等。

对于离散型特征，通常用过滤的方式来处理。

比如，当前有一个需要指标测算的项目，该项目属于住宅，结构形式为框架结构，那么就可以用这两个离散型特征，从数据库中过滤出项目类型为住宅、结构形式为框架结构的所有数据，然后用这些数据进行下一步分析。

对于连续性特征的数据分析，回归方程是一个比较好的方式。

如下图所示，混凝土工程量指标的二元回归方程，x轴是平均单层建筑面积，y轴是平均单层层高，z轴就是它的量指标，当然需要先将项目类型和结构体系定下来。

图中的每一个点都代表着一个项目的混凝土工程量的数据，平面就是回归方程的几何表达。可以得到混凝土的量指标是随着平均单层建筑面积的升高而减少，随着平均单层层高的升高而升高。这也符合我们的常识判断。

最后，对本节的内容做一个简单的总结，我们可以把BIM造价归为这几个流程：

模型—出量—出工程量清单—清单匹配组价—数据入库—数据分析指导下一个项目。

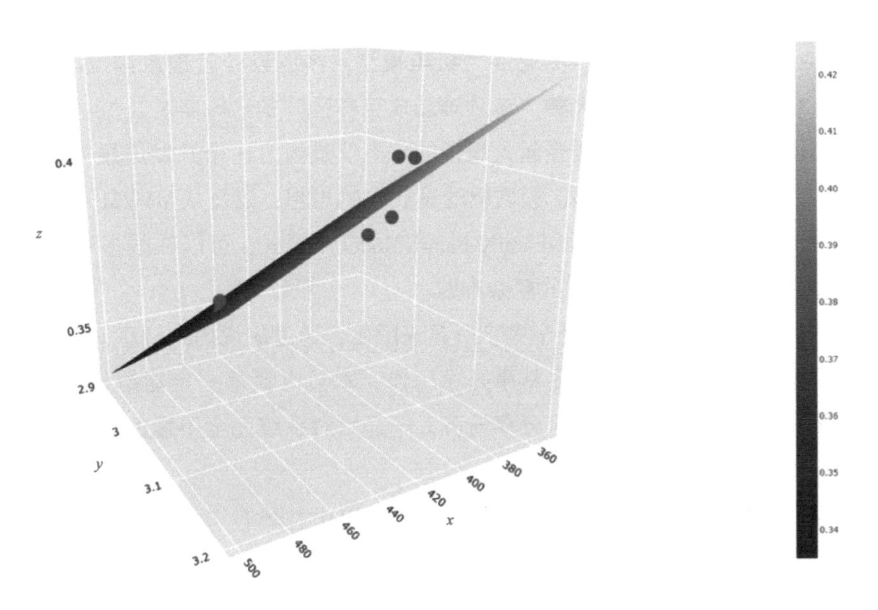

另外我还想说，造价之事关乎重大，务必格外小心，在造价 BIM 开发时，一定要经过大量的测试，才能上线使用。

最后，望同行们能够在造价 BIM 的路上越走越远！

如果你想更详细地了解 Shaw Black 做的工作，可以在公众号“BIM 清流 BIMBOX”回复关键词“BIM 造价”，就能获取 Shaw Black 文章中的实际案例和源代码了。

思路启发：怎样自动生成机电系统图？

提起绘制机电图样，大家最头疼的恐怕就是绘制系统图了，因为 Revit 本身没有提供这样的功能，而传统方法是人工绘制、人工计算的方式，绘制的过程费时费力，反复修改的过程也是很让人头大，经常出现绘图遗漏、计算错误的情况。

当我们把基于 Revit 的机电正向设计引入到流程，这个问题就更加麻烦，因为 Revit 本身没有提供系统图生成的功能，BIM 绘图和系统图就得走两条并行的路线，模型修改的时候就会让原本麻烦的流程更加麻烦。

这个问题，被我们的一位老朋友，来自福建博宇建筑设计有限公司的胡说树，通过非常创新的方法解决了。

他自己开发了一套电气专业的“机电模型系统图设计管理系统”，凭借这个成果，拿下了第二届“BIMBOX”杯BIM大赛“专项难题攻克赛区”的一等奖。

另外，当时让所有评委竖起大拇指的，不仅是因为这个开发成果本身，还因为胡说树借鉴了DDD（Domain-Driven Design，领域驱动设计）的思想，以及从MVVM（Model-View-ViewModel）架构衍生而来的MFFM（Model-Family-FamilyModel）模式，可以在很多项目中，帮你快速解决开发工作，甚至是一般BIM工作的复杂难题。

别看DDD和MFFM这两个名字听起来陌生，通过胡说树的分享，作为不懂代码的我们都完全可以看懂并理解，无论你是否从事开发工作，本节内容都一定能给你带来参考和帮助。接下来，就以胡说树第一人称的视角来分享一下，一开始对系统完全不懂的他，是怎样一步步完成这个插件的开发的。

我是胡说树，我在第二届“BIMBOX”杯BIM大赛的“专项难题攻克赛区”中，发布了“机电模型系统图设计管理系统”作品，它主要是通过代码与族的相互配合，在Revit上实现机电系统图的快速设计，以及数据的联动计算，解决了机电系统图绘制烦琐、绘图遗漏、计算错误、图样对不上的情况。

很多小伙伴看了比赛之后，都说想知道这个作品是怎样完成的，也想进一步了解怎样结合开发与族的设计，帮助机电设计提高效率。接下来我以机电系统图开发这一实际案例，讲讲从我开始接手这个项目，是如何一步步进行项目拆解与开发的。

1. 跨专业沟通有点难

两年前我接手了一个课题，基于BIM正向设计的理念，在Revit上做一个机电模型系统图设计管理系统。土木专业出身，从事BIM开发的我，对机电专业的知识一无所知。于是先去请教资深的机电专业设计人员，他们也给我提供了不少CAD图样。

对于非专业的我来说，一看这图样就晕头转向了。怎么才能短时间了解足够多的知识，支撑我开始编写这个系统呢？这确实令我相当苦恼。

我尝试着让机电工程师说明系统图具体要做些什么，但接收到的反馈大多都是专业性很强的术语。虽然他们是优秀的机电设计师，但是软件知识却略显单薄，而我机电的知识也太有限了，不过还是大致摸到了他们的痛点。

配合中了解到，设计师们有着深厚的专业功底，CAD技能也没得说。但传统方法绘制系统图时，往往需要在CAD中绘制系统图图块，在Excel中进行电路系统的计算。一个项目下来，需要反复修改、绘图、再修改、再绘图。尽管可以在Excel中进行一些简单的逻辑计算以加快设计效率，但这些显然无法帮助他们大幅度提高效率。

最初的几次碰头会面让人气馁，但我们在多次的配合中渐渐看到了实现的可能性。在配合交流的过程中设计师们总会提及系统、干线、前端、后端等关键词，以及这些关键词怎样配合最终形成了最后的系统图。

那么我就想，是否可以按照 DDD 的思想，对机电系统图领域进行拆解？

这里稍微解释一下 DDD，它是由 Eric Evans 在 2004 年发表的一种软件开发方法论，是“面向对象”思想的延伸，目的是通过深入了解业务领域，包括业务流程、规则和概念等，再把问题领域的概念映射到软件中，创建一个更贴近实际需求的软件系统。

这里说的领域就是一个问题域，用于解决特定环境下的特定问题，它可以是一个项目、一个模块，或者一个具体的业务层，在沟通环节中，对需求进行拆解。在这个过程中，开发人员不是站在自己的角度看问题，而是站在业务的角度，用迭代的开发模式，不断地与业务专家沟通和协作，对需求进行拆解，并不直接产出代码。

目前，DDD 主要用在后端开发、微服务开发。我们进行 Revit 二次开发时是否可以借鉴其思想精髓呢？答案是肯定的。

经过探讨和思考，我初步确定了下面的思路：

点击一级后端，即可以连续生成多个一级后端；框选多个一级后端，即可以生成一个一级前端和一个二级后端。通过联动计算，可以根据末端数据，实时对回路上的其他数据进行更新计算，最终汇总生成系统图。

2. 系统图的奇思妙想

有了理论指导和初步构想，我就开始了正式的行动，一共分为四步，分别是领域分析、确定领域模型、设计领域服务、设计系统族。

在和机电设计师们交流沟通的过程中，我们了解到机电系统图具有相当的复杂性。这里面包括：

➤图形与计算的多样性。

系统图由非常多的微小元件构成，包括开关、继电器、接触器等，还需要一系列补充说明文字。不同的输入功率数值，会影响计算电流的变化，从而需要进一步选择对应的开关和电缆。

➤上下游数据的关联性。

一条干线上会呈现一对多的树形分布方式，回路计算时，需要关联上下游的图元数据，进行整条干线回路的电路计算。

基于这两方面的痛点和需求，我思考可以设计一些族作为机电图元的图形表示。通过植入 ID 参数，程序驱动这些族完成系统图的一系列业务作业。这些族不仅是图库，而且可作为系统图的数据载体，在系统图的图元间传递数据。

根据沟通的结果，我们提炼出了一系列关键词，包括干线、前端、后端等。接下来就先屏蔽一些微小机电元件的细节，仅以前端和后端作为最小单元进行开发设计，再通过前、后端汇总生成干线图，以及各类系统图。

经过这样的分析，我把一个开发过程分成了两个部分，分别是族和程序，让它们各司其职，再互相帮衬。

接下来我又进一步思考，是不是可以借鉴MVVM开发架构，提出一个MFFM模式？

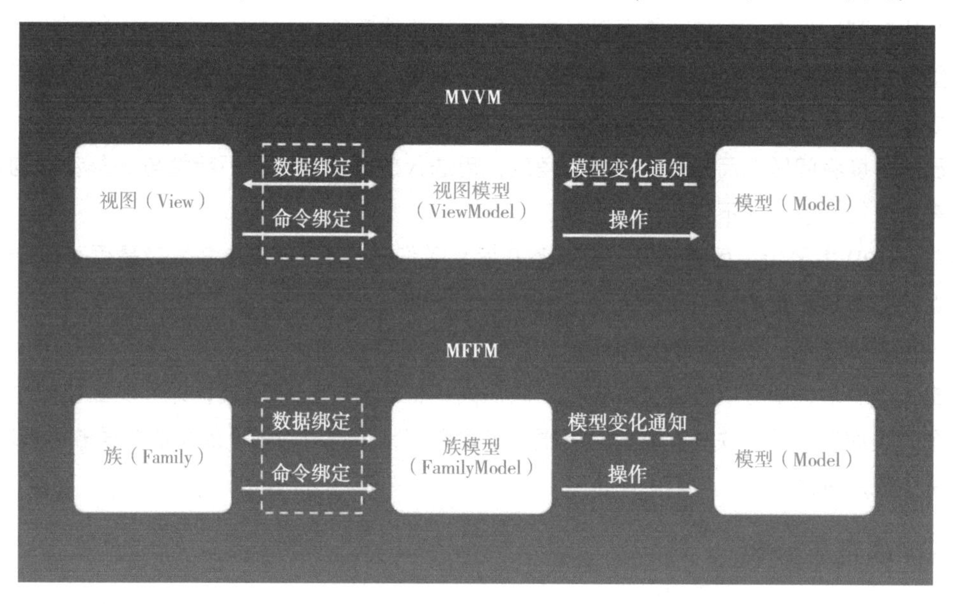

也就是说，结合Revit族的可操作性和低代码特点，将机电系统图这个领域分为三层：

Model层：代码不再关注表现层的具体实现，只需要处理业务逻辑，细分为两大模块。计算模块负责进行前端、后端的联动计算；生成模块负责生成业务逻辑相关的前端族、后端族，以及最终需要的干线图和系统图。

Family层：通过族的形式，展示系统图图元的几何图形样式，同时族参数承载了几何图形数据。

FamilyModel层：把专业性较强的、与表现相关的计算过程，从代码中分离出来，转移到族里面，利用这些专业性参数，驱动表现层的图形表达。

在了解领域相关知识之后，我对领域对象建模，也就是抽象出领域模型的概念，可以进行这样的定义：

前端表示配电箱进线，它既汇总本级后端数据，也将数据传递给上一级后端。

后端表示配电箱出线，它既接受下一级前端数据，也将数据传递给本级前端。

定义之后，就可以着手进行前端、后端、干线等领域模型的确定。具体的代码编写过程，我们就在书中略过。

简而言之，根据上述的思路和要求，建立系统族，要能实现展示系统图图元的几何图形，同时族参数承载几何图形数据，添加了包括自身 ID、回路等级、本级前端 ID、下级前端 ID 的约束参数，还添加了功率、Kc、单三相等系统参数，以及尺寸标注、文字和各种图元的可见性参数。

```
namespace ElectromechanicalSystemDiagram.Infrastructure
{
    0 个引用
    public class FrontEnd : IFrontEnd
    {
        1 个引用
        public string Id_Self { get; set ; }
        1 个引用
        public LoopInfo LoopInfo { get; set; }
        1 个引用
        public string Id_LastBackEnd { get; set; }
        1 个引用
        public List<string> Ids_CurretBackEnd { get; set; }

        0 个引用
        public VisibilityInstance VisibilityInstance { get; set; }

    }
}
```

```
namespace ElectromechanicalSystemDiagram.Domain
{
    2 个引用
    public class VisibilityInstance
    {
        //隔离开关可见性
        0 个引用
        public bool IsVisible_DisconnectorSwitch { get; set; }
        //微断开关可见性
        0 个引用
        public bool IsVisible_MicrobreakSwitch { get; set; }
        //微断开关可见性
        0 个引用
        public bool IsVisible_TangentSwitch { get; set; }
        //电气火灾可见性
        0 个引用
        public bool IsVisible_EelectricalFire { get; set; }
        //防火分区可见性
        0 个引用
        public bool IsVisible_FireCompartment { get; set; }
        //余压控制器可见性
        0 个引用
        public bool IsVisible_ResidualPressureController { get; set; }
    }
}
```

```
namespace ElectricalSystemDiagram.Domain.Interface
{
    1 个引用
    public interface IPrimaryRoad
    {
        //自身Id
        0 个引用
        string Id_Self { get; set; }
        0 个引用
        string Name { get; set; }
        0 个引用
        string Name_CHN { get; set; }
        0 个引用
        string Comment { get; set; }

        //子干线集合
        0 个引用
        List<IPrimaryRoad> Children { get; set; }

        //材质
        0 个引用
        string Material { get; set; }
        //电缆
        0 个引用
        string Cable { get; set; }
        //桥架
        0 个引用
        string CableTray { get; set; }
        //敷设方式
```

最终的前端族和后端族中写入了大量参数，虽然看起来很复杂，但低代码的“族”还是帮助程序减少了大量的代码编写工作，这也是用 MFFM 架构很大的好处。

3. 开发成果使用

最终的开发成果是 Revit 插件，分为用于联动计算的计算面板和用于生成前端、末端的选择设计面板，设计师的全部操作都在这两个面板上完成，总体上一共分为五步。

首先根据面板自动生成想要的末端。可以连续选择、设计和生成多个末端，末端参数也可以手动调整修改。框选一级末端，生成一级前端和二级末端。

接下来编辑系统图，新增两个末端。点击系统图计算器的同级关联，可以让两个新增的末端回路也加入联动计算。当末端有多根单相回路时，按顺序手动输入过于烦琐，可以用插件一键顺延编号和顺延相续。

最终一键自动过滤组合，可以生成系统干线图、电气火灾监控系统图、能耗监控系统图、消防设备电源监控系统图。

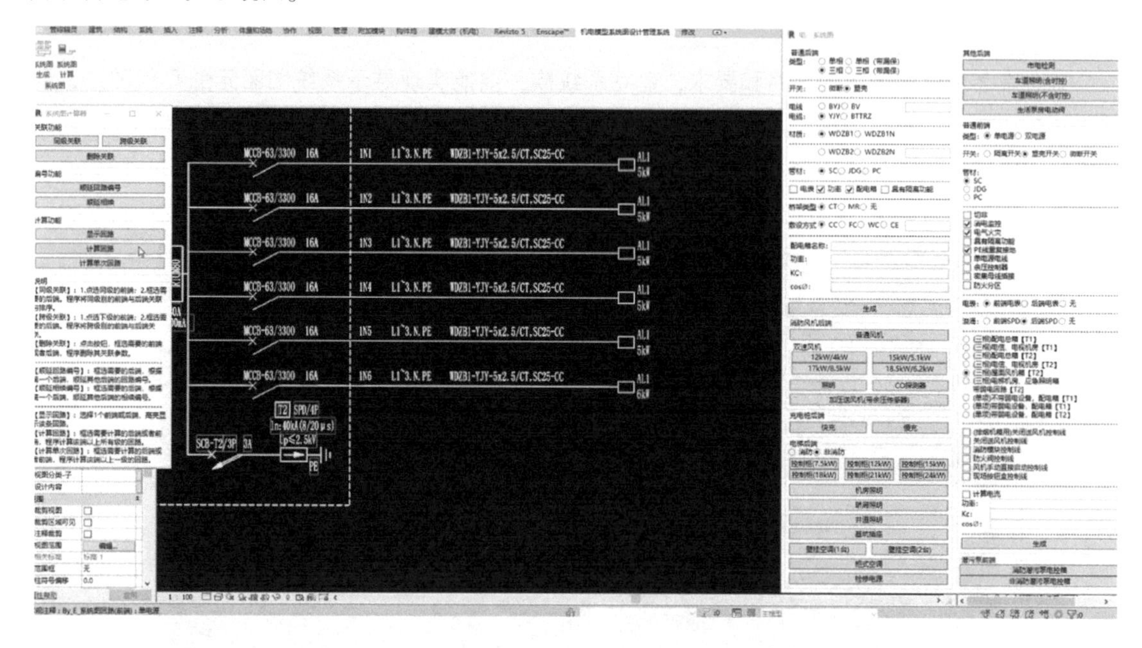

4. 总结：创新与限制

这次开发，我借鉴了 DDD 领域驱动设计的核心思想，通过关注业务需求，把机电系统图进行了领域模块的拆解，降低了整体的复杂度。

同时，借鉴了 MVVM 模式，开辟了 MFFM 模式，通过族的形式将一部分专业性强、与图形表现相关的计算逻辑从代码中抽离，让程序代码不再关注几何表现，而是专注于实现和业务相关的数据传递，降低了耦合性和开发难度。

其实，不论借鉴哪种思想、采用哪种模式，归根结底还是为了实现系统的“高内聚，低耦合”，才能应对复杂动态的业务需求变化。我认为这两种思路不但能用于这类插件的开发，而且可以推广到很多其他的开发和服务项目中。

这个分享并不是一套拿走就能用的代码实现，而是告诉小伙伴们遇到一个复杂的、不了解的项目时，如何进行业务需求分析、拆解，有步骤有条理地进行项目开发。

如果你正在解决一个难题而毫无头绪，不妨按本节的步骤试试看：先进行领域分析，再确定领域模型，最后定义领域服务，还可以结合主体软件（Revit 等）特点进行配合开发。

关于我们的 BIM 比赛，可以到 www.bimbox.club 搜索“比赛”，查看更多的参赛作品。

种豆得瓜：一个插件从小到大的诞生过程

最近和一位老友聊起推进 BIM 的问题，他说了一句话让我印象很深刻：很多公司和部门 BIM 推进不下去，说到底是因为大家都有退路，往往遇到了一点点小问题，就会马上退回到安全的 CAD 画图领域去，等别人把问题解决了再说。

而 BIM 之所以能往前推进，恰恰是因为有一些人不想退回去——或许是因为没有退路、或许是因为喜欢和技术较劲、或许就是一个单纯的小梦想。他们总会想出各种办法来，解决当下遇到的问题，这一系列小问题的解决，就让 BIM 这架越来越庞大的战车，缓步向前进。

本节的分享，也想通过一款 Revit 插件的诞生，说说我们如何看待 BIM 推进过程中问题的渐进式解决。

这款是由 BIMBOX 的一位朋友蔡兆旋，凭借个人能力开发出来的插件，一共有十几个功能。

针对通用专业，提供了自动附着墙体、批量自动创建楼板和过门石的功能。针对室内装饰专业，提供了批量生成面层、自动附着房间做法信息、一键生成3D 面层等功能。此外，还提供了统计功能，实现房间面层信息、做法信息、做法工程量的统计和批量编辑。

我们见到的软件成品很多，但只有极少数的机会去窥探一个开发者是怎样开启他的思考，并且一步步把想法变成现实的。

更有趣的是，这是一个“种豆得瓜”的故事，一开始蔡兆旋只是想解决一个正向设计的“小问题”，为了解决它，派生出了一系列相关的子问题，就在把一个个问题搞定的过程中，顺便做出了很多非常实用的功能。我们做一件事往往会瞻前顾后、踌躇不前，殊不知很多奇思妙想，正是在行动的过程中才会逐渐浮现的。

这是一个非常好的学习样本，并且还不是来自一家开发公司，而是一个普通的 BIMer。下面以蔡兆旋第一人称的视角来分享他的故事。

1. 倔强的探索者

我是蔡兆旋，一个在 BIM 圈子里摸爬滚打五六年的一线员工。这几年 BIM 项目大大小小干了 20 多个，最多的工作是建模，一个项目少则几万个，多则十几万个构件，有时候搞着搞着真的会怀疑人生。也幸亏这几年除了建模以外，调管线综合、做视频动画、搞倾斜摄影、写论文、编程等都在做，时不时可以换换脑子。

BIM是门新技术，早一批从业者是需要牺牲掉很多的。在没有看到曙光时，支撑我们向前走的只能是理想，或者说是倔强。也正是有这种倔强，才能支撑我走过这几年，学习各种知识，开展各方面研究。

大家总说量变引起质变，我这几年建模的构件量得有几十万了，而且这量总会冲击人的神经，让人生出一些奇怪的想法。如BIM成果如何才能更好地落地？建模中简单、重复、量大的工作能不能交给计算机去完成？像我这样的人做BIM真的就只能是建模吗？

管他能不能质变，我想自己是该“变”了，无论怎样总得要变，感觉总有种莫名的力量推着我去寻找变化，这可能就是BIM的“魔力”吧。三四年前，我就着手为这次新领域的探索做准备了，新领域就是Revit二次开发。

之前也一直努力用Dynamo和Grasshopper提高Revit建模效率，当然也用过很多市场上的Revit插件，但作为真正脚踏实地干活的人，总能发现很多当下插件中没有的功能需求。起初是用上面两个可视化编程软件去解决的，后来慢慢地有了自己搞二次开发的想法。

既然有了想法就开始边研究边搞，从一门编程语言的基础学起，都是业余时间学习，真的是从零开始搞，学了好久。经过一番折腾，还真搞出来几个功能，当自己的想法被验证时，就真想迫不及待地分享出来。

2. 问题的起源

行业一直在推BIM正向设计，假设一个房建项目通过BIM正向设计的形式——也就是以三维形式为主、二三维结合的方式来表达设计意图，除了设计说明需要以文字形式表达外，其他部分的设计意图以三维形式表达的话问题都不大。

但是，在设计说明中有一个地方，也就是工程做法表和房间信息表，似乎有优化的空间。

传统设计方法，是把项目中的房间类型，分层梳理成一张房间信息表，表中标明了每个房间的所在楼层、地面做法编号、踢脚做法编号、内墙面做法编号、顶棚做法编号等信息。然后再单独建立一个工程做法表，里面说明了每类工程做法的编号、名称、分层做法等。

看图的人可以根据平面图中的房间名称，在房间信息表中找到相应的做法编号，然后根据做法编号，在工程做法表中找到对应的分层做法信息。

这种形式似乎很合理，但逻辑链条很长，那么在正向设计模式下，这些信息的表达能不能更优雅、更高效？

于是，我要解决的问题来了：可不可以把工程做法表和房间信息表，与三维模型绑定起来？

3. 思考的种子

首先要解决的是，能不能在Revit里面，先把房间做法信息与房间元素绑定，点击房间的时候就可以查看？

这个问题显然是可行的，那么继续推进。

在 Revit 中房间的创建是有边界条件的，通常情况下的建模工作是按专业划分，再以链接形式整合，这种情况下，仅靠柱和墙作为房间的边界是不可行的，因为很有可能围成房间的构件在链接的模型里，Revit 不能识别它们作为房间边界。

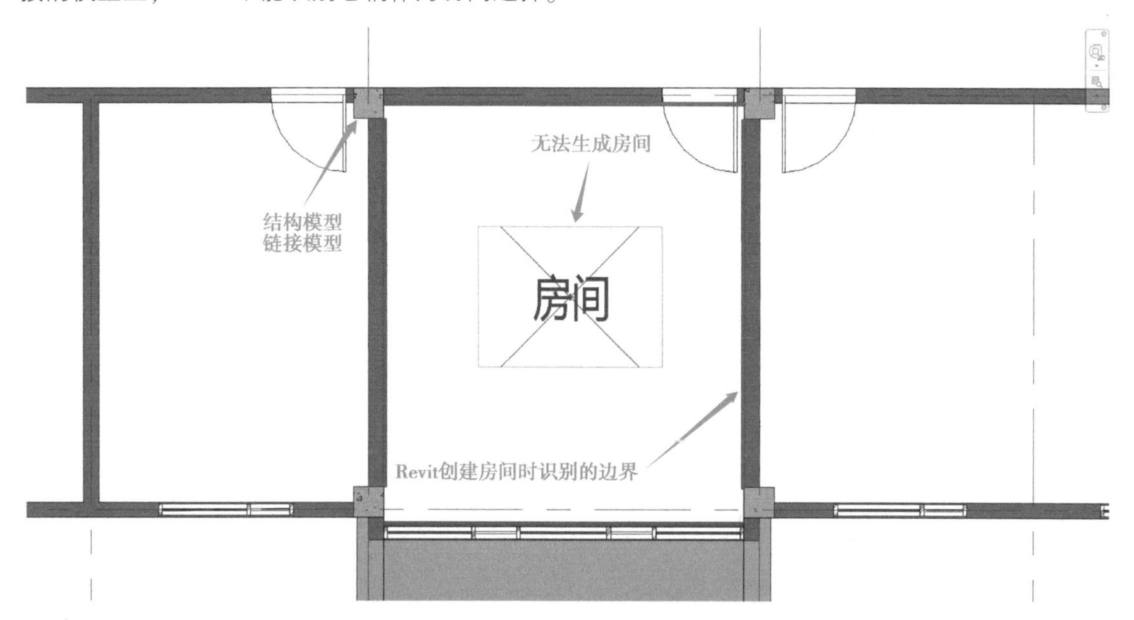

这个问题 Revit 官方可能也意识到了，所以才有“房间分隔”线这样的构件。

再继续下去，更多的问题又涌现出来了：

➤第一，工程做法表中的分层做法信息，在 Revit 中应该以什么样的形式表达出来？

➤第二，如何避免房间做法信息添加错误的问题？

➤第三，既然要通过创建“房间分隔”线来定义房间边界，那么这些分隔线总不能一条条手画吧，怎么提高效率？

这三个问题，值得展开进一步研究。

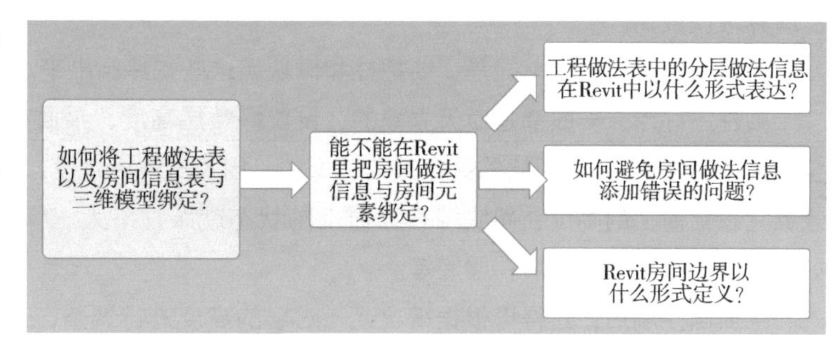

我对 Revit 还算比较熟悉，针对第一个问题，也就是如何表达分层做法信息，就想到了墙和楼板材质信息分层定义的功能。如何将面墙和面楼板的

分层信息，按常规需要统计出来？好像明细表不能满足要求，因此需要通过Revit二次开发解决。

接下来是第二个问题，也就是如何避免房间做法信息添加错误，我想也是得通过二次开发，限定一下房间信息添加的方式，让用户只能通过选择现有做法类型的方式添加。

这两个问题通过二次开发可以很好地解决，到了第三个问题就有些麻烦了，怎么提高房间分隔的效率？

这个问题值得好好研究，我又继续往深处思考。“房间分隔”线和楼板的草图线是不是能联系起来？把这两者联系起来有意义吗？

我的思考是：在表达房间饰面设计意图时，可以不对踢脚、面层墙和顶棚建模，但面层楼板总得要有吧？房间的建筑标高和结构标高得通过这块板区分一下吧？而且在三维状态下，画了面层板和不画面层板，在模型的感观上也不一样。

想到这里，我就觉得将两者联系起来是有意义的，那么问题就由如何提高“房间分隔”线的绘制效率，转移到了如何提高面楼板的建模效率上了。

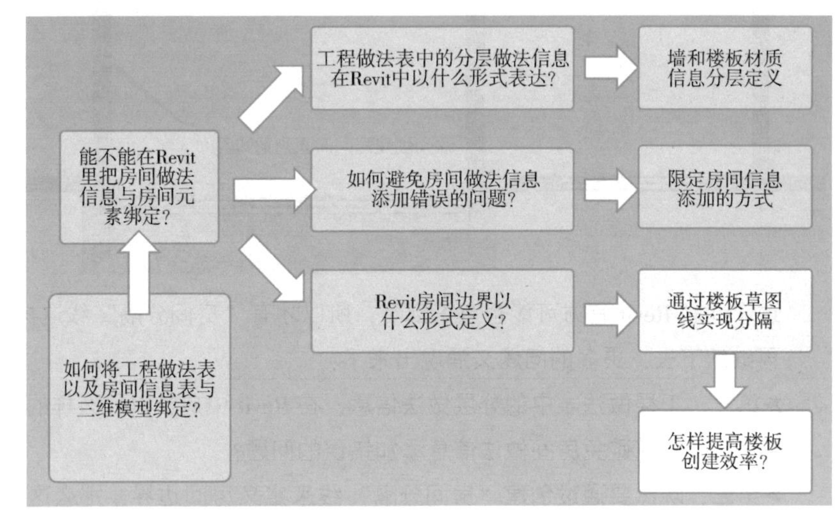

那么如何提高面楼板的建模效率？这个问题可就深了，需要利用几何算法解决，也就是利用算法快速获取某个点所在的封闭区域，然后把封闭区域提取出来创建楼板。

新的问题又产生了：围成封闭区域的线该如何拿到？其实这也不是大问题，把模型导出为dwg后，再导入到Revit中，通过Revit二次开发解析一下就拿到了，然后算法慢慢搞。

可拿到封闭区域的前提是，要把柱和砌块墙这些构件画出来。

画柱还好点，一般都是顶天立地的，设置好楼层高度，平面布置完之后，立面的高度一般调整不大。而在Revit中画墙的效率其实挺低的，因为三维墙建模，不但要画出它的平面走向，还得兼顾它在立面上的高度，砌块墙在立面上的状态就跟柱不太一样了，要根据墙所在的位置来定，如有的墙在板底，有的墙在梁底等。

平面画完墙后，还得再根据情况逐一对墙的高度进行调整，工作量巨大。我想这可能也是利用Revit进行三维设计会导致设计速度降低的一个原因。

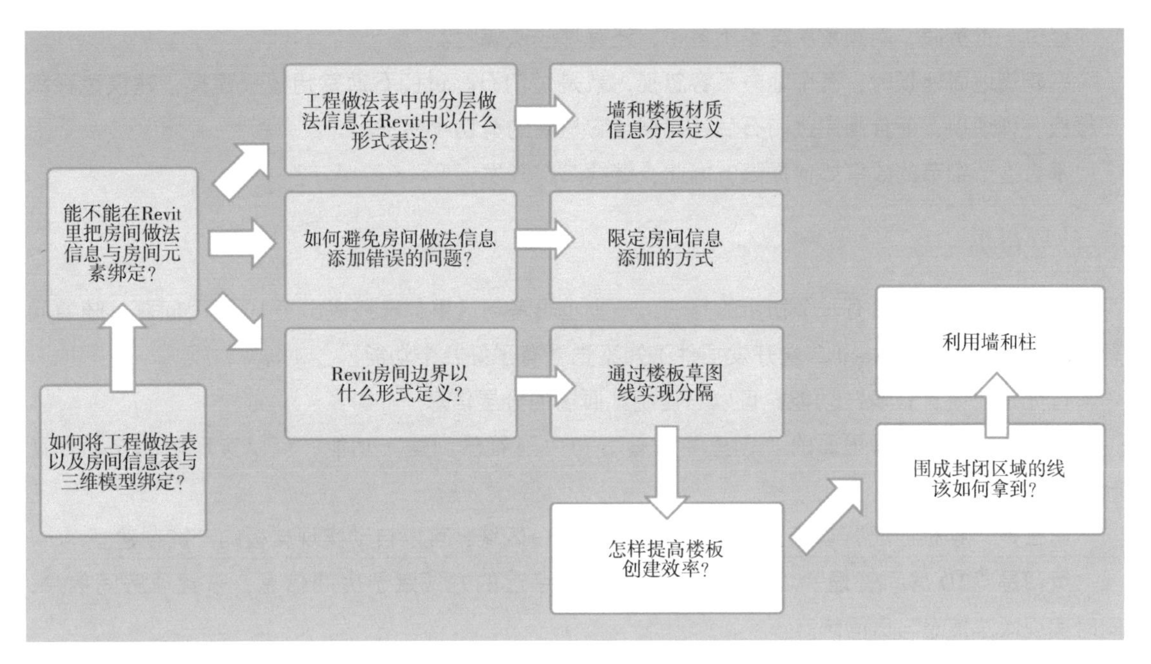

好了，思考到这一步，问题又变成了“如何提高墙的建模效率？”

要想解决这个问题，进一步就是要解决如何实现墙在立面上快速附着的问题。

好，那就再搞一波二次开发，实现在平面画墙的同时，自动根据墙的上下附着情况调整墙的高度，或者画完墙后批量完成墙的上下自动附着。

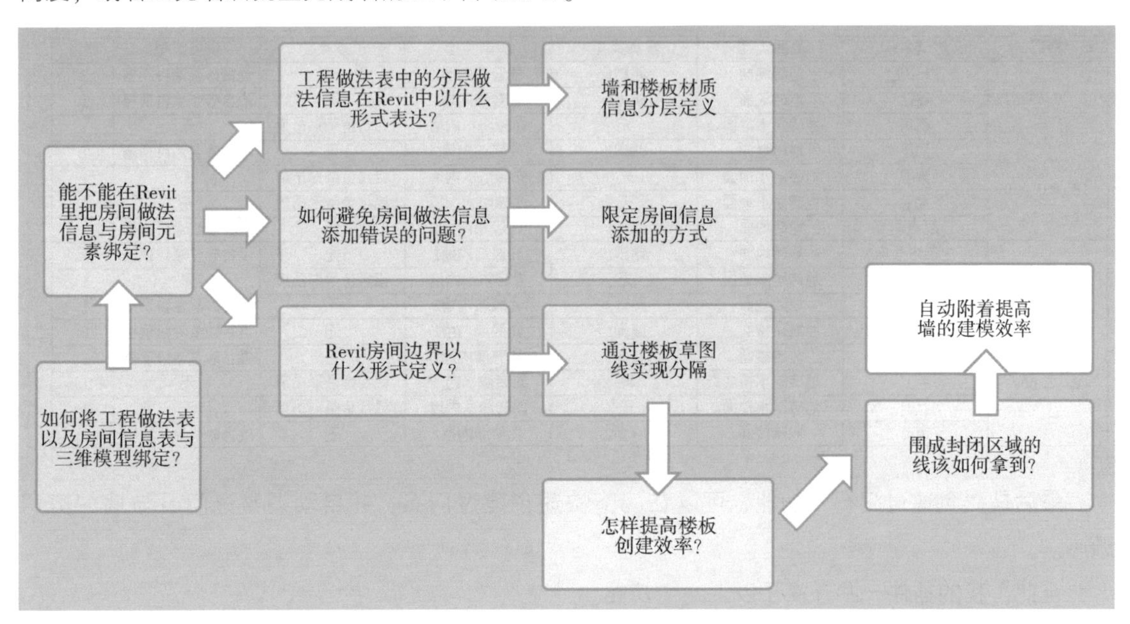

经过一番折腾，问题解决得差不多了，还有哪些遗漏呢？

在建筑地面建模时，有个地方不容忽视，就是过门石。过门石通常用楼板建模，建模过程跟画楼板一样烦琐，而且画完过门石后还得调整它与墙的剪切顺序。

那么这个细节的效率如何提高？因此，继续二次开发。

4. 种豆得瓜

你看，我从最开始有一个初步的想法，一步步思考到这里，已经提出了10来个问题，随着问题的不断解决，我的Revit二次开发插件不知不觉就有了好几个功能。

首先是“统计报表”功能，可以一键统计面墙的分层信息。

第二是利用墙工具里面的“创建并附着”和“附着已创建”功能，可以实现墙的自动批量附着。

第三是“楼板匹配”功能，点击墙柱围成的空白区域，可以自动实现楼板的一键创建。

第四是“2D房间管理”功能，通过下拉菜单点选的方式赋予房间信息，来管理房间信息，同时实现做法信息与房间绑定。

第五是我在“统计报表”功能中增加了房间做法信息的统计功能，可以一键统计不同标高下每类房间的地面做法、踢脚做法、墙面做法等信息。

统计表报

房间表

楼层	房间名称	地面类型	踢脚类型	墙面类型	吊顶类型	顶棚类型	数量
1F ±0.000	办公室	地砖地面	踢脚1	乳胶漆内墙1	无	混合砂浆涂料顶棚	3
	餐厅	地砖地面	踢脚1	乳胶漆内墙1	无	混合砂浆涂料顶棚	1
	厨房	地砖防水地面	无	面砖防水内墙	铝合金条形吊顶	无	1
	门厅	地砖地面	踢脚2	乳胶漆内墙2	无	混合砂浆涂料顶棚	1
	男卫	地砖防水地面	无	面砖防水内墙	铝合金条形吊顶	无	1
	女卫	地砖防水地面	无	面砖防水内墙	铝合金条形吊顶	无	1
	配电间	地砖地面	踢脚1	乳胶漆内墙1	无	混合砂浆涂料顶棚	1
	生活水泵房	地砖地面	踢脚1	乳胶漆内墙1	无	混合砂浆涂料顶棚	1
	饮水间	地砖防水地面	无	面砖防水内墙	铝合金条形吊顶	无	1
	走廊	地砖地面	踢脚2	乳胶漆内墙2	无	混合砂浆涂料顶棚	1
2F 3.600	办公室	地砖楼面	踢脚1	乳胶漆内墙1	无	混合砂浆涂料顶棚	5
	会议室	地砖楼面	踢脚1	乳胶漆内墙1	无	混合砂浆涂料顶棚	1
	男卫	地砖防水楼面	无	面砖防水内墙	铝合金条形吊顶	无	1
	女卫	地砖防水楼面	无	面砖防水内墙	铝合金条形吊顶	无	1
	走廊	地砖楼面	踢脚2	乳胶漆内墙2	无	混合砂浆涂料顶棚	1

最后是“创建过门石”功能，可以在门下快速创建过门石，并自动调整过门石与墙的剪切顺序。

至此，我的插件一共开发了以上六个功能。

到这里，我对当初提出的问题，也就是“如何将工程做法表、房间信息表与三维模型绑定起来”，算是研究出了比较满意的答案。

总结一下思路：工程做法信息可以通过墙或楼板的分层材质信息来表达，但是通过 Revit 原生功能不能实现想要的统计，我为此建立了“统计报表功能”。

然后，房间信息可以直接与房间元素绑定，但是绑定过程会很低效，因此我建立了“创建并附着”“附着已创建”“楼板匹配”及“2D 房间管理”功能来提高效率，然后又在“统计报表”功能中增加了房间信息统计功能。

最后为了提高地面做法建模细节和建模效率，我又建立了“创建过门石”功能。

我从最初的一个问题出发，一步步解决它的过程中，这个问题会派生出很多关联问题，关联问题又派生出许多子问题，等到最初的问题有了答案，我还顺便得到了很多方便的新功能。

5. 再走一步

既然停不下来，那就再琢磨琢磨，还能基于这个想法做什么事情。

我想，设计阶段 BIM 的主要价值是更好地表达设计意图，这六个功能主要也就是服务于建筑饰面做法设计意图的表达。BIM 正向设计要做的是以三维设计为主、二三维结合的方式表达设计意图，而国内实行的算量模式是三维图形算量，那么 BIM 正向设计和三维图形算量之间必然存在一定联系。本身有设计成果才能算量。

传统模式是什么样大家都清楚，但加上“三维正向设计”这“一滴药水”后，这两者之间似乎可以再产生点“化学反应”，我想这个反应的结果应该就是“一模多用”。

于是我又得到了一个派生问题：如何实现建筑饰面做法的设计算量一体化？

然后，我乐此不疲地展开了新一轮的研究。

篇幅原因，研究过程中的自我问答就不展开细说了，总之一番折腾之后，我的插件功能又多了几个。

第一，“3D 房间装饰”功能，可以根据房间做法信息，一键实现房间装饰面层的建模。

第二，“面生面”功能，可以设置好立面和非立面材质类型，对细部构造的装饰面层进行快速建模。

第三，我又在“统计报表”功能中增加了“做法工程量”统计选项，可以一键分类统计做法面积、体积等工程量。

第四，“导出明细表”功能，可以将当前项目中的明细表单独或批量导出。

第五，“编辑明细表”功能，在 Excel 中打开明细表，方便对信息进行批量编辑，编辑完成后一键将编辑后的数据同步到 Revit 中以更新明细表。

在整套插件的开发过程中，我从“如何将工程做法表、房间信息表与三维模型绑定起来”这个小问题出发，一步步将问题扩大到了“如何实现建筑饰面做法的设计算量一体化”这个更大的问题，一共搞了十几个功能。

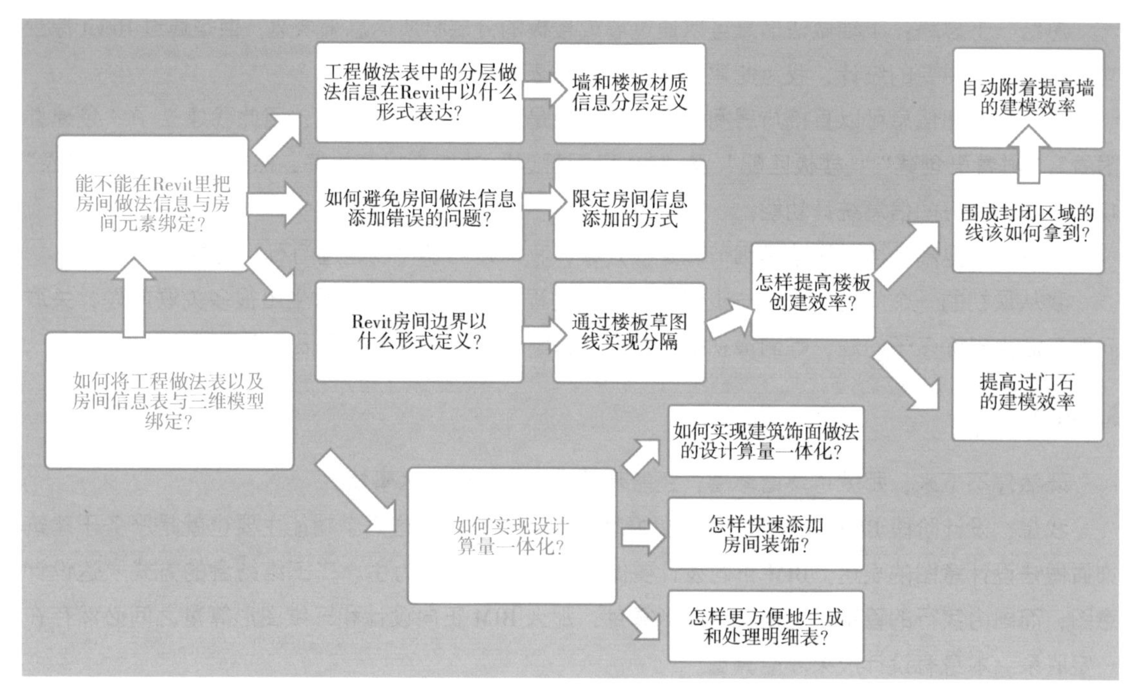

个人力量有限，只能搞搞这些小应用点，但脚踏实地，心里不虚，我相信总会把事情搞得更好。

后续还会有多少这样的问题出现呢？当问题出现时你是迎难而上还是选择放弃呢？

6. 后记 & 下载

当我们把蔡兆旋的分享做好整理，和他确认内容的时候，插件的功能已经更新了不少，同时听到了一个意外的消息：他已经从上一家公司辞去了工作，换了新公司工作。

后来又在他发布的视频中，看到当他把这套成果汇报给当时的领导，却得到了很受打击的结果——并不是他哪里做得不好，而是原来的公司放弃了 BIM，思量再三，蔡兆旋还是提交了辞呈，开启一段新的旅程。

在蔡兆旋视频下面的评论中，我看到很多 BIMer，刚入局的、坚持的、离开的、乐在其中的，都在分享自己的真实经历。

最后是蔡兆旋开发的成果，暂时命名为 CZXTools。经过和他沟通，我们把它上架到了进步学社的“软件优选”板块，目前的版本完全免费，在进步学社（www. bimbox. club）搜索它的名字，就可以找到它了。

第3章 软件视角看商业与技术问题

BIM与数字化离不开软件，或者进一步说，它们就是建立在软件之上的行业。所以任何一本与之相关的书籍，都不能绕过软件来谈行业问题。

在我们出版过的《BIM大爆炸》《数据之城：被BIM改变的中国建筑》中，也有对应的章节，来阐述软件开发者的视角，在本书中，也收录了不同软件开发公司的成果。

必须强调的是，我们每本书的这个章节，都完全不是所谓的“BIM软件推荐大全”，更不直接建议你去使用或购买其中的任何一款，而是站在这些软件工具背后开发者的视角，去看他们发现了哪些行业的痛点和问题，去了解他们怎样尝试去解决这些问题，这样我们的探讨就不会浮在空中，把笼统的探讨收束到“有什么问题、解决得如何了、还有什么问题”这样务实的维度中来。

IssueMaster：跨越多软件同步管理协同问题

做BIM工作，从最简单的看图翻模，到比较深度的接入设计和施工深化，都面对一个困难：不同参与方，有人用CAD画图，有人用Revit建模，很多情况下还不在同一个地方工作，项目过程中很多图样问题和模型问题需要记录，还需要被追踪和管理，是一件非常麻烦的事。

很多团队就是截图在微信里沟通，高级一点的会把问题逐个列在Word文档里，把问题报告发给对方。这样的方法一方面因为基于本地文档，每次问题有更新都需要重新做文档，并且这些问题是谁负责、修改得怎么样，没有一个追踪记录，过程中很难管理，等工作都做完了，也看不出来大家都为项目做出了哪些贡献。

本节谈到的软件，就是专门解决这一系列问题的，它的名字叫BIM问题销项大师（IssueMaster）。通过这款软件，你可以把CAD、Revit甚至是Navisworks里发现的问题，全部通过云端打通，不管你和协作伙伴使用哪个软件，都能轻松记录、定位和追踪这些问题。

下面就说说IssueMaster在三个软件客户端，以及网页端是怎样用起来的。

1. Revit端操作

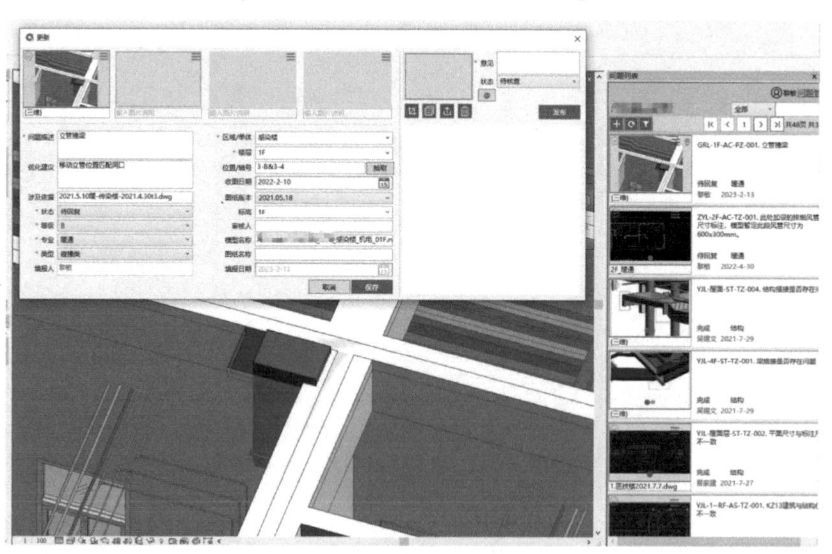

Revit里面安装好插件，登录账号，就可以看到“问题管理”插件面板了。

在软件中的任意视角，点击插件的添加问题按钮，它都会把当前的视角自动截图，同时弹出创建问题的面板。

这时可以输入详细的问题描述、优化建议，也可以按照预先设置好的模板，选择问题的日期、状态、等级、专业、类型、位置等属性，也可以设置问题的具体负责人。在面板中编辑图片，就可以在新窗口中，给图片增加线框批注、文字和箭头等，作为截图的补充，也可以直接用截图工具来截图和加批注，再粘贴到问题创建窗口。

对于同一个问题，可能需要用多张图片来说明，如三维视图一张截图、剖面图一张截图，只要在原有问题上增加视点就可以了。

IssueMaster 提供了很方便的问题定位功能，在任意问题右上角点击一下定位按钮，就会自动切换到对应的视图，并且聚焦在建立问题的视角上。

点击插件中的问题列表，所有建立的问题都会在独立面板中呈现出来，方便逐个浏览。

当问题比较多的时候，可以利用过滤器，通过不同的问题属性，快速筛选最关注的问题，如只看自己负责审核的、二层暖通专业的问题。也可以按照问题的跟进状态来过滤问题，如只看待核查的问题。

在问题追踪的过程中，可以随时查看问题栏，接收其他人的回复，或者回复别人的问题。

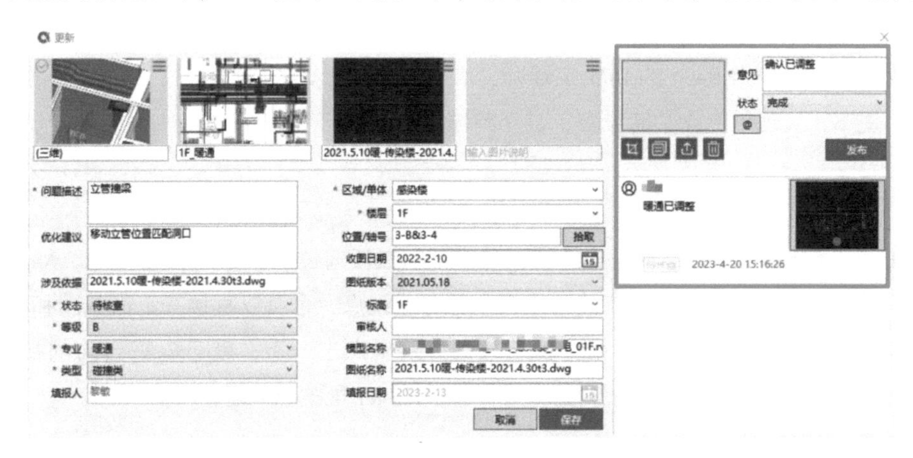

2. AutoCAD 端操作

这个插件通过云端同步，打破了不同软件之间的壁垒。和 Revit 中的使用方式一样，在 AutoCAD 登陆之后点开插件的问题面板，在 Revit 中创建的所有问题，在这里都能看到。还可以在图样上找到某个问题所在的位置，继续在 AutoCAD 里给已有的问题一键增加视角，插件会自动截图，补充到问题的后面。

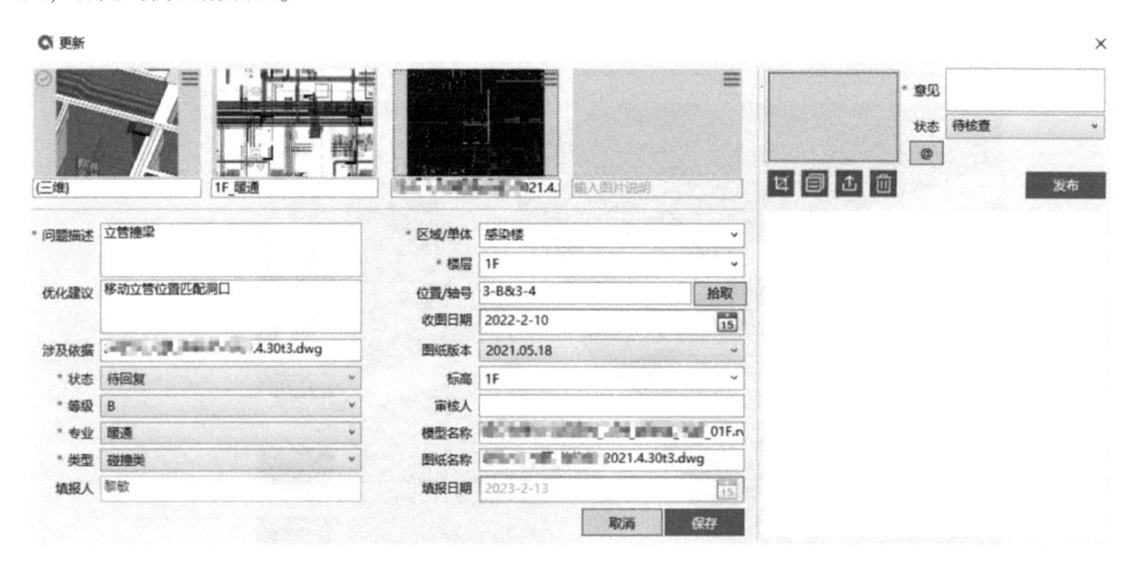

更棒的是，即便是在 Revit 中建立的问题，只要问题中包含了 AutoCAD 的某个视角，也可以一键跳转到对应的位置。

当然，也可以在 AutoCAD 中新建问题，输入问题的各种属性信息，操作和在 Revit 里面是一样的。

这种问题数据的打通，不仅可以让两个软件的不同视角把问题描述得更清楚，还能解决不同人员的协同问题，如使用 Revit 的 BIM 工程师，和使用 AutoCAD 的设计师，就能在不改变软件使用习惯的前提下，实现跨专业、跨设备，甚至跨城市的协同工作。

3. Navisworks 端操作

IssueMaster 还支持在 Navisworks 里安装，同样可以在任何位置新建和查看问题。Navisworks 已经自带了问题视点功能，可以把特定的三维视角保存成视点，也可以直接在上面截图和批注。

插件在这个软件里增加了“视点问题”按钮，只要点击一下，就可以把当前的视点，连同 Navisworks 里面已有的批注一起截图，生成一个 IssueMaster 里的新问题。

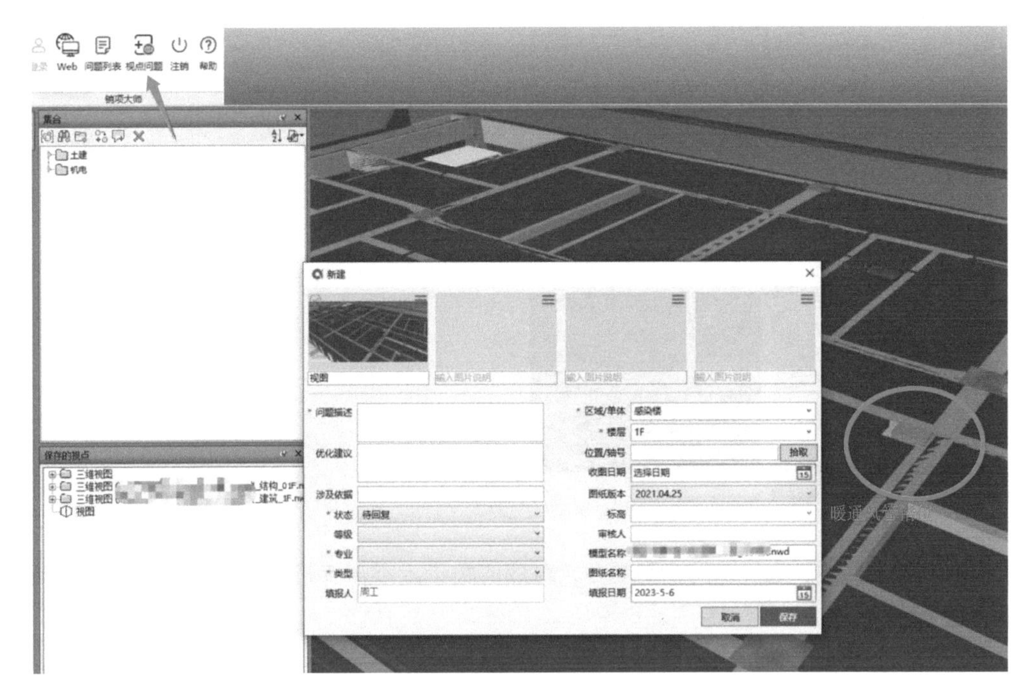

另外，在 Navisworks 里面的任何视点，都可以利用“返回”功能，回到 Revit 并定位到相同的视角，所以如果有条件，可以在 Navisworks 里创建问题的同时，返回到 Revit 里面给这个问题补充一个新的视角，这样就可以同时在这两个软件里定位同一个问题的位置。

4. 网页端操作

在上面说的几个软件里创建的所有问题，都在云端汇总到网页端。登录 IssueMaster 官网，注册登录你的账号，可以看到所有的项目，以及每个项目创建了多少问题。曾经邀请过的用户都会出现在网页端，不同的人员也可以被分配到不同的项目上。

可以查看所有问题的列表，每个问题都包含很多属性的填写状况，如所在区域、图样版本、解决状态、专业、类型、等级、填报人、填报信息等，也可以按照不同的属性情况来过滤问题。

通过可视化报表，也可以看到这些不同属性的信息数量分布情况。

点击任何一个问题，都可以打开新页面，查看详细情况，一个个问题往下翻。相关负责人可以在右侧评论问题、粘贴新的截图，也可以修改问题的完成状态，完成追踪的闭环。

除了从插件端同步过来的问题，也可以在网页端单独创建协作问题，只要用任意截图软件截一张图，在网页端上传图片，或者干脆按下 Ctrl + V 粘贴图片，再录入问题相关的属性信息和相关负责人，一条单独的问题追踪就被创建好了。对于不在绘图软件中操作的协作者来说，这是比较方便的方式。

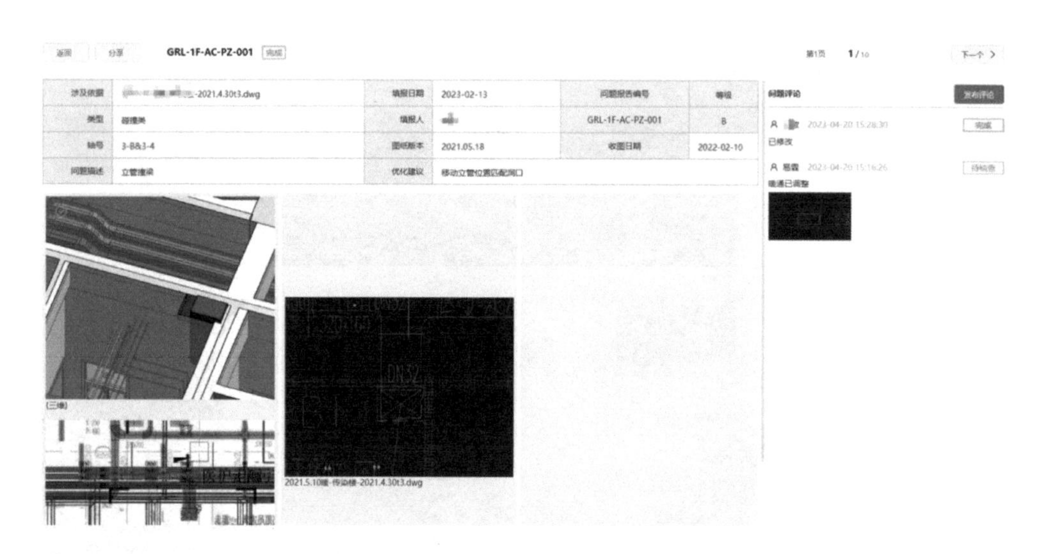

网页端创建的问题，也可以同步到本地，对应的负责人不需要打开网页，就能直接在建模和绘图软件里查看。

另外，很多咨询类的项目，需要提供独立的问题报告，IssueMaster支持批量选中问题，一键导出为本地Word文件，问题的详细内容在里面列好了表格，所有截图和问题回复都放到了报告里，这样就很方便归档成果。

如果不要求报告必须在本地，也可以生成一份在线报告，打开就是在线的PDF文件，每份报告的后面都标注着问题数量，点一下就能跳转到问题的详细页面，开会、汇报的时候就很方便。

5. 总结

表面上来看，IssueMaster就是通过截图、定位，和一系列的问题描述，在云端把所有问题汇集到一起，实际上在工作流程上是一个了不起的创新。

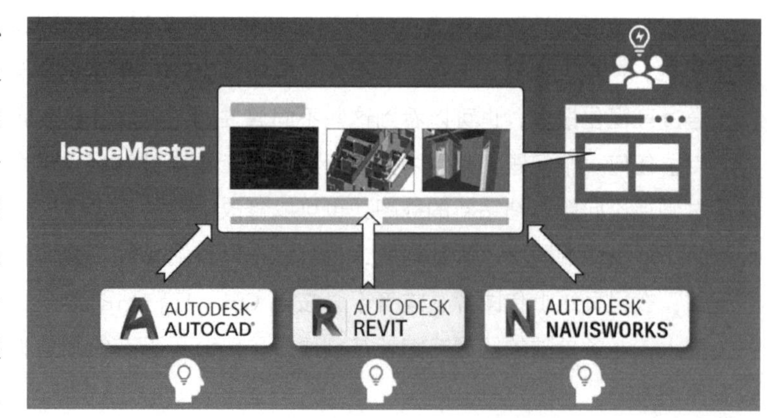

它打通了Revit、AutoCAD、Navisworks三个本地端，以及一个网页端，不同软件的视角定位通过同一个问题串联到一起，也就是同一个问题以不同的软件来描述。这样每个角色都可以在自己习惯的软件平台上创建和追踪问题，又不用担心其他角色找不到问题所在，

再加上详细的问题属性描述和人员跟踪，让团队可以做到事事有着落。

讲一个典型的流程：BIM 工程师拿到设计师给的 CAD 图样来翻模，翻模过程中发现一处问题，以前要么在图样里面标注，结果可能就是日后自己找不到问题的位置了，要么就是在模型里标注，那么设计师就会不知道是在图样上的什么位置。

而使用 IssueMaster 的工程师，就可以在模型和图样中同时标注这个问题，再把设计师拉入到协同中，设计师不用管问题里的模型视角，只要定位到图样，修改后发给 BIM 工程师就行。

项目中期的跨专业沟通会，大家可以把多专业模型汇集到 Navisworks 里，建立问题、添加描述和负责人，各专业负责人回到岗位登录插件，就可以定位自己负责的问题，这样的会议甚至可以完全从线下搬到线上来进行。

不负责建模画图的主管领导，可以随时在网页端查看团队成员上报的问题，追踪每个问题的解决进度。阶段性成果完成后，一键生成问题报告，团队在多长时间内解决了哪些问题，还有哪些问题需要进一步沟通，让团队为项目做出的贡献不再被埋没。

这个软件，也是我们见过的工具里，最务实的解决方案之一，如果你或你的团队需要在多端实时追踪问题，除了市面上较为常见的云协同平台，IssueMaster 也是一个值得尝试的选择。

PlusBIM：在 CAD 端解决正向设计出图问题

正向设计这个词，一直在被人们争论，有人觉得它是正确的未来，应该尽早替代传统设计方式；有人觉得它不靠谱，难度太高没办法实现。

本节要讲的这一群人，站在了一个非常特别的视角来看待正向设计问题：既认为它是需要实现的未来，也尊重它普及困难的现状，不大谈理想与革命，而是用务实的手段来解决具体问题，我们觉得很值得一看。

福建省有这么一家公司，叫嘉博联合设计股份有限公司，是福建省第一家中外合资建筑设计企业。2015 年专门成立了一个 BIM 团队，探索正向设计的路线，团队在 3 年之后独立成为子公司。

我们要说的，就是这家名叫嘉业科技的公司在正向设计方向上探索的成果，该公司用了很多“不是 BIM”的方式，去解决 BIM 正向设计的问题。

1. 困难：让我们把理想放一放，看看现实问题

如果把“BIM 正向设计”所有的包装都剥掉，只留下最符合当前现实的行动内核，那就是直

接用BIM交付模型、出图。

这么短短一句话，真正尝试用这种方式做过项目的人，是很清楚里面有多大难度的。

第一，正向设计前面加了个BIM，就意味着所有使用CAD的设计师，都要转去使用BIM软件，去兼容BIM软件的工作模式，转换的成本非常高，也会有很多的抵触。

第二，三维模型作为交付成果，目前没有合法地位，最终还是必须以图样来交付，而只要是从BIM软件到图样环节，都免不了有大量的导出和修改工作。

第三，理想的状态是所有人都基于BIM交流沟通，最终出一版图样，现实情况正相反，报建、报业主、给施工单位都要交图样，每个环节都有几十次的修改，导出和修改的工作就要重复几十次。很多项目在某一次之后，这种工作就被迫停止，从此图样和模型分家，再也对不到一起。

基于上面的几个原因，大多数项目中，都是BIMer和CADer并存，从三维到二维的导出、修改过程，会涉及大量的重复劳动和沟通问题，如果对这些问题视而不见，正向设计就很难落地。

嘉业科技成立后这些年，不仅做研发，也做项目，从单专业BIM出图，到BIM辅助过程设计，再到全专业正向设计，到现在已经做了40多个设计项目，切身体会到了正向设计推进的难度。这个团队并没有高举正向设计的大旗，逼着所有人都去使用BIM，而是正视这个BIM与CAD工作模式共存的时代，以务实的态度尝试去解决现实问题。

在他们探究的成果中，有这么两款工具，甚至都不是基于BIM软件做的开发，反倒让我们觉得眼前一亮。这两个工具分别解决的是正向设计中出图和沟通的问题，我们一个个来看。

2. PlusBIM：解决模型出图难题

在很多设计公司内部，使用CAD都已经有了一套很成熟的模式，归档、协同、打图等都已经比较完备，而使用Revit等软件没法和这套模式兼容，到了出图这一步，只能是CAD和BIM各一套标准，成本很高。

他们多年摸索下来的心得是，采用平滑过渡的方式，使用BIM和使用CAD的设计师，都不改变自己的流程。

Revit设计师只做族库标准和项目样板，不做出图标准，出图还是沿用公司成熟的CAD标准，图层、线型、合并图样、数字化归档等工作都还是在CAD上，中间的图样转换过程则是由程序自动完成。

他们开发了这款叫PlusBIM的图样转换工具，通过这个程序可以把模型出的图转化成符合企业标准的图样。

PlusBIM是在AutoCAD上开发的，主要是给那些和BIM设计师协同、使用CAD的设计师，或者是用BIM软件出图很头疼的BIM设计师。这款软件也不限制BIM软件必须是Revit，任何可以导出dwg文件的软件都可以兼容。

在设计师日常的工作中，PlusBIM 用起来很简单，安装登录之后，选择图样所在的文件夹路径，程序会自动识别图样。只要选择一个转换标准，就可以批量转换成符合企业要求的图样，也可以把转换后的图样以块参照的方式插入到当前打开的文件里。

过程中如果 BIM 模型有更新，只需要把图样导出到原来的文件夹，PlusBIM 会自动识别需要更新的文件，选择更新之后，就能替换原来的图样，或者自动更新之前导入的文件块，这样就能保证 CAD 和 BIM 模型同步更新，不需要重复修改。

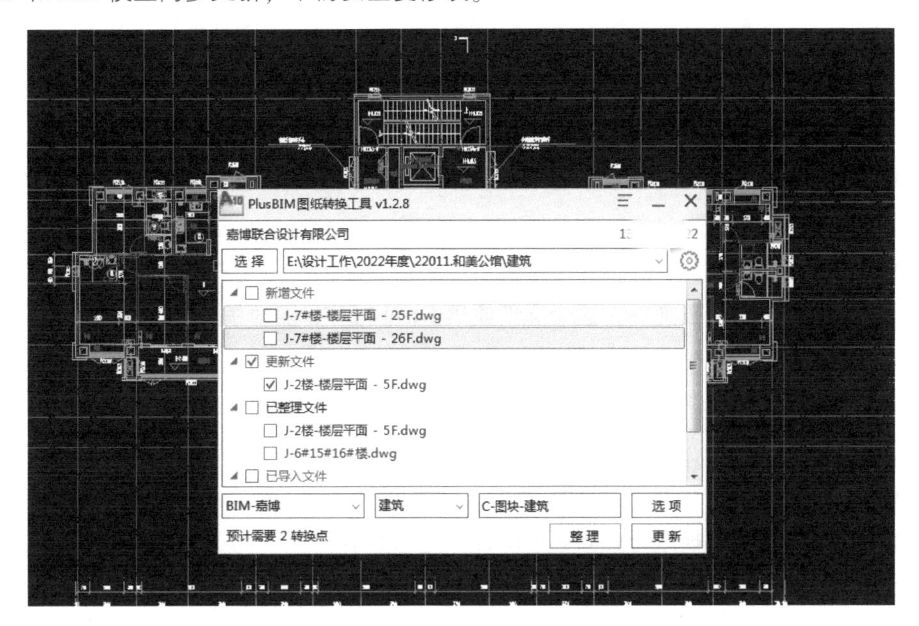

那这个图样转换，具体都转换哪些东西呢？这就得看配置文件了。

大多数情况，日常工作人员对配置文件是无感的，配置工作只需要前期进行，一共分两个大的步骤。

➤第一步是样式配置。

这一步是给软件设定一个“目标样式”，也就是未来从 BIM 模型导出的图样，经过转换后最终的图层样式、文字样式和标注样式。你可以设置图层的名称、颜色、线型样式和优先级，还可以手动拾取当前文件里的样式，也可以增加和设置字体、文字高度、字宽比例。还可以新增详细的标注样式，预设好比例、字高、偏移、箭头和颜色等。

有了样式的目标，就可以设置标准化图样的转换规则了。

➤第二步是规则配置。

不同的 BIM 软件和样板，默认导出 dwg 文件都有统一的图层、颜色、样式等，这一步就是告诉软件，当需要转换的图样有哪些特征，应该转换成什么样的特征。

你可以设置某些图层，转换成目标样式中的哪些图层。

样式配置 规则配置 100 建筑

1.图层及颜色 2.文字样式 3.文字内容 4.线型转换 5.标注转换

顺序	原图层	原颜色	原线型		图层名称	颜色
57	C-标注-100	140		->	C-标注	6
58	C-标注-100	3		->	C-标注	2
33	C-厨卫	7		->	C-厨卫	5
21	C-户内虚线砌块墙	22	DASH	->		
2	C-看线	1	DASH	->	C-结构看线	2
3	C-看线			->	C-结构看线	
46	C-门窗	22	DASH	->		
1	C-线	1	Continuous	->	C-看线	
4	C-轴号	7	Continuous	->		

很多BIM软件导出的字体不符合要求，也可以在这里批量设置转换的字体样式。对于一些特殊符号，也可以实现批量替换。

BIM图样中的线型样式、标注样式不符合出图要求，也同样可以在这里进行设置。这些配置完成之后，可以导出一个配置文件，这个文件能用Excel打开，随时编辑修改。

如果是个人用户，可以根据软件的指南，独立完成这些配置工作，设置好的标准也可以导出给别人使用。如果是企业用户，则可以由管理员配置好规则，放在内部的服务器上，其他成员都不需要操心转换规则的配置，直接调用就行了。

一张Revit默认设置导出的图样，图层颜色、字体和标注样式都不满足出图要求。经过规则配置之后，就可以一键批量转换成符合要求的图样，非常省事。

通过这个工具，他们在内部实现了一个原来很难完成的事，BIM设计师可以放心地修改模型，不用操心过程中的出图问题，所有出图标准由管理员统一制定和把控，负责出图的设计师也免除了繁杂的改颜色、改字体样式等工作。更重要的是，设计师变得可进可退，很多工作可以回到CAD上完成，反倒让更多人大胆地参与到了正向设计的工作流程中。

接下来再看看他们开发的另一款工具，用来解决沟通问题的云平台。

3. 云沟通平台：干脆利落地解决协作问题

听到云平台，可能你的第一个反应是那种可以上传BIM模型，所有人在网页端在三维环境下协同的平台。这类平台确实不少，不过它们比较适用于那些已经能比较流畅地跑BIM流程、各方都可以在BIM环境下沟通对话的团队和项目。而嘉业科技开发的云沟通平台，并不是在BIM模型上用的，而是一个专门在图样上管理问题的、非常轻量的平台，可以说是零学习成本，注册个账号就能用。

他们接触的很多业主方、施工方，甚至团队内部的设计师，都还是习惯基于图样来沟通，那他们就务实地面对这种现状，去解决问题。

一开始做这个平台，还是来自于他们自己的工作场景，在设计师内部、设计师和业主之间的沟通过程中，发现问题很难聚焦。会议上你说几句、我说几句，没有形成最终结论，问题可能就过了；有时候沟通已经过去几个月了，没有人记得当时是怎么定的、谁负责。

他们自己使用这个工具，目标就是让各方能在一个基础平台上讨论问题，在对应的图样上进行版本迭代、问题追踪，以及所有问题的汇总。

登录云平台之后，可以看到当前的空间使用量、项目和文件数量、不同状态的问题数量，以及当前账号需要处理的问题。可以在项目中上传文件，目前支持 dwg、pdf 和 jpg 三种格式的文件，平时就拿它当个图样在线查看工具也不错。

发起人可以创建一个邀请链接，请新的成员加入到协同工作里，还可以给不同人设置不同的权限，如批注、评论、下载等。另外可以把某一张图样的链接发给对方，设置对方可以查看的次数，超过次数就不能再看了，这可以很好地保护沟通中设计师的权益。

成员被邀请到项目中后，大家就可以在线查看图样，发现问题的地方只要添加一个标记或云线，就能在弹出的意见面板里输入问题的内容和严重性，@ 相关的人员，平台会根据标记的位置自动截图，也可以手动添加补充截图。

对应的人员就会实时收到这条意见，他可以在意见下面写下自己的回复，修改问题的处理状态。

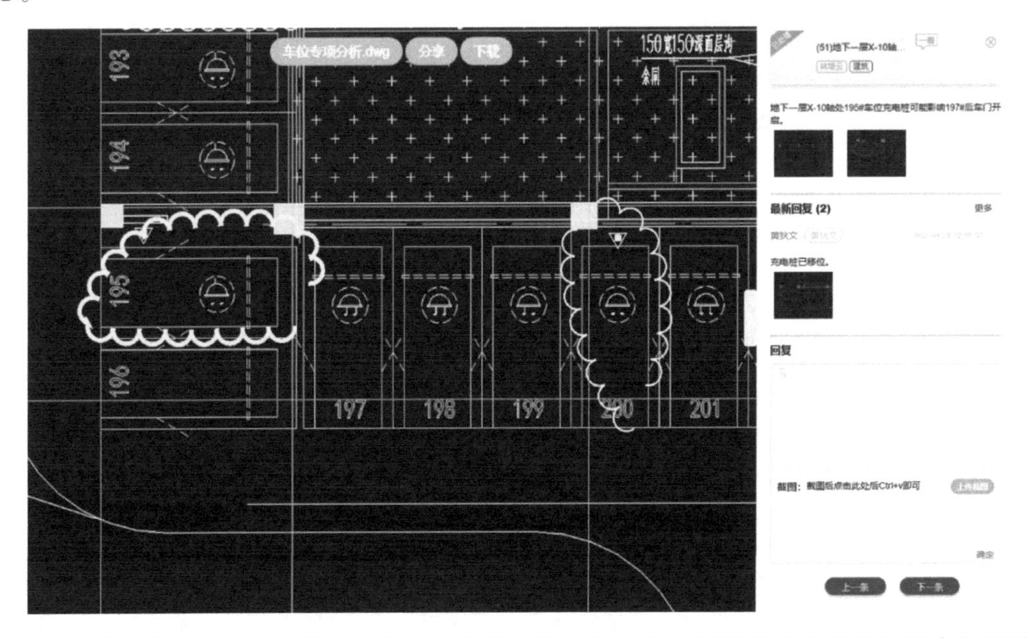

查看这些问题的时候，不需要去找对应的项目和图样，点击问题就会直接跳转到有问题的图样页面。

除了在网页端操作，平台也支持PC端和移动端。设计师可以在AutoCAD里安装云沟通插件，这样不需要打开网页，就可以直接在软件里添加批注、评论和意见回复，这些内容会和网页端实现双向同步。

对于那些不方便在计算机前解决问题的人，可以在微信里接受邀请，在小程序里查看其他人的批注，做出意见答复，让沟通随时随地开展起来。

他们自己在项目里用这个平台，除了内部协作追踪问题，还解决了给业主方汇报的需求。

原来在图样里截图再写成文档的问题记录方式很不方便，甚至很多项目中，问题整理的时间要占咨询总时间的四分之一左右，利用云沟通平台，可以把所有问题，按照项目、专业、负责人等维度加以区分，查看不同版本图样合并之后的问题，批量导出生成一个报表，帮助团队统一管理和跟踪问题的同时，也让业主方清楚这些问题进行到什么地步了。

平台也提供了用于问题复盘的问题统计分析，帮助企业管理者按照不同的专业、时间段、用户和状态查看问题和整改意见，把统计结果呈现成一份分析报告，可以帮助团队发现那些经常出现的问题类型、负责人等，形成一个长期的团队提升参考。

后来项目做多了，他们也遇到了一些对这套平台很感兴趣的中小型设计院和施工单位。很多单位没有自己研发协作平台的能力，还是先分专业审图样，在CAD上签注，单独写一个Word格式的意见单，大量的沟通还是在QQ或者微信上，也很难几个人同时看一张图样。

这个平台对于这些团队来说，是一个弱流程、轻量级的工具，甚至审核人不需要使用CAD，在线链接就可以看，内部推广起来比较方便，可以像管理一个群一样，把图样问题管起来，也可以把这些问题积累下来去做内部培训。

针对这些合作伙伴的需求，他们也开发了企业版，除了能批量导出问题报表，还增加了后台管理员，可以添加不同权限的企业成员，导出报表的时候也支持自定义格式，形成企业的知识库。

4. 总结

这几年我们讲了很多开发团队，发现大家开发方向的区别，往往来自于一开始对所谓“问题”定义上的区别。当他们面对现状和痛点，提出不同的问题，也就走到了不同的探索方向上。

正向设计，是应该聚焦于未来、来一场彻底和CAD告别的革命，还是着眼于当下，正视三维与二维并存的现状？

我们很难给出明确的结论，但无论如何，嘉业科技思考和选择的方向，是让我们眼前一亮的。

看完他们开发的两个工具，你不会觉得它们很“颠覆”，甚至都不能说它们有多么“黑科技”，最直接的感受就是，两个工具都很轻量、很直接，花上十分钟时间就能掌握，然后去解决问题。

这种不争理念、先解决问题的精神，是我们认为最值得赞扬的。

Revizto：看模型、做交底、做汇报

我们经常收到小伙伴的抱怨和问题，日常的工作里，大家用BIM模型有不少的困惑，比如：汇报的时候，找不到合适的软件做模型展示；Revit原生不适合直接看；Navisworks显示效果差点意思；渲染软件出的动画不能交互等。

怎么逃出截图PPT、酷炫模型动画渲染的“好莱坞BIM”怪圈？技术部门成了宣传部门，工程师更应该思考的模型准确性、实用性很难体现出来，模型只能转一转看看，最后还是回归文档和PPT，工作成果怎么才能不打折扣？

怎么能快速简单地发挥BIM价值？能不能用一个工具实现模型整合、审图审模、汇报交底、数据汇总、虚拟现实、交付存档等工作？

有没有承载力、流畅度、操作性和显示效果上都能兼顾的生产工具？效率和效果是天平的两端，模型展示想流畅就不好看，想漂亮就卡顿，更别提超大体量、多专业模型上平台，加载等半天，很容易崩溃，基本承载都保证不了，哪能用于日常高频次的生产呢？

这些问题的出现，背后有一个根本的原因：越来越多BIM设计师和工程师已经达成这么个共识：只建模型，不用模型，BIM是体现不出来持续价值的。所以，把模型从建模软件里导出来，放到第三方工具里去做一系列操作，也成了大家都会去思考的事。

特别是在最常见的看模型、做交底、做汇报这么几个场景，很多小伙伴都需要一款“多快好省”实现BIM持续价值的好工具，最好是应用深度可进可退，简单到流畅的模型展示，深入到设计、施工一体化的云协同，最好能在一套平台里解决。

有这么一家公司做的产品，就是解决这些问题的。

软件的名字叫“瑞斯图（Revizto）”云协同建造平台，以下我们就简称为Revizto。

很多人其实都不知道，把模型导出到平台工具能干什么？除了转一转看看，怎么能产生价值？下面我们不说那些比较玄幻的应用，就说在BIMer日常的工作场景中，模型在Revizto里能做哪些事。

1. 多专业模型轻量整合

很多项目，BIM模型都是由多个专业团队分别完成，甚至是用不同的软件完成的，需要在完成模型的过程中，经常把大家的模型合并到一起，综合审查发现问题，最终协调解决。

Revizto在多软件支持这方面可以说是下了硬功夫，常规的建模软件，像是Revit、AutoCAD、Civil 3D、SketchUp、MicroStation、Openbuildings、OpenRoads、Rhino、Tekla、Vectorworks、ArchiCAD，甚至工业软件Inventor、模型整合软件Navisworks，都可以完美支持导入到Revizto合并处理，还支持DWF、FBX、IFC、OBJ、Solibri等中间格式。

这意味着，可以利用它来兼容几乎所有跨专业、跨软件的成果合成，不必针对单个插件付费，也不必委曲求全使用中间格式。

如方案设计用了Rhino/SketchUp，建筑设计用了Revit/ArchiCAD，机电深化用了Revit，周边路桥用了OpenRoads，钢结构用了Tekla，以及景观设计用SketchUp，这些本来彼此不互通的专业人员，不需要考虑格式转换问题，就能通过全独立开发的插件把所有成果汇总到一起，作为统一的项目来查看和追踪问题。

大家在使用第三方平台整合模型的时候，最担心的就是卡顿和崩溃问题，如果不能流畅运行，再多的功能、再炫酷的效果，也不能用到日常生产中去。Revizto对超大模型的支持能力，可以让你和团队放心地把多个专业的超大模型合并，不用担心运行不起来。

如我们的一位朋友在做长沙机场改扩建项目的时候，建筑面积有100多万m^2，包括航站楼、综合交通枢纽、货运区、航食工程、救援工程、生产辅助和生活设施等所有专业都是正向设计，项目高峰期的时候每天要同步更新全专业的模型，来完成全员设计协调和问题追踪，当时他们个人桌面必备的“C位神器”就是Revizto。

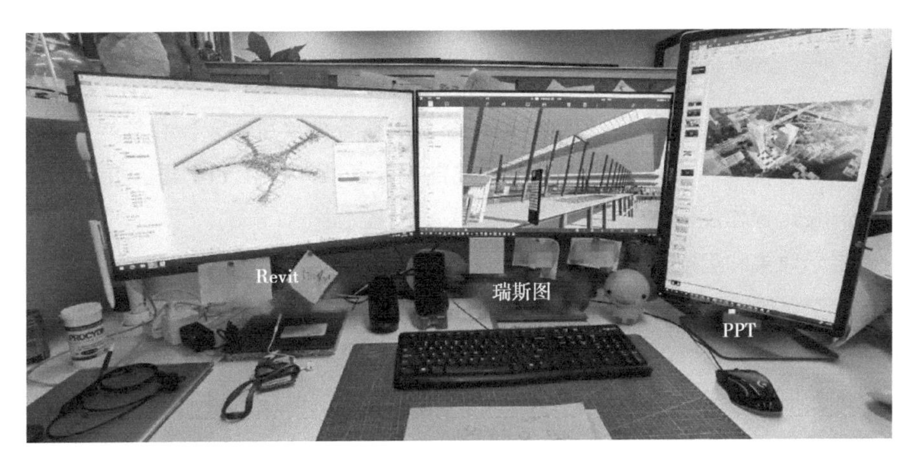

在大体量模型支持这一点上，Revizto 有着来自于底层架构的先天优势，一般网页端的云平台会受到浏览器的性能限制，而因为 Revizto 是基于游戏引擎开发的独立运行软件，除了本身性能更好之外，如果模型特别大，还可以通过提升计算机硬件配置来支持更大的模型。

2. 倾斜摄影和点云整合

现在越来越多的项目，会在过程中用到点云扫描和倾斜摄影成果，去做场地展示分析、模型对比检查等工作，我们在本书里也分享了华润置地利用点云和模型对比来控制现场精细化施工，以及胡森林在 EPC 项目中用倾斜摄影解决现场实际问题的经验。

Revizto 对这两类文件原生完美支持，不需要做任何设置，只要调好原点和比例，就能直接与 BIM 模型合并到一起。

3. 汇报交底

除了设计师和工程师内部交流，BIM模型还经常用在各种项目会议，和领导汇报，或者和施工现场交底。一般的方式，要么是手动把冲突报告、重点难点打在PPT里，要么就干脆直接拿Revit或者Navisworks操作展示。

Revizto在显示效果和运行速度这二者之间找到了很好的平衡，可以流畅地进行交底和汇报，效果虽然比不上专业的动画渲染，但已经比原生建模软件或者截图PPT好很多，尤其是现场的临时操作，非常成熟稳定。也可以利用构件树筛选，给部分构件以隐藏、半透明或着色，使展示更有重点；还能事先把视角和显示效果保存成视点，需要展示的时候一键跳转，把它当成一个可以三维交互的PPT来使用。

另外，很多用Revit的人，都特别羡慕用ArchiCAD的BIMx功能，Revizto也提供了类似的功能。它能把二维图和三维模型用一种神奇的方式结合到一起，如把一张管线剖面图附着到三维模型上，除了效果很酷，还能更清晰地说清楚图样细节。

4. 虚拟现实

现在VR应用也是很多项目必上的一个环节，有的是在项目设计过程中，让其他人更直观地感受建筑空间；有的是在工地现场设置VR展区做沉浸式漫游模拟。有不少人需要用很专业的模型处理和渲染软件，才能完成VR的搭建。

用Revizto实现VR非常简单，不需要对模型做任何处理和调试，软件里就能一键连接到VR设备，支持HTC与Oculus最新VR眼镜，还可以一键同步到大屏设备，基本上就是即插即用。

5. 模型数据汇总

大多数人都会用Revit自带的明细表功能，但它只能按照特定的族类别和参数生成一张张表格，不能灵活运用参数来自由组合表格。Revizto支持模型数据提取、汇总及导出，它可以任意筛选、分类和组合模型中的所有信息，还支持自定义参数，如提取某栋楼所有综合支吊架材料用量，并且可以导出成Excel表格，做后续的数据处理，简单来说就是一个“加强版”Revit明细表。

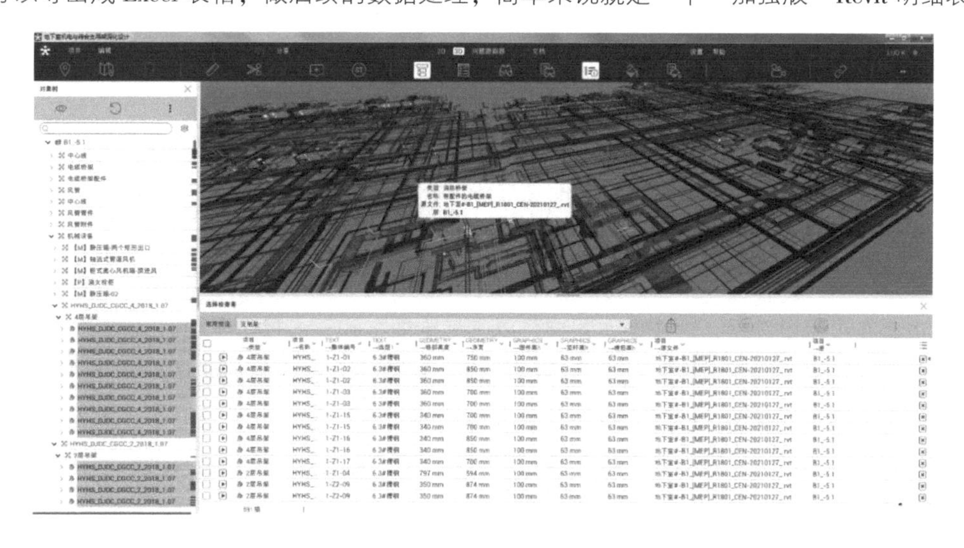

6. 成果交付

很多平台对模型数据是“只进不出”的，一旦各专业模型合并到软件里，就不能再导出了，如果你想把成果交付给客户，对方必须安装同样的软件才能打开。这就导致真实项目中，最终大家还是交付分专业的原始模型文件，模型整合这个工作就白做了。

用 Revizto，一般有两种导出和交付模式。

第一种是导出成 IFC，应对一些项目的特殊交付需求和跨专业协作需求，最近有很多地区的 BIM 审图政策也要求提交 IFC 模型。

第二种更常见的方式是导出成独立运行的 EXE 格式，所有的图样、模型和过程记录都可以打包在一个文件里面，对方不需要安装任何软件就能打开查看，也能保留大部分的剖切、测量、查看问题标注等功能，还可以在交付 EXE 成果前添加水印，用于标识个人或企业信息。

更重要的是，比起交付原始模型文件，EXE 文件不能被修改，能更好地保护模型成果，有不少人出去介绍公司项目案例，计算机里就带着一些 EXE 格式的文件，介绍完了对方想索要，也可以大大方方地给出去。

7. 模型图样浏览和沟通

项目进行的过程中，需要设计师和工程师频繁开会沟通，很多人还在用的方式，就是把模型里存在的问题手动截图，放到一个文档里，大家看着投屏去讨论问题。

这种方式最大的麻烦就是，所有沟通和问题记录都发生在模型之外，大家看到的问题永远是图片，没办法三维查看、实时调整，沟通后的问题也必须要在会后再回到模型一点点去修改。

使用 Revizto 浏览模型，会带来新的交流感受，可以用建模软件里一样的视角进行操作，也可以进入到模型像游戏一样操作，三维测量和剖切动作都非常流畅。

二维图样和三维模型联动也是软件的一大特色，无论是用模型生成的图样，还是导入的 CAD 或 PDF，只要点击对应的位置，就可以随时在二维和三维视角之间互相跳转，提高讨论的效率。

Revizto 的核心功能之一，就是问题追踪器。

经过轻量化的模型，所有问题都记录在模型和图样对应的位置，问题的标注、截图，甚至讨论的记录也都在项目里进行，这些操作同样可以在二维图样和三维模型里随时跳转。

这种方式还解决了问题定位与过程跟踪的麻烦，大家讨论的结果，可以通过点击问题，直接跳转到模型上的视角，甚至可以同步跳转到建模软件的对应视角，讨论完不怕找不到位置，甚至可以边讨论边修改，讨论过程中录入的文字都可以被记录下来，用于追溯，比起手写报告投屏开会要轻松愉快很多。

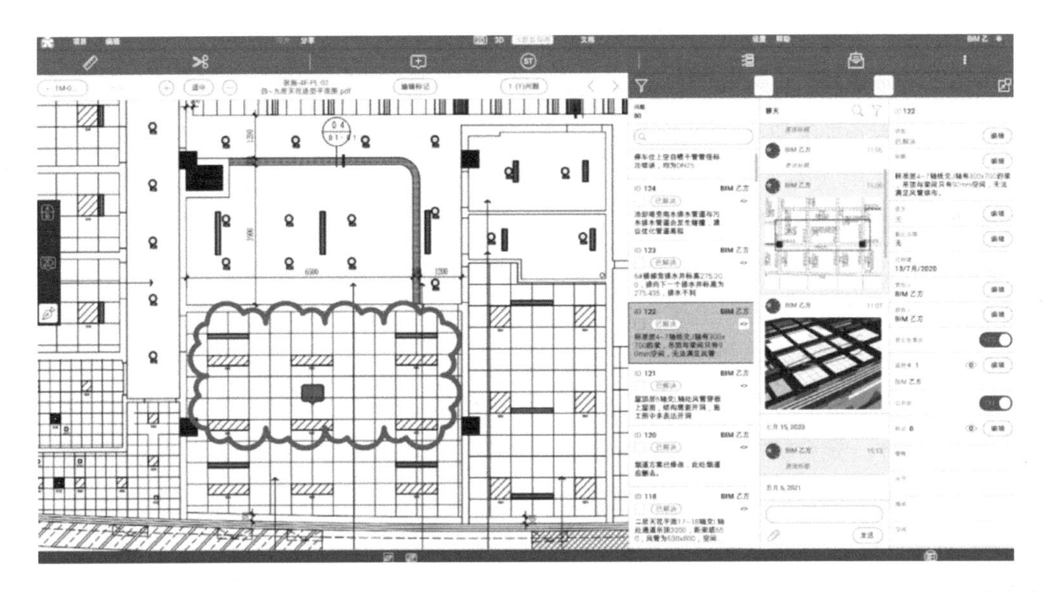

前面讲到的大部分功能，都是一个人离线就可以完成的工作，这也是国内很多项目的真实情况。但不要因此误以为 Revizto 是一款单机软件，实际上它主打的是基于云端的多人协同功能，尤其是这里提到的问题追踪，在多人协同场景下能发挥的价值更大。

下面单独讲一下从线下走到线上、从单机走向多人协作之后，Revizto 能实现的主要功能。

8. 云端功能

平台支持将项目同步到云端，利用问题追踪功能实现异地协作，可以通过多台 PC 设备同时上传或更新模型、向业主方云端交付项目、进行异地审查和问题沟通等操作。支持在手机、平板电脑中登录，方便在现场使用。

上传到云端的项目可以使用冲突检测功能，比起 Revit 原生的检测，还针对各专业模型之间的问题，提供硬碰撞、软碰撞、间隙碰撞等九种碰撞类型。同时支持导出冲突报告，或者传递到问题追踪器执行追踪管理。

每次更新模型，都会生成历史版本，追溯历史记录就很方便。如果更新出现了错误，可以直接使用历史版本的项目。

另外网页端的数据分析功能可以对问题进行统计分析，包括项目问题的解决情况、不同专业问题、不同类型问题以及不同楼层和位置的问题。

9. 总结与思路

我们自己在创建 BIMBOX 的几年之前，就已经是 Revizto 的用户了，当时还没有什么云平台、协同工作的概念，主要就是拿来做模型的实时查看器或给别人展示项目成果。后来出来创业，开始接触大大小小的项目，也看到了越来越复杂、越来越炫酷的BIM应用。

再后来和全国各地的朋友交流探讨，发现大多数一线的BIM设计师、工程师，在看过了那么多关于BIM高大上的吹捧之后，还是很难在日常的工作中，把BIM最直接的价值发挥出来，任你理想在天边，脚下却举步维艰。

直到我们和湖南省院孙昱先生的团队沟通交流，了解他们也是用Revizto平台做了很多数据整合、质量管理、模型检查、问题追踪、交付复盘等工作，写出了《不创造价值的BIM，甲方凭什么买单?》，这篇文章被收录在我们的上一本书《数据之城：被BIM改变的中国建筑》里。

“基于BIM大数据整合的智能化协同应用”和“模型检查”这两个动作，前者听起来那是高大上得多了，但不一定会被甲方认可。用什么“动作”去使用模型，不重要，用这个动作去实现什么价值，才重要。

那些优秀的人，不是去一味追求大量所谓“技术应用点”，而是把功夫下在细节处，回到业务的本质上去，在“模型整合、看图看模、问题追踪、解决问题”这种日常的工作里，让BIM一点点改善沟通方式，一个个解决具体的工程问题，努力把BIM持续价值给发挥出来，这也是我们每一个BIMer都要修炼的内功。

RIR：打通BIM与设计的又一道桥梁

Revit和Rhino是两套完全不搭边的建模软件体系，直到一款桥梁一般的工具出现，让不同的软件使用者可以横跨两个软件实现数据互通，也带来了不少新的设计思路。

本节我们请来一位老朋友VCTCN93，讲一讲Rhinoinside. Revit这款软件，他自己和团队用软件做出了什么不一样的成果，以及他对于Grasshopper与Dynamo二者区别的深刻见解，最后也会给出一些关于工具学习的建议。

下面是由VCTCN93所写的内容。

Rhinoinside. Revit（以下简称RIR）已经完全取代了Dynamo，成了我自动化设计步骤、批量处理建筑信息、计算建筑性能与执行建筑可视化表达的综合平台。有了它，我可以用一款软件贯穿整个的设计流程，可以体验到更为完整的开发环境，甚至技术上限都会因此提高。

在用它完成了许多的项目后，它对于我的意义，甚至超过了Revit本身，一度到达了不可或缺的地步。

先说我的结论：我鼓励所有同学在选择可视化编程平台的时候，优先选择 Grasshopper，也鼓励所有的 BIMer 多多尝试 RIR。

1. Rhinoinside 是什么？

我先简单介绍一下 Rhinoinside，引自官方对它的说明：

Rhinoinside 是 RhinoWIP 的开源项目，目的是为了让 Rhino/Grasshopper 能在类似 Revit、AutoCAD 等其他 64 位程序内无缝运行。

没错，事实上的 Rhinoinside 并不完全等于 RIR，因为它不仅支持 Revit 这一款软件，还同时支持 CAD、Unity、3dsMax 等其他软件的大项目。不过，建筑业内一般会把 Rhinoinside 默认指代为 RIR。

如何通俗地理解 RIR 是个什么东西呢？可以把它想象成一座桥梁，一种通信方式，一种能让 Revit 像运行 Dynamo 一般，以插件形式无缝运行 Rhino 和 Grasshopper 的方法。

所以，RIR 本身是什么并不重要，重要的是有了 RIR 这座桥梁，Revit 从此可以拥抱强大的 Grasshopper 世界了。

RIR 虽然是一款开源软件（意味着免费），但使用它的前提是已经拥有了 Rhino 和 Revit。像安装常规的 Revit 插件一样把它安装好，就会在自己的 Revit 菜单栏上，发现 Rhino. inside 标签，让 Rhino 和 Grasshopper 像 Dynamo 一样，以一款插件的形式运行在 Revit 上了。

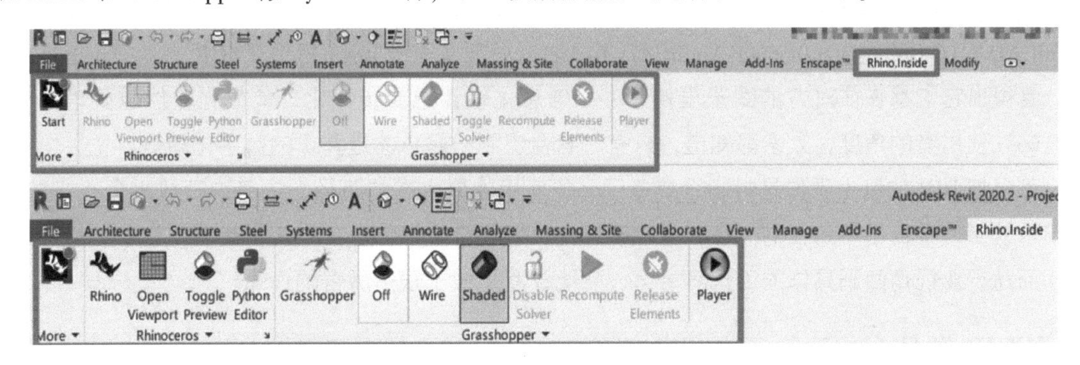

在我的观点里，这不仅是 Revit 多了一款新插件这么简单，它是足以影响整个建筑设计生态的大事。

首先，以 Revit 为代表的传统 BIM 圈和以 Rhino 为代表的参数化设计圈，一直存在着一层隔膜——这两个圈子无论是技术和人员，还是目标和思路，都南辕北辙，平时也缺乏交流。

参数化设计和方案设计搭界，属于项目的前期阶段，一般由前沿事务所和高校引领潮流，这些机构会基于 Rhino 做很多传统流程完全无法实现的复杂的设计，并且在上面实现自己开发的各种算法。

而传统意义上BIM的应用点，则与施工结合得更为紧密，拿来做算量、漫游、模拟、动画和工程管理等，虽然也有不少设计院拿来做正向设计的例子，但我依然觉得施工企业的BIM做得更加出彩，也更有价值。

这层隔膜在隔开了这两个圈子的同时，也阻碍了项目信息的传递和数据流通，直接表现就是前期成果后期无法直接使用，不但不利于一线人员的日常工作，也不利于行业的数字化发展。

在这个层面，软件厂商会比一线从业者更想要数据全流程贯通，也一直在针对这些难点展开自己的行动，但不同厂商的思路有所不同。

Autodesk想打造和苹果一样封闭但完整的生态，希望用户拿Autodesk“全家桶”解决所有问题，所以Autodesk收购了Dynamo，把它整合进了以Revit为代表的“全家桶”中。

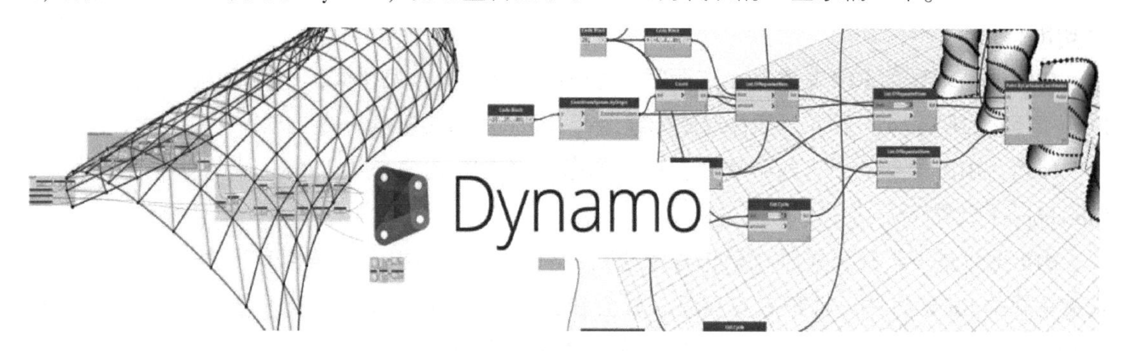

Rhino则基于OpenBIM理念，一直在努力让自己成为各路软件数据交互的胶水平台，之前跟ArchiCAD搞过Rhino-Grasshopper-ArchiCAD Toolset，后来又围绕Revit打造了RIR。

看得出它们都在往对方的圈子里伸手——信息化软件想要参数化，参数化软件想要信息化，不过站在使用者的角度，大家都知道，只有二者合流到一起，才是真正的数字化趋势。

可以把RIR的诞生看作是封闭系统多了一条使用外界生态的路径，或者说开放平台也把整个封闭系统当作了自己平台上的一环，至少在理论上能让全过程信息工作流更畅通。

而从行业视角回到具体的工作者身上，它能让我们做出很多厉害的作品。

2. 用RIR做什么？

在过去的一年中，我的工作流程常常是这样的：用Grasshopper做模型和计算，再通过RIR把结果传输进Revit里，复盘整个工作流，整合其中的电池与代码，最后把流程编译成完整的插件，以供下次使用。

基于这套流程，我可以实现产研结合，在项目中做开发，每一个项目的研发成果都能为下个项目打下坚实的基础。

如基于GIS实景模型和网络大数据的场地分析与地质模型工作流。

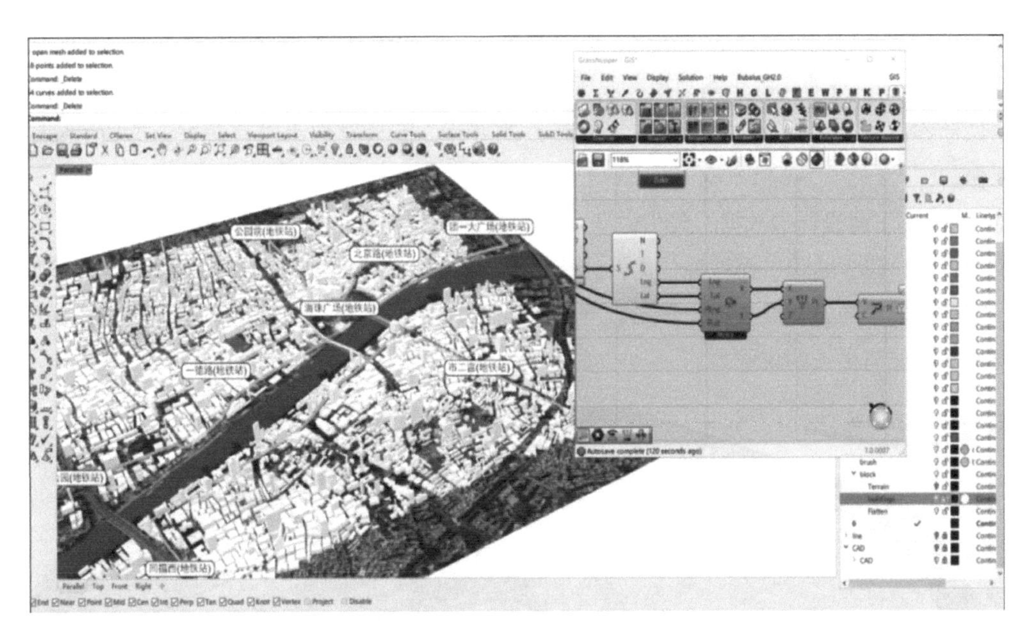

再如负责研发的同事利用 RIR 研发的使用 Grasshopper 进行房间自动填色，或者是负责绿建的同事基于 Grasshopper 做的建筑信息可视化、建筑性能分析，都是基于这套流程的产物。

总而言之，RIR 作为一个沟通桥梁，要做的就是读取其他软件的数据，并把计算的结果转到其他软件中。

大家都知道，BIM 模型的最大价值就在于其中的建筑信息——也可以被理解为建筑数据。有数据，就可以基于它们做相应的可视化，漂亮的数据会带来漂亮的可视化。

但是，Revit自身的可视化能力是有局限性的，它仅仅能完成一些简单的上色、炸开而已，基本无法做动作，更无法基于数据做出许多非线性的变化，而只要你手里有数据，这些Grasshopper都可以做。

基于Revit正向设计的数据，我们做了非常多数据的可视化表达。团队用RIR读取了Revit模型中的几何、阶段、名称、面积等信息，让模型能够在不同的条件下，动态地展示Revit模型中的信息，完美衔接正向设计成果，发挥出数据在可视化方面的价值，比起表格里死板的数据，这样的呈现形式明显有更强的说服力。

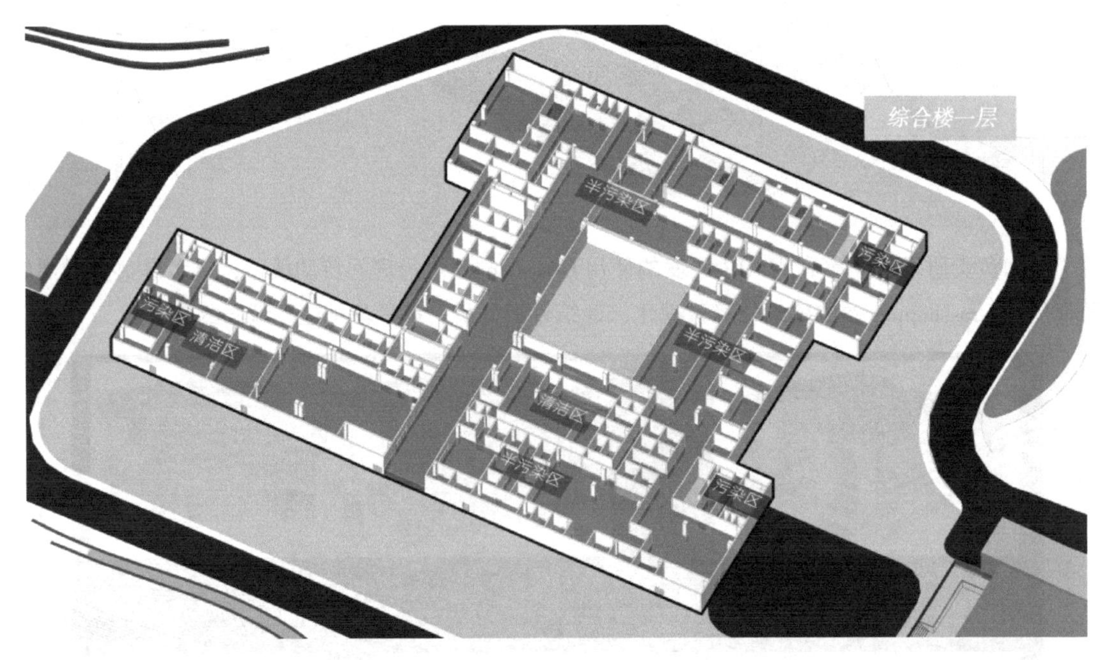

另一方面，Rhino本身是非常好的建模软件，它支持Nurbs，比很多软件的建模精度高很多，执行速度快，兼容性也很强，是很多专业建模的选择。更重要的，在Grasshopper的加持下，它支持对建筑数据的复杂运算。

还是以这个项目为例，团队使用RIR完成了地勘模型的自动生成。

在整个过程中，团队首先利用了Rhino的兼容性，把CAD地勘图的数据，完整地导入进了Grasshopper，并实现了数据清洗；再以Grasshopper环境下的Python为基础，设计了许多的类，用于承载数据，并针对数据做出反应和计算，从而调用API生成实体模型。

通过对模型进行交集计算，自动算出柱子的受力及长度；最后通过RIR将数据写入模型，将模型传入Revit，实现整体流程的闭环。

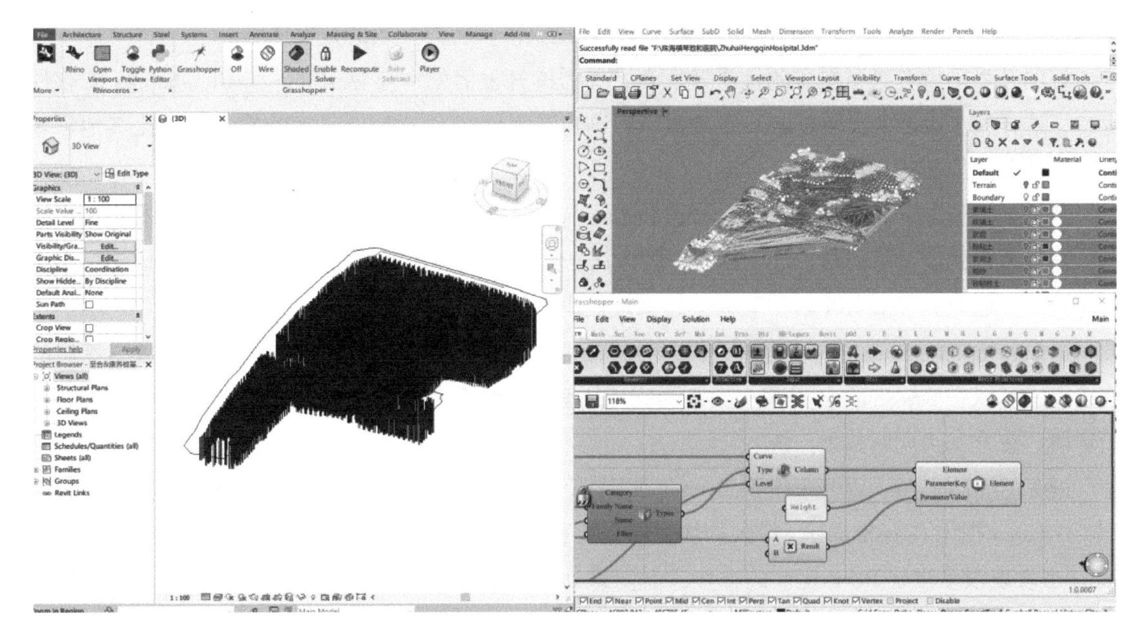

更重要的，所有这些操作步骤都不是一次性的工作，我们最终把这些成果做成相应的插件，如可视化插件与地勘插件，从而改变机械的工作流程，完成项目之间实打实的积累。

3. Dynamo 和 Grasshopper 有什么区别？

既然我们说到 RIR，就不得不说说 Rhino 和 Grasshopper，讲讲我自己对这两款软件的理解。

RIR 怎么通信，对普通人来说不重要，重要的是 RIR 背后的 Grasshopper，既然 Dynamo 和 Grasshopper 的定位一致——至少在表面上是这样，那我们自然要对二者进行比较。

就本质而言，它们都是面向设计师的可视化编程平台，功能基本上没有区别，无论是大批量处理建筑信息，还是进行复杂的参数化建模，甚至完成设计流程自动化，它们的技术路径和实现手法，几乎都一模一样。

但如果我们去看这两款软件的细节，还是能看出两款产品设计思想的不同。

Grasshopper 在设计圈低代码领域拥有无可比拟的先发优势，它凭借着自身的多年积累，打造了极为丰富、完整、通用的生态，插件丰富，资料齐全。

随手举几个例子，如 Ladybug，可以做各种各样的绿建、环境分析；如 Elefront，支持深度图样处理；甚至还有像 Compas 这样的工具，能支持进行机器学习和机器臂这种前沿方向的探索。

能把这些插件使用起来，正可谓上可九天揽月，下可五洋捉鳖。

如果想开发自己的专属插件，能得到的文档、案例和开源代码都数不胜数，上手会极为方便。在开发环境上，Grasshopper 不但支持 Python 直写，还同时支持 C#和 VB 的深度开发，在 Grasshopper 环境写代码，和开发者用的是同一套 API，轻易获得和官方一致的开发体验。

好的开发环境会吸引更多的优秀开发者，优秀的开发者能够丰富 Rhino 和 Grasshopper 的软件生态，这样整个生态的发展就进入正向循环，这也是为什么 Grasshopper 上的插件总会比其他领域丰富且前沿的原因。

我曾试图用 Dynamo 写一些自动化的 Python 脚本，但是在 Dynamo 中写 Python 的体验着实糟糕，连最基本的变量都无法打印，Debug 极为痛苦，让我没有写下去的欲望，而 Grasshopper 不但支持打印，还有完整的 API 以供查询，让人敲代码的欲望都变高了。

最后，我们说 Grasshopper 是一个“胶水平台”，这也就意味着它是各种不同软件数据流转的连接点，可以在 Grasshopper 下用一套东西完成所有建筑信息的计算，超越任何一家软件公司的封闭环境，在外部实现新的大一统。

说完 Grasshopper，返回来说说 Dynamo 的优点：我把它称作“信息化软件的反杀”。

Dynamo 相比 Grasshopper，最大的优势便是能获得更多的 Autodesk 官方资源，因而可以在 Dynamo 上发现很多围绕 Revit 定制的插件，专门来处理和 Revit 相关的内容，专门为 Revit 这一款软件做定制服务，这些是没有官方支持的 Grasshopper 难以企及的。

其次，由于 Dynamo 是服务信息化的软件起家，信息化处理的能力可以说是绝对强大。

如它的数据结构设定，就和 Python 的 list 非常相似，灵活且自由，既能随意控制数据位置和大小，也能快速编辑读取，配合连缀（lacing）功能，Dynamo 在处理巨量、不等维的复杂类型数据时，有着和 Python 一样巨大的优势。

反观 Grasshopper，它使用的是一种叫作 Datatree 的数据结构，和 C#中的 Array 比较类似，可以看作是 Array 的智能升级版。它以 Path 的形式，定死了数据容器的大小、类型和位置，确实能针对输入做出十分智能的反应，如数据自动匹配和运算自动循环，但在面对复杂多维数据时，操作会相当麻烦。

总之，二者各有优劣，都体现出了各自出身就带有的特点。

4. 有必要转到 Rhinoinside 吗？

摄影圈子有这么一个说法：

如果说不清楚当前手里的设备究竟在哪一点无法满足你的摄影需求，就不要去盲目更换设备。软件工具的选择也是这样，我希望你不要成为一个工具党，而是要先明确自己的定位与需求。

如果 Dynamo 已经能够满足你的日常需求，且 Grasshopper 无法为你创造新的增长点，放弃原本在 Dynamo 平台的积累是不明智的，何况 Dynamo 自带信息化软件的先天优势，可以确定是相对适合 Revit 的。

但如果你想在参数化、低代码编程，甚至建筑前沿领域——如写插件、机械臂、机器学习等方面有所造诣，我会强烈推荐你迅速转移到 Grasshopper 上。

选软件和选手机一样，就是在选生态，优秀生态对个人的提升和帮助是难以估量的。以我为例，我在 Grasshopper 平台工作的效率、热情和技术上限，很明显会比 Dynamo 平台高出 *N* 个层级。

此外，无论是从 Grasshopper 转到 Dynamo，还是从 Dynamo 转到 Grasshopper，同一类型软件间的转换都是十分迅速的，适应一下不同软件的数据结构，就能快速转换，大可不必为“选错了软件”而苦恼。

SYNCHRO：有价值的工程数据管理

我们谈软件，不仅是谈功能，而是通过软件去探讨背后的工作方法和思路。本节要讲的，是一款具有施工模拟功能的数字化施工管理软件，名字叫 SYNCHRO。

建筑工程项目成本里，材料费和人工费占比最高，由于很多成本产生于人员和材料的浪费，施工进度拖延、反复拆改、质量和安全问题等，建筑业的施工企业对数字化的需求直接跟企业利益挂钩，相对来说是比较强的。

我们也在越来越多的场合看到，在这个原本粗放式管理的行业里，越来越多的企业重新探讨数字化的方法论，也有越来越多的软件公司在数字施工领域布局。

早期的 BIM 用户提到 SYNCHRO，普遍认为它是一款 4D 施工模拟软件，一般首先想到的就是经常做的模拟动画了。实际上 SYNCHRO 的定位并不是动画模拟软件，它的核心在于工程数据的管理。

而本节我们要通过这个软件说的，就正是“施工模拟”和“数据管理”两个思维的不同。

1. 诞生：从 VDC 到 4D BIM

从 BIM 诞生到现在，关于“BIM 应该有几 D”的争论就一直不断，这里面既有学术的原因，也有营销的原因，4D 比 3D 高一筹，5D 比 4D 又高一筹，于是在不断的竞争和争论中，6D BIM、7D BIM 都应运而生。

追本溯源地说，3D 代表空间三维这个没什么争议，经过这些年的宣传，大家一般比较默认的是 4D 代表时间维度，一般的建模软件不具备这个维度的信息。

除了模型的三维形体信息，其他信息都是软件赋予到三维模型上的“字段”，而其他的“D”应该是成本、能耗、预算、竣工时间等，都是人为定义的概念，每个“D”到底代表什么，基本上也就是比谁的“嗓门大”。

斯坦福大学很早就提出了VDC的概念，全称是Virtual Design and Construction，可视化的设计和施工，核心的理念是在虚拟环境中完全模拟设计和建造的流程，总体目标是节约施工时间，降低施工成本和人力投入，然后利用计算机把总目标拆解成一系列的子目标去完成。

既然除了设计，还要包含建造这个流程，那么无论是图样还是模型，一个静态的成果就无法承载这样的需求，于是4D的概念就应运而生。

SYNCHRO这个软件诞生于伦敦中心城市（mid-city place in London）的项目，当时的咨询专家接到的任务是帮助改进项目计划实施，最终降低成本。他们意识到，建筑行业没有足够的信息来支持这个工作，他们手里也缺少把图样、文档和进度成本数据集成到单一数据源的软件。

于是他们开发了SYNCHRO 4D这款软件，把Excel、Primavera、MS Project等各种来源的数据集成到一起，来进行项目的进度验证。

到2001年，SYNCHRO Software公司正式成立，软件也正式走向商业化。几年时间在欧美的施工进度管理领域达到了70%的市场占有率。后来这家公司一直保持一半咨询、一半开发的架构，随着项目的咨询应用来推进产品的迭代。

后来的产品包含了施工过程可视化模拟、进度计划、风险管理、同步设计变更、供应链和造价管理的工具，不过SYNCHRO还是主张自己是即开即用的深度工具软件，而不是一个平台产品。

2018年，美国BENTLEY公司全资收购了SYNCHRO，把它纳入到一个更大的施工解决方案里，包括网页和移动端的管理应用SYNCHRO Control、现场移动端应用SYNCHRO Field、施工模型和工程量的创建工具SYNCHRO Modeler，以及原本的数字化施工管理应用SYNCHRO 4D。

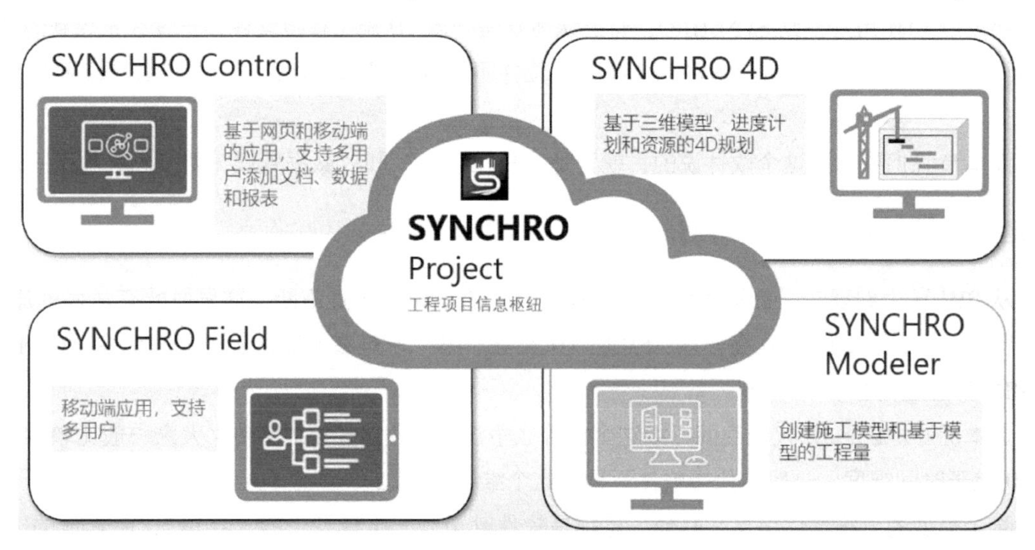

其中的SYNCHRO 4D是整个体系里最老牌的软件，下面我们就简称为SYNCHRO。时至今日，

全世界超过500家公司成为它的用户，在美国排名前50的总包企业里有28家都使用它。

很多人认为4D就是进度的可视化，而SYNCHRO主张的内涵是“管理”这个维度，还包括项目管理的理念、组织、手段，把质量、进度、成本贯穿到整个施工过程。不过在国内普遍认为“4D＝时间”的市场环境下，不得不说在营销上吃了一波亏，所以在国内SYNCHRO也称自己为“4D＋X”数字化施工解决方案。

2. 理念：施工拆分与管控

传统的进度管理，是通过大量图样去获取信息，编制进度计划，再到最终的执行，最大的问题在于过程中信息交互的困难，因为专业程度高，导致难以执行和修改。

而SYNCHRO是基于模型的进度编制，主要为了改变传统信息录入和编写的工作，编制的精细程度也比传统方式高出一个量级。

基于模型去审查项目，进行整个项目的可视化预演，基于进度去驱动动画，而不是为了动画而做动画。

动画是进度信息的表达，为了让非专业的人知道你对工程项目的安排。SYNCHRO会提供一套设计变更和任务变更管理方案，可编辑的电子信息意味着变更这样的工作更灵活。如果进度发生了调整，动画就会发生改变。

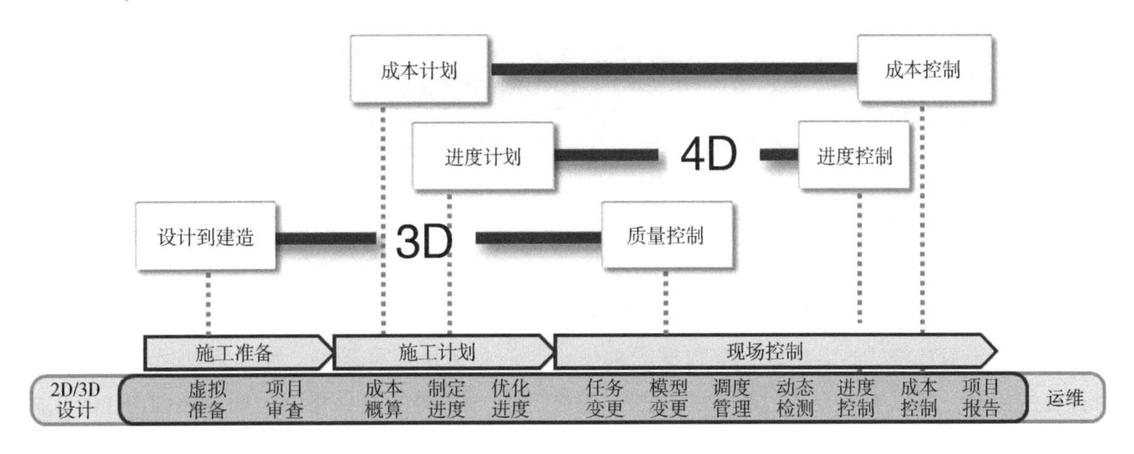

SYNCHRO的理念，是把施工分为三个阶段：施工准备、施工计划、现场控制。

施工准备阶段主要是模型与基准计划的准备，把模型与基准计划关联，实现前期的准备工作。施工计划阶段，主要完成成本概算、进度细化和优化。现场控制阶段作为SYNCHRO的应用核心，是对任务变更、模型变更、调度管理、进度控制、成本控制等的管理。

实际上，第三个阶段“现场控制”才是SYNCHRO理念的核心，目的是通过前期的计划，实现现场工作的电子化，最终实现降本增效。

SYNCHRO 的软件整体上专业覆盖比较广，下面我们走马观花来看看它的几个主要的应用点。

3. 应用：数据的迭代与使用

总的来说，SYNCHRO 在应用层，可以分为 10 个比较大的方向，分开说说。

应用 1. 数据导入

SYNCHRO 支持的三维模型格式非常多，常见的建模软件如 Bentley 全系列、Tekla、AutoCAD、Revit、SketchUp、CATIA、Pro/E、Solidworks、Rhino 等都可以直接合并导入，另外像 IFC、SAT、FBX、STEP、Navisworks 等中间格式也都可以支持。

用 Project、P6、Excel 等软件编制的进度数据也可以直接导入进来，用于驱动进度动画。

另外，倾斜摄影的数据也可以导入到 SYNCHRO 里，作为展示的基础。

另外对于 IFC 格式，会出现一些数据的丢失，这一点还是不可避免，也是目前所有软件互通时存在的问题。所以在使用的过程中，还是尽量使用官方支持的文件格式，如 SYNCHRO 给比较主流的 Revit、MicroStation、SketchUp 等软件提供了相应的插件，能比较完美地导入非几何信息。

当数据量比较大的时候，也可以不再把信息以属性的形式存在建模软件里，而是通过数据和模型分离，把这些施工相关的信息以数据库的形式存在 SYNCHRO 里，再把数据库和模型构件挂接到一起，这样后期修改起来会很方便，目前也有越来越多的项目开始尝试这种方式。

应用 2. 模型与任务关联

SYNCHRO 不仅可以支持外部进度数据的导入，也自带很好用的进度编排功能。它可以按照 WBS 把模型和任务分解成最小单元，去完成施工进度模拟、工序模拟、场布模拟等，最终输出施工动画。团队可以通过可视化的过程对施工进度计划做更合理的安排。

应用 3. 进度对比和优化

SYNCHRO 提供了多个三维窗口，每个窗口可以关联一个不同的进度计划，这样就可以同时进行多个计划的模拟对比，还能对两个方案的关键指标做对比分析，以报表的形式统计它们的不同，从而帮助工程师选出最优的方案。

软件也支持把计划任务与施工现场联系起来，把现场采集的照片导入到软件里，可以对现场进行进度指导，也可以实现计划与现场实际施工情况做对比。

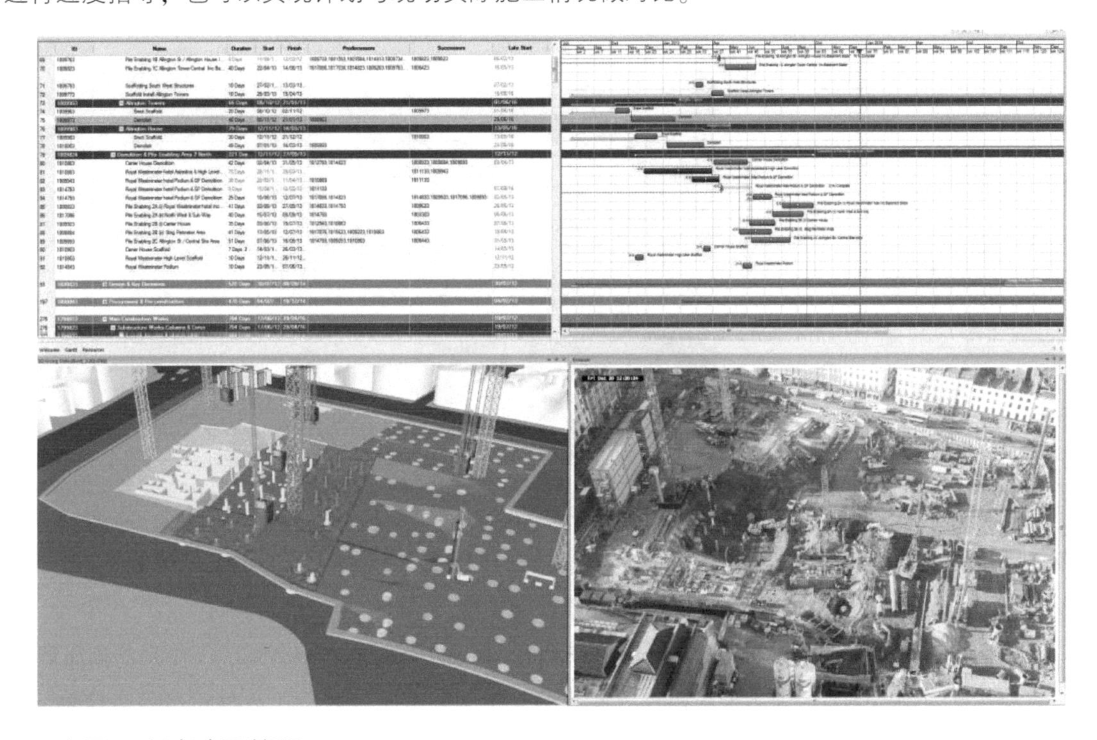

应用 4. 任务变更管理

SYNCHRO 的任务变更功能，遵从的方法论叫作关键线路法（CPM-Critical Path Method），可以利用这个功能快速调整方案，也可以让项目进度更加紧凑，从而缩短工期。当任务变更导致模型发生变更之后，模型的切割、资源分配等工作会保留，之前模型和任务之间的关系也会保留，不需要二次关联工作。

应用 5. 成本管控

在 SYNCHRO 里，每个任务都对应着计划成本信息和实际成本信息，包括人工、设备、材料、风险等，并且通过 EVA 经济增加值模型（Economic Value Added），对某个时期之内计划成本和实际成本做出分析。代表经济指标的 EVA 图也可以和代表进度的甘特图相关联，随时查看某一个施工阶段的各项成本信息。

成本信息被写到模型构件里，通过SYNCHRO建立起用于数据分析的概算模型，得到对应的工程量，并且随着时间的演化进一步被分解，为施工周期和成本提供一个依据。

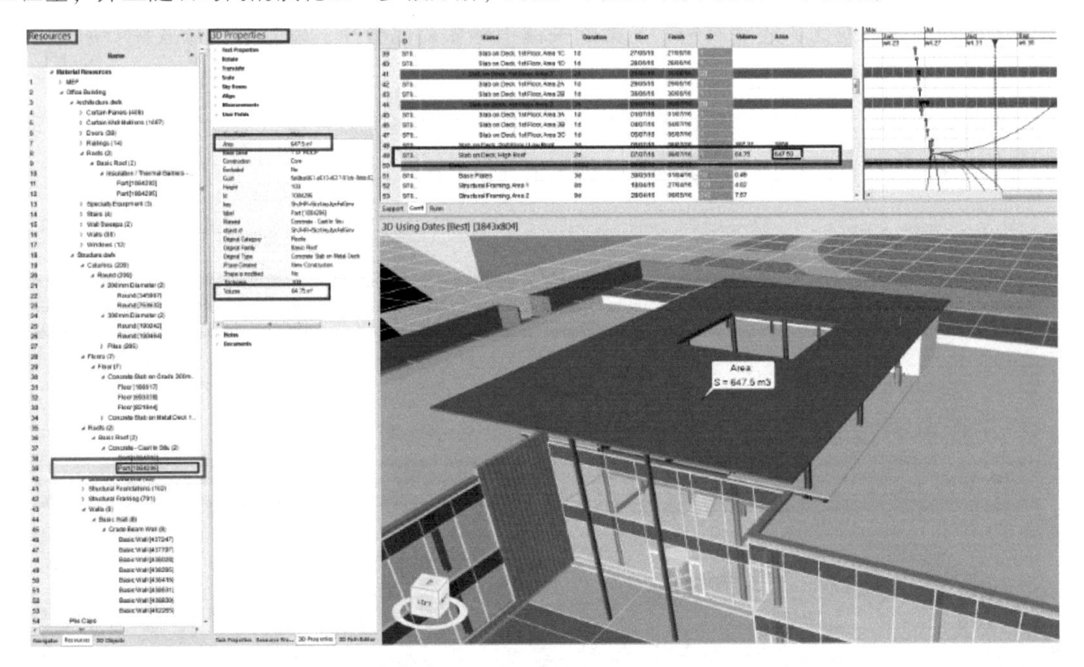

举个例子，到4月12日要进行设备安装，在施工相关的数据录入软件后，把时间定格到一个位置，就能直接看到前期的设计、现场的采购到什么阶段了，看看现场是不是具备施工的条件。而不是等到开工了，发现材料没有到，导致现场没办法施工。

同样，4D模拟完成之后，成本也能够随着时间的演进迭代生成，如下周、下个月的支出等。

需要注意的是，因为目前主流的建模软件并不支持国内的扣减规则、人材机费用等信息，所以实际项目中SYNCHRO并不会被拿来做预算，而是做项目量化指标的管控。

应用6. 过程管理

不同专业统计工程量的方式不一样，有的要长度、有的要体积、有的要重量，基于这些量化指标乘以单价得到成本。数据经过运算规则得到一个结果，而这套运算规则是随着项目的运用、企业的规范不断去汇总逐渐庞大起来的体系。所谓运算规则，背后就是对过程数据的管控。

SYNCHRO承载的是这些数据和运算规则，并把它们与进度关联到一起，就把项目拆成了金钱和时间两个维度，目的是为了面向过程的“管理”，而不是面向结果的“统计”。

在实际的项目中，费用会随着项目的进行一笔一笔地进来，如采购完成给到10%，加工完成给到50%，安装完成给到90%。在真实的项目里，不是给一个清单就结束了，而是要和很多的过程融合在一起，让管理者清楚，到底来了哪些材料，到底安装到哪个阶段了，这些过程信息和BIM融合在一起，利用数据进行计算，最终提供一个整体的视角，给到项目的决策者。

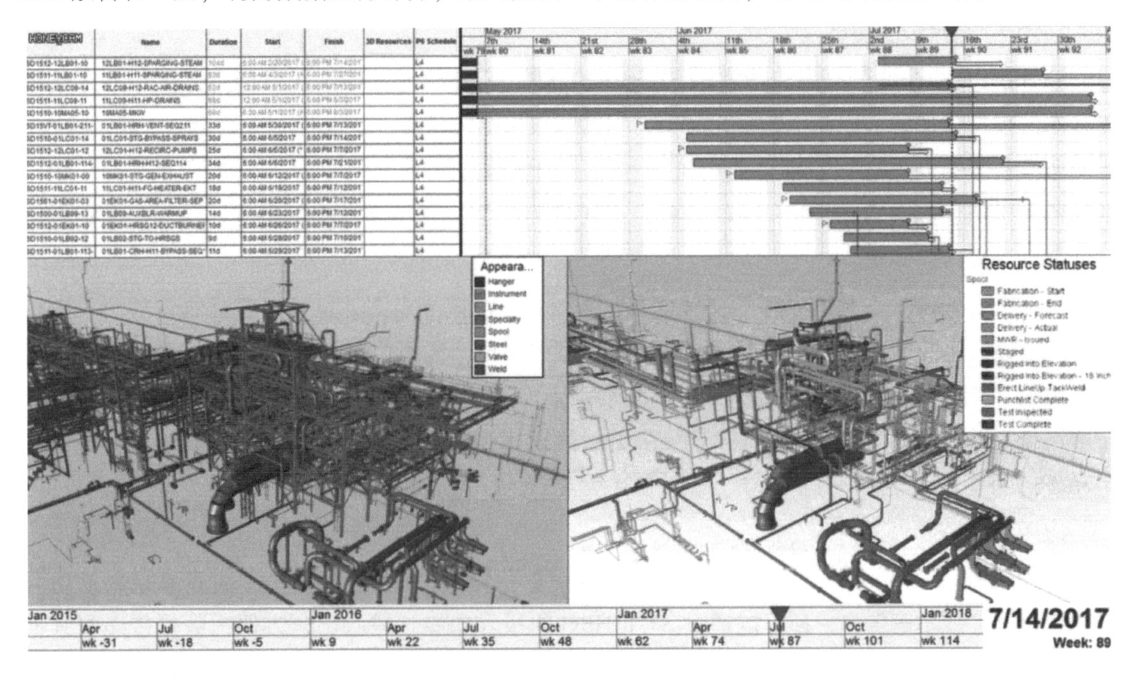

应用7. 资源管理

SYNCHRO 中的数据可以通过建模软件中的属性信息添加施工人员、相关设备、材料等信息，并且能自动生成资源情况柱状图，给施工计划提供支撑。

使用者可以在软件里编辑施工日计划，针对这个计划编制相应的人、材、机投入计划，通过关联对应的模型构件，推演出很多问题，如人员投入计划不均衡、人数过多、总包单位租赁机械不连续，这些问题会以图表的形式清晰地展现出来。

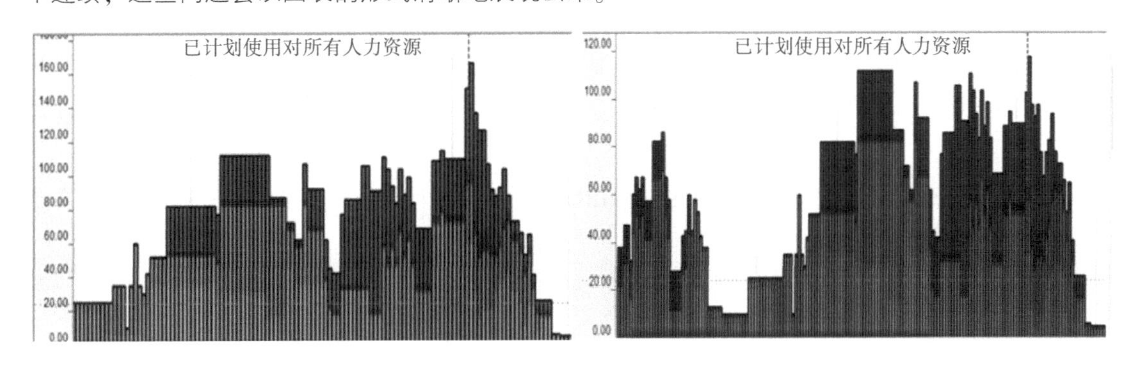

应用8. 动态碰撞模拟

一般的碰撞检测是针对完成状态的构件来检查，而在 SYNCHRO 里，可以通过设置3D运动路径和工作空间，动态模拟预制件的装配、复杂设备的吊装、塔式起重机安全施工等，在模拟的过程中会对碰撞进行动态监测，对可能发生的碰撞发出预警。

应用9. 混合现实设备

SYNCHRO一个比较亮眼的功能叫SYNCHRO XR，它是和HoloLens头盔结合，用新的方式浏览云端的模型、任务、资源、数据、文档、问题和项目状态信息。

戴着头盔的人可以看到模型的全息图和周围的物理空间融合到一起。这种混合现实（MR）的体验和虚拟现实（VR）很不一样，VR是只能看到模型，看不到真实的世界，而MR是把虚拟空间叠加到实体空间里。

目前的HoloLens二代有了新的交互模式，可以伸手触摸全息图，也可以抓起物体放到手中检查，还能通过手腕转动、双手伸展等动作进行模型的缩放。这些功能可以让使用者沉浸在模型里，用自然的手势规划施工逻辑，也可以用手的前后运动来控制时间滑块，预览变化的施工过程。

把模型1∶1投放到现场位置，用沉浸的方式展现模型和数据，结合现场的实际情况，查看施工和设计的差异，可视化分析现状、优化施工方案。

应用10. 资源管理

SYNCHRO的结果可以用作3D模型输出、模拟视频输出、甘特图输出，另外前面说到的所有资源、进度、成本等信息，都可以通过SYNCHRO的报表功能一键导出，方便把数据传递到其他的生产环节。

和很多“数据只进不出”的施工动画软件不同，SYNCHRO的项目不是以单文件的形式来存储，而是采用一个叫OODB的数据库格式，像构件是哪个单位施工的、什么时候完成的、供应商是谁等信息都可以融合在模型里，可以承接上游来的数据，也可以向下游传数据。

有的企业有自己的业务流程管控和信息展示平台，SYNCHRO提供了API接口，对应的企业管理数据也可以无缝对接到相关的平台上去。

这样的API接口也可以针对不同企业的管理流程，进行更进一步的开发，如过程监控、文档的审查、变更的管理、安全事件、质量记录。国内目前就有项目利用SYNCHRO的移动端接口开发了对应的管理平台，现场可以进行照片和文本的更新采集，让项目的进度管理不再停留在办公室里。

不过需要注意的是，二次开发对于SYNCHRO来说，不像其他功能一样“即开即用”，需要企业有一定的开发能力。

4. 总结：SYNCHRO的软件定位

说完功能，我们再说说软件的定位。

目前的BIM模型应用方向，可以粗略地分为前期的“建模”和后期的“用模”，SYNCHRO

总体上来说肯定是属于用模软件，但它用的却不仅是模型的形体属性，而更像是施工管理软件、进度计划软件、可行性分析软件的综合体。

可以用下面十条总结，理一理这个软件在行业中的生态位，以及什么样的工作更需要它。

首先，一般的模型检查软件，主要是模型的合并、检查和漫游，如果做施工模拟，也主要是在模型几何数据这个层面起到展示的效果；而 SYNCHRO 因为挂接了更多维度的数据，它做的模拟更多意义上是用来指导施工。

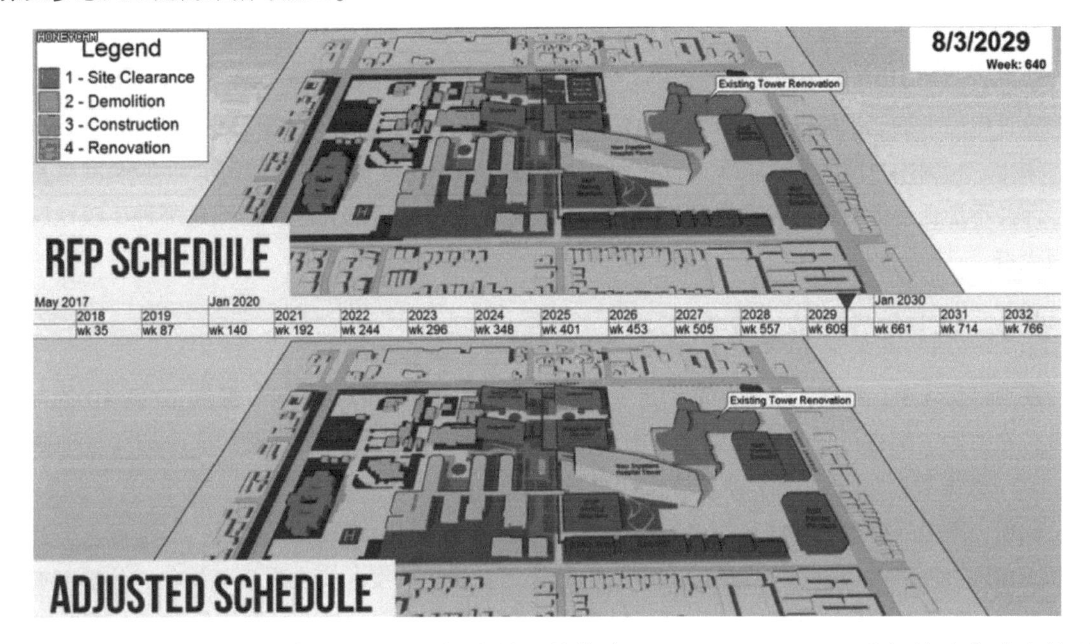

第二，一般的碰撞检查软件主要是静态结果的检查，而 SYNCHRO 可以进行静态和动态的碰撞检查，也是直指施工过程的管控。

第三，针对现场施工的复杂状况，SYNCHRO 可以用来做比较复杂的动画，如可以给构件添加任意曲线的精确动画路径，也可以利用关键线路自动获取构件路径，当施工顺序不在这个路径上的时候，会发出警告，这就让动画的规划更自由地符合现场需求，而不是被软件功能限制。

第四，当原始模型发生变更的时候，SYNCHRO 可以自动同步更新，如果有新的构件没有关联进度信息，也会发出提醒；同样，导入的 P6 等进度文件发生变更的时候，也可以同步更新到 SYNCHRO 里面，任务之间的继承关系也会得到保留。这就比一般的进度规划软件有更强的设计融合性。

第五，2D 的航拍图和 3D 的倾斜摄影成果可以导入到 SYNCHRO 里，作为 4D 模拟的背景，使得施工模拟更加真实。

第六，SYNCHRO 可以随着施工进展，计算出工作任务的关键路径，可以给那些和进度不匹配的任务生成报告和图表，方便现场及时修正和查看，不同阶段对应的资源密度也会有相应的报表。

第七，很多数据分析和管理软件是数据的终点，各种模型汇总到这里做检查和模拟，不能再导出到其他软件做分析，而SYNCHRO的数据库结构可以继续把数据向其他软件传递。

第八，一般的施工模拟软件只是做展示动画的结果，只要了解时间轴、移动、旋转等动画思路就可以做模拟，而用SYNCHRO需要对施工进程有一定的专业知识，如果能独立编制进度计划是最好的，还需要一些数据思维，相对来说上手的门槛要高一些。

第九，SYNCHRO的定位不是专业的动画软件，所以做出来的成果一定是比不上3DS MAX这样的软件做出来的成果酷炫的，SYNCHRO主打的是数据的管理，以及和施工业务的深度融合。

第十，和国内目前开发比较多的云平台相比，SYNCHRO是一款面向施工管理的深度应用软件，而并不是企业级的项目管理平台，它输出的数据也偏向实用的管理，而不是那种比较炫酷的看板大屏。

5. 思考：数字化管理的意义在哪？

在项目管理中，各部门之间的联动是项目顺利实施的基础，而BIM可以提供3D及4D的沟通平台，在模型中解决可预见的问题，平衡各部门之间的信息差，实现数据共享。其实“动画模拟”和“数据管控”，核心的差别就在于“精细化管理”。

比如，国内的衡水武邑城区110kV输变电工程、京哈高速公路改扩建项目，当项目人员谈到SYNCHRO的使用时，没有提“模拟动画”，而是谈道：现场调度和安全规划可视化，分析潜在施工难点，对不同方案的可行性进行比对，制定施工组织设计方案；结合材料实际使用情况生成计划成本和资源分析报告，实时开展现场与计划进度对比，对滞后计划进行分析并及时提出调整方案，降低管理成本。

精细化管理是不是必需的？不是，它只是一个被竞争倒逼的选择。

对一些领导来说，其实并不关心施工过程的数据是什么样的，而更关心一个关键结果。但实际上，关键数据的来源是一条条的精细化信息，领导一问完成多少了，拍个脑袋就回答“百分之三十了”，这个数是哪里来的？误差有多大？为什么项目是这样的进度？卡在哪里了？

这就好比有些App会统计你一天的手机使用时间，也许你只关注一个总时间，但总时间的数据必然是来自于各个软件的统计数据，如果你不相信这个数据，可以点开它，去查看每个软件使用的时长。

这些信息原来在施工单位有没有？当然有，否则施工单位早就别干了，而软件只是给数据的汇总、结构化的安排上，提供了更高效的选项。

企业不用数字化的手段当然也可以管项目，但“可以管”不代表“管得精细”。

管理这件事的提高不是非黑即白，哪怕是不能完美执行的计划，也好过没有计划；哪怕是贯彻了一半的数字化，也好过纸笔和图表。实际上很多项目里，用BIM做计划的问题不在计划的难度有多大，而在于这件事由一两个BIM人员去编制进度动画，主要用在投标阶段做个加分项。

这是一个实际存在的生态，我们不去批评大家不应该这么做，而是站在企业与个人发展的角度来说：如果一个人过去了几年，还是坚持认为施工模拟就只不过是做做样子的动画，那也只有持同样观点的企业会欢迎他，并给他开出相应价值的待遇。

工具只是帮助人伸长了双手，至于要不要动手去做事，还是看人本身，无论你使用什么样的工具，向效率要“开源”，向管理要“节流”，都是更上一层楼需要迈的思维台阶。

emData：20年老兵开发的BIM数据管理平台

本节的内容，来自老朋友，上海水石建筑规划设计股份有限公司BIM中心负责人，大名金戈，网名铁马，本书前面的章节讲述过他关于BIM运维的独特观点。

为了推动行业往前走，他们不仅把团队多年来的标准和知识成果拿出来给所有人共享，还开发了一个免费的BIM数据同步和管理工具。

所以，本节内容一共分为两部分：

第一，这些年的工作中，金戈为甲方提供了哪些BIM服务？他眼中BIM与运维的关系是怎样的？

第二，他们把哪些技术标准做了免费共享？他们开发的软件是什么？能用来做什么？怎样免费使用？

下面正式开始。

1. 从工程BIM到数据BIM

这几年，金戈和很多同行交流，也参与了不少国内和国际的会议，总体上来看，他认为未来工程设计行业与数字化相关的路线，有这么几个大的方向。

第一个方向是各地政府开始有了很多相关政策，推动住宅项目的BIM正向设计，包括各类单一业态项目的工作流程优化。

第二个方向是基于模型的自动化审查，未来的数字模型交付是一个比较确定的方向。

第三个方向是基于BIM的数据管理平台，很多城市都成立了数字化转型小组，关于工程数据的标准也越来越多，不少大型国企都被要求拿出相应的标杆项目。

金戈觉得，前两个方向是基于现在设计院主营业务的升级，是两条“怎么把已有的路走得更好”的路线，也有大量的企业在做尝试，而第三个方向——用数据去做管理，相对来说市场比较空白，大家普遍认为是一个很好的方向，但从事研究的人不多，有实践成果的就更少了。

与其等着别人去实现，不如自己干。于是，这位40不惑的“老法师”，毅然投身到了“数据BIM”这条路的探索中去。

前面的内容金戈曾经说道：所谓“数据BIM”，应该是各类建筑的知识从几何和数据两个角度进行结构化的沉淀，为后续的新项目以及各种决策提供数据依据。这就需要经历知识积累和知识复用两个过程，而这恰恰是建筑行业最欠缺的。

金戈认为，工程BIM代表了一种精益管理的落地措施，是管理模式的提升，而数据BIM代表的是知识复用，是未来建筑业生产方式的革新。

实际上，早在2015年的时候，金戈就在广州地铁项目接到了数据交付的要求，业主希望他们的BIM在做完之后，能给运维方移交一个数字化模型，不过那时候他们没能满足这个需求，这件事儿他就记在了心里。

后来在2017年，他们在一个写字楼项目，算是第一次完成了数字化移交，但整个项目做下来特别的累。

时间来到2020年，他们又参与到了上海城投的租赁住宅项目，这个过程中又有运维数据交付的需求，于是他们就从总包那边拿到BIM模型，开始做模型数据化的工作。当时使用的是美国的一个工具，但这样的工具在国内，标准化方面有着先天性不足。

在这个项目里，模型修改的工作量只占了不到20%，剩下80%的工作都是各类资产数据的整理，里面包含着设计、施工、运维、身份信息等互相关联的数据。

而他们做的这个社区，只是整个项目庞大社区群里的一个，后面无论是业主本身的运维需求，还是建造城市CIM数字底座的交付需求，都有着很大的数据需求量，而现在国内的项目，从竣工到运维，数据的交接是存在很大一个断档的。

在那之后，金戈又咨询了很多做运维的朋友，大家都说BIM的数据移交是一个痛点，也是个难点，市面上找不到通用的解决方案，大多数项目还是在堆人力来做数据整理。于是，金戈就想，既然自己的团队已经把相关的工作按照标准都做了一遍，那能不能把这个标准化的流程做成一个产品？这样，后面有新的类似项目要做的时候，他们就能实现建筑数据的标准化复用，提高自己公司的生产效率。

同时他还想，既然去做这个事，那可以开放给其他企业和个人，算是为推动整个行业往前走，贡献一些力量了。

2. 业主的 BIM 信息诉求

很多业主还没有数据交付的需求，这些放在一边，那些有数据交付需求的业主，大致可以分成三层，对应的服务方也有三层动作。

第一层业主，会要求交付 BIM 模型，模型要和竣工现场保持一致，里面要有运维数据，但模型和数据的交付标准都很模糊，业主自己也不太清楚自己到底要什么，项目做 BIM 的过程中也不会介入，总之就是有个数字模型先存着，数据怎么用以后再说。

因为需求很模糊，所以服务商也是能少做就尽量少做，一个项目动辄十几万个构件，手动往模型里添加数据是很累的，所以一般也就是直接在构件模型的属性里写几条数据交差。

第二层业主，在运维方面已经相对成熟，他们有明确的运维数据交付需求。这里面主要包括给物业管理部门的资产管理数据，如设备的风量、功耗、维护等技术参数，也包括设计人员、工艺做法、联系电话等非技术参数，主要是从传统的资产台账数据模板来套格式。

经过这些年的发展，这类业主的需求有了比较完备的交付标准，或是参考国标来的，或是自己编写的，总体上是包含身份、尺寸、设计、关联、商务、产品、施工和运维这八大类别的参数，服务方就需要按照标准填写参数再提交，基本上也是个苦差事。

第三层业主，是一些政府和企业要求做数字化转型，要搭建数据中台，希望通过数据分析，来优化政府和企业的管理，以及后续很多项目的决策。这种就比单纯的运维需求更高了一个层次。

对于这类业主的需求，服务商就不能只看物业管理部门的台账数据，还需要结合数据中台提供方的要求，把数据进一步完善。到这一层，国内还在探索的阶段，而且很多业主不清楚能用来分析的是哪些数据。

金戈他们作为服务方，会建议业主先按照比较成熟的分类，把数据融合到一起作为一个良好的基础，后续再根据业务的需求，不断实践，不断反馈，一步步优化数据结构。

明确了市场上的需求，也理清了需求的层次，金戈就开始着手做这件事。他自己是懂工程也懂工程数据的人，但还需要一个在工程和 IT 行业跨界的人来一起做。通过朋友介绍，找到了一位从欧特克公司出来的“大佬”，也带着开发团队，经过沟通之后，对方也对这个方向特别感兴趣，于是一拍即合，由金戈作为投资方和产品经理，开始了这个数据管理产品 emData 的研发。

3. emData：一份有共享精神的成果

用金戈自己的话来说，emData 是通过数据库的技术解决 BIM 批量加载和管理非几何数据的工具。总体来说，产品一共解决了五个问题。

第一，基于国际标准、国内标准，以及团队多年来的属性和编码经验，他们做了大量基础的标准编写工作，并且把这些标准集成到软件里对所有人共享，解决项目上缺少行业标准参考、没有可实施的数据标准的问题。类似集成了他们自己的COBie标准和构件分类标准。

第二，通过SaaS模式，解决高成本和通用性的问题，同时也降低了企业使用模型数据的技术门槛，因为软件不收费，所以基本可以达到零成本实现模型数据库搭建。

第三，通过软件来批量处理构件级别的数据，解决项目人员输入数据工作量太大的问题。

第四，软件内嵌了一套人员管理系统，可以解决团队内部人员、企业外部人员的协同办公和数据安全问题。

第五，通过在数据库里把所有数据打通，可以实现数据的交叉筛查和清洗，如快速筛选建筑里所有产品中，某一家特定供应商的产品，并且导出给业务部门使用。以前这些数据是放在一张台账表里，现在是放在一个和BIM模型打通的数据库里面，来解决信息模型交付给甲方却无人使用的问题。

下面就带着你看看在一个项目里使用这款工具的完整流程。

首先登录emData，然后创建项目。可以创建个人类型或者公司类型的项目。接下来在官网下载插件，安装之后会在Revit里看到插件面板。

当你完成了一个项目的模型，不需要考虑手动填入各种属性参数，在插件里选择需要同步数据的族，在整个项目里按族类别来筛选，也可以通过已选中的构件、通过已有的明细表或者按照某几个楼层来筛选，把希望同步的族拉到右边完成准备。

对于这些筛选出来的构件，可以选择里面的任意参数属性进行同步，现在模型里有意义的属性还比较少，没关系，先导出再说。预览确认没问题，选择刚刚在网页端建立的项目，就可以把这些数据批量导出了。

这时候回到网页端，找到建立好的项目，导出的数据就以表单的形式展现出来了。

窗

加载样表 修改楼层 另存样表 表单导出 表单导入 邀请成员

ElementID	楼层	族	标高	底高度	高度
732276	1层 ▾	百叶窗4-角度可变	1层	900	2400
732451	1层 ▾	百叶窗4-角度可变	1层	900	2400
732054	1层 ▾	百叶窗4-角度可变	1层	900	2400
732214	1层 ▾	百叶窗4-角度可变	1层	900	2400
727339	1层 ▾	带形窗(一个水平分格)	1层	900	1500
727713	1层 ▾	带形窗(一个水平分格)	1层	900	1500
727922	1层 ▾	带形窗(一个水平分格)	1层	900	1500
728081	1层 ▾	带形窗(一个水平分格)	1层	900	1500
728194	1层 ▾	带形窗(一个水平分格)	1层	900	1500
728238	1层 ▾	带形窗(一个水平分格)	1层	900	1500
728409	1层 ▾	带形窗(一个水平分格)	1层	900	1500
728459	1层 ▾	带形窗(一个水平分格)	1层	900	1500

共53条 50条/页 ‹ 1 2 › 前往 1 页

只有这些数据，还远远不够满足各种交付要求，下面要批量录入参数和信息。

对于那些甲方没有给出明确需求的项目，或者自己还没有建立标准的团队，金戈他们在这一步做了大量的基础分类和整理工作，软件里集成了很多现成的标准供直接使用。

如编码方面，有《建筑工程设计信息模型分类和编码标准》里面的14号元素表，也有上海水石经过实践改良的最新版编码表。

分类编码库

- 国内分类编码
  - 国标14号（表A0.5元素）.xlsx
  - 水石BIM分类编码标准2022.xlsx
- 国际分类编码

水石BIM分类编码标准2022.xlsx

Id	NodeCode
1061	WR-10.20.12.03
1062	WR-10.20.12.06
1063	WR-10.20.12.07
1064	WR-10.20.12.08
1065	WR-10.20.12.09
1066	WR-10.20.15

再如属性方面，软件里集成了民用建筑、轨道交通、国网电站、住宅空间等领域的常用属性，还包括一些地方交付标准以及BIM审图方面的标准。

选中任意一个标准，里面又有大量的属性分类供选择，如“通用属性”下就包含“商务、施工、设计、运维、位置、关联”等属性分类，选中其中的“运维”分类，里面就包含了运维方常见的属性需求，如产地、使用寿命、保修期、出厂日期、维保人员、维保电话等。

这些已经做好的基础内容，都是开放可编辑的，如果甲方已经有了很明确的模型信息交付标准，或者你的公司已经有了自己常用的标准，还可以选择某个标准，复制到自己的企业或者项目里，进一步编辑保存，供以后随时调用。

有了这些标准，接下来就是在你刚刚同步好的模型数据表里，选择添加哪些属性。

可以选择现成的公用数据，也可以选择自己定义好的数据标准，如要写入“通用属性表”里的运维属性和设计属性，全程不需要手工录入，鼠标点几下选择到右边就好了。

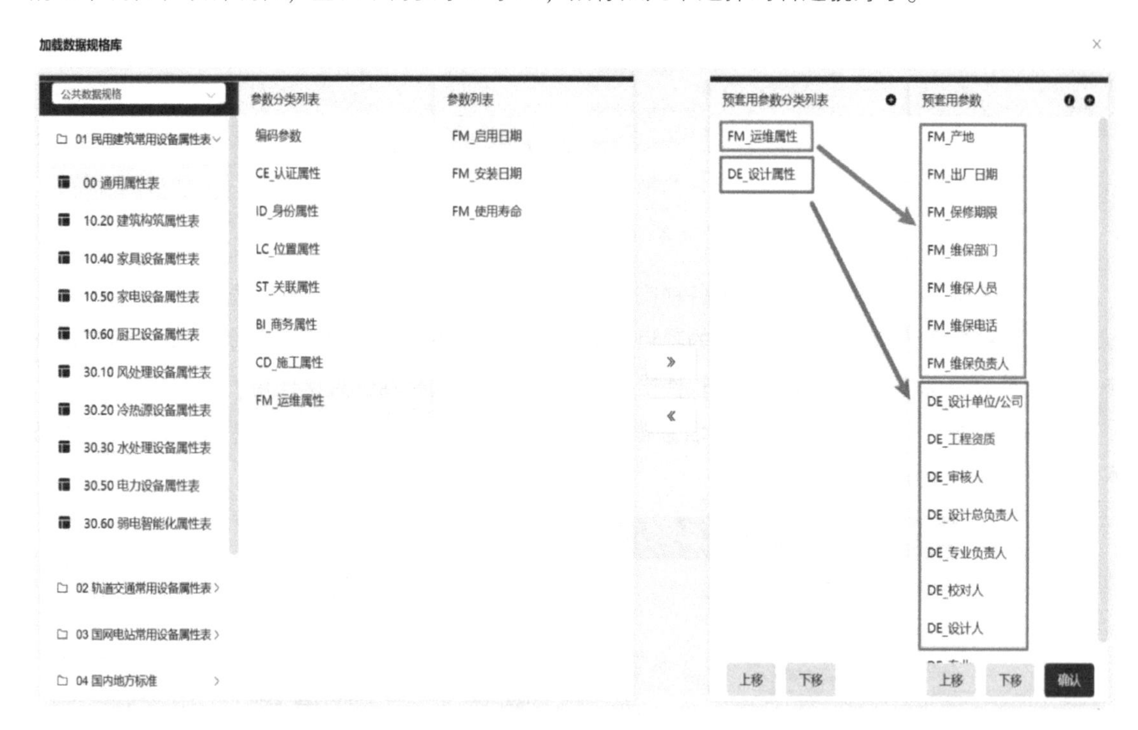

接下来，就是由不同岗位的负责人，填写属性的具体数值了，如设计师负责填入“专业负责人”等设计信息，设备厂商填入“生产日期”等运维信息。

填写的方式有两种。

第一种方式是把这个在线表格导出成Excel表，由负责人填写之后，再导回到云端完成同步。

第二种方式是直接邀请相关负责人登录，把他们的账号加入到企业或者项目里，对方就可以直接在云端填写这些信息，完成在线协同的录入工作。

无论用哪种方式填写好，都会得到一张符合标准、已经填好信息的表单。

ElementID	楼层	族	标高	底高度	高度	FM_产地	FM_出厂日期	FM_保修期限	FM_维保人员	FM_维保电话	DE_设计单位/公司
732276	1层 ▾	百叶窗4-角度可变	1层	900	2400	广州	2021.02.06	2023.02.06	赵晓虎	020-63678765	上海XX设计研究院
732451	1层 ▾	百叶窗4-角度可变	1层	900	2400	广州	2021.02.06	2023.02.06	赵晓虎	020-63678765	上海XX设计研究院
732054	1层 ▾	百叶窗4-角度可变	1层	900	2400	广州	2021.02.06	2023.02.06	赵晓虎	020-63678765	上海XX设计研究院
732214	1层 ▾	百叶窗4-角度可变	1层	900	2400	广州	2021.02.06	2023.02.06	赵晓虎	020-63678765	上海XX设计研究院
727339	1层 ▾	带形窗(一个水平分格)	1层	900	1500	广州	2021.02.06	2023.02.06	赵晓虎	020-63678765	上海XX设计研究院
727713	1层 ▾	带形窗(一个水平分格)	1层	900	1500	广州	2021.02.06	2023.02.06	赵晓虎	020-63678765	上海XX设计研究院
727922	1层 ▾	带形窗(一个水平分格)	1层	900	1500	广州	2021.02.06	2023.02.06	赵晓虎	020-63678765	上海XX设计研究院

实际上，对于一部分业主来说，这样一份与所有构件相关联的表单，已经可以用来交付给运维部门使用了，不过对于 BIM 信息要求更高的用户来说，还可以更进一步，把在线数据同步回模型里。回到 Revit，在插件里选择“向下同步”，就可以选择这个项目中希望同步的数据，下载同步到本地文件里。再查看 Revit 里相关的构件，全部信息都已经自动填写到构件属性里面了。

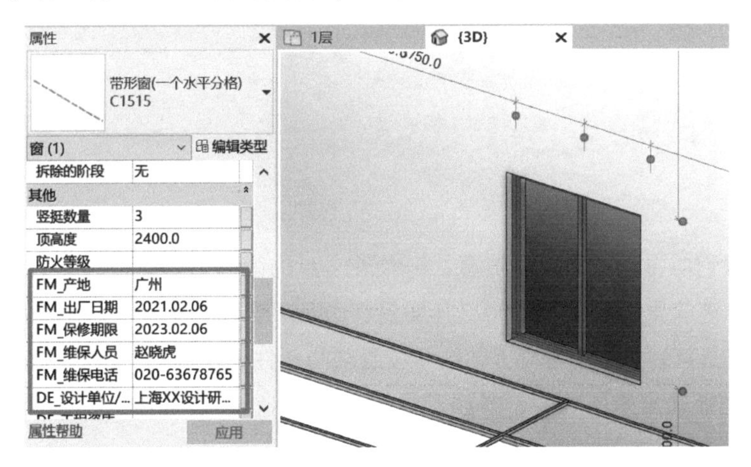

在这个工作流程里，很多参与者都不需要接触 BIM 模型，也不需要在 Revit 里填表格，模型和数据实现了分离。

同时，和一些导出到 Excel 再导回 Revit 的插件不一样，数据和模型虽然分离，但还一直保持着联系。所有数据表格在云端保存，可以随时邀请供应商来填写，可以随时和业主的运维管理平台同步。

最重要的是，当企业的项目越来越多，用 Excel 导出的方式，没办法保证每一个参与者都使用同样的标准，而使用这种方式，因为参数名的写入都是基于标准自动完成，所以不用担心人为的偏差，这些标准和项目数据也会一直保留，成为一份可以不断复用、传承和迭代的数字资产。

我们在项目里，交付给甲方一个带数据的 rvt 模型，甲方该怎么用呢？很多时候是没法用的，因为很多数据对特定的人没有用，Revit 的交互形式也没办法把数据融入他们的业务场景里。

emData 还有个更棒的功能，可以把 BIM 模型一键上传到网页端，它就成了一个三维在线轻量化模型。在这个模型里，可以按楼层、按空间、按族类型来筛选构件，被筛选出来的构件会高亮显示，还会在下方生成一张报表。如下图所示就是筛选所有 1 层窗户的结果。

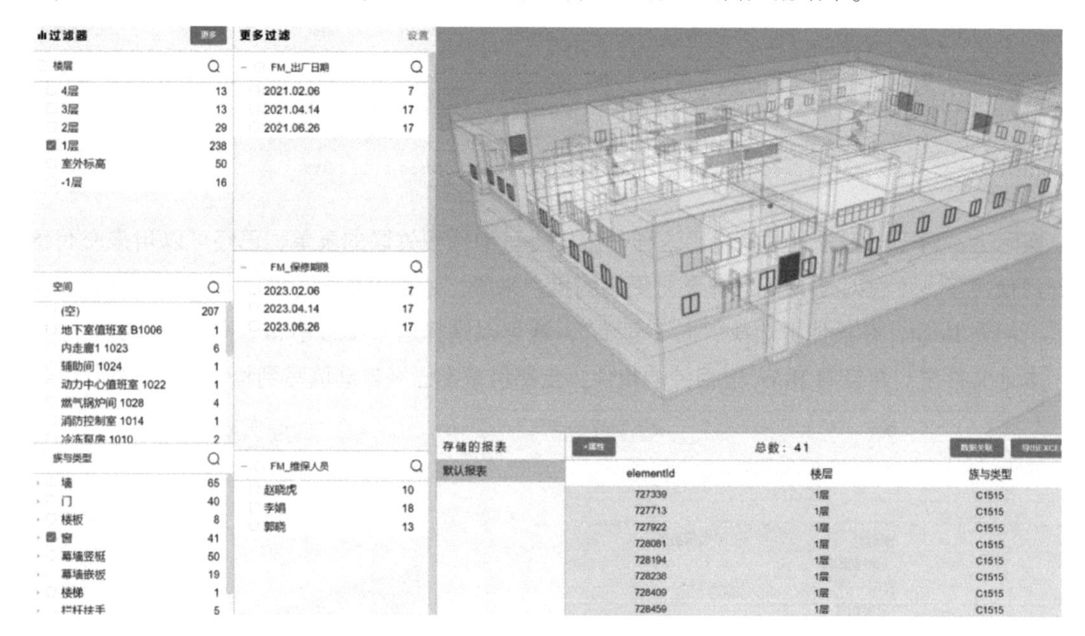

还可以按照我们前面添加的所有信息，来做进一步的筛选。如你是业主的资产管理负责人，现在需要调取整个建筑里保修期限在 2023 年 4 月、由名叫李娟的维保人员负责的窗户，点几下按钮就筛出来了。你还可以在这个基础上，继续按照某些条件清洗数据，直到每一条数据都是特定的人需要的。这些筛选出来的构件，最终可以导出成一张 Excel 表格，提供给对应的业务部门使用。

这样，这个模型中的全部数据，才是可以“随用随取”的。

这里还有一个对数据管理很有帮助的功能，模型上传后在做数据筛选时，一旦发现某个数据错误或遗漏了，可以直接从轻量化展示界面，跳转到前面的数据列表界面进行修改，这两者数据是联通的。

同时，轻量化展示界面也具有 Revit 插件一样导出数据列表的功能。主要为了弥补常规三维引擎只能看模型，不能管理数据的遗憾。

这个云端的轻量化模型交付给甲方，已经彻底脱离了建模软件，前面说的所有后端数据，都通过构件ID和这个轻量化模型关联到一起，当数据有了更新，会无缝同步到这个轻量化模型。

对于甲方来说，它就是一个在运维的过程中，不断迭代、不断完善的数字资产，而不是躺在硬盘里的一个“死文件”了。

4. 数据BIM的未来

金戈说，数据的共享和安全是天平的两端，每个企业有自己的取舍。

他们的选择，是把这些年水石设计所有的经验和探索，都凝结成平台上的一个个数据标准，有人想用，就随意拿走，随意修改。对那些注重企业标准机密性的企业，他们也表示充分的尊重，所有从公共标准库里面另存到企业库，并且修改保存过的数据标准，他们都不会碰，其他用户也无法查看。

同时，市面上有这么多的行业，如桥梁、医院、机场等，他们的能力范围还没能完全覆盖，如果行业里有个人或者企业愿意共同建设这样的标准库，他们非常欢迎，也会考虑用未来的付费增值服务作为反馈的礼物。

最后想说说，这个产品让我们看到未来BIM发展的一个方向。

国家和地方很早就出台了各种BIM信息的交付标准，但为什么一直执行不起来呢？这里面两端都存在问题，简单来说就是“实现难，价值低”。

作为负责录入的设计师端，设计师要翻看大量的信息标准，手动一条条往模型里录入，还有很多信息是和自己无关的，阻力当然大；作为使用信息的运维端，放在模型里的大量信息，对他们来说都是无效的阶段性信息，自己业务用得到的信息又不能随意提取出来。

这两端一消一涨，标准的执行难度就可想而知了。

金戈他们做的工作，就是让标准离开人，成为自动执行的东西，也让产出的成果能被人用起来，带到业务场景里面去，让积累下来的知识能被复用，随着企业一起成长。

他们做的工作或许不是这个领域的终极答案，但我们希望，能有越来越多的人和企业，去从事这样的共享和研发工作，也希望他们能更好地生存下去，让建筑行业充满生机地发展。

鹰眼：穿越时间查看现场、BIM模型实时对比

如果有这么一个工具，能远程实时查看项目的真实场景，还能和BIM模型实现360°无死角的同步对比，不需要复杂的操作，也不需要费用高昂的激光扫描，只要一台全景相机和一个账号，

就能很轻松地实现这个目的。

本节要讲的这个产品，英文名叫JARVIS 360 Eagle eye，中文名叫鹰眼，是深圳前海贾维斯广州团队开发的产品。

1. 什么是鹰眼?

我们从几个最亮眼的功能，先快速认识一下鹰眼能做什么。

鹰眼针对建筑项目做了浏览方面的优化，可以按不同楼层区域快速跳转到相应的位置，也可以在平面图里查看自己的位置。所有的全景图像，都可以按照日期顺序，单独建档留存，在对比页面的左右任何一侧，选择某一个日期，就可以实现跨时间维度的对比，查看项目在各阶段的施工情况。

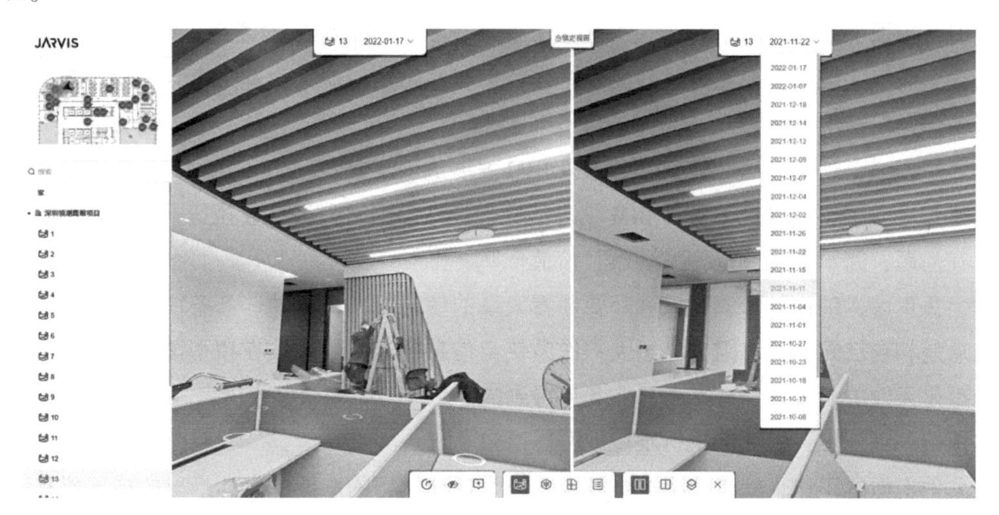

鹰眼支持BIM模型上传和轻量转化，现场采集的全景图像可以通过算法和BIM模型匹配到一起，左右分屏浏览，很方便地查看模型和现场的对比。轻量化的模型也是可以编辑的，如现场还没有来得及施工的墙体，可以把模型里对应的墙隐藏，让两边的对比更准确。

想要构件位置查看得更精确，它不仅可以左右分屏对比，还能把现场和模型重叠对比，只要拖拽滑动条，就可以实时调节模型的透明度。

这个功能解决了两个难题。

➤第一个是BIM模型无法指导现场的问题。

目前绝大多数项目无论BIM模型调整得再好，都还是先“编译”成图样，再被工人“反编译”到现场施工，原生建模软件和轻量化平台都不能跟现场实现1∶1的实时比对。

鹰眼能很好地帮助BIM发挥它指导施工的价值，这个过程中不需要任何的编译和反编译，哪里有问题、现场和模型谁是对的，真的做到了所见即所得。

➤第二个是如何证明 BIM 价值的问题。

很多团队付出了大量心血，把 BIM 成果做得很棒，也真的指导了施工，避免了很多问题，可每当给业主汇报或者报奖的时候，把成果写成报告，只能干巴巴地罗列一些数字，如发现了多少碰撞点。

而鹰眼所呈现的模型与现场对比，能让客户非常直观地看到，现场每个月都是什么样子，对应的模型是什么样子，中间做过哪些调整和修改，最终做成今天的样子，我们的 BIM 人员是怎样帮助现场把设计方案逐步落地的，一张图胜过所有的文字说明。

2. 更深层的信息应用

对于一些对管理有更高需求的项目，鹰眼还提供了一套独特的信息管理系统。

既然是轻量化的 BIM 模型，查看构件属性当然不在话下，左右对比的方式，能帮助现场快速定位到想查看的构件。

模型自带的属性往往不能满足施工和运维的需求，鹰眼还提供表单功能，在全景图像的任意位置“戳个图钉”，就可以在弹出的表单里对问题进行记录，这个操作会给这个表单指定一个三维坐标，和图钉绑定在一起。表单的格式主要是给施工现场管理问题用的，里面包括所属空间、构件分类、检查描述、人员、日期等，也可以单独拍照上传，描述问题。

问题表单不仅可以“戳”到全景图上，也可以关联到平面图上，实现图样、现场和表单的任意跳转。项目中的其他协作者，可以在实景中看到问题的图钉，也可以查看所有问题的列表，点击问题就会自动跳转到相应的视角。

除了通用产品提供的表单内容，用户也可以提出需求，对表单项目做定制，如有一些项目把它做成质检表，由参建各方提交检查结果。

3. 怎样制作一个鹰眼场景？

鹰眼之所以选择全景照片代替激光扫描的点云文件，主要是为了让使用者以更低的成本快速把现场情况真实记录，这样才能在施工项目推进的过程中，不停地迭代实景和模型。

要在项目装鹰眼，一共分五步：

第一步：规划拍摄点

把施工图上传到平台，可以在上面标记出拍摄的点位，尽量能覆盖建筑内的所有视野范围。规划的过程中，软件会提供一个可视范围分析的功能，辅助设计师更好地计划拍摄任务。

第二步：现场拍摄

可以通过自拍杆或者三脚架，通过鹰眼提供的App，用自己购买的全景相机来拍摄全景图，目前官方比较推荐Insta相机。

第三步：上传和计算

拍摄全景照片的过程中，采集的是像素数据，这些数据会上传到服务器，文件会记录拍摄路径，通过AI算法先转换成点云数据作为参考，再自动匹配到BIM模型内部的坐标，从而实现真实世界的全景图像和虚拟模型的实时比对。

第四步：检查和调整

鹰眼官方是提供到现场拍摄、制作全景影像的一站式服务的。如果用户自己拍摄和上传，难免会出现拍摄结果和BIM模型的偏差。出现这种情况也没关系，鹰眼的工作人员会在平台上对模型的定位匹配做一些微调，同时这也是训练AI算法的过程，让它的匹配越来越准确。

第五步：加入关键点表单

场景准备好之后，就可以在任意位置添加预先设置好格式的表单了，这个操作也可以在场景迭代的过程中不断完善。这些表单创建出来，可以用在后面施工阶段的质量检查、安全巡检、缺陷处理、材料跟踪、进度汇报、隐蔽工程记录、精装验收，或者运维阶段的资产管理、维修工单、设施管理。

随着现场的逐步实施，这五步操作会不断循环完成，每一次都会更替到一个新的日期，这个循环持续积累，就可以形成一份穿越时间的数字记录。

4. 大家都在用鹰眼做什么？

鹰眼的开发，最早是来自于业主的需求，贾维斯有些业主客户由于某些原因到不了现场，就提出要求，能不能通过技术手段，帮助他们对项目的质量、进度、安全等实现远程监管。如果只用远程文档+照片的方式，对项目整体情况是缺乏大局了解的，贾维斯也尝试过VR和激光扫描技术，但要么对人在现场的要求很高，要么就是经济成本太高。

后来发现全景照片这个技术能低成本地实现远程现场的呈现，他们认为全景照片的低成本采集，加上BIM模型提供的信息，二者叠加后产生一个在线的、虚拟与现实结合的环境，可以帮助管理者迅速判断项目的质量、进度和安全等问题。

目前产品已经打磨得比较成熟，经过了不少老客户的验证，也有不少甲方和施工用户基于它的功能发掘了自己的使用场景。下面举几个例子。

➤隐蔽工程管控。

随着进度的推进，很多临时的施工过程会消失，也有一些隐秘工程会被掩埋。

对于那些施工进程比较快的项目，现场会调整拍摄频率，把项目整个过程中的痕迹留下来，多次迭代之后，在任何时候都可以回溯查看某一个过程的情况，通过全景照片的对比，查看每一个环节的施工情况和已经埋起来的管线，还能对质量安全检验结果做一份可视化的留底。

➤业主会议汇报。

项目中业主会组织召开进度会议，以前都是现场人员把问题拍照留存，写成文档在会上讨论，这种方法收集资料会比较杂乱，局部照片也没办法系统性地呈现问题。

使用鹰眼，大家可以对施工现场360°全面留痕，不会有遗漏的地方，通过对任意区域的快速切换，帮助参会者快速定位开展讨论，并随时记录在表单里。

➤ BIM指导施工和验收。

很多项目在精装修和机电安装完成后，验收时只会对现场做一次成果照片拍摄，BIM模型会因为各种原因和现场分离，也没办法帮助验收了。

有人利用鹰眼，在精装修和机电安装阶段，通过现场对比BIM模型，查看项目的施工和设计方案是不是统一的，及时发现施工问题。积累下来的比对数据也可以在日后排查问题、做施工改造的时候提供很好的支持。

施工时是模型指导现场，到最终竣工交付的时候，现场已经做完了，也可以通过对比，以现场真实状况来指导工程师完善竣工模型。

➤运维数字化管理。

目前大部分项目的运维管理，还停留在纸质工单层面，好点的项目会有一个独立的在线表单系统来记录数据，不过这两种方法都没办法把表单信息和三维空间关联到一起，也会让很多BIM模型到了甲方手里发挥不出价值。

鹰眼把表单数据、实景数据、坐标数据和BIM数据结合到了一起，业主在施工验收时，让参建各方在表单上提交信息，同步对比现场全景、平面图和BIM模型，点击一个位置，就能直接查看相应的表单，排查问题的时候，可以更快定位。

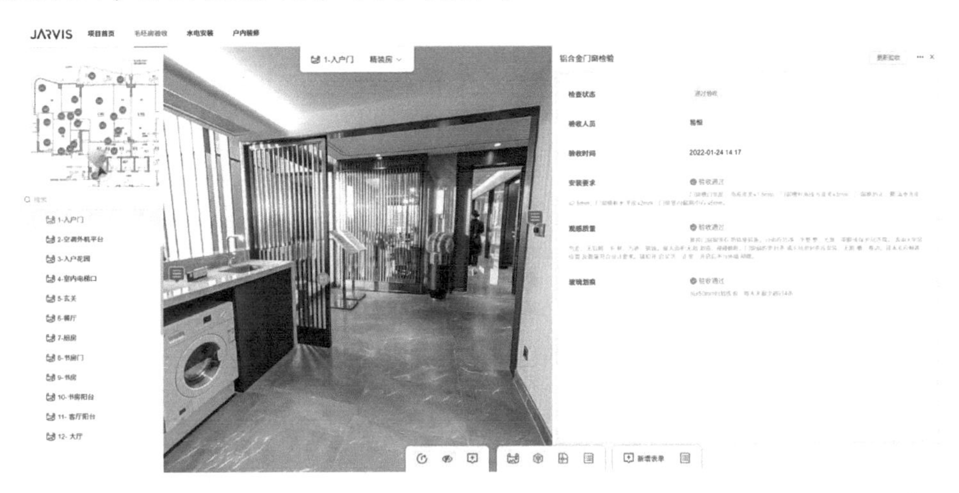

甚至有项目把鹰眼定制开发，彻底用作后期运维管理的工具，如餐厅、商铺的经营管理，对不同货架的销售表单做定时的统计分析，进而对门店的货品分布和管理做出优化。

严格来说，鹰眼并不是一款BIM软件，更不是一款非常崇尚高精尖技术的软件，它选择全景图而不是激光点云等作为采集技术，就是更倾向于帮助客户用较低的技术成本，解决巡场人员时间投入多、核对成果效率低、流程不容易跟踪、记录不够全面等问题，帮助工程项目实现实景和模型的差异对比，隐蔽工程全面留痕，大幅度减少人员巡检和领导巡查所需要的时间。

这样一个SaaS应用，在国内以建模型、看模型为主的平台市场里，属于很少见的“路径短、效果直接”的用模型工具，如果你的项目在做远程监督、工程留档、实模一致对比等方向的技术管理尝试，这款工具很值得一试。

PKPM-PC：该怎么做装配式设计？

“像造汽车一样造房子”，这句话是建筑大师柯布西耶提出来的。意思是通过“标准化设计、工厂生产、装配式施工、一体化装修、信息化管理”的手段，来实现建筑产品的建造过程。

古代中国的“装配式建筑”，最早可以追溯到距今约7000年前，当时房屋的木桩、梁、柱、木板等构件都是先进行预加工，再到现场通过精妙的榫卯连接进行装配。

反倒是到了现代，随着混凝土的发明，建筑施工开始采用混凝土现浇的方式，这种方法优点是施工取材方便，造价成本低，一体浇筑整体性好。随之而来的缺点是很多工序都需要在现场完成，施工周期长，一层施工完毕才能进行下一层的施工工作，用工多，物料损耗大，碰到恶劣天气还得暂停施工。

一个技术出现和普及，必然是能在某些方面提升社会整体的效率或者收益，现场浇筑技术解决了上一个时代的问题，那就是生产效率低、难以规模化。

而我们说装配式建筑是某种意义上的“返古”，并不是说退回到了上一个时代，而是沿用了之前的装配式理念，同时用新技术不断去解决那时候遗留的各种问题。中国的装配式建筑，也正是在技术和宏观政策不断变化中，经历了几次起伏。

新中国成立后不久，国务院就发布了《关于加强和发展建筑工业化的决定》，1958年，第一批“大板房屋”在国内出现，光是北京就建成了1000多万平方米的“大板房屋”。到了20世纪90年代，装配式“大板房屋”由于户型单一，再加上防水、抗震等技术不成熟，退出了历史舞台。

直到2016年，国务院办公厅印发了《关于大力发展装配式建筑的指导意见》文件，“装配式”这个词才又回到了人们的视野，各地也出台相关的鼓励政策，随着新的加工技术、安装技术和数字技术不断出现，装配式在人们的质疑声中默默进化，几年时间已经形成了一个庞大的产业。

目前，尽管还存在着一些问题，但装配式建筑已经整体上实现了以下几个目标：

第一，经过对建筑的模块化拆分，形成可以批量生产的构件，比现场手工作业精度更高，质量更可控，标准化模块组装拼接也可以满足多样化的建筑需求。

第二，机械化带来的不仅是单个构件的降本提质，随着工厂订单的增加和技术的革新，可以在整体上提升所有构件的性价比，目前这种提升还没有遇到天花板。

第三，在理想状态下，装修可随主体施工同步进行，在现场只做装配吊装，缩短建设周期。

第四，装配式与BIM技术相遇，借助三维模型进行深化设计出图、建立构件库、进行材料统计，生产数据甚至可以直接对接到工厂设备。

最近这两年，装配式建筑又赶上了另一个大方向：碳中和。

中国计划于2030年前达到二氧化碳排放峰值，争取2060年前实现碳中和。中国建筑部门的碳排放量约占全国碳排放总量的20%，而如果以建筑全过程来看，以2018年为例，中国建筑全过程碳排放总量占全国碳排放的比重为51.3%。在这样的时代背景下，绿色建筑和装配式建筑，在未来几十年将会是一个稳步上升的行业。

本节在装配式建筑这个话题下，想介绍的软件是国产的PKPM-PC。

简单来说，PKPM-PC定位于满足装配式方案报审、结构建模、一体化装配式设计、专项装配式深化设计、计算分析等不同阶段和角色的需求，实现三维拆分预制构件、自动生成钢筋和吊装件、生成构件详图、输出材料统计、建立并预制构件库、BIM数据对接生产加工设备等应用。

说起这个软件，还有不小的来头。

2016年，就在国务院办公厅印发《关于大力发展装配式建筑的指导意见》后不久，脱身于中国建筑科学研究院的构力科技，就承接了国家十三五重点研发项目《基于BIM的预制装配建筑体系应用技术》课题，同年年底发布了PKPM-PC的第一版。

当时国家刚开始推装配式，很多企业还不知道该怎么做，构力科技找到了当时装配式做得比较好的几家企业——中建科技、远大住工、三一筑工，建立了战略合作，一起做课题研究，寻找装配式的方向，直到2019年又发布了该软件的第二版。

装配式的痛点之一就是出图量特别大，传统的建筑只要出施工图就可以了，而装配式建筑的成果图必须出到详图的阶段，这就导致图样量成指数级上升。从2019年到2020年这两年，PKPM-PC非常关注的一个点就是出图质量和效率的问题。

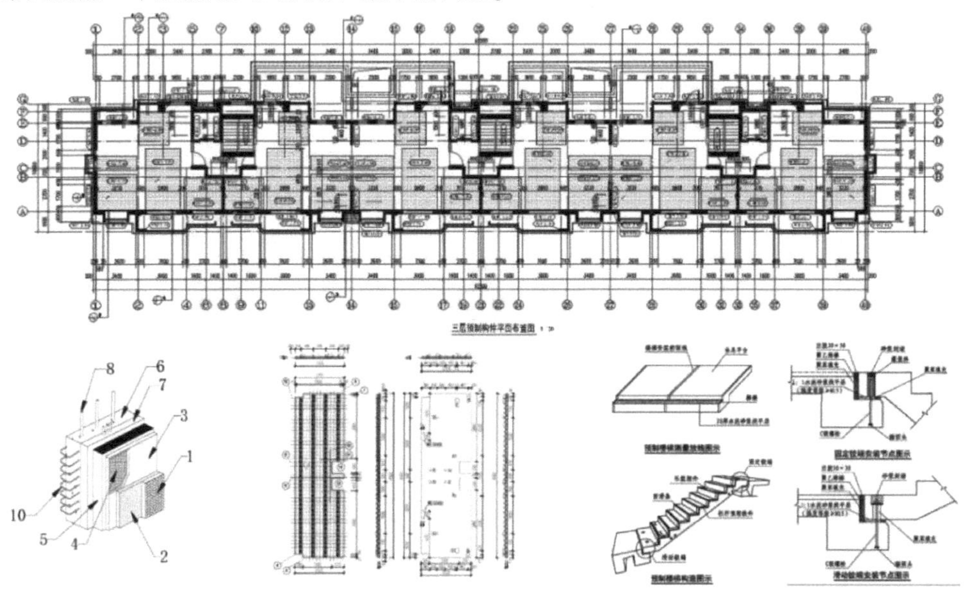

装配式设计在国内普及度还没有那么高，所以构力科技在这一款软件的市场策略上，不仅是提供一个软件，还要跟用户一起讨论交流怎么去做好装配式的项目，再把用户的需求转化成产品功能，甚至会去陪着客户一起做项目，跟用户一起摸爬滚打地成长。

与其说它是被研发出来的，不如说是和软件的用户一起野蛮生长起来的。甚至装配式设计的“BIM 化”，都是从用户那里来的。

这种和用户一起成长的很多特性，可以在不断迭代之后的软件功能中看出来。下面就一起快速看看软件的功能，也一起看看装配式设计是怎么进行的。

1. 结构建模

PKPM-PC 本身支持轴网、梁、板、柱、墙、楼梯等构件的建模，也支持构件开洞等修改功能。对于手里已经有图样的设计师，可以通过 CAD 图样识别功能来自动生成模型，梁、墙、柱、轴网、门窗等都可以通过图层和参数的设置一键生成。

2. 方案设计

有了模型，进行一些墙、梁构件合并的预处理，就可以给不同的构件指定预制属性了，就是告诉软件哪些部分属于预制构件，如将板指定为预制板，接下来就可以开始设计这些构件的拆分方案。

以预制板为例，可以根据规范，将板拆分成整体式（双向叠合板）和分离式（单向叠合板）。混凝土强度等级、预制板厚度、搁置长度等参数也可以自行设置。预制板有等分和模数化拆分方式，可以按一定宽度均分，也可以定义最大宽度和模数，软件自动计算并完成拆分，针对一些地区的特殊要求，可以设置拆分方向和倒角。

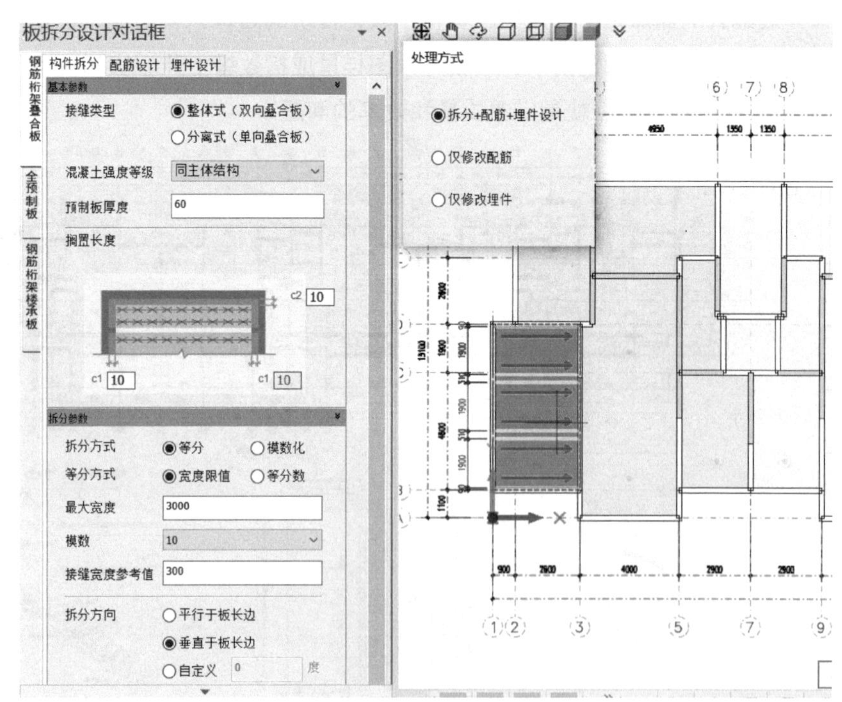

用户可以通过排列修改的功能，选择拆分好的楼板进一步调整参数。拆分记录里可以保存每次调整好的拆分方案，后续可以批量布置拆分构件。

预制墙、预制柱、预制梁、预制楼梯等装配式主要构件的拆分，原理和楼板类似，区别主要是在参数的设置，软件会根据每种不同的构件提供对应的参数选项。

除了这些常规构件，软件对装配式建筑设计的其他预制构件，如空调板、阳台板、梁带隔墙、预制飘窗等，也都可以灵活地进行拆分参数设置。

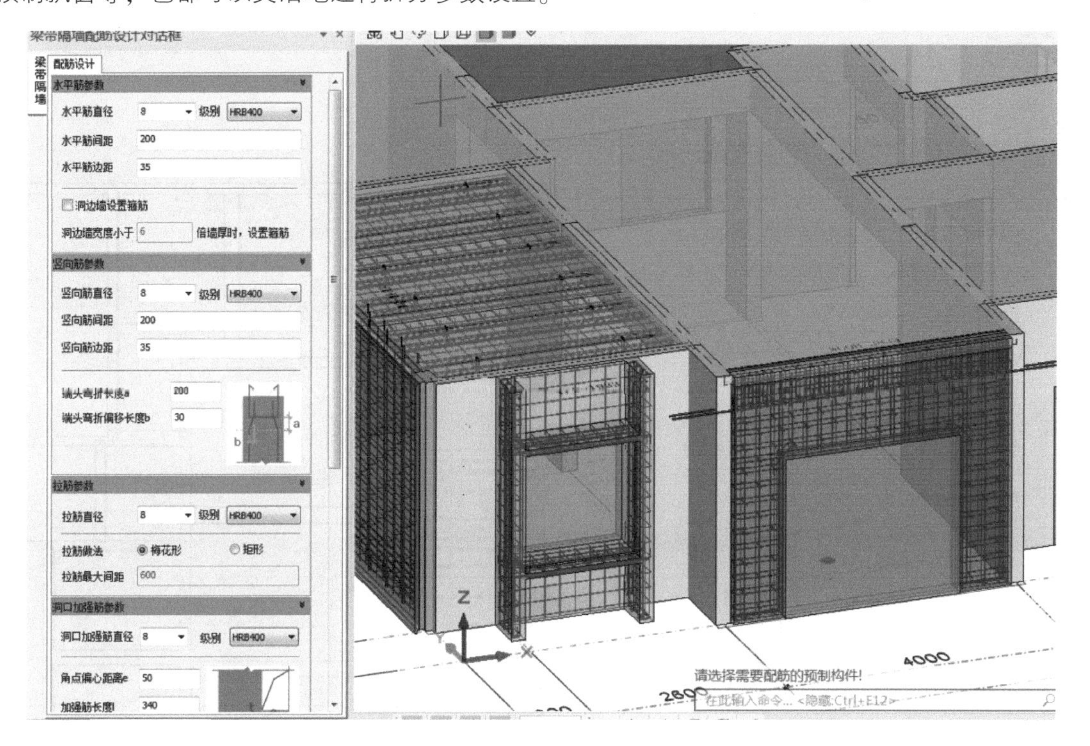

3. 结构计算

PKPM-PC 本身不直接支持结构计算，不过可以把拆分完成的模型导入 PKPM 结构设计软件中进行计算分析，计算完成之后把计算结果导回 PKPM-PC 中，再进行后续的深化设计工作。

4. 深化设计

这个板块主要包括钢筋设计和附件设计两个大的方向，涉及的构件包括板、墙、梁、柱、楼梯等主要构件，也包含了空调板、阳台板、隔墙、外挂板、飘窗等特殊构件。

钢筋设计的第一步就是配筋值的录入，很多设计师最习惯的还是用平法的方式输入配筋值，软件也提供了直接输入平法数值的方式，敲几个字母数字，录入工作就完成了。

如果用PKPM进行了结构计算，这一步就可以直接把计算结果导入软件，实现配筋参数的自动录入。

接下来就是输入配筋的构造参数，软件一开始是提供了国标图集中的默认参数，对于用户不断提出的特殊生产需求，也在开发的过程中迭代出了很多非标的选项，如按图集要求，预制板底筋需要“对称排布”，但用户在实际生产的时候，会发现很多加工机械没法满足这个要求，那软件就为客户提供了“顺序排布”方式。

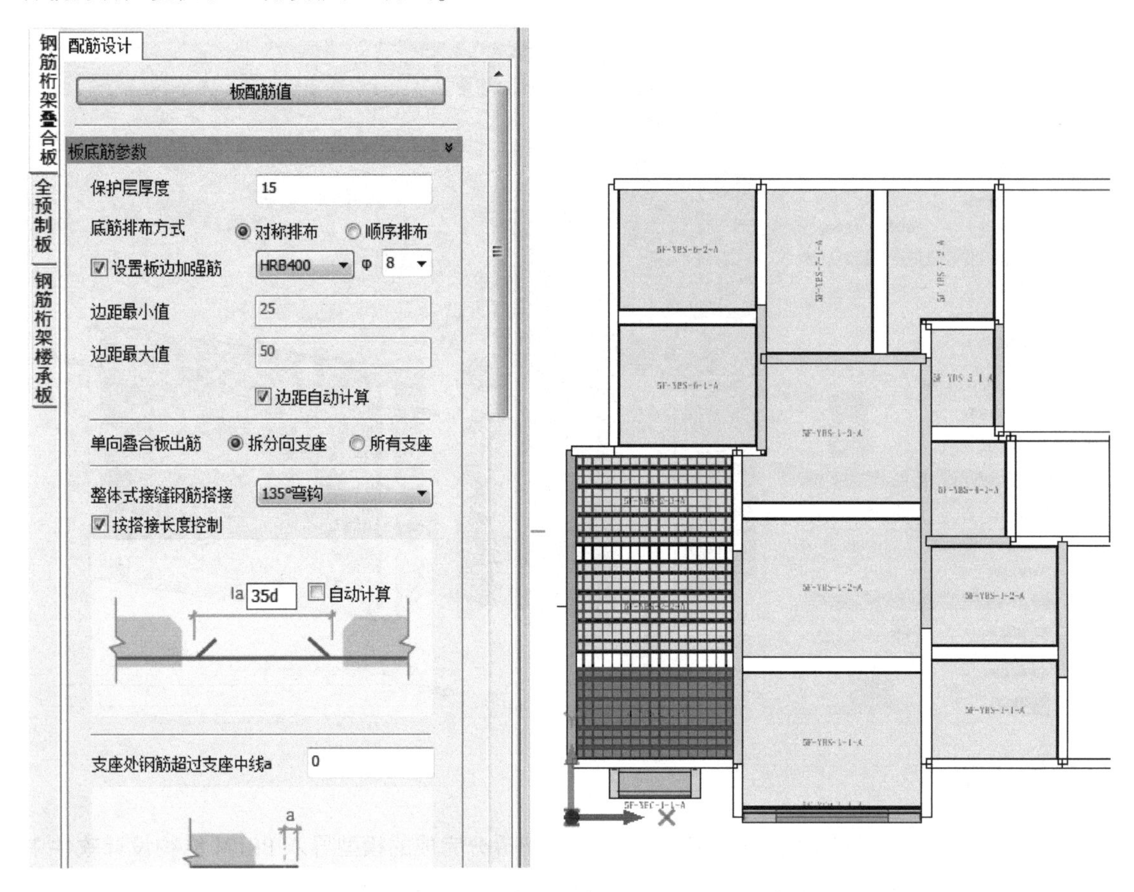

参数设置好之后，钢筋的建模就是几秒钟的事了，只要框选相应的墙、梁、柱、板构件，所有钢筋就按照规则自动生成，不需要手动建模。对于不同构件之间的底筋碰撞，也可以选择避让方式，框选构件，软件会把所有碰撞的钢筋自动移开设置好的距离。

钢筋自动排布之后，就可以开始设计构件的附件了，如吊装用的埋件或吊钩。

设计时不需要一个个建模，点开对话框，选择吊钩或加强筋，选择规格尺寸，输入几行几列的排布参数，框选板、梁、柱等构件，该有的东西就都生成好了。

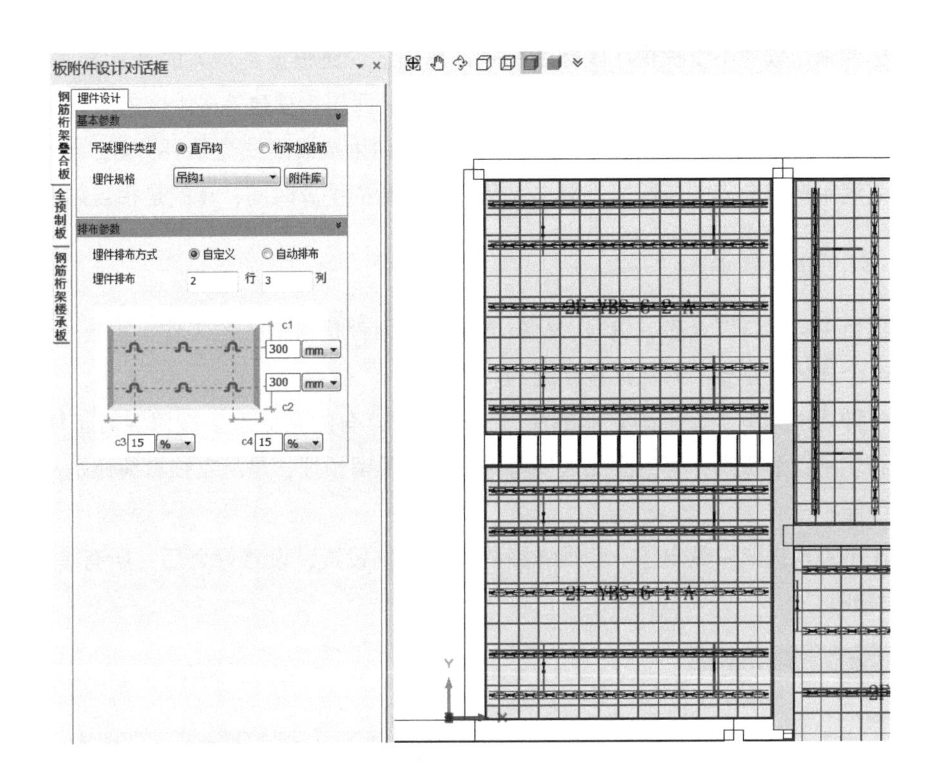

5. 预留预埋

在设计预留预埋的时候，可以像结构自动翻模一样，直接识别CAD底图里面的线盒，还是用选项和下拉菜单的方式，选择构件库里对应的规格型号，直接生成线盒模型和对应的预留预埋。

图样中的预埋孔洞也可以用同样的办法直接识别生成。靠近预制板边缘的洞口，可以自己设定边缘剪切的阈值，超过这个数值就会自动做裁切板的处理。

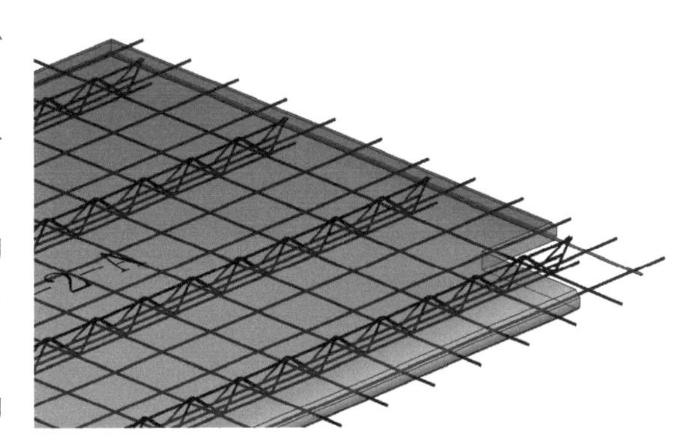

对于洞口的位置，规范要求做对应的加强筋，还是不需要手动改模型，直接用下拉菜单的方式选择钢筋避让或者折断，选择相应的补强，再按照规范选择补强的规则，框选洞口，就一次性批量处理好了。

6. 装配率指标检查

在完成装配式模型的拆分之后，需要对拆分方案进行装配率的计算，来判断方案是不是满足装配率的指标要求，软件不仅提供了国标装配率计算模式，还根据各地方的计算方法不同，提供了北京、深圳、江苏、上海、浙江、河北、广东、湖南、四川、福建等多地区的装配率计算模式。

根据项目情况输入指标计算信息，计算完成后会自动生成装配式建筑评分表，还能把计算结果一键导出为满足报审要求的装配率计算书，节省了大量的手算时间，真的是相当贴心。

7. 图样、清单和计算书

装配式项目中构件详图众多，编号、材料清单和出图都是很恼人的工作，重复性大还容易出错，软件的这个模块就是专门解决这些问题的。

首先是各种构件的编号，不同企业的生产诉求不同，有的企业希望按照混凝土块进行编号，有的企业要细化到钢筋级别，有的企业还要考虑机电的预留预埋；是从左往右编还是从上往下编，每家企业也可能不一样。

软件就在不停地迭代中做出了一套很详细的编号规则设置，设置好之后，所有编号的工作都由软件自动完成。

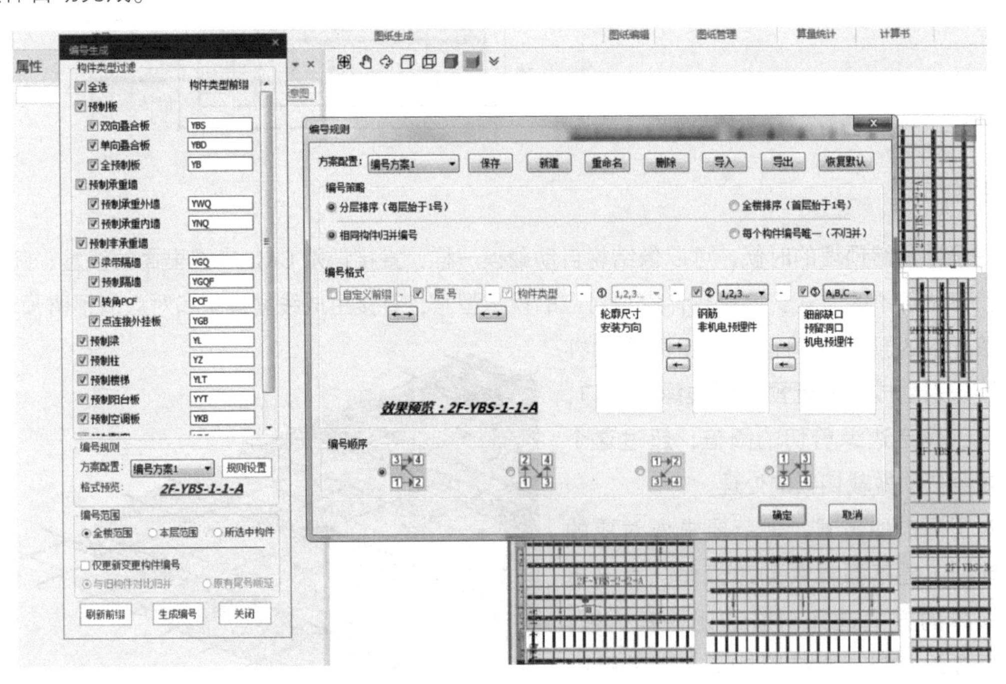

利用自定义排图功能，导入自己需要的图签和图框，调整各种图样的位置和距离，保存成属于自己的配置文件。

只要多选项目中的构件，就可以根据保存的配置文件，批量自动生成符合要求的加工图、钢筋图、详图，甚至可以自动生成钢筋表、附件表、构件信息表等，不需要任何修改，直接打印就能用。

软件也提供了独立的材料清单和构件清单功能，像预制构件的数量、材料体积、重量、钢筋用量、相关附件型号及数量等数据信息都可以一键生成表格，直接导出到Excel。

材料统计清单

1F-YLT-1-1-A							
浇筑单元		类型	材料	体积(m^3)	重量(kg)		合计重量(kg)
1F-YLT-1-1-A		预制楼梯板	C30	0.74	1854.17		1931.02
钢筋	规格	长度(mm)	数量	重量(kg)	钢筋样图	总重量(kg)	
踏步底部1号纵筋_1	HRB400 φ10	3228	7	13.934		76.85	
踏步顶部2号纵筋_2	HRB400 φ8	2897	7	8.002			
踏步中部3号水平筋_3	HRB400 φ8	1292	28	14.250			
顶部4号水平筋_4	HRB400 φ12	1255	6	6.686			
顶部5号箍筋_5	HRB400 φ8	1136	9	3.656			
底部6号水平筋_6	HRB400 φ12	1155	6	6.152			
底部7号箍筋_7	HRB400 φ8	1138	9	3.661			
销键开洞销键加强筋_8	HRB400 φ8	378	8	1.194			
吊点吊点加强筋_9	HRB400 φ8	797	4	1.257			
吊点吊点加强筋_9a	HRB400 φ8	962	4	1.519			
吊点吊点加强筋_10	HRB400 φ8	1155	2	0.911			
边缘边缘加强筋_11	HRB400 φ14	3278	2	7.927			
边缘边缘加强筋_12	HRB400 φ14	3185	2	7.700			

针对前面做的所有构件设计，软件可以输出计算书文件，满足部分项目的计算需求，计算书是全自动生成的，规范中要求的计算参数和公式都会详细地列出来，还可以把多个计算书合并成一个文档一起导出。

8. 导出数据

在模型数据的导出方面，PKPM-PC软件可以通过插件导出到Revit，或者直接导出到Archi-CAD进行合模工作，也支持导出FBX格式，在多专业协同的时候比较有用。

装配式设计和一般项目设计最大的区别，就在于装配式的后端会对接到工厂的生产需求。目前真实的项目中，比较多的做法是先用装配式设计方式出图，再由专门的人员整理成Excel表格，告诉生产部门每种构件的生产量。

而用三维软件做设计，这些信息本来就是天生自带的，可以跳过“画图再读图”的环节，直接从模型数据转化成机械可识别的加工数据。

PKPM-PC可以使用导出工厂数据功能，直接把生产数据上传到工厂的生产管理系统，将设计数据转化为生产数据，驱动生产加工设备。这一点真正体现了BIM技术在装配式设计中的作用。

9. 总结

近两年我们看到很多国产软件开始集体发力，与国际通用的软件相比，国产软件固然还有很多技术上的不足，但它们背后的企业有两个独特的优势：一是对政策的敏感性，二是对一线需求的深度下潜。政策这个层面我们按下不表，单独说说用户下潜。

我们在谈软件的时候，经常提到“知识封装”这个概念，不同软件对封装的态度不同，拿出的解决方案不同，自由度不同，舒适度和效率也不同。

我们看到PKPM-PC，作为一款三维设计软件，在交互过程中很少有直接的建模工作，而是把这些操作封装成一个个填写参数、下拉菜单的对话框，这种封装，是对用户“懒”的尊重。

很多软件也都能拐着弯地做装配式设计，无非是更费功夫，PKPM-PC本身也提供了基础建模的功能，但用户很“懒”，不愿意这么做，那就做了很多一键生成模型的功能，如钢筋可以一根根地画，但用户不愿意这么做，那就设计出自动根据规则布置钢筋的功能。

经过知识封装的软件，不是通用软件，用它做一个异形建筑的方案设计，或者设计一个空调系统，肯定是不行的，但它把装配式设计这件事做到了极致，凡是用户犯懒的地方，全都能自动化完成，一套流程走下来，不多不少，正好完成装配式设计的全部工作。

装配式设计，到底该遵循什么原则？该兼顾二维的效率还是三维的质量？

PKPM-PC没有被传统方法拘束，也没有被BIM思想绑架，该二维绘制就二维绘制，该平法录入就平法录入，只要最终生成的模型和数据满足生产需求，而用户的要求就是最终的开发目标。

一款服务于工程项目的软件，该有哪些功能，不是开发人员坐在办公室里想出来的，而是以用户的需求为养料，一点点长出来的。有些地方规范和图集跟不上现场的真实需求，或者有的项目尺寸和模数在图集里压根就不存在，那软件就为客户开发更自由的工作方式。

PKPM-BIM：国产老牌软件的BIM之路

过去几年国产软件集中暴发，不断有新的BIM软件出现在大家的视野里，行业变得很热闹，未来的市场也变得扑朔迷离。不过软件有比较长的研发周期，我们看到一款软件发布，却很难知道它背后几年甚至十几年的故事。

本节介绍的是一家我们从学生时代就成为用户的老牌国产软件公司：PKPM软件的开发公司构力科技，和几经波折才诞生的国产BIM软件：PKPM-BIM。

我们先讲故事，再看软件。

1. 构力科技的BIM之路

构力科技前身是中国建筑科学研究院建筑工程软件研究所，这家在结构计算方面有着极高市场占有率的公司，在 BIM 的探索之路上却是充满了曲折。

2011 年，BIM 的风刚刚在国内刮起来不久，国外软件在中国落地生根，而大家对于国产 BIM 软件该怎么做还没有什么方向。构力科技那时候还叫建研科技设计软件事业部，当时用于结构计算的 PKPM 在市场上发展了 20 多年，取得了很大的成功。中国建筑科学研究院领导带队到美国考察学习 BIM 之后，决定在 BIM 技术的研发上发力。

最初的产品规划，是要开发从三维图形平台，到 BIM 平台，包含建筑、结构、水暖电全专业的 BIM 设计软件。此后的三年时间，基本上是完全基于自己的技术积累开展研发。从建筑科研院所诞生的软件公司有一个先天的优势，就是在产品尚未成熟的时候，就能有兄弟单位的设计师不断提供软件功能的需求，这在开发初期是很重要的资源。

那三年研究下来的成果，已经能初步完成房建领域全专业的三维建模、基于模型的出图，以及清单算量等功能。也正是在那个时候，他们碰到了研发 BIM 建模软件最大的困难：三维图形引擎的性能和效率。最直接的体现就是模型体量一大，软件就承载不了。

于是他们在自主研发的同时，也开始向国外优秀的 BIM 软件公司寻求合作，了解学习国外的先进技术，尤其是三维图形引擎和正向设计理念。通过和大厂之间的合作，PKPM-BIM 一定程度补上了短板。

2015 年 9 月 22 日，他们举办了“中国 BIM 软件生态环境大会”，发布了 PKPM-BIM 软件（当时叫 PBIMS）。17 家中外企业宣布共同建设中国 BIM 软件生态环境，近千名行业里的从业者参会，这样的发声在国内属于首次。

借助 PKPM 已有的影响力，积累了一些种子用户。但受制于当时研发资源还比较有限，在一些软件的细节上没有很好落地，一线设计师对软件的期待和他们实际开发的成果存在着差距。虽然提出了生态建设的理念，但是由于时间、技术、商业等各种原因，没有很好地达到预期。

在 Revit 已经席卷了国内九成以上的 BIM 建模软件市场时，构力科技既要研发国产软件，又要考虑生存问题。恰逢十三五期间国家提出了发展装配式建筑的指导意见，构力科技找到装配式建筑设计这个方向作为 BIM 软件市场化的切入口。一方面是看到了政策的大方向，另一方面也是抓到了 BIM 精细化设计能施展手脚的领域。

有时候，除了耐心和眼光之外，一家企业还需要一点点运气。这一次选择，赶上了国内装配式政策的利好和项目需求的暴发式增长，而市场里还没有很成熟的国外软件能满足国内的装配式设计要求。

构力科技在这个环境下加大了资源投入，开发出来的 PKPM-PC 迅速迎合了市场需求，2017 年后的爆火很快给团队带来了效益，到今天已经是一个成熟的产品了。

基于 30 多年在图形引擎技术的积累，加上十年的自主 BIM 软件研发实践的历程，2021 年，构力科技发布了基于自主三维图形内核的 BIM 基础平台 BIMBase，包含几何引擎、渲染引擎、数据引擎三大核心，提供了九个大功能，包括参数化组件、通用建模、数据转换、数据挂载、协同设计、碰撞检查、工程图、轻量化应用、二次开发。

电子报建/审批

BIM规划报建审查审批系统
BIM全专业审查系统
BIM竣工模型审查
标准（交付标准、数据标准）

信息化管理

设计综合管理系统
BIM施工项目管理系统
智慧建造协同管理平台（EPC或EMPC项目）
全过程工程咨询管理系统
钢结构全生命周期智慧建造平台
工程项目全过程精细化监管平台（业主）

运维

绿色健康动态评价系统GOS
城区智慧管理平台GCIM

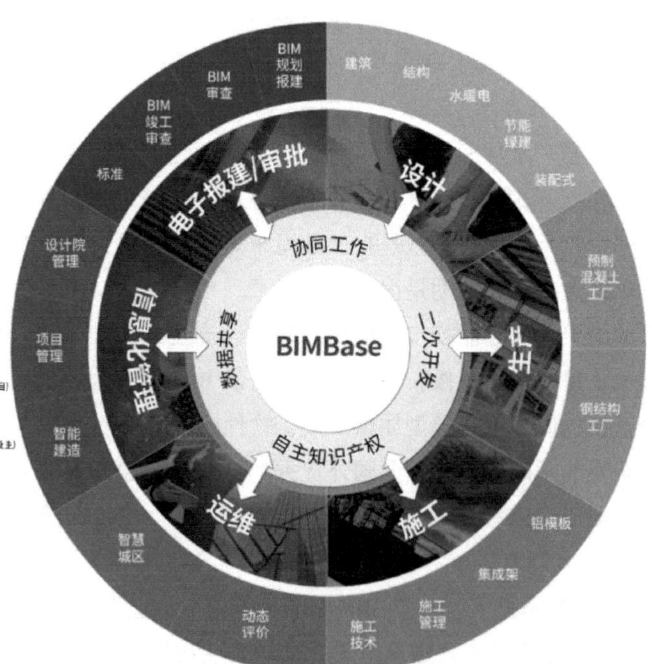

设计阶段

建筑设计软件
结构设计软件
水暖电设计软件
节能与绿建设计软件
装配式建筑设计与深化软件（混凝土、钢结构）

生产阶段

PC构件智慧工厂管理系统
钢结构智慧工厂管理系统

施工阶段

铝模板设计系统
集成架设计软件
施工管理系列软件
施工技术系列软件

而这一次，BIM 软件“卡脖子”问题被行业内广泛探讨，企业、政府对于自主可控的 BIM 软件也有了迫切的需求，出台了相关的鼓励政策。

资金、技术和政策几个利好因素都凑齐了，构力科技终于可以依靠内部的持续研发和外部的环境支持，完成了一次彻底的国产化替代，将 PKPM-BIM 软件的底层平台替换为完全自主知识产权的 BIMBase，建筑专业的功能也全部自己重新研发。

这次基于自主三维图形平台的 PKPM-BIM，得到了一批有国产化情怀设计院的支持，目前构力科技和国内多家设计院，在项目和合作研发方面都铺开了深度的合作。尽管在软件完成度方面和国外软件还有一些差距，但对于普通公建和住宅项目已经可以有比较好的支撑了，在报审、数字化交付和正向设计等方面，也逐渐开花结果。

从 2011 年启动 BIM 软件研发，到 2021 年发布 BIMBase、PKPM-BIM 和 PKPM-PC，这十年时间里，构力科技除了软件本身的研发，对待使用者、合作者的视角也发生了非常大的变化。

2. 认识 PKPM-BIM

目前 PKPM-BIM 可以提供建筑、结构、水、暖、电五个主要专业的数字化建模和应用功能，主要包括模型创建、BIM 模型审查，以及设计协作这几个大的方向。

软件细节功能没办法一个个拆解来讲，我们先按照几个大的视角，快速带你体验一下这套软件，再来说说我们关于国产 BIM 软件的一点思考。

工具视角：怎样提升效率？

在产品的研发理念上，PKPM-BIM 借鉴了很多二维的设计习惯，同时引入了一些三维的工作方式，尽可能让设计师在继承传统工作流程的前提下，逐渐习惯 BIM 的工作方式。

➤出图。

拿出图这个工作来说，软件是从模型空间形成视图的映射，再形成一套图样集，虽然是三维工作方法，但本质上是继承了 CAD 软件里面图样布局的理念。这里 PKPM-BIM 有个比较特殊的地方，它是先有了模型，然后通过一定的规则生成一个图面，而不仅仅是把三维模型的平面投影给“切”出来。

比如，为了符合国内出图的标准要求，软件提供了符号化的功能，通过选择和匹配，三维的设备构件可以用符合国内要求的二维符号来替代生成。

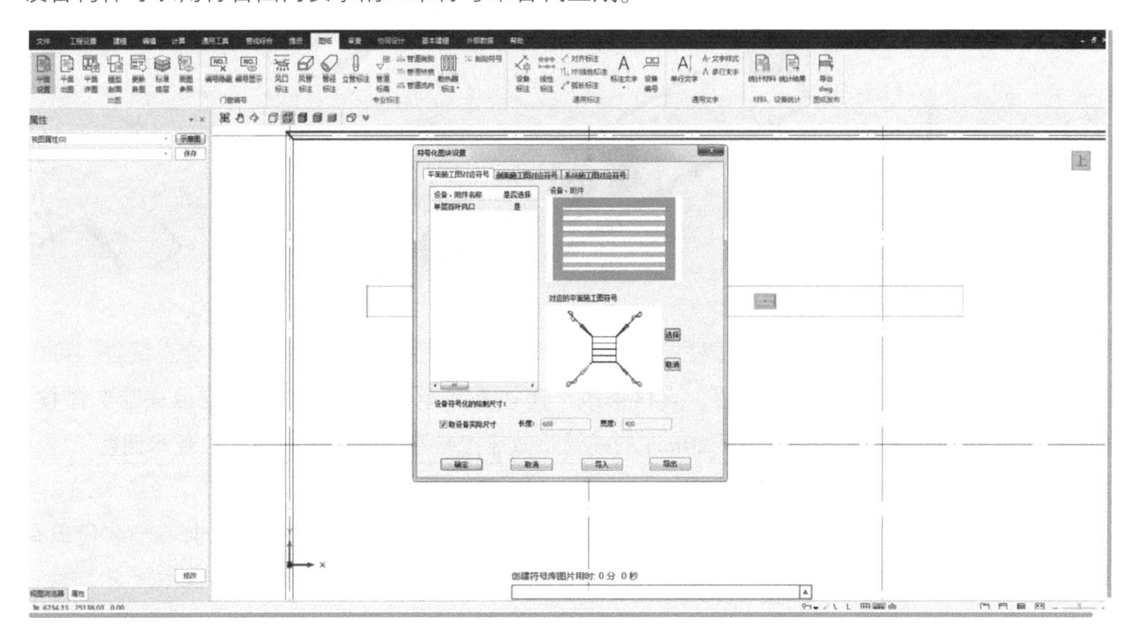

➤识图。

很多项目往往是在方案设计师已经生成了一套 CAD 方案图样的情况下，基于 BIM 的深化设计才正式介入。基本的墙、柱、板就不需要手动建模，可以从图样提取这些基本数据，除了一般的 CAD 图样，软件还支持识别天正的图样。

图样中的墙、柱、板、门窗等构件，以及房间信息，都会按照设定好的楼层关系识别到三维软件环境里，节省基本建筑的建模时间。

➤机电智能连接。

从开发完成度来看，目前软件对三个大专业的建模支持比较完善，机电专业的绘制已经达到比较自动化的程度了，绘制管道的过程中可以自动生成过渡件、弯头和三通等管件，也可以通过框选，自动生成正确的系统支管、连接干管和末端设备。

在调整管线综合的过程中，软件也通过内置避让规则，提供了一些便捷的调整工具，如管道对齐、打断、连接、翻弯等操作。

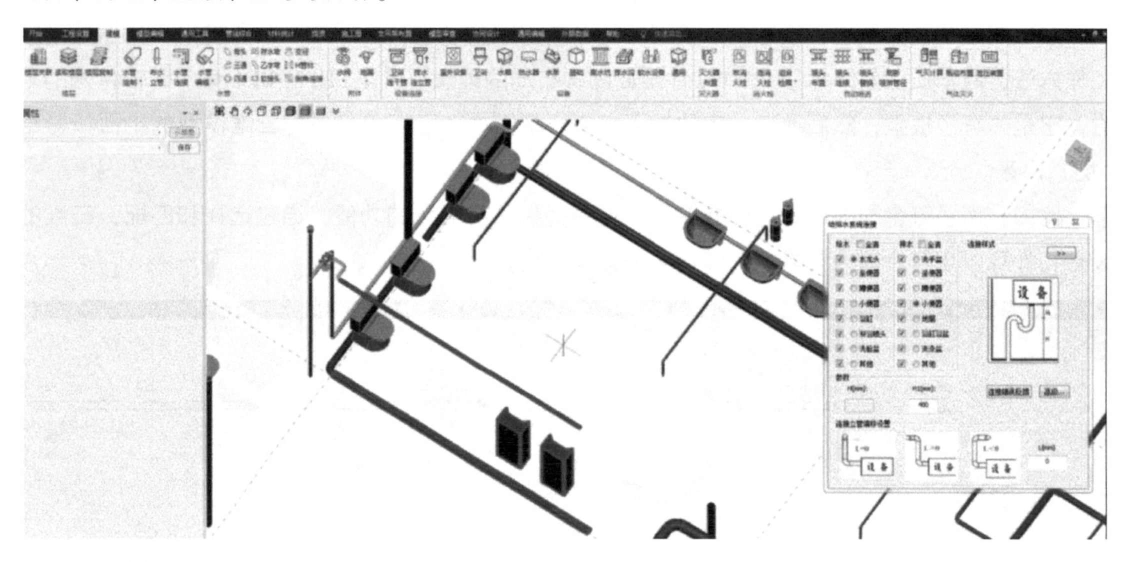

➤碰撞检查。

用 PKPM-BIM 做碰撞检查，选择楼层、构件和检查范围，就能在软件内生成检查报告，可以在报告里直接点击，定位到碰撞位置，直接修改。比较有特色的地方是可以按管径来筛选碰撞，如管径小于 50mm 的给排水管、小于 20mm 的线管不做碰撞检查，减少没必要的检查和调整工作。

专业设计视角：解决核心设计业务

PKPM-BIM 这个产品的总体定位，是面向设计院的一线人员，希望给他们提供一个替代现有设计工具的选择，去解决自身的核心设计工作业务，而不仅仅是满足 BIM 翻模的需求。

➤规范检查。

目前有一些省份已经有了模型审查的相关规定，PKPM-BIM 也专门提供了相关的功能。“把一些技术指标交给机器去检查”是一个确定性的趋势，而从技术层面来看，现在也确实是在发展的过程，对于繁多的检查项，规则和算法的建立也还不算完备。

这里重点讨论的并不是行政层面的报审问题，而是规则检查是否能带来帮助的技术问题。

用户可以在软件里设置整个建筑的各种属性，如建筑分类、耐火等级、建筑级别、消防系统、最大净高等信息。

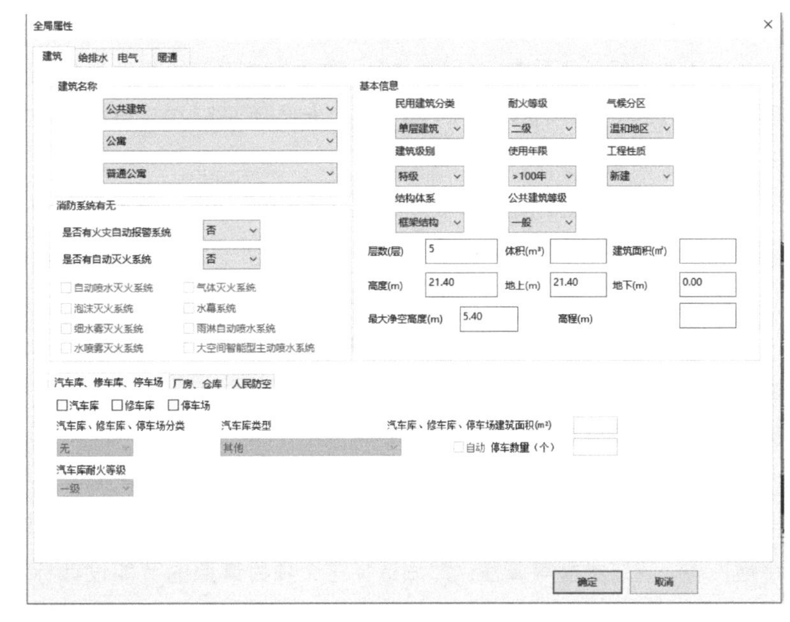

用户可以基于所在省份的 BIM 审查规则进行模型自检，如哪些构件缺失了必要的属性信息、房间和分区是否创建完成、对应的图层是否设置正确、防火等级是否达标等，对于不满足要求的构件，可以高亮定位，批量修改。

自检完成之后，就可以一键把模型上传到服务器，进行正式的 BIM 审查，审查结果会从服务器返回到软件里，弹窗提示模型中哪些地方不符合审查规范中的哪一条。按照审查要求做出修改，对应的错误全部修改之后再提交，就可以通过审查了。

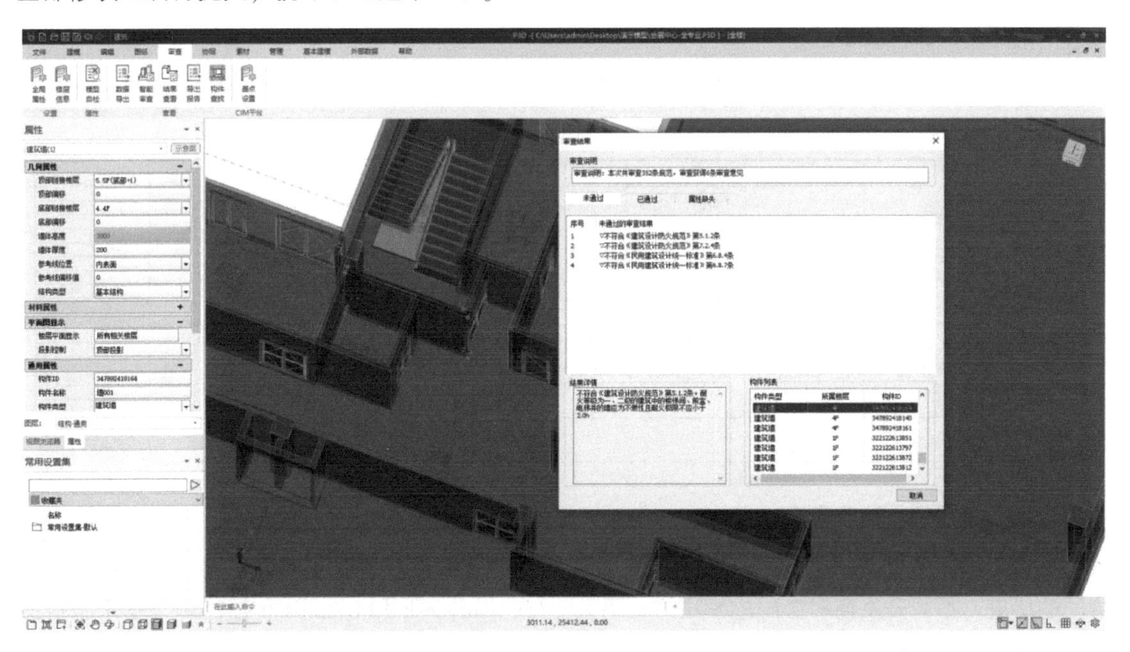

这样的规则审查能通过在企业内部建立一定的规则，帮助设计师快速查找一些设计失误。一些二维图样中一眼就能看出来的问题，其实不需要 BIM 来帮忙，而有一些规范项目，如建筑的防

火疏散距离，在图样上就很难发现问题。

对于一些经验不足的年轻设计师，这个功能不仅能帮助他们减少错误，也能在三维设计的过程中像一位老师傅一样随时给予指导，让他们不是陷在简单枯燥的建模工作里，而是能实打实提升自己的专业知识水平。

这背后的产品思路是不要让 BIM 给设计师增加工作，而尽量让 PKPM-BIM 帮助设计师去解决问题。

➤结构计算。

因为是自家的体系，所以 PKPM-BIM 和 PKPM 结构计算是可以无缝对接的，结构计算模型可以在 PKPM-BIM 里直接打开，生成结构构件。反过来，PKPM-BIM 中建立的模型，也可以直接导出到 PKPM 结构计算软件中来验算结构。

➤节能分析。

基本建模工作完成之后，可以一键跳转到节能设计专业模式，用户可以设置项目的位置信息、用地性质、建筑类型等属性，然后选择这个项目遵照的节能设计标准，给软件节能计算做基础参考。对建筑内的材料进行编辑，给屋面、内外墙、窗、幕墙等构件设定传热系数、太阳辐射吸收系数、传热阻等参数。

剩下的规定性指标计算就交给软件自动完成了，还可以直接生成一份节能设计报告书，不满足要求的部分会重点提醒。

1.2 外窗可开启面积占房间外墙面积比

表7 外窗可开启面积占房间外墙面积最不利比值判定表

楼层名	房间名	空调房间编号	房间外墙面积(m^2)	外窗可开启面积(m^2)	外窗可开启面积占外墙面积最不利的比例	外窗可开启面积占外墙面积的比例限值
普通层2	普通办公室	RM02002	40.95	2.27	0.06	0.10
标准条目	《广东省公共建筑节能设计标准》(DBJ 15-51-2020)第3.2.8条甲类公共建筑有效通风换气面积不宜小于所在房间外墙面积的10%，不能开启的透明幕墙应设置通风换气装置。					
结论	不满足					

协同工作视角：让工作流通起来

在这个视角从现在往回看，会发现 BIM 的发展史，很重要的一条主线是从单机软件走向多人协同的历史。不同开发商对协同的解决方式不太一样，Autodesk 和 Graphisoft 都使用了基于服务器的多人协作模式，Revit 使用中心文件的方式，ArchiCAD 的解决方案是 BIMCloud。其他市场里的解决方案，大多数都偏向于模型轻量转化后的在线协作。

PKPM-BIM 为了迎合国内多专业异地办公的需求，提供了基于中心数据库构件级别的协同模式，也就是多人提前分配好用户权限，在同一个模型中工作，每个人只能编辑自己的构件，避免数据冲突。数据在同步服务器及本地下载的过程，又用增量更新的方式提高数据同步的效率。

这种协作模式带来的直接好处就是，建筑、结构和机电等跨专业的设计师，可以从“各自画图、定期开会”的模式，转变为随时互相帮助的实时协作模式。

目前软件提供的协同功能里，有几个比较突出的功能值得说一下。

➤权限管理。

管理者可以通过预设不同专业的权限，解决工程师对构件的管理和编辑，避免多个设计师的操作冲突。

一个构件被某个人锁定，其他人就失去了对这个构件的编辑权限，但可以查看到它的所属权限，直到锁定这个构件的设计师释放锁定，其他人才能进行操作。

➤变更查询。

设计过程中可以查看不同版本构件的变更情况，每次从服务器上下载数据，都可以查看最新的变更情况，同时变更构件会高亮显示，方便快速定位。

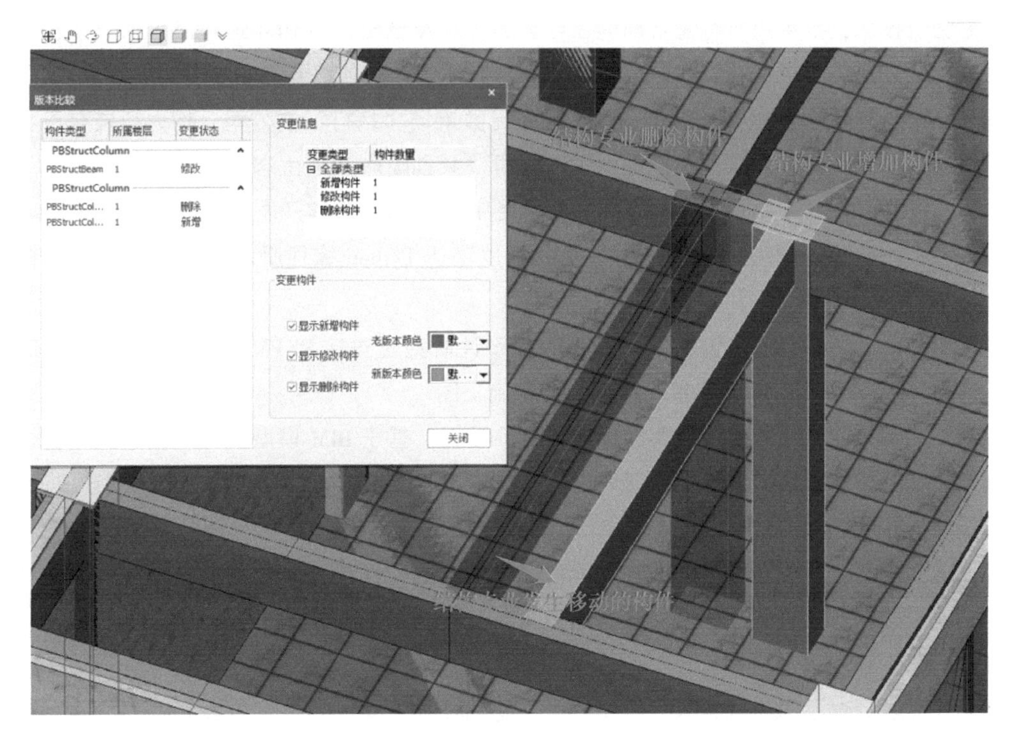

对于服务器上记录的不同版本，还可以通过“版本比对”的功能查看两个版本构件的变化情况，并且通过列表和构件高亮的方式呈现出来。

➤开洞提资。

项目各专业实施过程中，往往不是完全按顺序逐个完成工作，而是在深化的过程中互相参照修改。

比如，对很多管道穿墙穿板的地方，软件提供了自动开洞和加套管的功能，机电专业设计师只要批量选择楼层、机电专业和建筑结构，就可以一键在整个项目范围里搞定。机电和建筑设计师的权限有明确区别，开洞的尺寸和位置是机电专业提的，但洞口要在建筑模型上开，所以这里的批量操作会作为“提资”发送给建筑专业的负责人，建筑专业就会在模型里看到红色高亮的开洞位置。

这时候建筑设计师不需要像以前那样照着洞口图一个个去开洞，只需要选择楼层，审批通过，就能一键批量给墙体开洞，这个功能的效率还是非常高的。

3. 生态构建：强项互补

在反思 2013 年到 2016 年这几年的产品时，构力科技会经常想到“生态”这个词。早年的做法，就是钻研技术，把用户所有需求都列在自己的开发清单里，但 BIM 这片海太广袤了，不寻求合作很难把船开远。如果把视野放到生态的宽度，它还有很长的路要走。

作为一家从老牌软件向 BIM 转型，也经历了无数市场“拷打”的公司，构力科技自己也深知生态的重要。至少在几个方面，我们看到了该公司“共创国产 BIM 生态”的行动。

比如，PKPM-BIM 自带了常用素材库，也联合中信数智，合作开发了一个基于 BIMBase 的参数化构件库，按照国内的编码标准进行分类，可以基于 Python 编程脚本创建参数驱动的自定义构件。

再比如，对于结构专业来说，中国建筑西南设计研究院对接 PKPM-BIM 开发了 EasyBIM，集成在软件里，可以基于 BIM 模型生成全套的结构施工图。

以梁配筋图举例，用户不需要再做烦琐的配筋设计，基于 BIM 模型就可以迅速生成符合工程习惯的梁配筋图。可以根据设计师的习惯进行大量的出图配置，如梁配筋倾向表、钢筋贯通原则、钢筋选型等很多的选项。

只要选择需要出图的楼层，软件就会读取模型里面的构件尺寸参数，以及设定好的各种配筋规则，自动生成带有完整平法标注的结构配筋图，也可以方便地进行快速修改和一键式校对审查，效率真的是非常高。

此外，可以针对不同项目类型创建和使用不同的配筋方案，如住宅方案和公建方案。支持配筋方案的导入导出，便于设计师之间分享与协同工作。

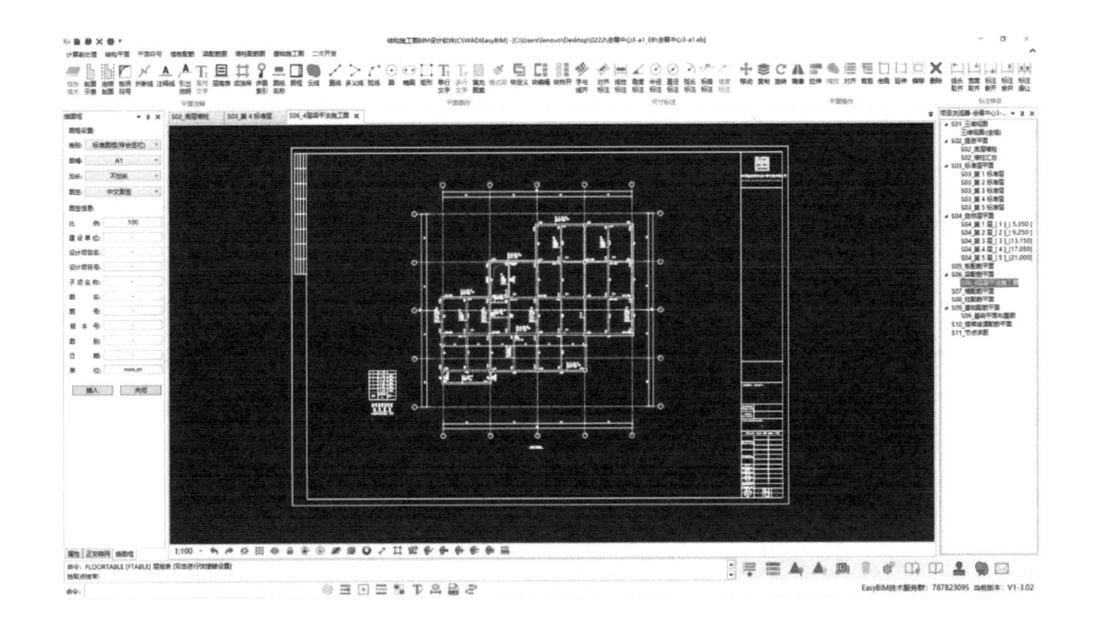

4. 总结：服务与生态

我们看一个软件，不光是看功能，也会去看它背后的开发者为什么要做这些功能，背后体现着什么样的理念。我们和 PKPM-BIM 的产品经理进行了两次长谈，聊到了很多这家老牌软件公司的故事，也询问了他们对未来的看法。

他告诉我们，2015 年整个行业还在探索的时候，PKPM 团队就把“正向设计”这个理念先讲出去了，经过了六七年时间，他们还是希望自己能做正向设计的引领者。这当然不是说建个模、出个图就算正向设计了，而是希望去帮助设计院在下一个时代里重新梳理自己的业务流程。

一方面他们希望把出施工图这件事做得更专业，就像一开始讲出图功能时说到的，不是把三维模型切一刀就叫出图了，而是要基于国内标准，用模型去生成图样，在继承传统二维出图方法的同时，把 BIM 能发挥的价值给发挥出来。

另一方面，他之们希望做“智能设计”而不是 BIM，因为对于设计师来说，一个工具是不是 BIM 不重要，重要的是能让设计这件工作本身更智能，让算法更多替代那些低效率的工作，让知识在项目之外得到传承。

最后，他们认为设计是数字化建筑的源头，所谓设计院的转型也肯定不是传统业务更高效一点的升级，而是能在整个数字资产交付这个层面完成业务扩张，用数据去推动解决后期运维的应用。

我们看了很多国产软件，它们功能各异，对市场的视角和理念也不一样，但和国外软件相比，我们看到了六个字的共通点：强服务、弱生态。

“强服务”体现在软件本身的设计语言，也体现在针对用户的服务态度上。

国内做得比较好的软件公司，都积累了大量来自一线工作人员的痛点和诉求，并把它们转化成功能，这是本土化软件最明显的优势，也是在国外软件已经占有市场这个局面中的“破局点”。而这些需求当然不是用户白给的，而是在地毯式服务中一点点拿到的。

南京地区第一个BIM过审项目，铁北中学项目，在争夺001号BIM审查证书的时候，选择了用PKPM-BIM，当时设计人员对BIM软件还不熟悉，就请构力科技的团队去驻场服务。构力科技的团队用3天的时间教他们怎样使用软件，又在20多天的时间里辅助他们在设计过程中用规范检查工具来审核模型。另一家设计院的项目也在竞争，他们对国外BIM软件比较熟悉，所以提交报审的时间比较早，但是多次修改未通过。结果构力科技服务的这家设计院，因为提交模型之前已经进行全面的内审，反倒是一次性通过，成为南京第一个BIM过审项目。

这个故事体现了国产软件公司贴身服务的两个特点：一是同时扮演咨询和培训的角色，陪伴客户做项目；二是快速响应使用者需求，把诉求转化为生产力。

甚至可以说，我们看到国产软件很多独特的功能，都是这样被用户的需求给“养”出来的。

而“弱生态”则是体现在研发费用有限，只能深耕某一个领域，不太可能遍地开花；同时因为入局比较晚，建立合作的伙伴数量也比较少。在生态建设这个领域，构力科技找到了该去的方向，但还有不少工作刚刚起步，与国外相对成熟、生态已经很完善的软件相比，正式合作并有了成果的伙伴还不算多。

而在这种生态还没完全建立起来的背景下，我们也看到摆在很多有意从事研发工作的人和企业面前的新机会。

回想BIM刚刚进入国内，还很少有人了解的年代，就有很多人白手起家，在欧特克还很空白的生态中做二次开发，十年一轮的跑马圈地之后，很多当年的小公司，现在已经长成很大的企业了。对于很多国内有二次开发能力的个人和团队来说，决定一个方向，和国产软件的生态合作，或许是一个竞争更多元的市场中全新的机会。

数维设计：从造价一体化到数据价值

2021年，广联达第一次对外发布数维建筑设计软件（以下简称数维设计），经过一段时间的迭代，包含建筑、结构和机电三大专业的协同版也正式上线。

目前广联达设计产品的体系是一个“端＋云”的架构，包括建筑设计、结构设计、机电设计三个本地端软件，由一个协同设计平台来支撑，所有设计数据都是在云端来管理，背后还有一个数维构件云，包括资源生产工具和行业级资源库。

本节我们来介绍一下数维设计这款工具，从三个专业的软件功能，到由云平台支撑的设计算量一体化思路，再到广联达希望解决设计行业的什么问题。

1. 建筑设计

数维建筑作为一款设计软件，常规的轴网、图层、墙梁柱板建模、门窗楼梯绘制等功能，在这儿就不过多赘述了，重点说说和其他软件不太一样的地方。

比较值得一提的是建筑设计的模块功能，标准户型可以封装成一个模块，编辑某一个模块，关联模块也会跟着自动修改，这样在调整设计方案的时候，很多局部调整只需要修改其中的标准户型，整栋楼的调整就都完成了。

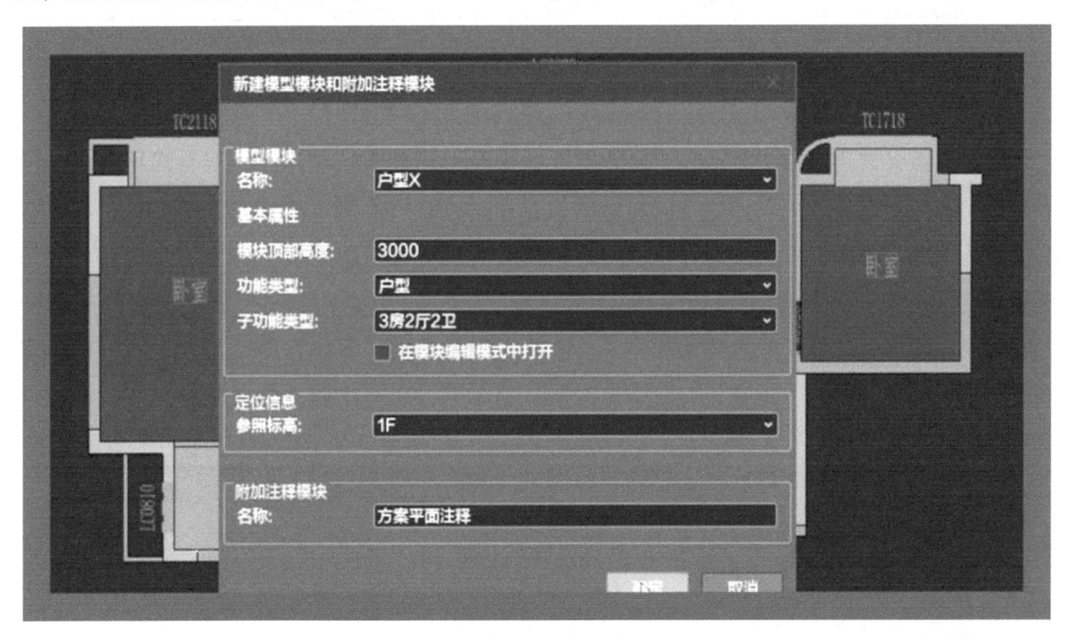

模块有衍生功能，可以让某个模块的局部不同步，模块内的其他部分保持同步，方便对特殊模块做一些微调。不仅是模型，户型中的标注也可以一起被封装到模块里，可以上传到云端的模块库，提交为项目资源，其他的项目或者设计师后续都可以低成本地复用这个模块。

建筑出图的时候有三道尺寸标注，分别是门窗标注、轴网标注和总体标注，这个烦冗的工作不需要设计师自己一道道去标了，点一个按钮，平面和立面的所有尺寸都自动标注完成，非常省事。

同样，门窗编号也不需要手动添加，框选一个范围，所有编号自动生成。

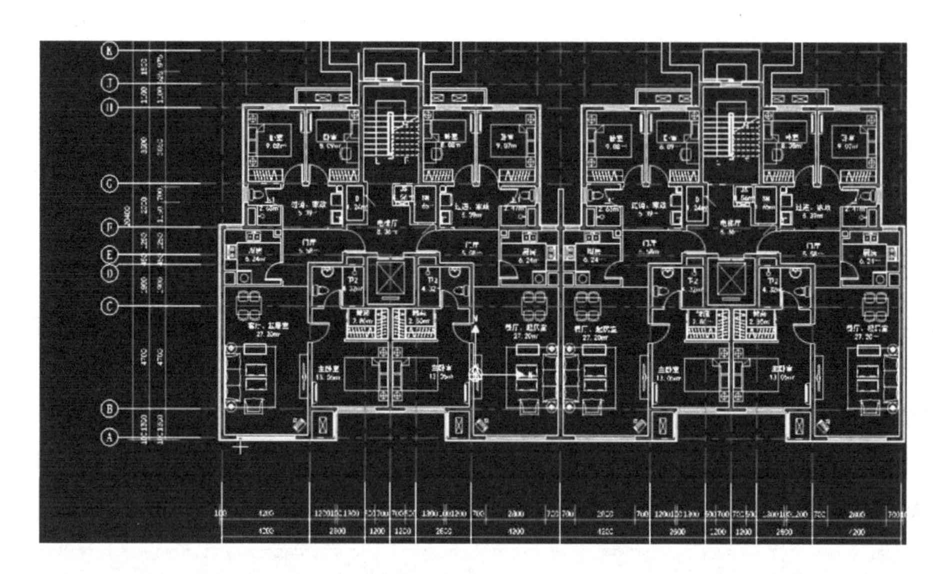

绘制完成之后，门窗表和详图大样不需要设计师自己绘制，门窗表自动生成，连标注都自动给加上了。

对于建筑设计常用的面积统计，也是只需要在平面图里框选一个范围，所有面积和分层面积表都会自动生成，设计师可以调整不同面积的折算系数、计容系数、使用性质等参数，通过标准层映射的其他楼层也都会跟着生成面积表。针对特定户型，也可以用类似的方法生成套内建筑面积指标表。

在智能辅助设计方面，数维建筑提供了一个模型检查功能，可以按照楼层帮设计师检查常见的设计和模型问题，如构件重叠、参数缺失、洞口错误等，还有个智能修复按钮，可以一键修复不少错误，很省时间。

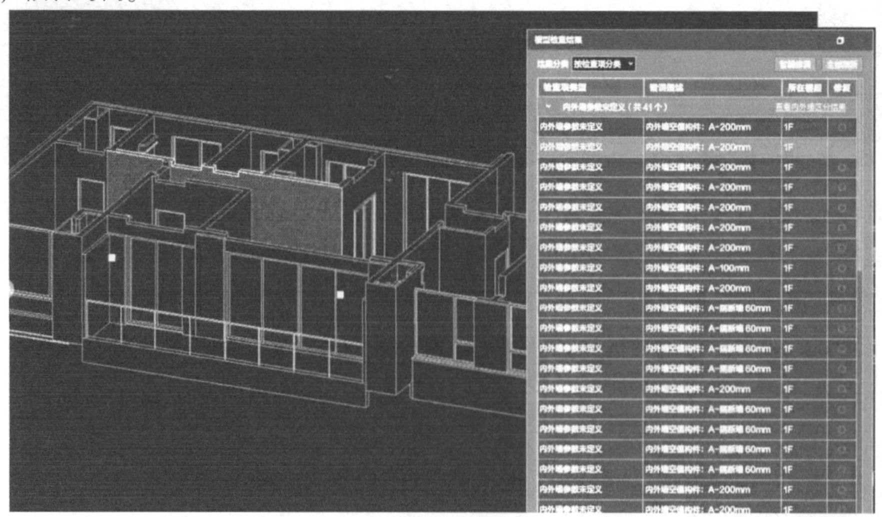

2. 结构设计

数维结构的软件界面和数维建筑类似，具备标高轴网、墙梁柱板、楼梯洞口、基础、钢筋等建模工具。下面还是说一些比较有特色的功能。

数维结构设计支持直接导入 YJK 或者 PKPM 的计算模型，不需要中间格式，构件都可以正确识别。计算的时候，会对楼层进行组装，导入数维结构后对应的就是标准层拼装，和数维建筑类似，哪个楼层是标准层，其他层怎样映射，都可以在软件里配置。

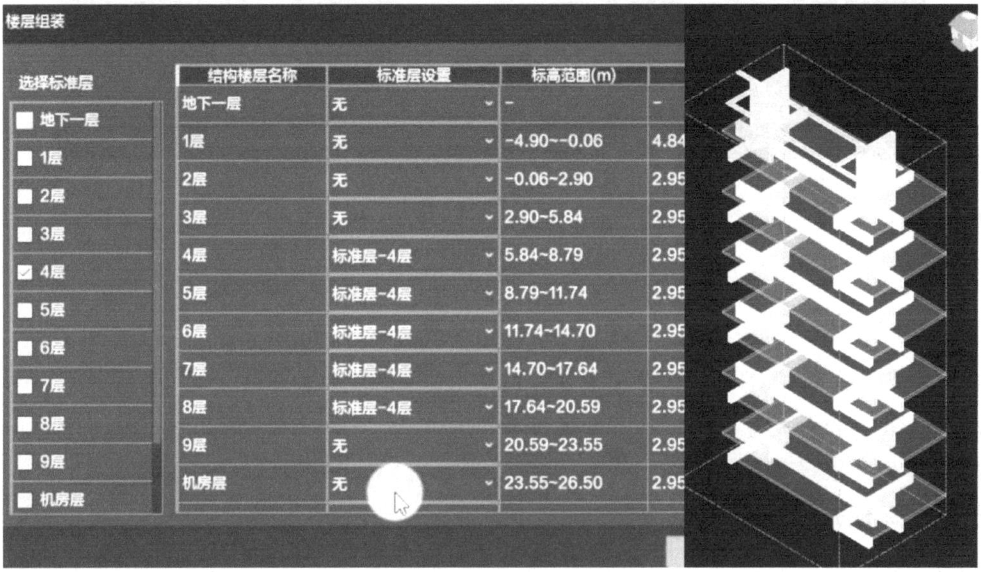

楼层组装

选择标准层

地下一层
1层
2层
3层
4层
5层
6层
7层
8层
9层
机房层

结构楼层名称	标准层设置	标高范围(m)	
地下一层	无	-	-
1层	无	-4.90~-0.06	4.84
2层	无	-0.06~2.90	2.95
3层	无	2.90~5.84	2.95
4层	标准层-4层	5.84~8.79	2.95
5层	标准层-4层	8.79~11.74	2.95
6层	标准层-4层	11.74~14.70	2.95
7层	标准层-4层	14.70~17.64	2.95
8层	标准层-4层	17.64~20.59	2.95
9层	无	20.59~23.55	2.95
机房层	无	23.55~26.50	2.95

数维结构和数维建筑在推进过程中，是紧密同步结合在一起的，每当建筑有了新的提资修改，计算模型也会跟着变化。数维结构提供了一个增量更新功能，当结构计算模型发生变化，同步的时候只会把变化的部分更新进来，还会自动加上云线和标注，告诉设计师哪里发生了什么变化。设计师就不用拿着新版图样费力去找有哪些变化了。

除了跨专业协同，软件还提供了结构专业内部的多人协同出图功能。设计师可以按照墙、柱、梁、板的方式拆分设计工作，多个设计师可以同时绘制施工图，如负责绘制梁的设计师在完成工作后，把成果提交到云端，主控模型的设计师就可以直接把梁图成果同步过来，这种多人同步协作还是能提高不少效率的。

对于出结构专用的梁、板、墙、柱等配筋图的需求，数维结构集成了乐构和 PDST 的出图插件，结构设计师可以根据自己的习惯，选择其中一个来进行参数配置。所有的配筋标注会自动完成。可以一键生成梁、板、墙、柱等平法施工图，快速排列调整图面，很省时间。

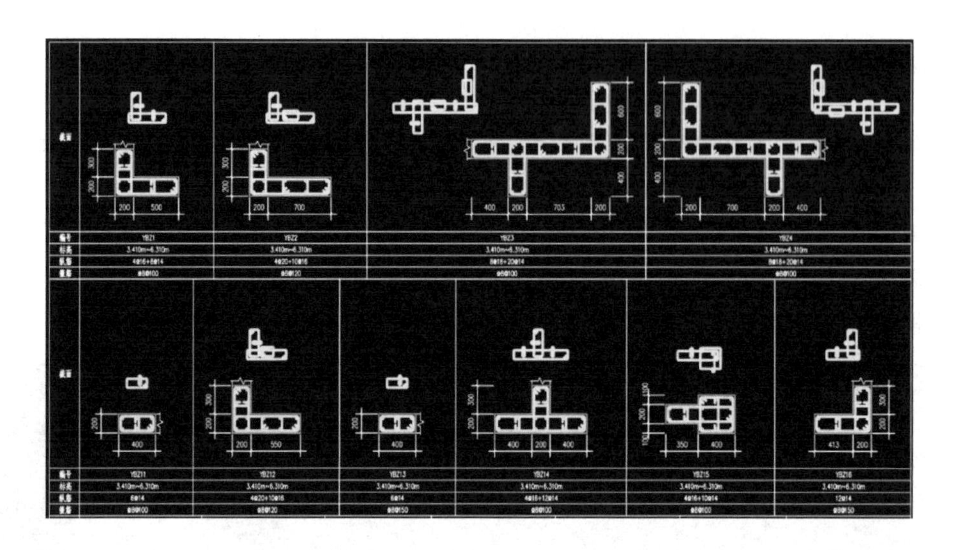

3. 机电设计

数维机电设计软件，根据国内习惯的专业分类，划分了通用、给水排水、暖通、电气、管综等面板。对于比较复杂的机电管道系统，软件内置了配置管理器，设计师可以在工作开始时，配置好系统类型、管材、配件等，后面的工作中自动化程度就能大大提高。

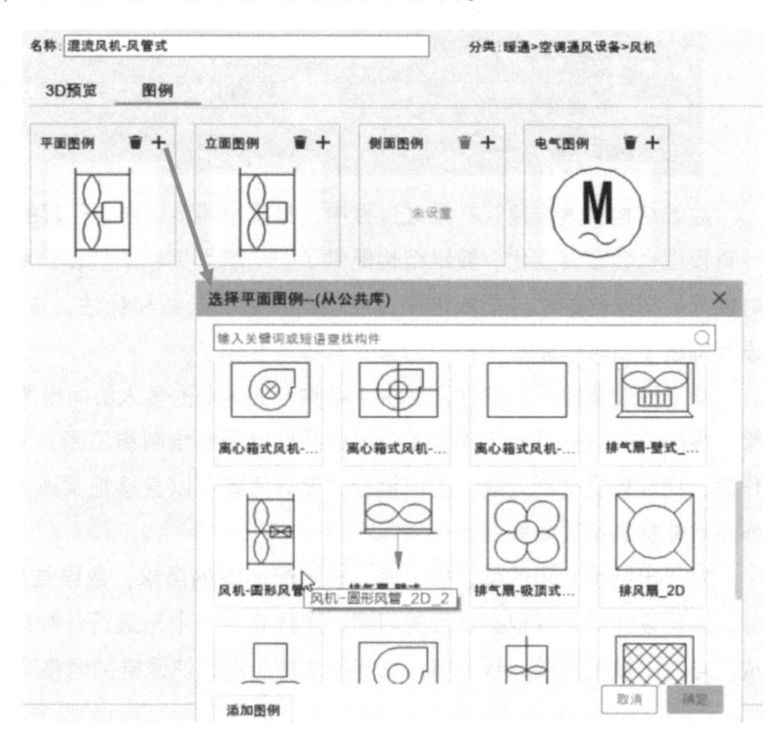

软件提供了一套初始的机电配置模板，很多管配件都是根据国标预先制作好的系统构件，设计师不需要从零开始配置。

另外一个比较有特色的点是，构件管理器可以单独设置每个构件的二维图例，让机电构件自身和图例分离开，不同设计院只修改图例就行，不用修改构件，如风机构件，在三维模型保持不变的前提下，可以在不同视图中，从云端库里选择不同的图例，某一个专业设计师修改了，和他协作的其他设计师的文件也会同步修改。

许多设计单位，会在电气专业和暖通专业的图样上有不同表达。设计师可以自定义这些构件的电气图例，也支持平面视图电气图例一键转换的功能。

数维机电原生集成了不少的效率工具，设计师不需要安装插件，就能完成一些批量工作，甚至有一些智能的算法辅助设计师提高效率，如可以批量布置机电设备，大部分管道的连接也是自动完成的，绘制一根主管，设置好系统、管径、配件、高度、坡度等参数，所有支管就能自动布置好。

软件也提供了管径计算功能，只要输入相应的计算参数，就能按照规范自动完成计算。计算完成后，之前自动生成的管道会同步修改为正确的尺寸，连尺寸标注也自动生成好，工作量就大大减少了。

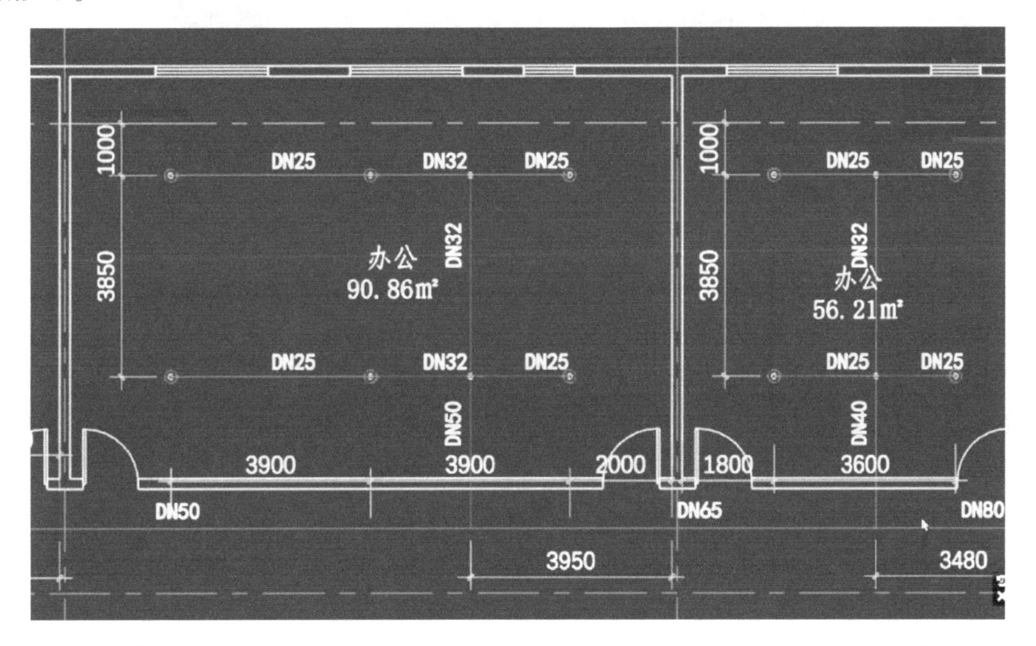

值得一提的是软件中的电气设计模块，这在一般的BIM软件中是一个弱项。数维机电的电气设计和水、暖专业类似，也支持设备批量布置和线管自动连接，电气专业有自己的系统，细分到导线也会连接到特定的专业系统。当一个系统回路连接完成后，可以选择配电箱，在配电箱回路设置里调整相位、电流、线管类型等参数，生成一个配电箱系统。

设计师可以在平面标注或者配电回路设置里，修改任意导线的回路信息，同时能保证模型、平面图和系统图三者的同步，不用再单独绘制其中的某一个了，这在电气设计上是一个很大的进步。

管线综合工作方面，软件提供了批量的连接、对齐、排列、管道偏移等功能，设计师不需要安装插件就能提高后期调整的效率。

碰撞检查和净高分析的功能很多软件都有，不过大多数只能出报告，再由设计师对着报告文档去找调碰撞点，数维机电把这个功能放到了云端。模型在云端合并，可以由专门的负责人，选择任意专业进行检查，排查出的问题可以一键定位，添加修改意见，推送给对应的负责人。这位负责人会在本地软件端收到这条提醒，同样也是一键定位，按修改意见调整之后，再提交完成。

看起来只是本地到云端的调整，但仔细想想，这种模式改变了管线综合这件事的工作流程。大多数设计师还是像传统设计师一样，只会实时收到移动本专业管道的意见，而不用操心其他专业管道是怎么布置的、有哪些碰撞，这件事专门有人在全局视角负责协调。

并且这种发现问题、调整管线的流程，会随着设计推进随时进行，设计师基本不会受到打扰，不会为干着干着收到几百条的碰撞意见而抱怨了。

下面展开说说数维设计的云端协同平台有什么不一样。

4. 云端协同平台

现在大家对“云”已经不陌生了，不过一般设计软件，“云”还是一个偏辅助的工具，主要是用来存储图样和文档，而数维设计在云路线上走得更远、更激进。

尽管数维设计的建筑、结构和机电都有本地软件，但所有的三维成果都是直接上云，完成多专业之间的同步。文件实时分布式同步到云端，也就没有了断电、忘保存、丢失文件等问题。

随着这个模式的转变，设计师之间也就没有了互传不同版本文件的操作，和模型对应的图样、表格等也都是从云端导出。

数维设计云端协同可以采用公有云的方式，对有特殊要求的企业，也可以进行私有云部署。

项目共享的资源库也是在云端架设，包含设计过程中常用到的构件、户型模块、字体、样板文件、机电专业配置等，方便设计师随用随取，也便于管理员统一项目标准。当项目缺少资源时，也可以访问公共的行业资源库，把里面的内容添加到项目库。

所有设计数据都原生留存在云端，可以直接在线查看。指标计算也连同模型在浏览器里展示，项目中发现的设计问题，也可以通过浏览器来发布、批注和追踪。

项目进行到一定阶段，设计师可以整合并交付设计成果。和传统交付模式不一样，数维设计中的流程是在文件归档后，在线创建一个“交付包”，因为工作单元中所有文件都是在云端存储，这个过程只需要批量选中某些成果，如图样、计算书、计算模型、算量模型等，打包给其他人。

其他协作者根据不同的权限，可以在浏览器中直接查看模型和图样，或者下载图样文件用本地软件查看。

此外，针对设计的常用工具，如碰撞检查、净高分析、模型检查、渲染、导出算量模型等功能，也都集成到了网页端，不需要在本地安装插件，让设计师的工作保持流畅。

在这些应用里，比较值得注意的是导出土建和安装算量模型，这又引出了本节最后一个话题：广联达想通过设计算量一体化，解决什么问题？

5. 设计算量一体化

有没有那么一天，设计端的BIM模型，和造价端的算量模型，能最终统一成一个模型呢？这件事在行业里，长久以来都是个“执念”。

这一方面来自于直觉判断：都是三维模型，怎么就不能统一呢？另一方面也来自于价值期待：在“算账”这个设计、施工、咨询、业主方重合度最高的节点，如果BIM模型能为造价提供更高的价值，那它也会更值得人们付出心血。

不过，这件符合直觉、符合期待的想法，越往深处挖，就越难。

过去20年，设计与造价有一种固化的模式：设计方先交付图样，造价咨询方照图建立算量模型，再辅以人工最终组成工程量清单。这个过程中，出图是从三维到二维的降维操作，算量建模又是一次逆向升维的操作，两拨人、两个动作本来就对精确性有所损耗，时间滞后也是个比较大的问题。

如果是从三维直接到三维，且设计模型的细节丰富度本身是高于算量模型的，向下兼容在理论上是可行的。不过，设计模型到算量模型，不可避免地存在很多必须完成的工作：需要补充构件，如二次结构和细部构造；需要补充抹灰、防水等做法；构件在算量业务下需要重新分类；设计阶段的信息需要过滤删减。

这些工作由谁来做、难度如何，就是设计算量一体化的“七寸”。

目前广联达提出的解决方案是：

从设计模型到算量模型，必然要有造价师的补充修改工作，不可能全部由设计师负责提供一个可供算量的模型。既然现阶段无法避免，那就大幅度减少这个工作量，秘诀就是两个技术：GFC数据接口和云服务。

➤首先是格式互通。

数维设计的建筑、结构和机电三个专业，都可以通过GFC格式，设计师按照一定规范建模之后，把成果直接导出到广联达土建和安装算量平台，继续进行工程算量工作，前面说的云端协同平台也提供了这样的App，这是本家格式的无缝转移，不存在中间格式的数据损耗。

➤第二是合规性前置。

设计模型本身是否能满足算量的基本要求，这里面的部分检查项前置到设计阶段，尽量多地由程序自动执行、定位甚至智能修改，尽量把这些校审内容绑定到设计师本专业内的设计校审上，少给设计师增加工作量。

➤第三是业务转化。

设计师完成合规模型后，在云端交付，那些必须由造价师完善的业务，在这关键的一步通过云端工具直接完成，如楼层转换、土建结构标高合并等。

还有些复杂的工作，如构件命名、材质、分类的转化等，云端提供了自动映射工具，帮助造价师把设计模型转化成符合造价要求的模型，并且列出没能自动转化的构件，造价师可以通过轻量化工具手动完成。

最终，在云端把模型封装，再导出 GFC 到造价软件，进行算量工作。

当然，造价和设计之间还存在着根本业务上的差异，如装饰装修、二次结构、刷油保温等工作，这些则是在模型导入之后，利用造价软件现有的功能去解决。

6. 数维设计想要做什么?

如果让我们猜测广联达数维设计软件想达到的目标，或许是：对设计师温柔低调的同时，帮助设计院完成大跨步的数字变革。

先说设计师。

设计企业普遍存在的共识是：三维、协同和数字化，是发展路上绕不开的变革，而面向未来的理想和当下的现实存在矛盾，推进改革的阻力很大。

数维软件的设计语言体现着：设计企业是做设计的，不是做 BIM 的，BIM 可以服务于设计，但不喧宾夺主。数维设计当然首先是服务于设计师的。

设计师觉得三维设计比二维设计麻烦，那就把二维设计和三维设计流程结合起来，大部分工作都可以在平面图中完成；设计师觉得大量 BIM 需要的参数属性很麻烦，那就大幅度减少参数的输入，只保留设计环节关注的信息；设计师觉得 BIM 的自由度太高，折腾软件的时间比画图时间还长，那就把自由度收束到每个专业的小范围之内，电气专业关心的那些参数，就不让暖通专业看到；安装插件麻烦，第三方平台麻烦，数据格式转换麻烦，操心造价的事更麻烦，那就全都在云端一站解决。

但企业要生存下去，光是满足设计师的效率需求、减少变革的阻力，这还不够，面向 B 端的软件必须给企业一个动力，让它们能创造出新的价值才行。这个价值，近期内可以看全专业协同带来的服务质量提升，中期可以看设计算量一体化带来的服务边界扩张，远期则是看数据积累带来的潜在价值。

作为一款发布不算久的软件，数维设计无论在本地还是云端的功能，都远远没有迭代到最终形态，但广联达对“云”的态度非常坚定。未来完全有可能，所有的环节都在云端打通，不再有各种版本的本地文件，设计师、造价师都是完全无感地在一个环境下工作，没有上传、下载、互传这些动作。

设计师更省事、断电保护、版本统一等，只是顺便解决的小问题，我们想，广联达更大的目标是解决设计企业数据价值的大未来。

王坚说：今天数据的意义并不在于有多大，真正有意思的是数据变得在线了，这恰恰是互联网的特点。所有东西都能在线这件事，远比大更能反映本质。如果打车软件使用的交通数据不在线，那它就没有什么作用。存在硬盘里的数据，作用是有限的。

以前我们都习惯把歌曲下载到 MP3 播放器，把文字写在 word 文档里，不知不觉，人们习惯了云音乐、云文档，和本地文件永远告别，普通人收获的也许是效率和便捷，而拥有海量视听数据、文档数据的企业，才是最终从数据原油中炼出石油的赢家。

比起这些行业，建筑设计行业的“炼油”技术还不算成熟，但不妨在不影响生产的同时，先把原油收集起来。

在变革的洪流中，有的产品倾向于满足用户传统的习惯，有的产品则是体现着改变传统的激进理念，数维设计的进化，似乎一直是在这二者之间寻找某种平衡。

未来广联达会怎么做？当下还远远不是终局，我们拭目以待。

以见科技：AR功能增强、完善施工管理功能

本节说说国内建筑行业以“BIM+AR”见长的公司：以见科技。

上次采访这家公司，已经是三年前了，这几年时间里，它的产品一直在迭代，无论是看家本领AR（增强现实）功能，还是BIM模型与信息的管理功能，都有了非常大的进化。它的核心产品之一，“一见® BIM+AR·施工助手”也更新到了4.0大版本，还推出了用于室外AR定位的配套硬件设备，可以说是一套全新的产品了。

下面就一起看看这些变化，以下“一见® BIM+AR·施工助手”简称为“施工助手”。

1. 解决什么问题？

这款工具主要是面向施工单位和业主方，给它们提供基于3D和AR可视化的BIM施工管理工具，同时也给代建、代管公司和BIM咨询公司提供服务。当然从名字就可以知道，它最主要的用户还是施工企业。

以见科技观察到，设计到施工、施工到运维的过程中，存在大量的信息丢失问题。传统二维设计的信息丢失就不说了，即便是用BIM来完成设计和施工深化，最终输出的成果还是图样。

信息从设计师本来比较精确的三维模型转换成二维图样，到了现场再从图样转换成三维的现场安装，这就是两次二三维的转换，如果是先出图再翻模、翻模之后再出图的模式，就再加上两次转换。这些流程中会因为表达误差、读图误差和交流误差等原因，丢失大量的信息。

这还仅仅是在设计完成的交底阶段，另外在施工单位自身安装复杂区域阶段，安装质量验收阶段，甚至是竣工交付阶段，都存在着类似的信息丢失问题。

以见科技希望在这些环节之间，用可视化的方式真实还原设计意图，消除信息误差带来的成

本损耗。增强现实技术，就给虚拟的 BIM 模型和现实的物理空间之间，搭上了一座精准匹配的桥梁。

此外，在新的 4.0 版本中，以见科技也深入到了 BIM 模型的应用层，在项目看板、安全管控、质量验收、进度管理等施工环节，提升施工企业的执行和管理效率。

以见科技认为，数字孪生、数字化平台，都存在一个应用的“最后一公里”问题，也就是说，无论数据在虚拟空间里怎样流转和展示，最终都需要在现场落地，服务于施工方具体的业务流程和工作体系。

2. 进化的施工助手

新版的施工助手操作界面发生了非常大的变化。4.0 版彻底调整了项目页面布局，左侧是一级导航，模块的区分很明确，模型管理和查看功能统一到一起，通过权限对功能进行分区，用户使用的动线缩短，易用性也明显提升。

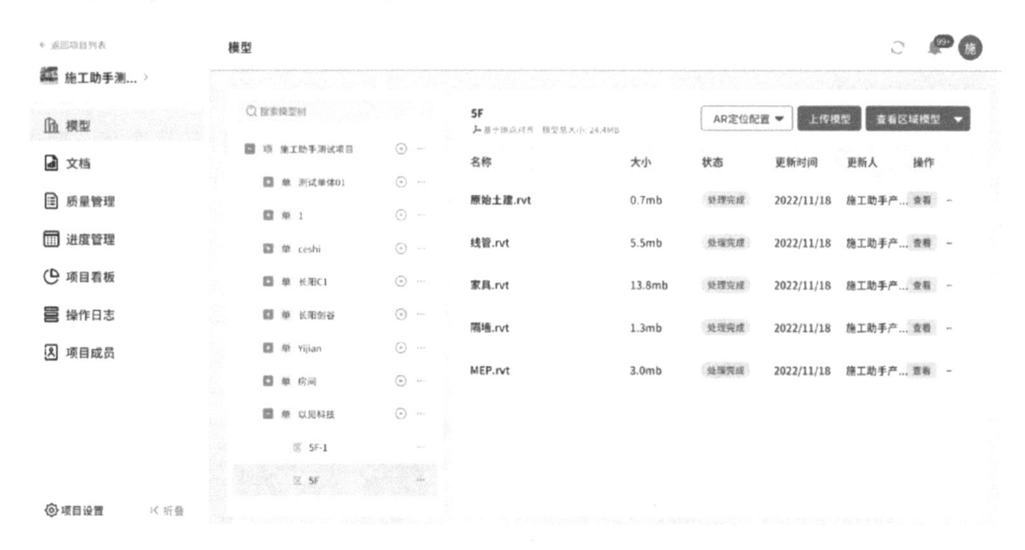

导航栏第一个功能就是“模型”，其他大部分功能都是围绕着 BIM 模型来展开的。软件的模型上传和转化，也经过了仔细的设计。

BIM 模型和资料管理

一般做设计的时候不太会考虑后期的模型应用，也就不会按楼层和专业来拆分模型。新版的施工助手，在Revit里上传模型，可以直接在插件里按楼层、按水暖电专业，对模型进行拆分。拆分完成之后，可以按照项目、单体、区域、专业四个层级，单独上传某部分模型，方便后续的管理。

上传后就可以脱离建模软件，在PC端、Web端和移动端同步查看模型了。

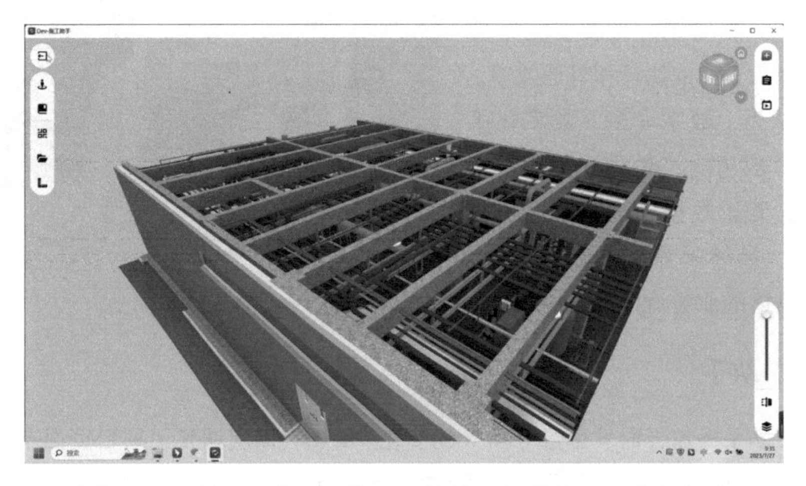

受限于移动端的算力，早先版本的方案模型是按楼层加载的，一次只能查看一层的模型，4.0版本解决了这个问题，移动端投射AR还是按楼层加载，但在PC端和Web端，可以很方便地选择，是按区域查看模型，还是把整个项目的多个模型整合查看。

可视化效果升级

新版施工助手做了系统级的优化，升级了技术架构和缓存机制，模型打开速度有了翻倍的提升；同时升级了模型显示效果，对早先版本的模型边缘线、阴影效果都做了优化，让模型看起来更加真实和舒服。

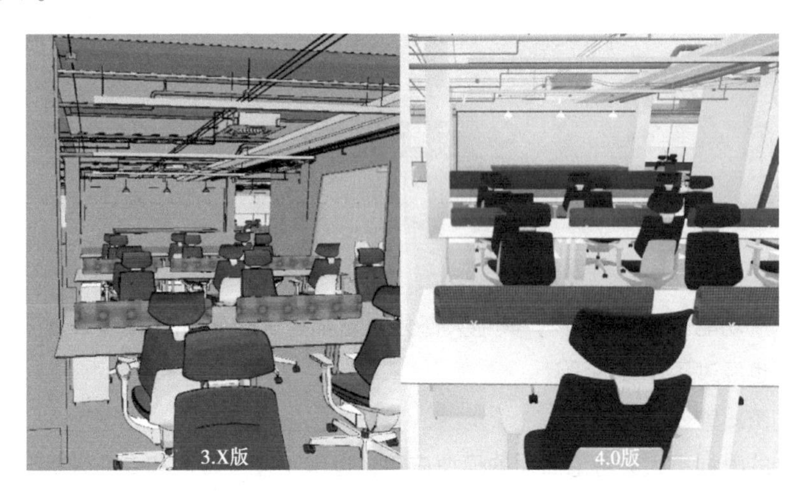

对模型的查看除了常规的平移、旋转、缩放，也支持在PC、Web和移动端以第一人称视角进行漫游，可以调节重力和速度。

信息和文档查看

很多设计给到施工方或甲方的BIM模型，里面有些冗余数据是下游根本用不到的，在施工助手里，用户可以在整个项目级别，对导入模型的BIM属性进行过滤筛选和排序，只留下自己需要的数据，也支持添加自定义属性。这样用户就可以不被其他信息打扰，方便查看对业务真正有用的属性。

除了BIM模型，用户也可以把项目相关的文件传到施工助手里，如相关的图样、验收资料、材料表单等。目前PC端、Web端和移动端，都已经支持PDF、图片和视频的在线预览，另外像是Word、Excel、CAD等文件也支持一键跳出到第三方应用查看。

更棒的是，用户可以在模型上增加资料点，也就是指向相关文件的链接点，把资料和对应的模型位置关联起来，这样无论在3D模型环境还是AR环境下，都可以方便地查看和某些构件相关联的图样和资料。

AR功能进化

AR与BIM的结合，是以见科技的核心技术。要想让虚拟空间里的3D模型，能在平板电脑的摄像头画面里叠加到现实空间，必须解决的就是定位问题，也就是让软件知道这个模型的坐标、角度和比例。

这里的核心是SLAM技术，也就是即时定位与地图创建。通过SLAM，AR设备可以不断更新它们对周围世界的理解，哪怕设备不停移动，也可以保持数字模型与现实世界正确对齐。具体技术细节就不展开了，你需要知道的是，它需要在现实和模型中找到至少两个点，通过它们的位置、距离和连线方向，软件就能实时计算模型的叠加了。

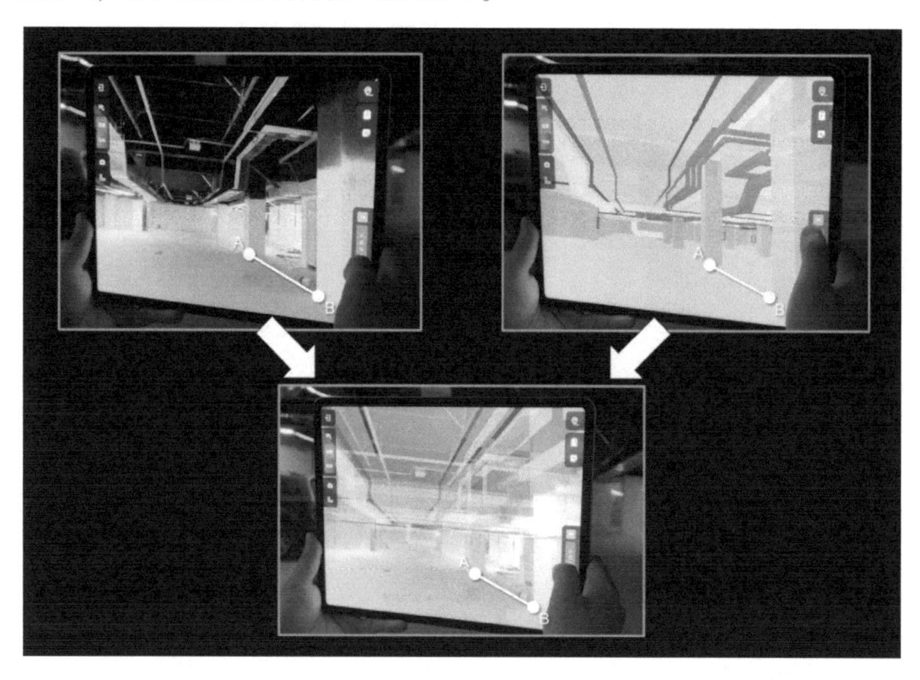

那么要在施工这个场景下让这种定位方式更好用，需要解决的问题就围绕着：怎样让输入这两个点的流程变简单，怎样减少操作误差，以及现实空间找不到定位点该怎么办。

针对已经有土建结构的室内场景，施工助手提供了两种定位方式：直接点选两个点，或者扫两个二维码。

4.0版本对两点定位做了比较大的改进，操作始终在三维环境下进行，先在模型上点选两个点，然后通过摄像头在现场点选两个点，模型和现场就能直接完成对齐，流程简化之后操作也更加直观。

二维码定位优化

两个点距离比较远、不方便直接点选的时候，可以用两个二维码实现定位对齐。

以前的流程是先在PC或Web端的三维模型里放好二维码，如贴在一根柱子上，到了施工现场，带着平板电脑、卷尺和打印好的二维码，找到对应的位置粘贴，贴完之后需要再扫一下，保证现场的粘贴位置和模型里的位置是统一的。

这样当现场空间比较大、二维码比较多的情况下，需要不停地在现场找模型里对应的二维码位置，在办公室和现场两边跑，对二维码内容进行配置，操作比较麻烦。

4.0 版本新增了一种新的简化模式，软件生成一批空的二维码，也就是没有绑定任何空间位置信息的二维码，现场人员先不管它们在模型里的位置，在现场的任意位置随意粘贴。

二维码贴好之后，再拿着平板电脑，把二维码的位置信息绑定在模型里，数据自动同步云端，同项目的同事立刻就可以使用了，这样的流程，可以把二维码定位的效率提升好几倍。

室外定位设备 RTK

无论是两点定位，还是张贴二维码的方式，主要都是解决室内模型与现场空间对齐的问题。而室外的情况，尤其是体量比较大的项目，如路桥项目，这两种方式就会放大微小的操作误差，导致精度下降。

另外还有一些室外项目在前期使用 AR 技术的时候，连土建结构都还没有建起来，没有任何可以用来两点定位的标的物。

以见科技的技术人员也一直在研究怎样解决这个问题，他们从 2020 年开始入驻了微软在上海的人工智能实验室，双方共同合作研发，经过多次硬件设计和迭代，拿出了专门针对这种情况的硬件设备：RTK 智能定位设备。

它主要是通过读取北斗经纬度信息，把信息转换成软件能识别的二维码，显示在机器正面的屏幕上，配合施工助手里配置好定位点的经纬度信息，就能实现类似室内张贴二维码的功能，可以实现厘米级的定位精度。

RTK 使用 Type-C 接口供电，一次充电可以续航 8 小时，为了在户外强光下保持屏幕可读性，还特地采用了墨水屏的设计。

这款设备目前已经更新到了 2.0，在硬件和软件层面都做了比较大的改进。使用了可收纳的双天线设计，除了定位精度有所提高，更重要的是不再需要考虑设备摆放的朝向，也不需要配置模型的角度，只要输入模型中两个点的经纬度和高程，就能快速完成配置。

通过以上几种定位方式完成了模型和现实空间的匹配，就可以结合施工助手的功能，实现各种 AR 应用了。

如土建已经完成，机电 BIM 管线综合排完还没安装，可以到现场直接用三维模型比对着现场土建情况，做施工安装交底，查看预留孔洞的位置是否正确。

施工到一半的项目，遇到安装难点或者进行安装质量检查，可以利用施工助手的透明度调节，查看后续专业的安装空间是否满足，或者已经安装的设备是否符合要求。

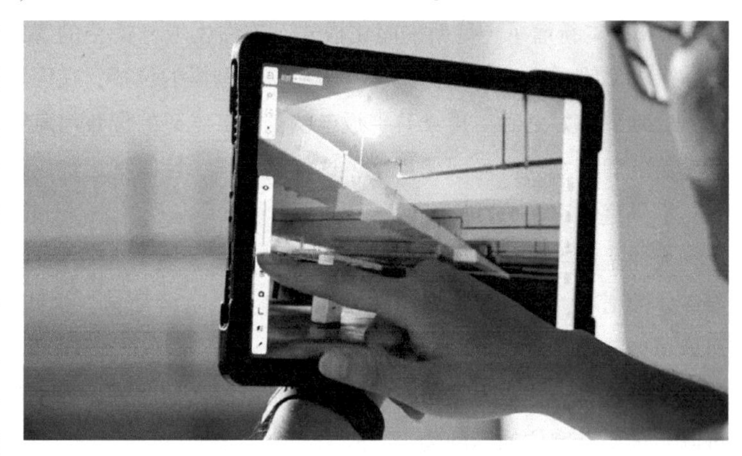

需要查看构件的信息，无论是已经安装的还是未来要安装的，都可以在AR画面里直接点选，结合后台的BIM信息筛选功能，可以很方便地查看到需要的数据。

前面说到施工助手支持上传各种图样和资料，针对现场施工难度比较大的节点，可以把资料挂接到对应构件上，在平板电脑上点击就可调出对应的节点图和安装说明，帮助现场实现无纸化安装。

此外，还有和施工项目管理强相关的进度管理和质量管理，也可以结合AR实现，这就要说到施工助手在这个方向的进化了。

施工项目管理

对于以见科技的主要用户——施工单位来说，除了和设计、业主的上下游信息传递问题，内部也存在着对项目的管理需求。

早期的施工助手，研发的重点在增强现实，也就是“模型进入平台之后投射到现场对比”的应用。不过既然已经上传了模型，它本来就成了一份可用的数字资产。新版施工助手，在如何使用模型这一点上，做了功能上的深挖，去解决施工环节内部的信息管理问题。

4.0版本的项目管理，主要体现在下面几个功能。

➤进度管理。

进度管理模块以前在施工助手里也有，但功能比较分散，藏得也比较深，新版本把它提到了一级入口，成了施工助手最重要的功能之一。

用户可以在施工助手里管理现场的施工进度，了解各构件的安装完成情况，预先设定好每条工期的起止日期，可以把常用的工期收藏备用。

软件支持项目级、单体级模型构件与工期的批量绑定，选择构件和对应的工期条目，以可视化的手段给BIM模型中的构件绑定工期信息。

绑定完成后，就可以在3D环境或者AR环境下，播放进度动画。

如把进度条拉到当天，可以查看计划中当天应该施工到什么样子了，还可以利用AR与现场已施工的部分做比对，发现实际施工滞后的部分。

➤质量管理。

质量验收是施工过程中必不可少的环节，现场出现各种问题，需要开工单整改，各种通知同步不及时也是常见的问题。施工助手专门做了质量管理的模块，用来解决这些问题。

质检人员在现场用 AR 功能将现场和模型进行比对，然后在平板电脑上直接创建整改工单，指定参与人、日期，添加图像标注，可以把工单绑定到构件或者空间位置上。

工单会同步到平台，所有参与者都会收到对应的消息，消息会出现在使用者的移动端、PC 端和 Web 端，也会在微信订阅号里弹出消息，当负责人回复了整改状态后，参与者也会收到消息提醒。

针对现场对工单归档的需求，施工助手也提供了批量导出工单的功能，可以选择单体或区域，批量导出Word文件，无论是线上归档还是打印归档都很方便。

这样的流程当然会涉及多人协作，施工助手也提供了账号的权限管理系统，分为管理员、项目配置、现场执行、数据查看四种角色，可以给不同人员赋予不同的功能权限。

新版支持通过邮件或短信，邀请未注册的成员进入到项目，对于添加外部人员协作比较友好。

施工助手Web端还提供了项目看板，可以按照项目、单体或区域，显示不同状态、不同负责人的工单统计，方便管理者了解目前项目的问题解决进展情况。

3. 总结

经过几年时间迭代，施工助手已经从解决现场实模一致的工具，逐步完善，能够解决施工交底、安装、进度、质量、验收等环节的问题，形成了一个比较完整的业务闭环。

对于施工企业的执行层来说，利用3D + AR的可视化技术，降低现场的读图门槛，在真实物理空间中，一比一精准还原BIM模型的尺寸和位置，进而衍生出设计与施工对比、资料查看、发现质量问题等一系列功能。

同时，对于管理层来说，它通过最大限度还原设计方案，解决理解不一致导致的返工问题，以及各阶段的进度跟踪、质量问题跟踪，提高数字化管理的效率，节约物料成本和时间成本。

从AR出发，在BIM价值上深挖，这家公司也在施工数字化方向，探索出一条独一无二的道路。

小库：AI改变建筑设计的梦想与执着

小库科技（以下简称小库），是我们持续追踪报道和解读的企业，在我们的上一本书《数据之城：被BIM改变的中国建筑》中，也有很大篇幅来谈这家公司的故事和产品。以“AI建筑设计”为标签出山的它，过去几年有哪些技术发展的动向？小库提出的“数、模、规一体联动”，背后又代表着对数字建筑怎样的观点？

接下来我们就说说小库的“内功”和“外修”。

1. 小库的演变

2017年6月，小库在深圳举办了第一次产品发布会，发布了设计云平台内测版。接下来的四年时间里，小库持续迭代这个核心产品，进一步提出建筑产业底层新语言 ABC（AI-driven BIMing on Cloud 智能云模），并在底层技术上不断投入，发展出了针对城市开发和智能建造领域的解决方案。

小库的创始人兼 CEO 何宛余说，千年以前，维特鲁威《建筑十书》中提出对建筑的诉求是“实用、坚固、美观”，而到了今天，国家对建筑提出了“适用、经济、绿色、美观”的新要求。

在现代科技的加持下，这几点可以通过建筑工业化、性能数据化、呈现数字化、能耗低碳化去一一实现，而建筑智能化则可以将这些要素综合到一起，应对未来建筑在各个维度的要求。

建筑智能的基础是数据，这似乎毋庸置疑，整个行业都在探讨数据该怎么使用。而建筑数据该怎么生产？在建筑产业数据的源头——设计环节，好的解决方案却不算多。人们更多在关注图样生产，而图样衍生出的各类型数据，如空间信息数据、性能数据、经济数据等，却需要通过繁复的测量和计算获得。

在传统的设计流程和合同模式中，非要让设计师同时去兼顾图形和数据的交付，显然是不现实的，所以这个问题最终可以被简化成：怎样的智能设计工具，可以帮助设计师在提高自身工作效率的同时，从源头上解决建筑数据生产的问题。

这几年在新闻、政策和舆论的方向，“国产自主设计软件”都被推到了历史的浪尖，小库也在这个浪尖上积聚着自己的力量。

于是，以建筑智能为使命的小库，希望通过打造“国产智能建筑设计软件”来解决这个问题。在小库模式下，这款软件包含三个重要元素。

第一个元素是 AI，设计的过程由 AI 来辅助实现。这几年中，小库基于 AI 衍生出一系列识别、评估、重构和生成技术，并融入不同场景中。

第二个元素是 BIM，在进行正向设计的过程中，设计师和多个专业进行数据与模型的协同，在算法的帮助下实现图样和数据的双重交付。

第三个元素是云，AI 的实现不能靠本地计算，而是要依赖于云端更强大的算力和数据，把不同生产环节的各端连接到一起。

三个元素结合到一起，通过人工智能在云端生成 BIM 模型，也就是小库提出的 ABC（AI-driven BIMing on Cloud）智能云模。

小库认为，以 CAD 为代表的第一代建筑数字语言，解决的是手绘图样几何信息的数字化和准确性问题，但它不能解决非几何信息的承载、多专业的协同、三维可视化等问题；BIM 代表了第二代建筑数字语言，赋予了图样、模型和非几何信息联动的能力，也带来了更直观的可视化效果和更好的协同工作，但它同时也带来了新问题：如学习成本高、手动录入数据工作量巨大、设计师承担了太多项目中的前置工作等。

而小库提出的基于 BIM、AI 和云的第三代数字建筑语言 ABC，则是希望通过这三个元素的数据建模能力，加上基于规律和规则的逻辑能力，实现数据、模型和规范的一体联动，同时把大量的手动工作交给机器和算法，降低设计师的数据化难度，从而通过这种新的底层语言，推动整个行业近几十年整体设计范式的革新。

我们认为，小库提出的“第三代数字建筑语言”，不是对 BIM 的某种颠覆，而是洞察了 BIM 正向设计在推行过程中存在的问题，希望让新的技术注入进来，让 BIM 正向设计这个过程更平稳地落地。

当然，一项技术难以适用于所有领域，尤其在它成长的时候。小库给自己当前能力边界的定义，是针对那些量产型的建筑，也就是以“经济性”为核心驱动的类型。同时，从概念设计，到方案设计，再到施工图设计，对应的也就是规划、单体和细部三个逐渐深化的阶段。

这也是回看五年前以规划作为起点的小库，一路产品迭代的内在逻辑。

目前能同时看到前两条产品线的样子，为概念阶段服务的“智能规划”，以及为方案阶段服务的“智能规划 + 智能单体”，同时两条产品线和未来的一系列功能都是在云端统一到一起的，也就是“小库设计云”。

2. 小库设计云：核心产品的新变化

从 2019 年的版本开始，小库的核心产品就清晰地划分出“调、做、改、核、协、出”六大能力体系，对应着小库智能设计的六个步骤：

调：调用查询项目周边大数据和基地条件信息。

做：利用 AI 驱动人机互动的三维云设计。

改：人机实时交互智能编辑修改。

核：数据、模型与规则规范联动校核。

协：同一项目在线协作与协同编辑。

出：输出图样和多种通用格式文件。

下面先分几个部分拆开来说说现有主要产品线，再汇总说说它们作为一个整体的使用体感。

智能规划 | MasterPlanner

智能规划模块主要是解决在地块尺度上如何对建筑进行排布来获得最优解的问题。

在传统的地块设计流程中，设计师要在多个软件上进行楼栋的规划排布、合规性检查、调整方案日照、经济指标核验、出图表达等工作，这样的工作在项目前期要重复数十次。

智能规划可以帮助设计师在这个流程中释放出重复、低效工作的精力，把时间留给更高维度的决策。

智能规划提供了两种不同的交互方式来生成方案。

一种是基于原有的全局生成方式，只需要输入容积率等基本信息，设置好业态比和楼型，AI会展示不同方案的详细指标，设计师只要选择比较满意的方案就行。

另一种方式叫闪电草图，设计师可以自己定义分区，还可以更改区域内的楼栋数和选择生成偏好，随着设计师不断调整边界范围，算法会在指定的区域按照指标算出方案。这种方式更像是将算法作为布置的辅助，留给设计师更多操作的空间。

在排布和编辑的过程中，方案的指标、规范、日照分析会进行实时反馈，不满足规范的楼栋会实时提醒，带有高差的场地也可以进行日照和规范检查。

方案可以生成共享链接和二维码，在PC端和手机端都可以随时查阅、发表评论，让设计师在每个设计节点与同事、领导、甲方的沟通更加方便。

智能单体 BuildingCreator

智能单体模块主要是在单个建筑的场景里，解决一个楼栋的楼型和户型的设计效率问题。

在传统的设计流程里，设计师需要完成绘制轴网、绘制墙体、绘制门窗、添加家具、尺寸标注、绘制面积线、计算面积、户型填色等工作，和规划工作一样，这个过程中也存在大量的规范校核工作，以及一遍又一遍的调整修改工作。

智能单体支持调取本地CAD文件，上传的CAD户型图可以自动识别并转换成小库的ABC格式，同时，云端还提供了海量开源户型素材。

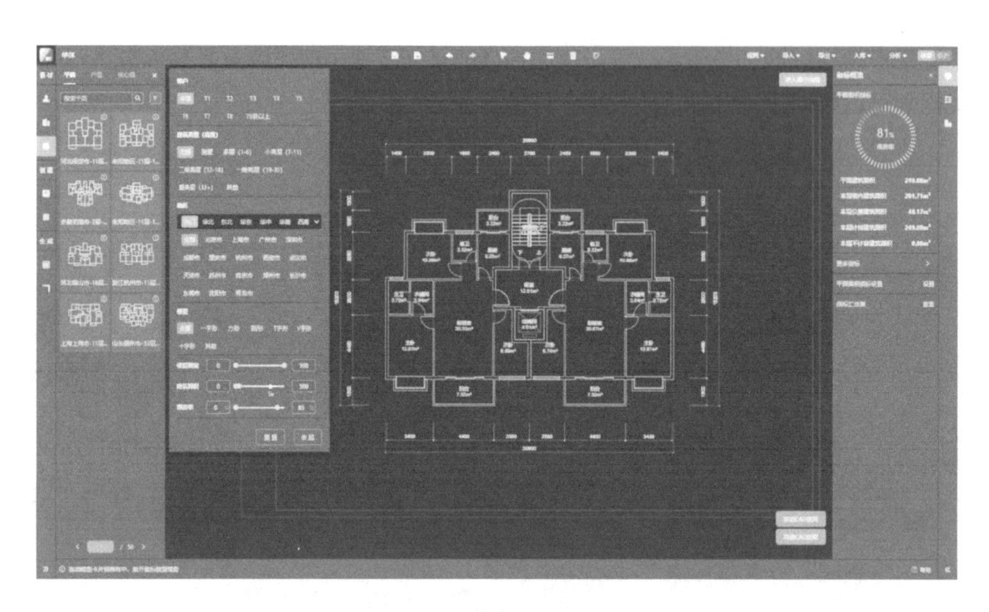

设计师可以用泡泡图的方式，以空间为对象进行排布和调整，轻松推敲空间功能与流线。在排布的过程中，软件会不断猜测设计师想要的户型，并给出类似的方案。随着推敲不断深入，它推荐的结果就会越来越准确。

建筑师也可以自己进行空间排布，只需要点击一次，所有的墙线、门窗、房间、轴网、标注等在几秒内就可以全部生成，还会根据识别的房间属性和尺寸，自动生成家具排布，核心筒的楼梯间、电梯间以及结构承重墙乃至 MEP 管道，也可以自动生成。

设计师可以进一步对方案进行编辑修改，软件把数据、模型和规范的同步审核加入到智能单体中，从绘图类的初级错误，到不同房间的面积规范，都能在设计过程中实时报错。

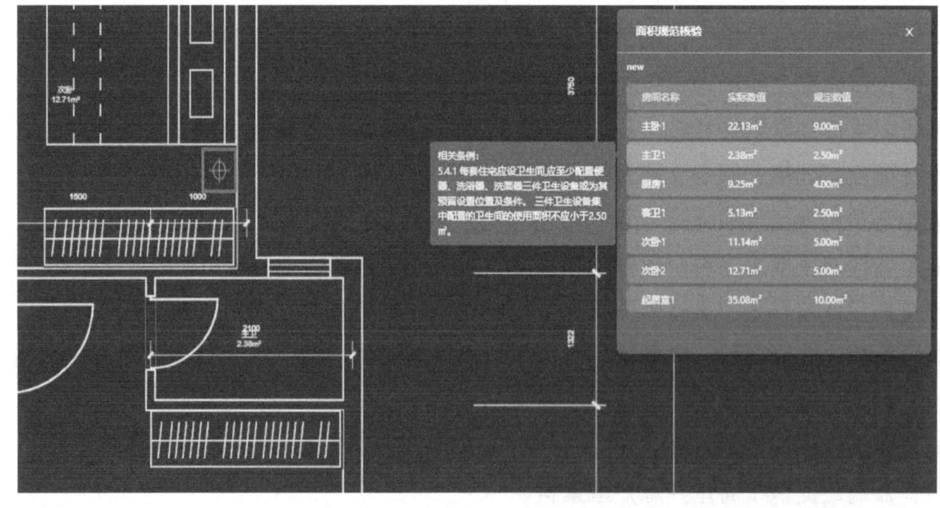

通过智能单体完成的方案，一系列指标表和标注都是自动生成的，可以一键导出为本地CAD格式的方案图，还支持一键输出方案彩图，导出PSD文件实现进一步的编辑。

彩总智图 ColorMaster

在整个方案设计过程中，最后的彩色总图本应是一个锦上添花的环节，但却经常花去设计师大量的时间，去跟甲方表达自己的设计思路。而每一次方案变更，则更需要把图层设置、材质填充、材质替换、效果处理等麻烦的工作重来一遍。

彩总智图刚发布的时候，给很多设计师带来了不小的惊喜。无论是特殊的地块形状，还是复杂的楼型组合，只需要输入初步的线稿，算法就会结合周边的场地环境自动进行景观设计，最终成果可以导出本地PSD文件。

新版彩总智图有个性贴图功能，设计师可以上传自己的地面、草地、水面等素材，定制属于自己的个性化彩色总图。

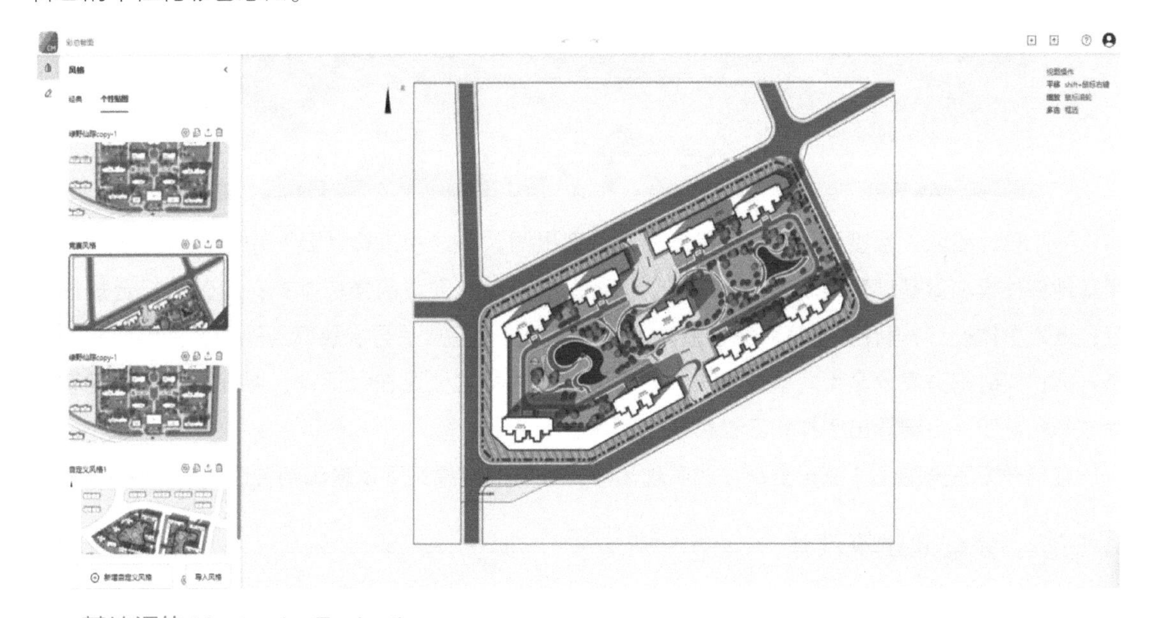

基地评估 MasterplanEvaluation

很多设计师拿到项目，需要在各大网站上查找周边资料，这个过程的工作量很难估量，也很痛苦。

基地评估就是设计师接触新项目时的智能信息助手。只要输入项目位置，它就可以提供2km范围内的建筑业态、房价、环境配套、交通等信息，并以三维模型的形式展示出来，还能一键导出PPT汇报文本。传统模式下一两天的工作量，现在可以缩短到几分钟。

尽管我们在说这些功能的时候，把它们分成了不同的软件模块，但别忘了小库主张的模式是AI-driven BIMing on Cloud，它的一切功能，其实都是在云端无缝打通的。

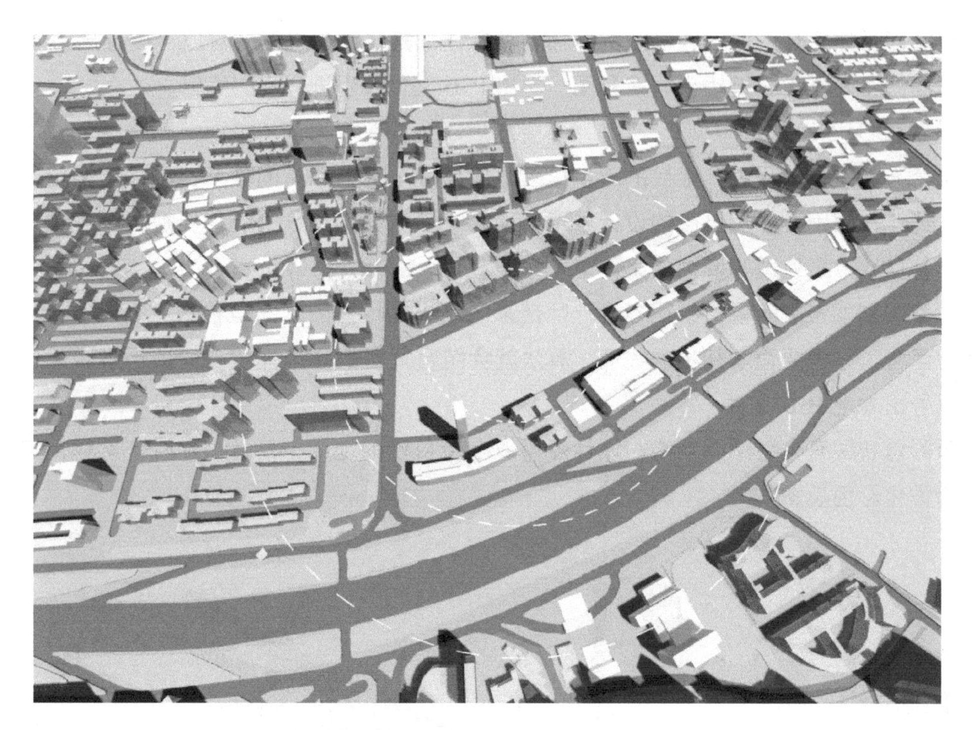

一个设计团队，从接到一个新项目到概念方案出图，在“小库设计云”中的工作流程是：利用基地评估模块做基础资料解读；进行规划设计，快速完成区域的楼栋排布，实时进行合规性检查；进入单体设计，利用AI辅助完善单体设计方案，设计完成后再次跳回到规划设计界面完善排布方案；实时把方案分享给同事或客户，大家可以针对特定位置在线评论、展开探讨；一键智能生成彩色总图，一键导出图样和三维模型到本地。

这样一个完整的工作流程全部在线实现闭环，最终的成果又可以输出到传统的工作模式中去。

3. 库筑：装配式建筑设计

2021年6月的发布会上，小库面向装配式领域发布了一个新产品线，名叫“库筑”。

库筑的发布，引起了行业内很广泛的讨论，大家关注的焦点主要有两个：第一是小库的核心AI算法首次引入到装配式设计领域；第二是库筑产品采用模块化装配式的“搭积木”思路。经过持续迭代，目前针对公寓、酒店、医院等项目类型，库筑建立起单元模块产品库，帮助企业更好地应对不同的项目需求。

库筑的装配式单元模块也和地块排布方案实现了双向打通，设计师可以在规划层面实现装配式建筑的正向“积木式搭接”，在总平面图中进行智能排布和指标测算，这种功能分开、后台打通的研发思路，也是和小库设计云一脉相承的。

库筑除了在装配式建筑内部增加了空间设计的自动生成外，还强化了多专业自动生成与联动的功能。设计师调整箱体的尺寸时，内部空间的结构、家具、设备和管线，都按照预定的规则联动变化生成。箱体结构的用钢量、装修材料、MEP 构件以及家具洁具等都统计在了物料清单当中，可实时对箱体乃至楼栋的物料信息进行算量。

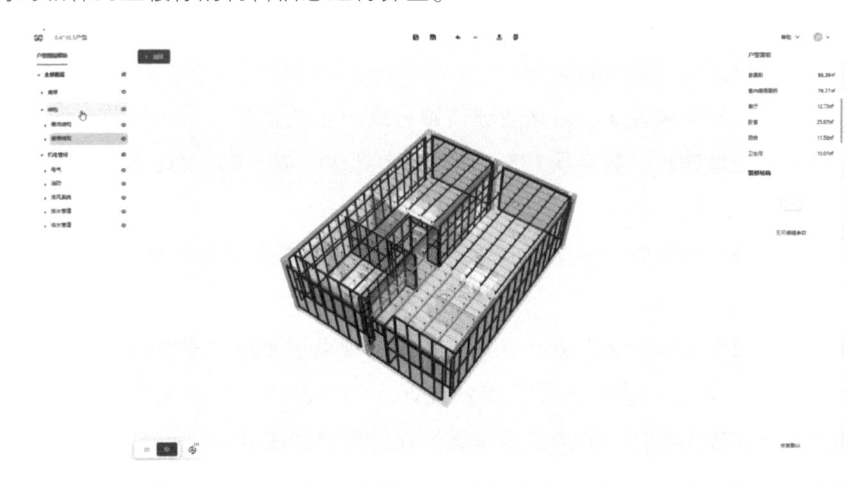

库筑还强化了自动算量和导出功能，能快速生成报价表，实现设计与算量同步的可能。最终生成的方案模型可以导出 IFC 格式，可在 Revit 中打开，对构件进行二次编辑。

我们深知建筑、结构、机电三大专业全自动化这件事有多难，但从 0 到 100 中间，或许会有很多这种阶段性的成果，“云 + BIM + AI 算法”是一个非常值得期待的未来。

4. 如何看小库？

小库走过的几年，也是建筑这个传统行业对于 AI 探讨最激烈的几年，回想一下，今天的你和几年前的你，对待 AI 的看法有怎样的变化呢？

有这么个故事，小库联合四川省商业设计院中标国际竞赛，赢得龙门山生物多样性博览园概念规划设计项目。小库在其中提供了周边大数据分析、AI 形体生成，以及最终形态的空间性能模拟能力。

这个项目在推进的过程中遇到了一个很难的问题，它是由六栋异形的场馆组成，幕墙顾问提供的解决方案，只能把六栋建筑将近 3 万块外幕墙玻璃优化到 135 种，还可能在实施过程中出现缝隙。

小库的技术人员决定自己试试看。

他们使用机器学习的聚类算法，对这些玻璃进行进一步的优化，不断试错、调参，算法以远超人类的速度一遍一遍地迭代，数字从 135，逐渐减少到 90、76、59、43、37、24……

最终，锁定在了 12 种。

在一次发布会现场，小库给行业展示了这个成果，所有观众看到这个数字之后，集体鼓掌，我们也有一种汗毛竖起的感觉。

这几年关于“机器能否替代人”这个问题，主流的观点主要是“重复劳动替代派”与“技术辅助共生派”，而小库再次带给我们的思考是：或许人与技术并不存在是否替代的问题，我们一开始就把问题问错了。技术会让一群人的工作属性在内部产生变化，直到有一天他们从事了另外一种职业。

十几年时间过去，曾经难用无比的导航，已经成为每个人手机里必备的软件，你现在出门打个专车，“好司机”的基本素养也不再是记路了。时代变化真的很快，曾经需要几十年训练出来的核心技能，现在已经变得无足轻重了。

你说，司机被导航替代了吗？当然没有。现在的司机可能比以前还多，挣得也不比从前少。

但如今的司机，需要掌握的技能和素养，确实和以前完全不一样了，消失的是那一小部分把认路当作唯一优势，而不去思考其他乘客诉求的“老司机”们。

两个时代的司机都叫司机，正如两个时代的设计师都叫设计师。

未来设计师最重要的素养，也许是对大局的把握、与他人的协作、对数据的理解，甚至对人文的关怀；而拼手速、记规范这些素养，我们甚至不需要展望未来，就能看到它们正在以肉眼可见的速度失去价值——这直接体现在待遇、加班、逃离等一系列正在发生的行业问题中。

小库作为一家公司，我更愿意称它为信使。

英文有句谚语：不要杀死信使（Don't shoot the messenger）。信使知道了一个消息，并把它告诉你。如果你不喜欢这个消息，杀死信使也不会改变它。

小库选择相信这个消息，并且制订了自己的长期计划，在行业里找到自己的生态位，加入到创造未来的行列里。在小库给自己制订的规划中，无论是BIM还是AI，都不是外人话题中一个个简单的标签，而是实现目的的手段。这些技术从一开始的单点突破，到在云端交汇融合，再到今天衍生出种种更高阶的能力。

更难得的是，这家公司身上带有一种“未来可期”的气质，从规划到单体，从施工到装配式，甚至那些还没有用新设计方式开荒的领域，都有可能借助不断积累的数据和持续提升的算法，打开更多新的局面。

而对于更多普通的设计师，或许无缘走上开发、创业的道路，但至少可以暂时放下对所谓“传统”的坚持，重新思考一下，未来的自己，是选择思考怎么画那3万块玻璃，还是去思考那幢建筑的本质呢？

迅维：BIM运维建模与数字运维平台

模型和数据的生产，过去这几年在一二线城市的发展已经比较成熟，设计和施工本身的应用点大家也都基本知道了。下一个阶段是怎么把模型和数据用起来，把价值发挥出来，比较值得深挖的就是建筑、园区乃至城市的运营维护了。

而这些方向，无论是政策，还是商业，都指向一个跑在全国前面的城市——深圳。落到公司和个人头上，最直接的感受就是：数字孪生平台建设、数字大屏设计这样的生意越来越多，同时深圳的模式也很值得其他城市的小伙伴学习参考。

原本这些方向是非常重IT和研发能力的，传统企业自身或者是非专业的IT公司，本来没什么机会，但每一轮新的市场变革，总会有一批“早鸟”，不去“挖矿”，而是去卖“铲子”。这些公司给那些做智慧大屏和运维平台的公司，提供了开发量很低的工具，功能和价格竞争也是越来越激烈，往往光是“知道”有这些产品的存在，“挖矿”的人就有了短暂的优势。

本节我们来谈一家来自深圳的公司，还有它众多产品里面，每一个普通人拿过来就能用得起、用得上的功能，让你早点成为一个数字孪生领域的“知道分子”。

这家公司叫深圳迅维数字孪生技术有限公司，以下就简称迅维。定位是数字孪生基础工具服务商，主要研发方向聚焦在城市建筑数字孪生建模工具和平台技术，帮助数字孪生厂商提高建模效率，降低项目实施的门槛。

说起迅维，还是很有来头的，在2013年伯克利大学内部孵化启动了叫作MatrixBIM的项目，软件设计能力师承BIM之父Chuck Eastman，到今天发展了十个年头，服务了20多家国企和50多家系统集成公司。

值得关注的是，迅维不是一家纯软件公司，过去这些年，迅维在建筑智能平台搭建、数字运维方面一直在实际项目中给业主方提供服务，尤其是在轨道交通行业，积累了大量一线经验，从项目需求研发到行业经验反哺，帮助其打造了更完善的平台和产品，是一家非常懂运维需求的公司。

而轨道交通项目，专业又多又复杂，对运营维护的要求又非常高，能在这种项目里发挥出价值的应用和思路，抽离出来推行到其他行业，是可以“降维打击”的。

迅维积累下来的产品功能和经验非常多，下面要说的重点，是两个软件。

1. 模型数据可视化：Soon BI

微软的PowerBI、百度的Sugar，都可以完成比较漂亮的数据可视化图表页面，不过这些软件在接入实时数据方面，还有和三维模型结合方面，都稍微差点意思。

简单来说，Soon BI就是一款结合BIM模型场景，利用拖拽方式快速搭建数据可视化大屏的工具，开发量非常低，价格也很便宜，个人完全用得起。

用它制作好的成果里，主要包括两方面内容，一是三维模型，二是各种数据图表。

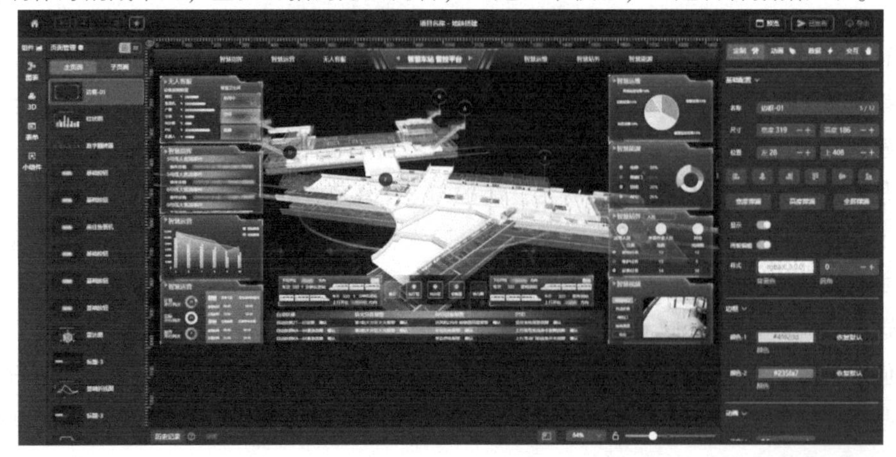

模型的来源，可以是迅维自己的免费建模软件 Soon Builder（后文会介绍），也可以上传导入 Revit、3DS MAX 等软件建好的模型。数据图表，则是通过拖拽放置和数据导入来实现。

Soon BI 内置了很多常用表单，如柱状图、饼状图、折线图，还有可交互的地图、表格等，支持多种风格和样板，同时可以扩展 ECharts 样式，选中一个拖拽到场景里就可以。

这些表单的数据源，支持静态的表格数据，如模型生成的各种汇总表。也支持通过 HTTP、Socket、MQTT 等接口接入的动态数据，如管理平台录入的数据，或者物联网设备传入的数据。

除了添加图表，Soon BI 还支持添加点击交互按钮，如多页面管理、一键切换到特定的模型视角、显示和隐藏某些楼层和构件等。还有一些特殊组件，如利用视频组件，可以把事先录制好的本地视频放到项目里，也可以接入监控录像的视频流，制作视频监控。

制作好数据可视化场景并生成资源包后，可以在本地一键发布成应用服务，或者嵌入到其他的第三方平台，整个流程还是非常简单的。

利用这个平台，工程师可以用很少的代码量，甚至是 0 代码量，搭建起建筑的可视化大屏，把 BIM 模型中的静态数据分类展示，还能接入 IoT 设备的传感数据，实时展现建筑中的空气质量、温度、设备故障数量等数据。

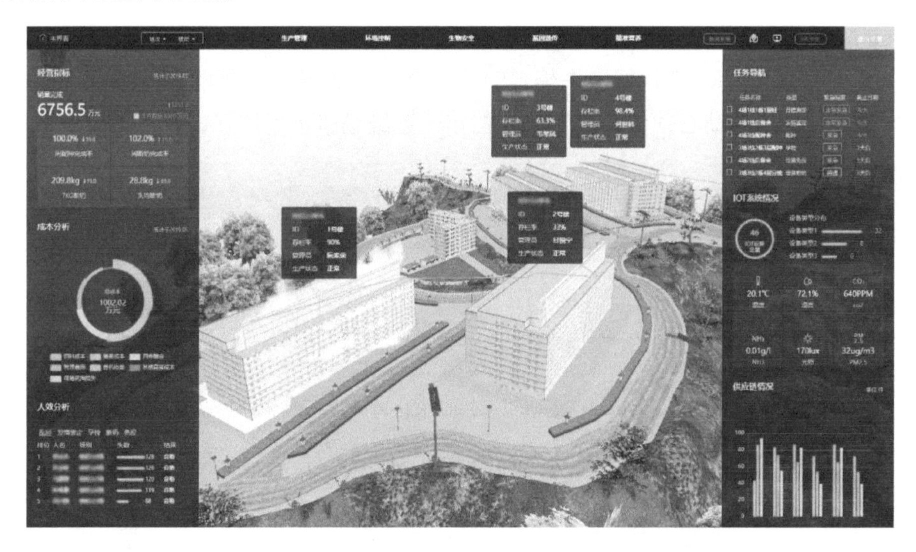

接下来说说迅维的另外一个工具。前面说到 Soon BI 支持的三维模型，可以是第三方建模软件导入，也可以利用迅维自己的建模软件来快速搭建。这款建模软件有什么不一样的地方？下面展开说说。

2. 低门槛快速建立运维模型：Soon Builder

尽管现在很多设计师和工程师手里都掌握着一大堆建模工具，但实际上每款软件设计的初衷和面向的用户群都是不一样的。有的软件注重方案设计阶段的参数化推敲，有的软件注重深化设计阶段的细部设计，有的注重后期大体量建模时的快速造型。

迅维推出的这款软件叫Soon Builder，严格来说并不是一个给设计阶段用的三维设计工具，而是一个专门给运维人员使用的空间场景构建工具。

它给运维人员解决的三个核心问题分别是：

➤低门槛：要容易学、好上手，运维模型不需要的功能尽量简化，构建场景效率高。

➤可维护：要能在后期运维中直接维护模型，不能每次都回到建模软件重新修改。

➤可扩展：要提供运维场景专门需要的空间构建功能，支持后续应用。

比起Revit、3DS MAX，Soon Builder很容易上手，对于很多非设计专业的运维人员或者IT人员来说，建模门槛很低，在这个软件里建立的模型可以很简单地进入Soon BI里做可视化数据展示。

只要导入CAD底图，软件就可以识别墙体、柱子等图层，经过墙厚、层高等简单的参数设置，把图样转换成三维模型。还有一些数量比较大的物体，如摄像头，虽然可以手动摆放，但也很容易漏掉，软件也支持识别CAD图样里的点位，批量布置。

其他构件，如家具、设备，可以利用插件导入其他设计软件创建好的模型，通过拖拽摆放到场景里，兼容dxf、kml、ifc、3ds等文件格式的转换导入。运维人员可以在Soon Builder里进行材质贴图，效果不如专门的动画软件那么惊艳，但用于运维场景也足够了。

运维过程的物体定位不是按照标高轴网，而是基于房间来进行的，而一般的建模软件，不能自动生成房间，需要在建模之后手动定义房间，如果要批量创建就得利用插件或者脚本，比较费

力气。Soon Builder 是面向运维的建模工具，它会在建模过程中自动生成房间，并且会给这个房间赋予一个属性 ID，运维人员可以随时进入空间模式，查看这些房间。

所有放置在房间中的物体，在生成自身 ID 的同时，也会自动生成所属房间的 ID，所有物体和房间的从属关系就自动确定好了。这样，后期在使用这个运维模型的时候，不仅可以根据空间来进行数据统计，如不同房间的温度、设备故障等信息，还可以快速利用房间属性批量定位和筛选构件。

另外一个支持运维应用的重要功能叫作空间拓扑路径，简单理解，类似室外高德、百度地图的路网原理，通过一系列“打点”的操作，形成一条三维的“路网”结构。路径本身和构件一样，也带有自己的属性信息，如连接的节点、出入限制、附加参数、是单向通道还是双向通道，还包括这条路径的移动手段，是人行道、楼梯还是电梯等。

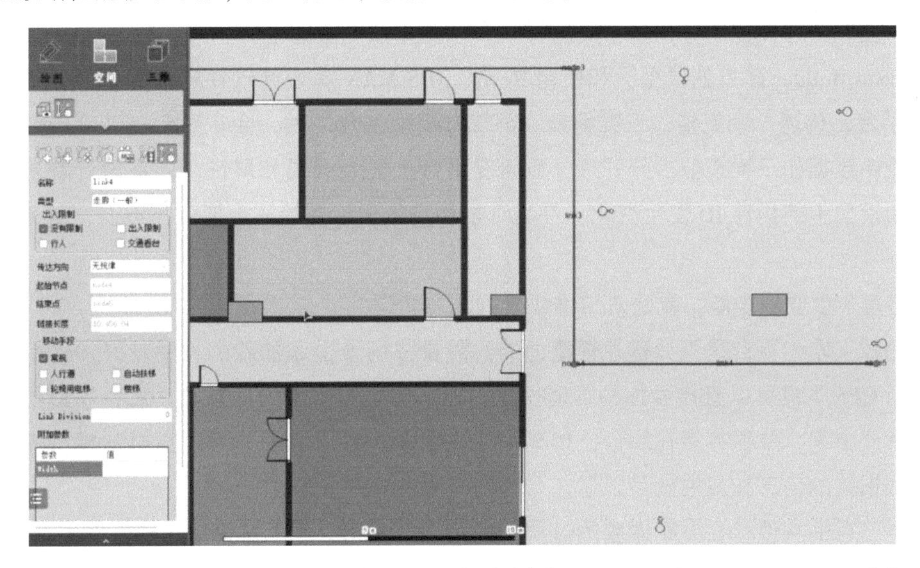

同时也支持跨空间层级绘制拓扑路径，如一部电梯在 1～13 层停，14～26 层要乘坐另一部电梯，都可以通过空间拓扑路径实现准确定义。

有了这样的功能，在后期的运维应用中，就可以像地图导航一样，根据不同路径的人员属性，实现室内路线导航和逃生最短路线计算等应用。

在 Soon Builder 里完成的模型，可以直接进入到前面说的 Soon BI 里开始可视化大屏的搭建，也可以导出为 3ds、kml、dae、gltf、xml 等格式，到其他软件里编辑。通过这些简单的操作，原本需要依赖设计方或者第三方建模公司的工作，运维人员通过简单的培训，就能快速上手构建三维场景。

到这儿，两款即开即用的工具 Soon BI 和 Soon Builder，就说的差不多了。前面说到空间属性和拓扑路径的时候，我们提到了几次“后期运维应用”，那么这些后期应用是用到什么地方？

最后一部分，还想说一下这两个工具背后的一整套系统：CPS。

3. 数字孪生管理工具：Soon CPS

前面说到的这些应用，在迅维公司的产品中，从属于一个更大的平台，叫作Soon CPS。这个平台里包含了建模工具Soon Builder、空间数据管理平台Soon Manager、数据可视化工具Soon BI、二次开发工具Soon SDK等。

如果你是迅维全套软件的企业用户，可以登录账户，用同一套模型和工作流，在云端任意调用这些工具。

相比可视化工具Soon BI，整套系统可以搭建功能更复杂也更丰富的建筑运维平台，如做一个完整的智慧车站数字孪生的应用，实现智能巡检、客流分析、能耗分析、设备问题报警、地铁一键开关站、摄像头远程控制等，就需要这样一个功能更加丰富的平台。

使用Soon Builder建立的模型，和使用Revit、3DS MAX等设计软件建立的模型，都可以进入到CPS云平台，构建一个完整的三维场景。第三方模型上传之后，会在后台自动完成数模分离的过程，把构件数据和三维模型拆分开来，重新在平台上记录编码和属性。即便设计院对构件进行修改、原始模型中的构件ID发生变化，在运维模型场景里设备编码也能保持不变，避免模型更新带来的麻烦。

CPS还有个重要的功能，就是对三维场景的动态管理。

一般的数字孪生平台是不具备建模能力的，需要往场景里添加新的构件就必须回到建模软件里操作，而CPS本身可以直接添加和管理模型。在上传导入一个项目文件之后，项目里所有的构件都会被拆分出来，单独存储在后台，如车站里增加了一台灭火器，可以直接从模型库里面拖拽进去，添加相关的信息和属性就可以了。

项目里已有的构件，在方案调整的过程中如有样式变化，也不需要在建模软件里调整再导入，运维人员可以直接在后台构件库里编辑相应的构件，发布成最新版本，就可以完成批量替换。

另外，很多项目里运维需要用到的信息，在设计阶段是不关注的，平台支持批量添加编号、属性等信息，在模型的维护更新中是很好用的功能。

上面说的这些功能和操作，乍一看是不同软件的事，其实是不同人员和工作流程的事。

建筑进入运维阶段一定会添加新的物体、增加新的信息，模型交付给运维之后，总不能每次添加都找BIM公司或者设计院再来一遍导出导入的工作。能让运维人员简单操作就实现模型更新，这个数字孪生模型才能在建筑全生命周期里“活”起来。

完成模型的维护和二次编辑，就可以利用模型去做一些运维应用了。比如，前面说到Soon Builder建模的时候可以绘制“拓扑路径”，在CPS云平台上也可以被选中和编辑。当路径在建筑内部形成网状结构之后，就可以在CPS云平台上实现路径计算和导航，如计算不同人员的最短路径，在室内导航、逃生仿真等方向都有应用。

同样，还可以利用某一条路径，实现自动业务巡检，设置靠近路径多近的设备、哪些专业的设备会被这次巡检覆盖，从而完成巡检自动化，降低人工成本。

CPS 可以接入不同协议的物联网设备数据，实现地铁进出站模拟、设备监控、摄像头画面监控、客流热力图分析等。

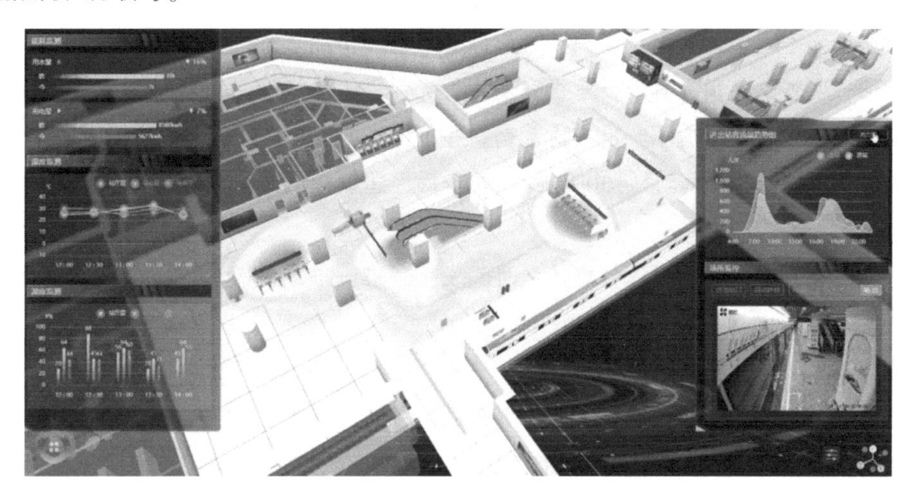

平台还提供了低代码的开发环境，类似于 Revit 中的 Dynamo，用可视化的方式编写脚本，来控制一些事件、动作、视角变化等行为。比如，利用遥控通信协议，可以实现三维模型中远程控制设备开关，也可以实现触发特定条件的设备故障报警。

利用 CPS 完成的数字孪生场景，可以实现客流分析、应急分析、能耗分析、能源监控、消防监测等功能，搭建一个功能完善、有更多应用价值的数字化运维平台。

以上就是针对迅维这家公司，从工具到平台的介绍。作为一家专门给运维提供数字服务的公司，我们可以从该公司产品的功能，来反推 BIM、三维设计、数字化平台等技术，都可以在哪些点上服务于运维业务。

跨~界云平台：工程数据在流动中产出价值

现在建筑业谈 BIM 已经离不开数字化了，无论是国家层面的《数字中国建设整体布局规划》，还是市场对新业务的需求，都齐刷刷地指向“数据”这片新的海洋。但置身事内的圈内人，也深知数字化没有想象的那么容易，业务割裂、数据标准欠缺、多人协同低效、成本效益难评估、参与者不足，每一条都是在企业数字化转型的进程中一定会遇到的问题。

如果把问题背后的原因简单归纳到一个点上，可能是“物理载体限制”。如果信息一定要经过一道物理实体的“转载”，那么最底层的一点点小摩擦，一定会随着数字化的规模被不断放大，最终变成一系列发展的阻碍。

你说未来有没有可能，所有上游都不必交付给下游一份纸质的图样和文件，所有人都直接基于数据进行协作呢？这件事在其他行业正在发生，光盘、手填快递单已经消失不见，我们日常使用的纸币也越来越少，但你的第一反应肯定是——各种法规不允许建筑业迈这么大的步子去改变。

那么以终为始，你猜10年后、30年后、50年后，建筑业的图样会不会消失？法律法规会不会被科技改变？

答案似乎是肯定的，只不过这件事什么时间发生、被谁推动去改变，每个人心里会有不同的想法。

或许真正难的，是人们思维上的转变。

前段时间，我们看了一场产品发布会，下来后联系了产品的开发方——北京跨世纪软件技术有限公司（以下简称跨世纪公司）的平台事业部总监郭永伟，进行了一次深度对谈，看到这家公司在推动建筑行业全面数字化这件事上，做出的一次很大胆的尝试。

站在该公司的视角，我们来看这家老牌的开发公司对数字化的未来是怎样设想、怎样行动的。

跨世纪公司成立于1999年，它一直专注大交通行业的软件研发，包括公路、铁路、市政、水运等领域，到今天也已经是一家20多年的软件公司了。在交通行业比较为人熟知的产品，如主打桥梁设计出图的桥梁大师、主打三维BIM设计的设计大师、主打施工阶段全过程管理的建造大师，都出自这家公司。

本节主要想和你说的，是跨世纪公司主打全周期数字化的产品：跨~界云空间。无论是在该公司擅长的交通领域，还是在更广泛的数字化领域，它都是一款很特别的产品，有很多设计走的都是非常有趣的技术路线。

目前跨~界云空间的四个核心定位，分别是：

➤基于云端的图形引擎。

➤集成在各种业务场景里的工具。

➤为参建各方提供的数字平台。

➤基于云端的数字化工程服务。

这些定位，具体到平台的界面里，对应的则是一系列的功能模块，我们先拆开看看这四个定位和对应的功能，再回来说说数字化这件事。

1. 基于云端的图形引擎

目前建筑行业里提到国产自主可控图形引擎，大体上路线分两种：要么是基于桌面端的编辑建模引擎，主要处理单体建筑的精细化设计；要么是基于云端的展示引擎，可以渲染显示大体量的模型。但这两条路线的融合却很少有公司去尝试。

另外比较常见的通用引擎，因为缺少 GIS 能力，也不太适用于交通行业。

跨世纪公司同样是坚持国产自主可控，不过在引擎方向走了一条很特殊的路线，把引擎架设在云端，可以是公有云或是私有云，同时包括了具备编辑内核的 BIM 引擎、BIM + GIS 的展示引擎和面向业务的数字孪生引擎。

值得一提的是云端编辑这一点，和很多引擎都有很大的区别。这样设计的目的，是让数字孪生模型去掉“互传、修改、再互传”的环节，直接在平台上即开即用，由不同人在各阶段进行模型迭代，也让生产者和使用者直接在一个环境下使用数据。

具体到用户的使用场景，可以直接在跨～界云空间上使用的引擎有两个。

BIM Windows：可视化工程网盘

尽管在技术上叫引擎，不过在使用时，可以把它理解为一个可以直接打开很多格式文件的工程网盘。常规的二维图样格式 dwg、dxf，三维模型格式 rvt、dgn、nwd、IFC、fbx、3dxml、obj、skp，以及 GIS 格式 3sm、3mx、3ditiles、osgb 等，都可以在平台上合并加载。

当然，作为一款网盘工具，它也支持 PDF、Office 文档、视频、图片等文件直接在线查看。

能胜任这方面工作的平台也不少，重点说说跨～界的几个特点。

首先是对公路、铁路、市政、水利等线性工程模型友好，尤其是对 Bentley 的 DGN 格式支持得很好，大体量线性工程模型加载很快，同时也支持毫米级精度查看和测量。

其次是上传很简单，不需要任何插件转换成中间格式，直接源文件拖拽到平台，所有转码工作在后台自动完成。

值得一提的是，BIM Windows 转码之后会利用动态切片缓存，把模型切成若干部分，根据用户的请求显示对应的部分，同时使用 LOD 流式加载，当用户需要放大查看细部的时候再进一步加载细节，这样既能兼顾上传转码的速度，也能兼顾模型的打开和查看速度，普通配置的计算机也可以流畅加载。

BIM 与 GIS 合并加载，把线性工程模型定位到大坐标系场景里。除了 GIS 数据、实景建模数据，也可以加载开源的数据地图，如必应、ArcGis、天地图、高德等。

所有模型构件都可以查看 BIM 属性，还能手动加入“标签”，标签可以链接视频文件或其他模型的文件，点击标签就能直接打开，还可以链接物联网传感器的数据。

平台提供了常用的引擎功能，如三维剖切、保存视图、添加批注，或者在 Web 端直接进行长度、面积、体积等数值的测量。所有在线文件可以直接分享，其他人在浏览器里打开链接就能直接查看模型。

跨～界云空间不是一个封闭的平台，可以把合并后的模型导出为 obj、gltf、datasmith 等格式，构件的属性、材质可以一并导出。

BIM Station：云端建模平台

很多引擎都可以解决可视化查看的问题，但没有同时解决编辑的问题，修改的时候需要在建模端修改，再重新转码、上传，这在一定程度上决定了 BIM 模型进入平台之后，是否能在不同应用场景下直接迭代。

有时候项目到了施工或者运维阶段，需要一些小修改，但每次都要到源头上找设计师，可很多工作已经不是设计师的责任了，而且重新修改上传会导致之前做好的一些后续工作也需要重来一遍。

BIM Station 就是用来解决这个问题的云端编辑引擎，不需要安装，直接在浏览器里，进行二维三维操作。

二维方面，已经基本达到了 CAD 的二维绘图能力，常见的移动、复制、偏移、旋转、缩放、镜像、阵列，还有高阶的延伸、打断、修剪、倒角、创建复杂面、尺寸标注等都可以支持。

三维方面，可以创建球、块、柱、锥等模型，也支持直接在二维基础上拉伸、放样、旋转出三维形体，像是剪切、倒角、孔洞、凸出、壳体、压印，还有实体之间的相并、相减、相交等布尔运算，同时具备一定的参数化三维建模能力。

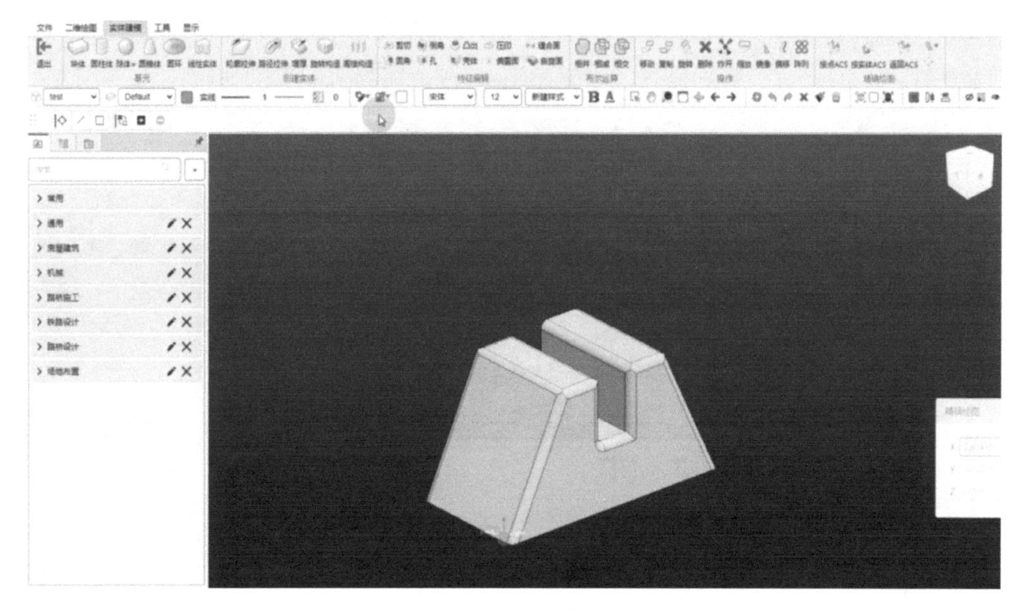

当然，在实际项目中，设计师直接使用这种底层的线、面、体操作，从零做项目的情况并不多，重要的是利用 BIM Station，可以对平台里的其他模型，包括上传的 rvt、dgn 等模型进行加工修改，甚至进行一些更高阶操作，这些操作都需要引擎在底层能支持才可以，这就要讲到下面的工具了。

2. 应用工具

前面讲到的图形引擎，在很多工作场景里，是被隐藏在“后台”的。像设计建模、施工用模等场景，则需要一些建立在引擎能力之上的软件工具。所以，也可以类比地把 BIM Station 理解成 BENTLEY 的 MicroStation，很多工具都是在它的基础功能上开发出来的。

为了让模型和数据发挥作用，跨～界云空间基于 BIM 提供了很多工具，包括方案设计工具、施工深化工具、动画制作工具等，让不同环节的人利用浏览器里的工具，不需要安装软件，就可以把 BIM 数据用起来。

下面举几个例子，说说跨～界云空间上目前已经开发出来的软件功能。

BIM Works：总体方案设计

这是一款针对路桥隧行业，快速进行方案设计、修改、汇报展示的工具，主打的就是一个“快”。可以把以往路桥分专业推进一周左右的设计时间，压缩到一天甚至几个小时完成。

它能以上传到平台的地形和路线数据为基础，快速生成全线的道路、桥梁、隧道、交安、景观等专业的模型，如桥梁建模，在立面图中根据设计高程线和地面线的关系，设定桥梁中心桩号、跨径表达式、斜交角度等参数，创建桥梁符号，读取路线信息之后就可以创建桥梁模型。

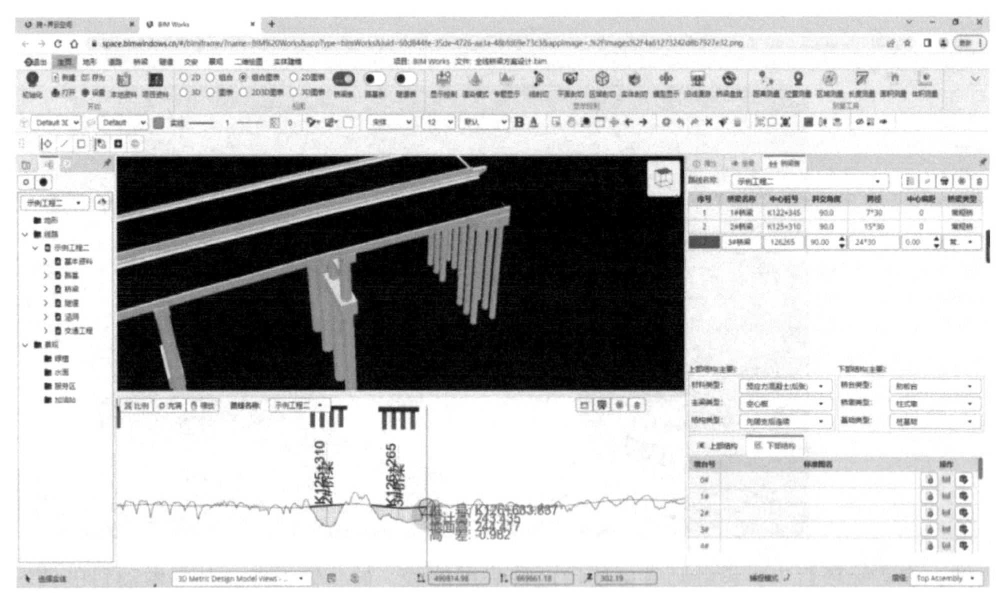

比起手动建模，这种自动生成模型的速度要快上很多，变更的过程中，只要修改这些参数，模型也会同步修改，很省事。

针对道路专业，选择路线起始桩号，可以快速创建路基模型，也可以捕捉路线上的其他单位工程，通过路基快速链接相邻的两个单位工程，还能根据路面宽度自动批量创建标线模型，另外路灯、标识、护栏等批量创建也不在话下。

隧道模型也是通过选择起止桩号快速创建，可以通过生成的隧道表快速定位到对应的模型，查看每个隧道断面。

针对快速汇报展示的场景，不需要导出、渲染，可以很方便地在模型里直接开展漫游，快速查看车流模拟，进行方案比选。

当然，BIM Works只是用来满足项目前期的快速方案设计，到了施工图阶段，还需要进一步由专业设计师进行深化。

CSC SiteLayout：临建场布

施工准备阶段，还有一个比较常见的应用，就是临建规划、场地布置等工作。这项工作的核心需求是快、直观、成本低。

CSC SiteLayout也是布设在云端的工具，施工人员只要直接打开存储在云端网盘的模型，调用对应的功能，就可以在三维实景上，快速完成规划选址、便道设计和场地布置工作。它支持DTM、实景和HGT高程等格式的地形数据，在地形上直接指定边界完成场地平整，并自动计算填挖方量。

选择系统预设好的便道断面，在地形上选择关键点，就能创建便道路线，也可以通过调整点修改便道设计方案，填挖方量也是在这个过程中自动计算。

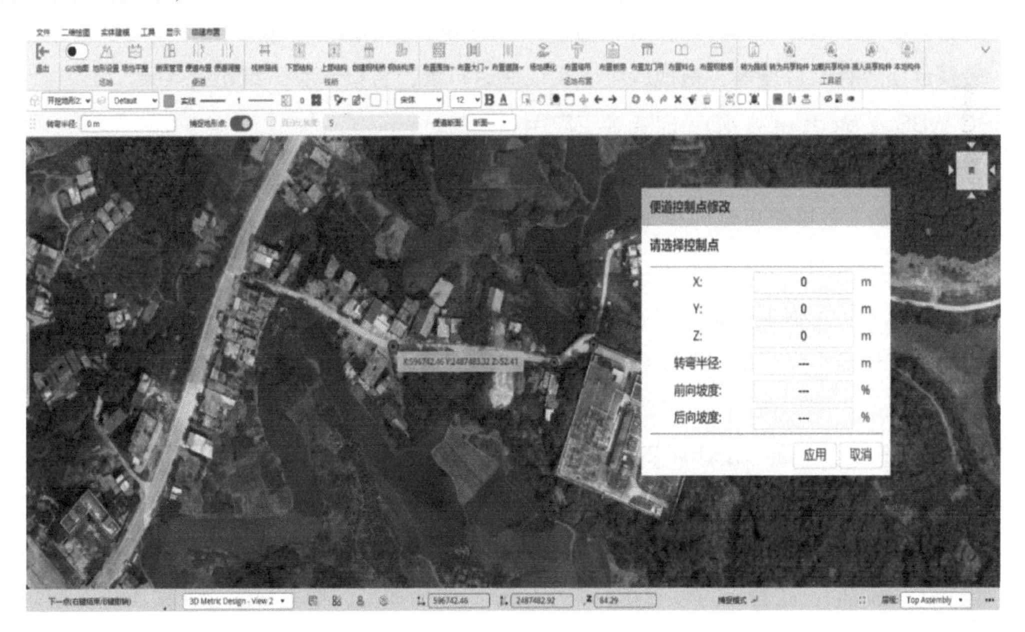

场地布置可以在自定义的场地边界上，或者在导入的CAD平面布置图上，通过拾取或者绘制的方式布置参数化围挡，然后通过点选、拾取等操作，完成大门、场区道路的创建。输入标高、层数和间数，可以参数化快速创建活动板房，也可以参数化快速布置塔式起重机、龙门式起重机、

砂石料仓、钢筋加工棚等临时建筑。

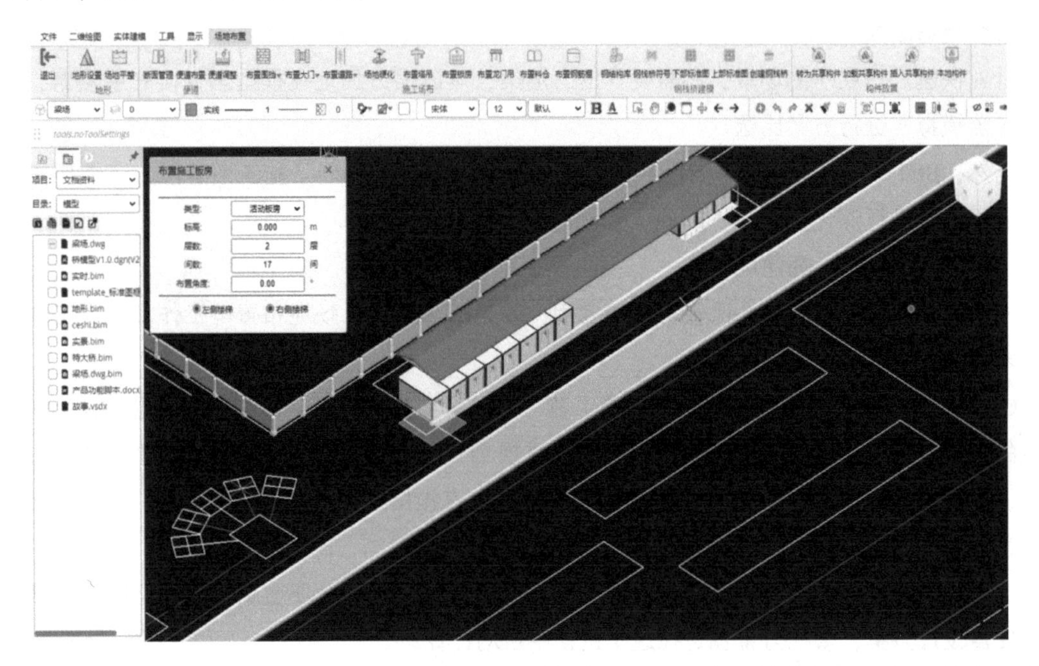

平台也提供了临建场布构件库，常用的构件如搅拌机、水泥罐、装载机、混凝土罐车、制梁台座、转换台座、存梁台座等，拖拽就可以实现快速布置，直接查看三维布置效果。

CSC WBS & Modeler & 4D：BIM施工应用

这三个模块，主要是解决BIM模型从设计到施工的衔接和复用问题，也就是常说的“设计施工一体化”，如施工直接使用设计模型进行进度模拟、工艺模拟，再如每次变更都不需要重新回到建模软件修改。

如果设计院只是把模型打包发给施工方，这距离施工方能用起来还有挺大的差距，因为设计和施工的建模逻辑是不一样的，如设计建的是整体的桥墩，而施工则需要对桥墩进行流水段分解和管理。

在CSC WBS模块里面，设计环节给模型赋予的信息和编码都传递给下游，接下来平台根据构件编码，自动进行WBS分解，生成结构树，工程师也可以按照分部分项划分标准，重新绑定工程模型，后续施工方就可以按照这个新的结构树来管理模型。

利用CSC Modeler，工程师可以直接打开上一步完成的模型，把里面的构件按照施工逻辑进行拆分，如把一根桥墩按照规则拆分成多段，切分后WBS结构树也会自动更新。

反过来，对于同时施工的一组构件，也可以把它们合并成组，以便和施工现场的施工段相对应。

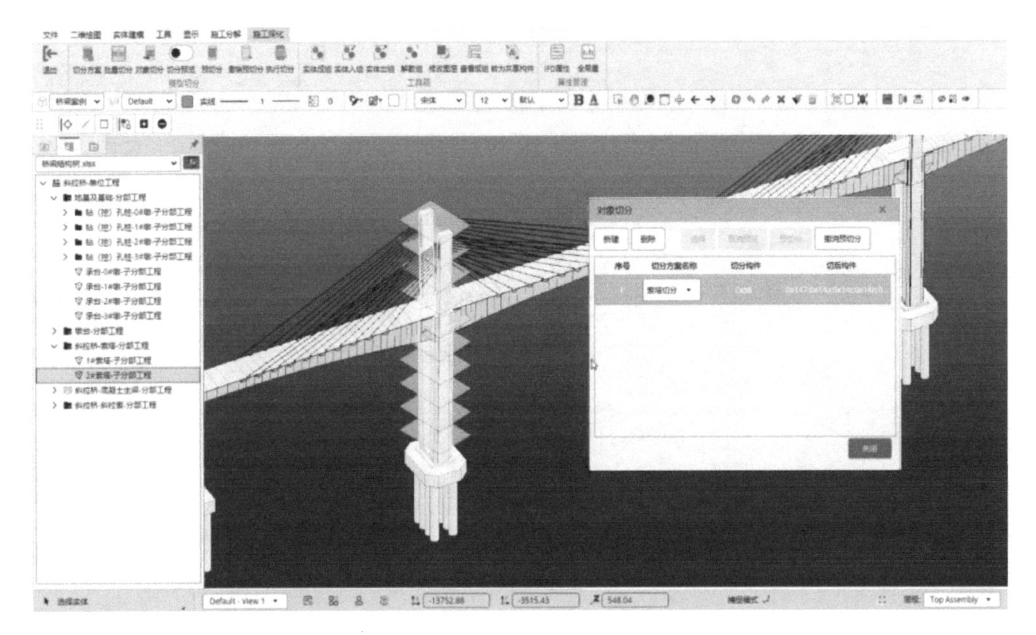

利用 CSC 4D，可以继续利用切分成组的模型，平台里所有协作者都可以进入模型，根据施工任务，一起编制施工计划。完成之后，用可视化的方式进行进度模拟。

从现场收集通过 Excel 表格导入的实际进度数据，也可以和施工计划进度进行对比、分析，查看提前开工、滞后开工等施工段的数据。

不止从跨世纪公司自己的平台建的模型，由其他软件建模上传到云端的模型，一样可以进行这样的施工段划分加工应用。这样不同场景被切分成不同的模块，操作学习难度很低，负责某个具体环节的施工人员很容易就能快速上手。这样模型在项目推进的过程中才能在同一个平台里持续迭代，这也是跨世纪公司坚持做云端工具的原因。

CSC Simulate：施工模拟动画

设计和施工过程中基于 BIM 做了很多的应用成果，最终都需要在开会时给甲方汇报、给现场交底。这个模块的作用，就是基于前面做好的模型成果，在云端简单快速地出一个汇报动画。工程师可以利用内建的构件库，加入工程机械设备；模型分段在前面的环节已经做好了，直接拿来用就可以。

给每个构件和施工段，赋予相应的动作，如移动、旋转、显隐、透明、变色等，再赋予开始时间和结束时间，就可以自动生成一段施工工艺模拟动画。

上面说的所有应用，对于施工单位来说，不需要按用户购买独立的单机软件，工具都部署在云端，只要有账号，登录就可以使用，成本更低、自由度也更高。

3. 数字化平台

跨～界云空间的底层逻辑不是模型驱动，而是数据驱动，无论原始文件是什么格式，进入到平台都变成可识别、可编辑的数据，最终让这些数据通过云端的打通，服务到不同的具体业务。

作为用户，最主要的体感就是企业在云端部署之后，不需要安装软件，在浏览器登录账号就可以随时使用。平台的特点就在这里：并不是每个软件单独处理一种文件格式，而是所有操作都对平台里同一套数据进行“业务化操作”。

除了这些操作，平台还提供了给参建各方使用的数据功能，如模型内的数据校验、公共资源库、工作流程管理、数字化协同等。

举几个应用场景来说明这些功能。

在线模型检查

上传之后的模型，任何拥有账号的人都可以在线查看。

同一个模型，在上传新版本之后，可以自动进行模型对比，找出版本之间的差异点，哪些是新增的、哪些是删除的、哪些是修改的，一目了然，设计师和工程师就不需要从头检查了。

选择模型分类和检查标准，可以在线遍历模型，检查模型的精细度和构件信息是否完整。

线上审批

平台里内置了流程引擎、组织关系和人员角色，设计师上传到项目里的文件，可以直接发起审批流程，审批流程可以根据不同企业的要求自己定义。

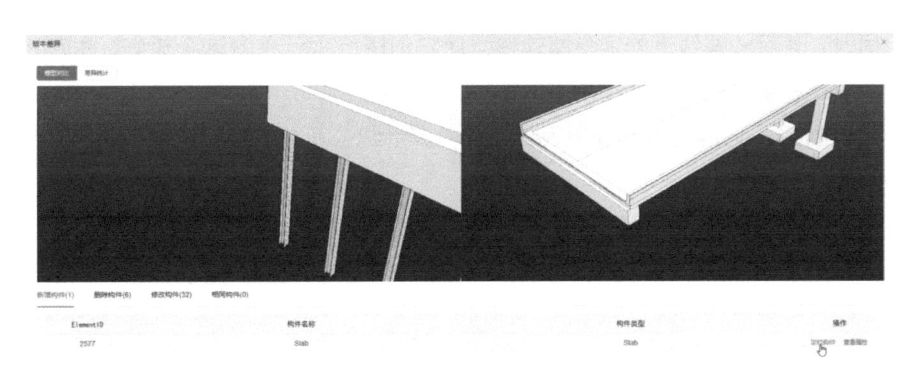

相关的负责人查看模型的时候，可以给任意视图和构件添加定位，加入批注、审批意见，平台会按照事先定义好的审批流程，把任务分配给对应的人员角色。

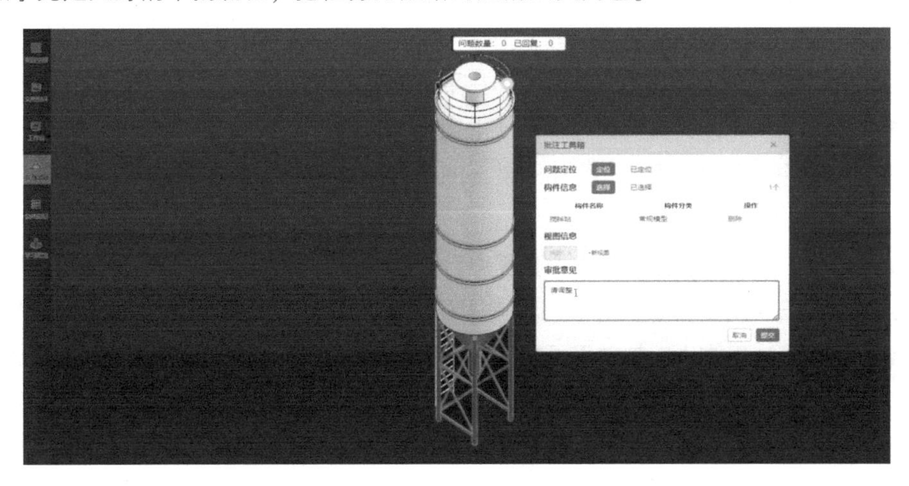

任务和意见会实时反馈给设计人员，可以在平台里查看消息，也可以在模型视图直接定位问题进行修改。修改完成后，由审核人员审批同意，就可以进行下一个节点审批，直到流程完成。

平台会记录审批流程，让设计全程留痕，最终会生成一份校审单，用于线下的签字和归档。

云端构件库

企业部署平台之后，会拥有一套线上的资源库，可以统一管理企业的参数化构件、公共标准图样、标准库，通过在项目中不停迭代这个资源库，可以最大限度实现知识资产的积累和复用。

通过这些应用可以看到，跨～界云空间提供的不只是在线文件浏览方案，而是用在线的方式，通过一定的流程，把文件里的信息做数字化处理，参与协作的人，都可以在不改变原有生产流程的前提下，为数据流的迭代做出贡献。

4. 云端数据服务

跨世纪公司想要做的是这样一个挑战：数据和云端的平台深度绑定，把一部分生产工作直接搬到线上。同时，兼顾一些线下的客户端软件，让它们围绕着云平台这个核心，生产出来的数据直接放到平台里，需要的数据也去平台里面拿。

除了前面说到的rvt、dgn、3dxml等设计格式，跨世纪公司自家的软件也在和跨~界云空间实现数据打通。

如已经研发升级了20年的桥梁大师，是一款参数化、批量化的桥梁设计软件，已经和跨~界云空间打通，形成了一个桥梁专业的协同设计平台，可以实现快速方案设计、一键出图、在线图样审核。

我们来看一下这种线上-线下的数据协同是怎么开展的。

对于项目负责人，只要登录平台，导入统一的路线和标准资料，就可以保证所有人的项目文件与项目指导书中的方案保持一致；根据路线数据，通过BIM Works快速创建方案模型，一键生成三维模型，再通过系统级别的任务分配，把基于模型的协作和审批流程走起来。

对于设计师，可以在本地启动桥梁大师，在平台里签出设计任务，自动根据分配的任务创建项目，任务中的标准图、设计资料都是从平台上同步下来的，可以保证项目数据一致。在桥梁大师中完成桥梁的结构、布梁等设计，利用一键出图功能完成图样，然后再次把图样成果签入到平台继续审核。

这样的平台对企业来说就形成了一个数据中台，形成了一系列云端的数据服务。

另外，跨~界云空间支持二次开发，如前面说到的可视化工程网盘BIM Windows基础框架，场景的渲染、相机，动画脚本，基础界面的要素控制，模型构件的显示，还有总体方案设计工具、临建场布工具、施工深化工具等，都是跨世纪公司自己在平台上开发出来的功能，这些功能也可以由用户通过调用接口和组件二次开发自己做出来，甚至做得更好。

5. 未完的第一步

总的来说，跨~界云空间是一个跨世纪公司自主研发的云端工程数字化平台，目标是实现从方案到设计、施工到运维的一体化管理。要实现这个目标，当然是一家公司无法完成的，跨世纪公司走出的第一步，是在该公司最擅长的交通领域，搭建了一个基于云端的整体框架，走通了其中的一些模块。

目前，跨世纪公司已经和不少公司合作，基于业务场景，去实现专属的平台开发。

比如，和一家大型国企合作，打造了一个总体方案设计系统。通过这个平台，设计师可以导入2D设计方案，也可以合并多种软件的BIM方案模型，利用云端的构件资源库，借助向导功能高效地完成桥梁方案设计，同步进行光照、排水、行车、经济指标的分析和模拟，并且可以实现设计、显示和汇报的一体化。

再比如，和一家城市轨道交通项目部做了一个盾构监测平台，不同于一般的智慧大屏，这个平台上基于 BIM Windows 和现场数据的挂接，集成了盾构的实际进度信息，如可视化展示推进到哪一环、穿越了哪些风险源等盾构项目的专属信息。

此外，跨世纪公司也和同济大学合作，开发了一款桥梁结构分析系统。基于云端，直接利用 BIM 模型生成结构计算模型，很大程度简化了有限元分析的前置处理工作，同时融入了同济大学强大的桥梁设计理论，可以完成折面梁格等多种结构的精细化计算分析，也支持最新的桥梁规范。

在跨~界云空间的发布会上，董事长袁国平的演讲很值得感慨。

他说，作为一个代码工程师、一个创业 20 多年的圈内人，这应该是他最后一场公开演讲了。从最早参与开发国产 CAD 软件 PANDA、PICAD，到后来自己写路线大师、桥梁大师、设计大师等软件，再到今天发布跨~界云空间这个产品，自己在制造业、公路行业和基础设施行业中前行，也经历了行业从 CAD、BIM 到数字化的变迁，直到退休之前，在“软件公司董事长、桥梁专家”这些头衔之外，他最热爱的事情还是写代码。

有一张 PPT，他在几年前就写好了，里面藏着这位自嘲为“老码农”的从业者一个小小的野心：希望在未来，做一个“虚拟设计院”。

呈现在前端的是一系列工具软件，帮助设计师快速完成方案设计；中间层协同平台提供知识库、构件库和数据库，为设计和施工的数字化协同和推进提供数据支撑；后端的云服务，完成自动建模、出图等工作。设计、变更、施工过程中，所有人都可以随时回到前端进行快速修改，数据在前、中、后三端自由流动，打造一个所有参与者互联互通的设计环境。

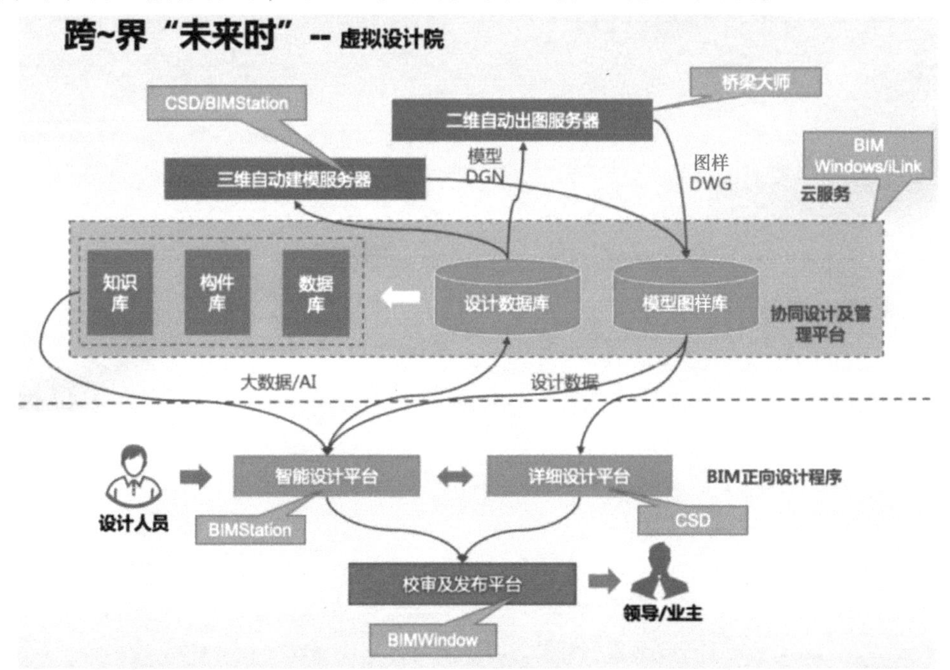

在这个计划里，没有纸质图的影子。

而这样一个小梦想的第一步，就是要把所有的工作流搬到云端，没有不同版本文件的互传，没有会遗失信息的转换，让工程数据在流动过程中创造价值。

在技术层面上，跨～界云空间并不是强制大家把所有工作一次性搬到线上，它对单机软件的各种格式还是保持着良好的支持，即便一家用户不认同这样的理念，也不妨把它当作一个本地建模之后，上传并产生后续价值的管理平台。

但我们猜测，这种对本地软件的支持，或许是跨世纪公司在过渡阶段做出的妥协——让一部分人先用起来、让一部分企业参与到合作中来——而从整个产品的功能和规划上，我们还是看出了他们期待的未来，一个没有图样，只有数据的未来。

回到一开始的问题：20年后、50年后，还会有人使用纸质版的图样吗？跨世纪公司给出的答案是：一定没有了，并且希望自己成为加快这个历史进程的其中一分子。

这个过程中可能会经历很多的阻力和磨难，历史也必然不能单纯地被梦想改变。未来一定是数据的商业价值越来越高，图样除过审之外的存在意义越来越低，天平倾斜到一定程度，再有法规的跟进。

而我们需要做的，就是把数据的价值不断挖掘出来，如同水和金钱，只有流动起来的数据，才有可能做到这一点。

第4章 数字时代的真实故事

所谓行业，是由具体的人组成的，当你手拿放大镜去看一个行业，会发现每一个鲜活奔腾的生命都在与时代的脉搏共舞。正如远处看海面很平静，越是近看，越是惊涛骇浪。

在本书向着完结发展的第4章，我们收录了七个故事，它们发生在不同领域、不同境遇的人身上，没有什么统一主题，我们也不准备用这些故事讲什么大道理。

我们能保证的是，故事中的每个字，都曾经在过去的几年里，在你未曾工作和思考过的地方，真实炽烈地发生过，那是属于这个数字时代每个人的故事。

如果你也有自己的故事，希望讲给我们和行业里的朋友听，欢迎联系我们。

驱动力：学习陪伴我一路到今天

环顾四周的时候，总会有这种感觉，似乎我们接触到的绝大多数人，都至少是本科毕业。但数据不会撒谎，我国本科生占据总人口的比例是3.69%，每100个人里，有96个人的学历低于本科，他们是不可忽视的绝大多数。

谢孙海就是这芸芸众生中的一位。

写下本节内容时，他在深圳轨道交通工程项目上从事BIM和信息化工作，2012年进入社会，在私企积累了三年房建经验，在国企积累了两年的测绘和四年的BIM工作经验，他的故事很平凡，却又和很多人想象的不一样。

将近十年的路走过来，谢孙海说，最大的收获是用马不停蹄的学习来投资自己。

1.

谢孙海从小的志向是当一名医生，又对计算机很感兴趣，所以一直对智能医学的未来充满憧憬。不过在2008年，他遗憾地高考落榜，心中怀着的小梦想止步于此。或许因为父亲是工程师的原因，本来准备接触医疗药材的他，转而变成了接触工程材料，开始了自考之路。

自考是进门宽、出门窄的继续教育方式。2008年，他到厦门的一家自考学院，选择了机电一体化专业，当时要自考机电20门课程，每一科都要及格，每一门考试都像高考一样严格。

因为从小喜欢计算机，那时候让他最感兴趣的是CAD制图，总是到学校的机房，厚着脸皮找其他专业的导师学习机电制图。

机电专业的CAD图都是图层很多，轴测图又很抽象，学习的过程中总需要想象三个方向的视图是什么样子的，谢孙海琢磨着，土建专业的图层比较少，图样也相对简单些，要不要考虑换个专业？

他找到教CAD的导师，说机电专业太难了，问自己的水平能不能换土建专业？导师说，画图可以，但他的土建专业知识不够。

他那时候才理解，社会需要的是技术型人才，自己的机电专业知识不精通，只会用CAD软件，未来该怎么生存？

那段时间虽然专业知识学得一般，手机倒是玩儿出了不少花样，他很早就入手了诺基亚的N72手机，玩儿起了塞班系统，学习制作证书、修改程序，每天泡在网上，通过论坛跟网友交流。

只可惜，兴趣最终也还只是兴趣，智能手机的大潮滚滚向前，很快安卓和iOS干掉了塞班，一代人的回忆也终成了回忆。

2010 年 6 月，谢孙海离开厦门，回到了龙岩，自我反省了三个月。两年时间自己除了 CAD，似乎什么都没有学会，身份又是一个自考生，出去找工作怕是打杂都没人要。他对自己说，自考自考，就是自学考试，先要有自学的能力，才能有考试和工作的能力。

2010 年 9 月，他又来到了龙岩的闽西职业技术学院，选择了继续自学建筑施工技术与管理，心态也比两年前成熟了不少。

但凡选择自考的，都是那些高考失利但不甘心的人，要么想学些技术傍身，要么至少拿一本大专毕业证书。专业 15 门课程，每一科他都跟着导师认真学，也不断积累自己的经验。

最痛苦的是学习结构力学，学科本身就枯燥，教课的老师也没什么经验，在郁闷的学习过程中，他上网搜索有没有更方便理解结构力学的方法，在一片黑暗中找到了 PKPM，好像捡到了宝贝一样，在摸索软件的过程中理解了结构计算。

这次的工程制图课程，没有教 AutoCAD，只是捎带着说了说天正插件。所幸老师允许用 CAD 交作业，他还是班上为数不多用 CAD 比较熟的人。那也是他第一次正式用 AutoCAD 出图，包括图幅、图层、色彩等都要摸索，自己搞不明白就跑去打印店打图，看那些打印员怎么操作，一来二去也就学会了。

谢孙海那时候有了一点心得，无论是自己学习，还是靠别人指导，第一步都应该带着问题和兴趣去探索。一个问题可以牵扯出很多东西。别人跟自己提问的时候，自己不会，也别忙着拒绝，或多或少去搜索一下，说不定会发现一片新大陆。

慢慢地，他和各学科的导师从师生变成了朋友，直到今天，他也很感谢那段时间带他的老师们，和高中老师不一样，他们不是为了应试去教学，而是为了让学生掌握一门谋生吃饭的技术。

受工程师父亲的影响，从小对工程行业的东西耳濡目染，各门课程上手很快，谢孙海在短短一年半时间自学通过了 15 门课程。

这一年半的业余时间，谢孙海也没闲着，跟几个小伙伴成立了一个软硬件方面的网站，也接了一些预算和制图的工作，赚了些钱。

在接触这些工作的时候，他发现很多时候出图和出量要做两遍工作，很麻烦，那时候就开始期待有一种技术，可以在出图的同时也把工程量做出来。

他的早期求学经历，在很多人看来有点奇葩，从高考失利，到自考机电，再到自考建筑施工，过程中逐渐对自己的学习能力、对怎样在社会中立足有了初步的认识。

接下来迎接他的，是真正来自社会的成人课。

2.

谢孙海第一位来自社会的老师，就是自己的父亲——一名严于律己的工程师。2012 年 6 月，父亲带着他第一次去工地放样。父亲告诉他，工程放样是一项要求严谨、精度准确的技术活，尤其是还拿着老式的经纬仪去作业时。

在那种室外环境，要么天气炎热，要么就刮大风，吊锤被风吹得摆起来要用模板挡着，很辛苦。他还记得在烈日下仰天长叹，如果未来能有一台带着激光的飞行器，飞到建筑上空把设定好的轴网直接打下来，该有多方便。

那时候他很想学钢筋算量，尽管父亲是工程师，但因为父子的关系，反倒不能敞开心扉去追问，即便问了，也是让他去自学。有位同事的父亲也是工程师，也是这样的情况，甚至两个人会经常交叉请教对方的父亲。

后来发现总问自己人，得不到系统的传授，两人就干脆找到钢筋班组组长，对方很关注现场问题，也关注该怎么赚钱，钢筋怎么算、怎么下料都很清楚，主要是两人为了提高自己，在外人面前能厚着脸皮问更多的问题。

同时，出于对计算机的执着，线上还有一群这个领域的网友互相交流，他业余时间对系统和软硬件方面的研究也没有停下，泡CSDN、MSDN，玩儿各种新东西，出过教程、担任过版主，也经常关注国外的新技术。

第一份正式工作，借着父亲的关系进了家私企。

老板用人挺狠的，对于谢孙海这样的非统招“大学生”，更是一个人当好几个人用，施工现场、工程预算、结算、决算、质监等工作都要负责，老板则是一再强调，年轻人走入社会，不要怕吃苦，要多学习。谢孙海就这么身兼数职地一边工作，一边继续自学房屋建筑工程和市政工程造价软件的使用，以及超高、超重、大跨度模板支撑系统软件计算等，也逐渐对国家建筑标准和规范有了更深的理解。

但好景不长，在私企工作，很大程度依赖于老板的关系，老板手里有项目，员工就有工作，项目没了，人也就散了。

3.

2015年是谢孙海的人生转折点。这一年，他不想继续在父亲的羽翼下成长，就开始在网上找工作，发现做机电BIM工程师待遇还不错。

那时候他对BIM是什么一无所知，当然也没能面试这个职位，不过这三个字母已经印在了心里。

那年6月，他进了一家国企，分配到了路桥项目的测绘部门，心里想着进了国企，也许有机会能了解这个BIM技术。借着一次机会，他托部门的测绘专家认识了公司的BIM负责人吴总，加了微信，不过因为还是个小白，也没问出什么像样的问题，这事儿就先放下了。

测绘是个跋山涉水的苦差事，每天拿着个RTK就上山了，还经常会有危险，干过测绘的都知道里面的苦。线性工程的土方工程量，通过 RTK 或者全站仪一个个地去测，回来导出数据，再用 Excel 处理数据，用 CAD 绘制断面，最后再出量，实在是太麻烦了。

为了自己的方便，他上网找到了 Civil 3D，自学软件后试着测了一组数据，感觉还不错，那时候他都没想到，自己已经无意中碰到了 BIM 软件。

数据和图形有捷径了，接下来就是怎么在实际工作中“偷懒”。每天爬山，又累又危险，于是想到了用无人机。之前在私企他就琢磨过无人机激光放样，这时候又思考能不能用在地形测绘领域呢？

他又在网上搜了些教程，慢慢理解了方法和思路，不过碍于项目的设备预算，没能把无人机纳入到项目考量，但经历了这么一个过程，谢孙海从一条和很多人不同的路线走过来，摸到了 BIM 的门路，也觉得它很有意思。

他觉得自己一直对计算机这么感兴趣，又能跟实际工作结合到一起，为什么不进一步好好了解一下呢？说不定又会有新的大陆发现。

于是在 2016 年底，他开始更深层次地接触 BIM，买了一台笔记本计算机，通过网站开始了自学之路，同时又找到了之前领导介绍的 BIM 中心负责人吴总互相交流想法，也成了志同道合的伙伴。和很多人一样，他在那个阶段接触到了 BIM 考证，也见识了考证的种种乱象。不过本着自己一路走来的自学思路，拿证不是目的，是给自己一个系统性学习 BIM 概念、建模和应用的机会。

有了一定的知识积累，谢孙海开始给项目提出一些 BIM 应用的建议，自然有支持的人也有反对的人。反对者里大部分都是年龄比较大的，也许因为 BIM 带来的工作和管理方式需要取代一些相对落后的模式，甚至会动一些人的饭碗。

不过，反对的声音没有影响他对 BIM 的执着，你反对你的，我学习我的。

2017 年春节，谢孙海趁着假期买了一堆书籍，开始自学 Revit，然后马上用到实践里，结合自身的房建专业基础，帮朋友建了一套精装修的 BIM 模型，用 BIM 出了效果图和施工图，觉得比以前二维的方式方便了不少。

那年 4 月，他第一次到深圳，参加了第一届 BIM 经理高峰论坛，见到了很多同行，也认识到当前 BIM 应用存在着成本高、协同难、普及率低等问题，知道了 BIM 道路比自己想象中要坎坷。

5 月份，借着单位聘请外教的机会，谢孙海参与了三天的视频培训，时间比较短，讲得也比较急，而且对房建专业的讲解比较少，反倒是机电专业讲了不少。想想自己从自学机电逃到了土建，转了一圈又在 BIM 领域遇到机电了，真是躲得过初一躲不过十五，怎么办？学呗。

培训课程的深度不够，他就接着自学，认识了 BIMBOX，也结识了老孙、开开、熊仔、大宝几个小伙伴，后来又加了微信群，开始和全国同行交流起来。几年的时间，谢孙海一路默默陪着 BIMBOX，一起成长了很多。作为一个爱好技术的“宅男”，他也把宝贵的几年青春献给了自学。

4.

人生有时候需要遇到一个机会，这话其实跟没说一样。机会没有“偶然遇到”的，都是你做了很多事，然后它才会来敲门。

2018年8月，谢孙海参加的房建专业项目达到了国家引入BIM的标准，他自己也因为前面默默做过的事，得到了领导的赏识，进入了包含市政、公路、房建和机电专业的PPP项目，这也是他正式负责BIM的第一个项目。

公司成立了BIM技术部，由他担任BIM负责人，他一边在网上花钱自学，一方面也在项目里成了给别人授课的“谢老师”。

回想起来，这个项目是他最喜欢的，一方面干的是自身专业，同时又有时间去深入研究BIM，另一方面是整个项目里领导和同事都对BIM有很高的热情。

那段时间谢孙海没忘了当年刚和父亲出来的时候，想学会的钢筋算量。他认真研究过用BIM出钢筋工程量，也发现实现起来难度比较大，因为设计给的钢筋量、二维软件计算的钢筋量、BIM出的工程量、钢筋下料的工程量，以及现场实际使用的有效钢筋量还是有很大差异的。

他当时想，如果未来能通过BIM出钢筋工程量，也是要基于云计算建立模型。

那两年时间，他除了Revit，也自学了Civil 3D、Infraworks、Dynamo、Python、Fuzor、C++、Ps、Pr、UE4等软件和编程的操作，早些年机电专业没毕业的知识也慢慢利用起来。

这两年的经历，又把他在螺旋上升的台阶上，往前推了一步。

赶上那几年深圳轨道交通在BIM领域经历了一个黄金发展期，资金投入也很大。2020年，谢孙海来到了深圳，加入了轨道交通工程项目，开始了自己BIM之旅的进一步升华。

因为领导层的重视，BIM与整个深圳地铁的信息化大工程深度融合到一起，带来的效益也更明显，他除了参与日常的比赛和报奖，也参与项目招标投标的BIM工作，经验值涨了很多，视野也更开阔了。

这一年快到年底的时候，谢孙海到天津出差，和设计院有一次深入的交流。他发现很多设计挺愿意接受BIM的，但还是存在着不少障碍，其中比较大的一个就是比起施工单位，设计院的BIM成果很难用到现场，尤其是现场变化非常快的机电专业；另一个比较大的障碍就是费用问题——用更高的成本做出一个施工方不使用的东西，经费该由谁出？

这次的谈话，谢孙海记在了脑子里。

他说，知识往往来源于疑问，学习不一定是死磕一个个知识点，有时候多听听别人的谈话，观察别人存在的困难，反过来对自己的思想也是一种进步。别人的困境，也许有一天会成为自己的解决方案。

见得多了，思考得多了，也会有一些迷茫，智慧城市的盘子越来越大，大量系统和平台在建筑业雨后春笋一样冒出来，智慧工地也在一个个项目里出现，这些新技术不断涌现在人们面前，“BIM”这三个字母似乎也包裹了一层越来越厚的外衣，到底哪些能落地解决问题，哪些是未来的方向，是值得探究的东西，有时候也会让人有点喘不过气。

5.

谢孙海从业的这些年，从一开始的高考失利，到靠着自学入行建筑业，再到后来接触 BIM，先后接触了房建、机电、市政、路桥、轨道交通几个领域。在这个过程中，他对“数字资产”这个概念逐渐有了更深的理解，自己走的 BIM 道路也越来越宽。

谢孙海说，很多人进入社会就停止了学习，但他觉得离开学校才刚刚是学习的起点。随着岁月的积累，那个非统招本科生的起点，似乎也没那么重要了。

他觉得，互联网时代，学习不再是一道窄门，不懂就问是最好的捷径。不过需要注意的是，无论是身边还是线上的朋友，每个人的时间都是有限的，帮是看情分，不帮是本分。所以在请教别人的时候，问题一定要明确、简单，用最短的话说清楚问题，别让人家猜你的需求。他也建议加强自身的英文水平，BIM 最一手的信息和很多软件都是英文的。

作为一个学历算不上漂亮但经历很丰富的人，他也觉得有些企业招聘的时候只看学历不看经历，存在很大的问题。是从零培养一个随时可能会离职的新人，还是直接找一个经验丰富的人，需要企业根据岗位的要求认真考虑，而不是一刀切地把所有判断交给学历。

他觉得，当前很多的 BIM 实施能否顺利，真正的经验并非来自于软件，而是来自于施工一线，只有这样的人用起 BIM 才不会云里雾里，而同时具备施工经验和对新技术的探索精神，其实是不可多得的人才。

走到今天看这个圈子，谢孙海觉得 BIM 对他来说是工程行业和 IT 行业的结合体，是各个阶段的信息枢纽，在深圳的阅历告诉他，思考的时候要站在国家和行业的角度去看待技术，而做事的时候还是要脚踏实地实事求是，做一个综合性强的角色。

但这一切的一切，都需要一个最原始的驱动力，那就是兴趣使然。

青春记忆：三位“剑客”的 BIM 往事

我们有三位朋友，他们就职于同一家设计院，曾经分属于三个不同的部门从事 BIM 工作，在国内设计院普遍不怎么接受 BIM 的情况下，他们带领自己的部门，闯出了迥然不同的三种 BIM

模式。

他们就职的企业是湖南省建筑设计院集团股份有限公司，以下就简称为湖南省院，三个人戏称自己为“省院 BIM 三剑客”。

几年前的一次长谈，让我们记录了这一段有趣的青春往事，在此讲述。当然，一家成功的企业，在十几年的 BIM 技术探索之路上，有无数领导的决策和支持，以及各分院工程师的探索。本节内容管中窥豹，只讲述了这三个比较有代表性的人的故事。

1. 序曲

李星亮皮肤黝黑，吃饭喝酒总是话不太多，笑的时候眼睛会眯起来，闪着聪明的光。他喜欢运动，尤其喜欢水上运动，家里还放着皮划艇。

和很多毕业就进设计院的人不同，李星亮是干施工起步的。2010 年，他在重庆大学毕业，进了中建五局三公司重庆分公司，在现场学习机电施工和预决算。

刚进公司整个项目机电部就只有他一个人，学得最多的就是放线、用经纬仪布置临水电。项目对进度要求很高，但由于场地复杂，工程进度时快时慢，经常发生窝工事件。也就是那时候，他在师兄那儿听说了一种很牛的技术，可以提前解决施工中碰到的各种问题。

不过这个技术需要配置比较高的计算机，而当时李星亮一个月工资只有 1600 元钱，买不起。好在那位师兄为了学习技术，专门配了一台计算机放在寝室，还买了好几本教材。于是他就经常趁着师兄去工地的时候偷偷溜回寝室学习。

那时候琢磨的东西无非就是 Revit 的软件功能和建模方法，但在当时的李星亮看来，简直就是一款超级的“模拟城市”。

经过了一年多的积累，李星亮对机电施工流程和方法有了些了解，领导给他安排了另一个项目机电经理的任务。虽然项目离住处特别远，单程就要跑四个小时，但考虑到机会难得，他还是义无反顾地应下这个差事。

在项目上，李星亮一个人建立了全部土建、机电、场地 BIM 模型，指导劳务班组的施工预留预埋，解决水泵机房的管线安装工序问题。

这些应用如今看来很普通，但在当时的李星亮看来，简直是找到了人生的方向。到了 2012 年底，李星亮下定决心离开现场的施工和预决算事务，向公司递交了辞职信，打算找一份全职的

BIM 工作继续探索。

2013 年初，李星亮参与了三场面试，都是 BIM 设计岗位，他最终选择了自己家乡的湖南省院，成了省院 BIM 中心的第一名正式员工。那时候 BIM 中心其他七个人都是从各个分院所调配过来的，大家就称李星亮为“第八铜人”。

文正书院，既是李星亮的第一个设计项目，也是他的第一个专职 BIM 项目。他主要在这个项目中探索全专业 BIM 设计和出图，也同时学习暖通设计。

这个项目他们实现了湖南省院第一次多专业 BIM 出图，包括平面图、系统图、大样图，也通过 BIM 解决了屋顶空调机组布置、室外排水口定位等问题，不过因为效率的原因，电气和结构专业没有用 BIM 出图。

在探索其他项目 BIM 全专业设计的过程中，他们也遇到了困惑。文正书院体量很小，但后续项目动辄就是 10 万 m^2 以上，施工图反复修改，又要短期快速出图。

起初定下来要做 BIM 全专业设计，但到了最后由于时间太紧，都只能退回到 CAD 设计。也正是从那时候，他们开始面对困扰很多年的 BIM 正向设计修改效率问题。

有问题不代表探索就要停下，相反，存在问题才是人发挥价值的机会。尽管遇到很多困难，但大家的热情很高。部门发展很快，到年底的时候已经有 15 个人。

2. 帷幕拉开

2014 年，有了前面的技术探索，湖南省院决定开启全院 BIM 技术的推广工作，第一件事就是结合两个院重点项目，培养全院 BIM 骨干。从各生产部门抽调了将近三十位骨干设计师，参与这两个项目的 BIM 工作。

他们把其中一栋超高层项目模型拆分为 7 个区，每个区分别配备 BIM 人员和设计师，相互之间取长补短。通过这两个项目，他们为各分院输送了大批懂 BIM 的设计人员。

也是在这一年，李星亮所在的 BIM 技术中心更名为 BIM 设计研究中心。

从传统岗位抽调过来参加培训的人员中，有一位搞结构出身的老员工，就是今

2013 年 BIM 技术中心

天的第二位主人公：孙昱。

孙昱长相比较成熟，操着一口标准的南方口音，说话总是低调和善、不紧不慢，他从不喝酒，周末除了踢球看电影，很少出门。

他以前在一家民营企业做结构设计，2010年就进了湖南省院，在建筑一分院继续做结构设计。2014年响应全院的号召，到BIM中心去做培训。

培训之后，孙昱还是回到了原来的岗位继续画图做设计，毕竟那时候BIM技术还很难真正进入到生产环节中去，市面上还没有很好的结构BIM设计工具。孙昱的BIM工作暂时搁置，下次再拾起来要等到一年多以后了。

第三位主人公也是在2010年加入的湖南省院，他也是做结构出身，名叫邓京楠。

邓京楠声音洪亮，说话干净利落，喜欢尝遍各地美食，在桌上总有一种"年轻有为"的领导气场，喝酒很容易脸红，聊到动情处总习惯把眉毛"八字"皱起来。

2008年，他毕业进了长沙一家冶金设计院，入职之后就参加了Revit培训。当时一起参加培训的有不少同事，不过大家对这个新软件的兴趣消失得很快，整个分院只有他一个人坚持用这个工具。

此后的几年时间，邓京楠的兴趣也逐渐从三维建模软件开始转向了BIM，自己也很喜欢折腾。那时候PKPM有一个专门导出到Revit模型的插件叫RStar，不过只能导出构件，他看到论坛里有人用共享参数把钢筋信息加入到梁里面做结构出图，他也做了一些尝试。

当时的本科生评工程师职称需要写论文，大多数人都选择用自己的结构设计项目来写，邓京楠则是写了一篇作为结构工程师用Revit做设计的思路，后来这篇文章还神奇地出现在多个BIM培训网站里。那时候起，他就开始逐步向专门的BIM方向发展了。

2014年，湖南省院BIM中心正在招人，邓京楠反复考虑，最终投了结构工程师的简历。不巧去面试的时候，BIM中心已经招满人了。

当时正赶上省院在整体推动BIM，各个分院也要培育种子选手，邓京楠参加了市政分院的面试，聊得比较愉快，就正式入了职。

既然是以 BIM 为契机进来的，自然就要做 BIM 相关的工作。第一个接手的是一个水厂总包项目，主要是用 Revit 尝试做出市政项目的设计成果。

邓京楠很快发现，民建那套管道族在做市政给水排水项目的时候不适用，明明设计图样管道上弯距离墙体还有一段距离，但用 Revit 建出来就会管道碰墙，最后发现原来是民建的管道大多为小管径，系统使用弯头族的转弯半径计算规则和市政大管径管件不一样。

于是他花了不少时间，参照钢制管道图集重新做了一套族，包括可自适应管径的各种管件、阀门、设备等，那套族直到现在也还在院里被使用。

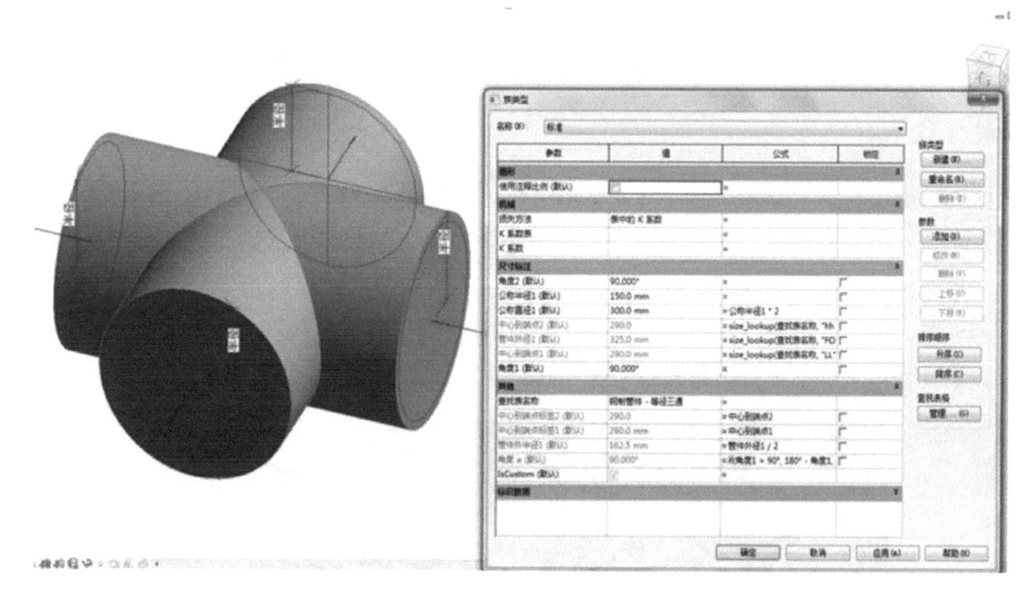

2014 年，未来的“三剑客”在舞台上聚齐，故事正式开始。

这一年，李星亮开始了全职 BIMer 的生涯，编制 BIM 标准、管理手册和机电样板文件，制定发展规划，组织了第一届 BIM 文化周，但整体上工作成果还是和传统设计结合度不高，对各部门的培训也只是在软件层面。

这一年，孙昱还是在他的传统岗位上做结构设计，BIM 对他来说仅仅是一个值得关注的技术，甚至对于整个建筑一分院来说，BIM 都只是暂时了解，搁置了下来。

这一年，邓京楠身在市政院做着基础性的 BIM 工作，他正在创建的族库和样板，是搭建个人和部门未来的积木，如何生存下来，将会是他未来几年要解决的问题。

这一年，整个湖南省院都在 BIM 的黎明前摸黑，只看到对岸影影绰绰的景色，河里有多少石头、怎么才能摸到，谁也说不准。

3. 探索与竞争

2015年，是三个人分头探索的一年。

李星亮所在的BIM中心，推进着五个方面的研究工作，包括标准体系、培训体系、新技术研发应用、平台建立和对外咨询，同时对每一位BIM人员进行了任务拆解和分工。

生产方面，BIM中心对孙昱和邓京楠团队的项目进行技术支持，对外BIM咨询项目也在这一年开始启动，完成了几个项目的参数化、人流疏散模拟、精装修设计等探索工作。

2015年BIM设计研究中心

整个湖南省院对BIM技术的推广也保持着比较大的支持力度，对机电院、市政院的BIM团队重点培养，这一年全院有BIM技术能力的设计师数量突破了100人。

李星亮他们还组织了第二届BIM文化周的活动，主题叫“BIM求实之路”，邀请400多位业主合作单位、设计同行一起探讨设计和 BIM 技术，类似的工作在后来以各种形式被不断重复，也在省内打造了新技术领域的文化输出形象。

这一年，李星亮尽管只是部门的一名普通员工，做的却是标准 BIM 中心负责人的工作内容，他跟进项目 BIM 成果交付，研究 BIM 标准如何落地，也配合政府进行 BIM 推广路线的研究。

让他比较发愁的是，分散式的探索还是和真实项目结合度不高，一年下来真正能探索出来的生产性成果不多。他一直在思考，技术探索的本源还是市场需求，没人买单的成果不是好成果。

2015 年，BIM 中心牵头做了一件对后来影响深远的事：在全院开展了 BIM 竞赛，竞赛内容不是某一个具体的技术或者项目，而是各个部门拿出自己这一年整体的成绩来参赛。

比赛通知出来的时候，孙昱所在的建筑一分院已经把 BIM 搁置了一段时间，还没搞出什么成果，领导不太开心，就让孙昱牵头来负责这件事，既然参赛就得有点拿得出手的成绩。

孙昱就拉了几个做结构和建筑设计的同事，组建了一个临时 BIM 小组，选了一个仿古建筑项目参赛。离比赛截止还有两个月的时间，另外几个人都还没什么基础，大家既要学习 BIM 知识，又要去做应用创新，经常到半夜一两点才下班。

这个项目，他们先是探索了建筑三维表达，Lumion、Twinmotion、Modelo、Revizto 等软件都是在那段时间学习的；场地和土方用上了 Civil 3D 和 Infraworks；结构方面，当时盈建科和探索者的结构转换工具刚出来，也做了全面的了解，为将来结构 BIM 的工作打下了基础；此外也探索了一下结构 BIM 出图的技术路径。

两个月的夜没有白熬，那次比赛孙昱的团队拿下了最佳创新奖。

2015 年，邓京楠所在的市政院也成立了 BIM 小组，抽调了工艺、结构、建筑、电气、总图、道路和桥梁七个专业的工程师，加上 BIM 牵头人邓京楠，一共九个人。

2015 年市政院 BIM 小组合影

大家基本上都是从零开始，整个小组的BIM学习就由邓京楠来组织。那段时间邓京楠也跑了无数次BIM中心，自己对软件不熟悉的地方就跟那边学，包括Revit建模规则、后期渲染都先参考BIM中心的模式来做，项目类型上就在市政给水排水和路桥两个方向齐头并进。

给水排水方面，团队接下的第一个项目是郴州市东江引水工程，后来也成为湖南省第一批BIM示范项目。小组从头开始一点点做BIM实施手册，做构件库，做BIM组织架构和人员策划，这套东西当时也主要是跟着BIM中心相对成熟的模式来学。

项目的一个突出亮点是通过全专业的模型整合，把一个水厂的工艺流程三维展示出来，让非工艺专业的设计人员或者其他项目参与方也能理解水厂是怎么运行的，同时也借助模型展示了不同工况下各种设备的运行状态。

在路桥方面，团队选择了当时很有代表性的梅溪湖西延线项目，其中还包括两座桥梁。

邓京楠先是和小组中道路专业的同事一起学习Civil 3D创建地形和道路模型，然后就琢磨怎么把Revit也应用到桥梁上。当时他们干了一件很猛的事，把一整个箱梁桥做成了全参数化的族，加了200多个参数，当时在院里汇报时还挺轰动的。

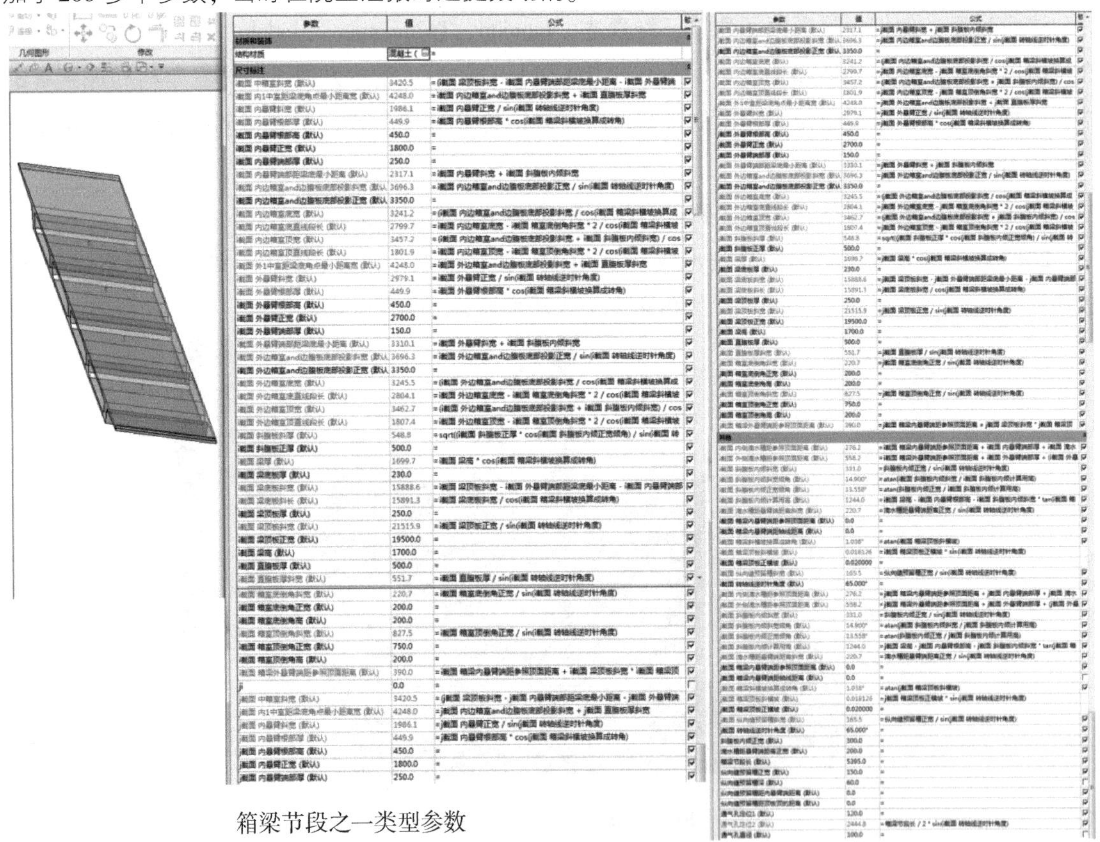

箱梁节段之一类型参数

4. 突破与迷茫

2016年，BIM中心看到这种方式很能调动大家的积极性，又牵头搞了第二届BIM竞赛。

孙昱的团队这一年很猛，上一年“临危受命”做下来的事，奠定了孙昱后来做项目策划的风格，他会根据项目特点去发现一些新的技术切入点，找到局部创新的突破口。

这一年新上任的领导看了之前大家的参赛成果，觉得BIM的潜力值得挖掘，就干脆让孙昱专职做BIM。

他们就拿了几个单体小项目，尝试用模型直接做正向设计，也扎实地把结构正向设计思路给摸清楚了，但实际操作下来也确实很痛苦，因为结构专业需要有计算模型，但设计模型、计算模型和图样三者没法统一到一起。

孙昱不愿意为难大家，就没有再继续强推以出图为目的的正向设计。

后来孙昱在一个项目里看到有人用无人机拍摄院里的新办公楼，很感兴趣，就跑去跟人家取经，还要来了成果自己研究。

很快，他们就接手了一个老城区改造项目，设计河道旁边的景观和小品，去那里坐车要五个小时，沿河走一遍也要一个多小时。而景观设计图一般都不太精准，图样上的标高也不准确，做深化设计的时候专门跑到现场去测量特别费时间。

孙昱想到了之前接触到的无人机技术，就找了个无人机团队飞了一圈，把现场的点云和OBJ模型给建出来了。他们把模型给到规划所，再告诉他们怎么在模型里测量标高，后边问题就少很多了。

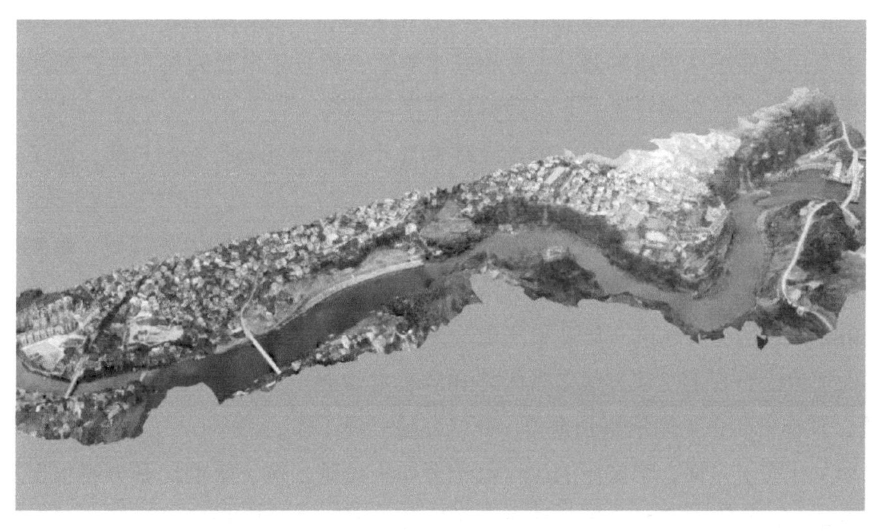

那段时间孙昱还参与了中南大学教学科研楼，这个项目从2012年就开始设计，给业主方做了

很多BIM知识的培训。这也是湖南省院第一次和美国Payette公司合作，这个持续了几年的项目奠定了湖南省院和Payette公司合作的基础，也奠定了日后很多大型医疗项目的基础。

这一年的比赛，孙昱团队的成果丰富，天上飞着无人机，地上跑着VR，大家一看，非他们莫属了，不出所料，一等奖果断拿下。

领导很开心，孙昱就趁机和领导商量，过了年想成立一个正式的BIM工作小组，他希望把前面对正向设计的探索继续进行下去。

这一年比赛的二等奖，还是被邓京楠的团队拿下来了，不过对于未来，他却没有孙昱那么有信心。

上一年成立BIM小组的时候，市政院给的指示是做技术探索，但抽调过来的成员其实状态并不稳定，除了BIM的探索工作外，还是需要兼顾日常的一些生产任务，一开始大多数人都对新技术比较感兴趣，愿意试试看。

但从2015年转到2016年的时候，小组里的很多人开始觉得不踏实，做BIM探索性质的项目不如做设计项目在收入上更有保障。事实上，当时在湖南市政项目的市场上甚至还没有对于BIM技术的需求。

于是，这个临时组建的BIM小组在名义上算是解散了，大家都回到自己原来的部门去做生产。

不过因为当时院里要求在生产部门尝试推广BIM技术，所以每个部门都要完成一定量的BIM任务，回到传统岗位的小组成员，也还要带着技术去项目中做BIM拓展，邓京楠则是配合着他们一起完成任务。

所以这一年的BIM比赛，邓京楠他们因为项目拓展多，涉及市政给水、排水、环境工程、道路、桥梁，以及后面要重点讲述的管廊，成果非常丰富，相当于市政院各个生产部门都在共同积累族库、样板文件和项目实施经验，于是同样拿下了二等奖。

比赛能带来激励，但只剩下两个人的市政院BIM小组如何找到存在的价值，成了悬在邓京楠头上的达摩克利斯之剑。

2016年，虽然院内推广如火如荼，李星亮所在的BIM中心作为院内先行者，最先遇到了发展方向上的矛盾，他也同样陷入了冰火两重天的迷茫。

首先，BIM中心的业务在这一年迎来了最佳发展时期。因为前面所有比赛、文化周的宣传推广，各类咨询项目纷纷找上门来，很多省内外BIM标准编制工作全面展开，湖南在这一年成立了省BIM联盟，湖南省院作为副理事长单位，配合联盟开展工作。

在技术和文化交流方面，李星亮的工作也干得如火如荼，这一年的比赛办得很出彩，年底的BIM文化周活动上，除了主论坛，还分别举办了机电、市政、结构BIM分论坛，展现了很多应用亮点。

如果站在全院角度来看，这一年进入了湖南省院的 BIM 技术大发展时期。但与之相对，在全专业推广技术的领域，对很多入门比较早的同事来说，管线综合、净高分析、空间优化这些 BIM 技术应用点早已经缺乏新意，部门同事纷纷表示应该先补充专业设计知识，再探索 BIM 技术。

领导也尊重大家的决定，所有人员全部调整到各专业组去做设计，只留了两个人负责日常 BIM 事务。

一开始制定的管理方案是 BIM 成员由各专业负责人直接管理，工作分配要经过专业负责人的同意，希望通过这种方式加强专业负责人和 BIM 人员对相互工作的理解。

但事与愿违，专业负责人对 BIM 的了解程度不够，无法合理布置工作，而且他们首先关心的是完成传统设计任务，这导致 BIM 人员的工作重心直接转向了二维设计。

虽然李星亮尝试介入 BIM 项目管理，但屡屡碰到二维设计的时间节点压头，专业设计组和 BIM 中心两边都叫苦连天。

领导在年底将 BIM 中心同事又从各专业设计组调回了 BIM 中心。可是，很多同事已经把自己的职业方向调整为提升专业设计能力，回去做 BIM 探索在很多人看来是太过模糊的未来。

于是，BIM 中心的同事在年底出现了大量离职现象，随之而来的是一个更加严重的问题：部门之前一直是谁擅长什么就做什么，没有归纳成标准工作方法。随着人员离职，很多 BIM 技术应用能力随之丢失了。

面对这样的局面，李星亮和邓京楠一样，都陷入了迷茫和思考。

5. 深耕与生存

2017 年开年之后，孙昱牵头的 BIM 小组成立，他作为负责人主要做结构设计，其余 10 个人都是自愿参加。

为了打造这个团队，孙昱花了不少的心思，还用自己在BIM大赛获得的奖金，带着他们去海南旅游。

回来之后，他们很快接手了第一个项目：衡山县体育馆。

这个项目他们首先确定了一个大的方向，钢架网明确了要用参数化的方式来设计，要探索和以前用Grasshopper完全不一样的路径。使用了Dynamo配合钢结构计算软件3D3S，先根据建筑专业做协同模型，然后用Dynamo建网架，建四五种方案再去结构计算软件里进行初步计算，最后选定一种。

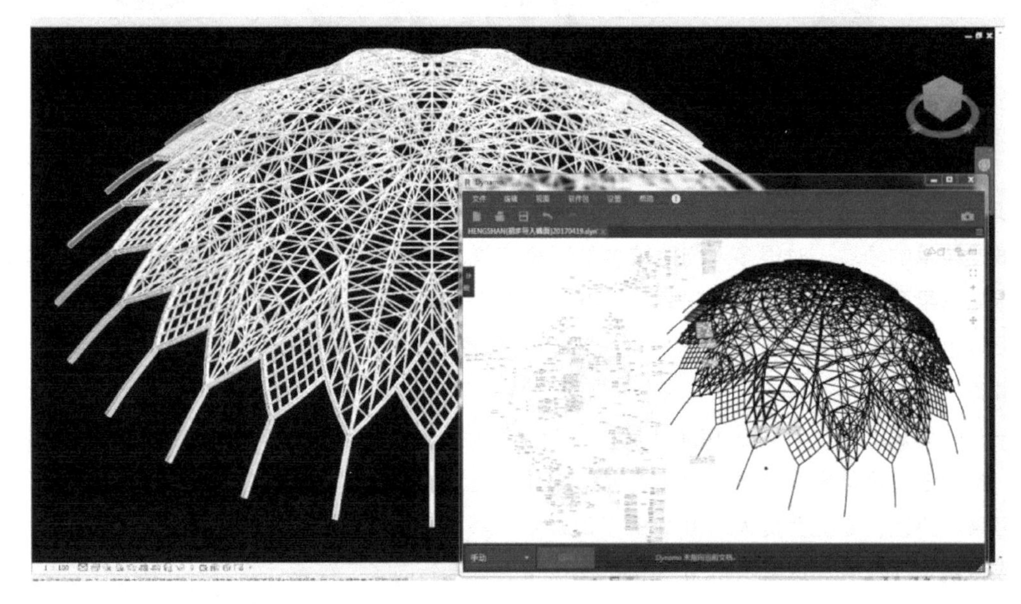

以前的结构设计会出杆件图，但深化设计的工作一直是由施工方来做，设计师对现场理解没有那么深，大多数时候也不会去验证。

孙昱就和结构设计师提出要把这个项目非常规的节点给做出来并验算节点应力，做到心中有底，当时大家还没有掌握Tekla，就选择了Autodesk的Advance Steel。

节点深化出来之后，还用了一个插件，直接框选杆件和节点生成应力分析模型，不需要额外建模就能快速生成计算，这样不仅把深化模型做出来了，还把应力计算完成了。这样在很紧张的工期下，直接交付钢结构模型给施工单位，省了很多的时间。

这个项目拿了湖南省院的第一个创新杯，还在欧特克大师汇上做了分享，大家也获得了不小的成就感。

2017年下半年，院里又拿到了湘雅五医院的项目，对团队的未来影响非常深远。医疗项目体量巨大且非常复杂，当时十几个人的团队根本做不下来，于是又从其他组吸纳了一批人进来。

这个项目还是和美国Payette公司合作，院里的领导也非常重视，希望能趁这个机会脱离粗放的设计模式，用更精细的管理去完成项目，让成果更丰富，分析能更落地，从而打造更高水平的设计服务，相应也针对高端项目带来更好的收费模式。

孙昱跟随项目团队，两次到Payette公司进行设计交流，并学习他们的工作模式和方法，花了几个月的时间去整理项目需要的族、模板和标准。

孙昱还总结了之前项目的经验教训，如模型卡顿、施工单位要求分层交付模型等，设计一开始就定了原则，要把模型尽量拆分，花了半年的时间做了充分的准备。

正式做初步设计，反倒是速度比较快了，两个月的时间就顺利通过了初步设计评审，而且设计成果很丰富，各种彩图、分析图做出来有厚厚三大本初步设计文本。

到了正式设计阶段，工作也进行得比较顺利，从2017年底到2018年初，孙昱和他的团队正经用模型出了大量的图样，直接盖章审查，变更也不是很多。因为时间周期的问题，机电设计在项目早期不能出图，但也用BIM做了主要管线的路由和机房的布置，帮助结构和建筑专业解决了很多难题。

这个项目孙昱下足了功夫，也做出了很多亮点。这时候他努力的方向已经很明确：BIM技术应用的亮点不应该是表演性质的，而是要帮甲方解决问题，提高设计质量，从而提升自己的竞争力。

当时他牵头使用瑞斯图平台，每次模型更新都把所有人的成果上传到平台上去，大家遇到的问题也都在平台里统一安排和分发；利用倾斜摄影解决了现场已有地下管道的空间问题、和美方远程合作的问题；甚至做了很多的二次开发工作，帮助施工单位批量解决下料和采购的问题。

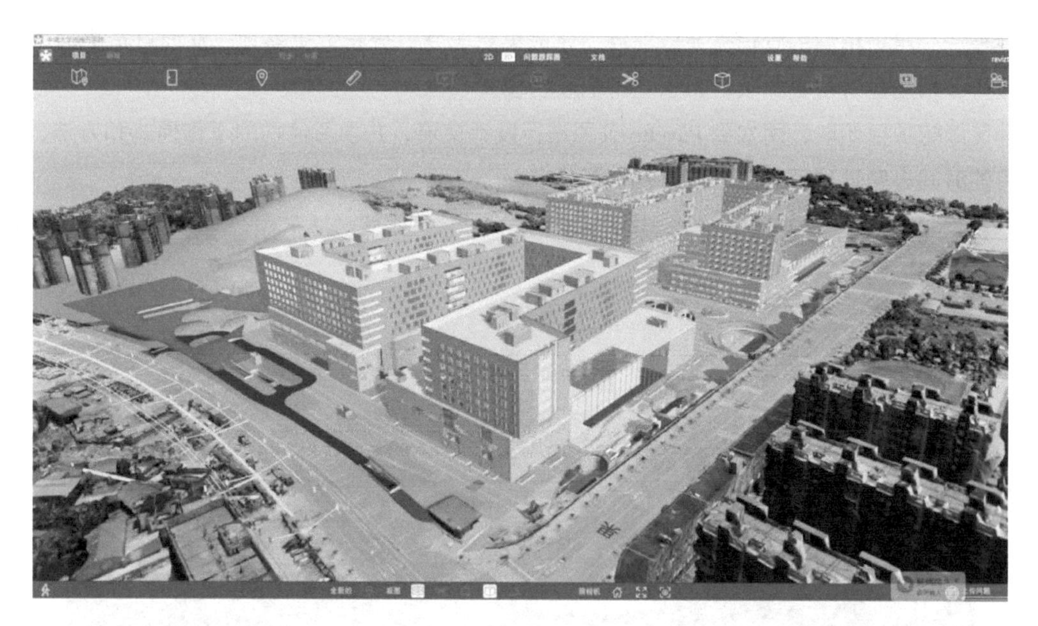

2017 年，李星亮所在的 BIM 中心总结了上一年的问题，把工作重点调整到基于设计的 BIM 技术应用上，要让 BIM 技术和设计工作产生深度的融合。李星亮也临危受命，开始担任部门主任助理工作。

上一年因为人员流失带来的技术流失问题，也让他们意识到，人离职了，要把知识留下来。于是开始着手打造院里的 BIM 知识平台，包括族、样板文件、出图设置、共享参数、出图表达、交付、汇报标准、BIM 应用实施指南、项目服务流程等知识逐步开始积累。

他们把工作内容主要分成了四类：项目设计协作、BIM 技术探索、BIM 标准研究、BIM 对外沟通，这几个任务完成度都比较高，还完成了省 BIM 培训基地搭建、BIM 高峰论坛演讲、省 BIM 交付标准编制、BIM 标准体系编制等工作。

这一年，是李星亮对 BIM 思考最多的一年。

他意识到，要发展 BIM 技术，不仅仅是换一套制图工具而已，更需要对建筑全生命期管理中的标准、流程，甚至利润模式做出改变。这对传统建筑行业的经营模式提出了巨大挑战，需要企业付出巨大的努力来逐步消化适应。

他看到，一方面，政府在快马加鞭大力推动；另一方面，实施企业却处处受限难以落地，以至于疲于应付阳奉阴违。他看到，建设单位缺乏项目管控措施，设计单位缺乏利益价值点，施工单位缺乏核心应用流程，咨询单位缺乏统一应用标准……

BIM 技术的应用过程，各单位就像在雾霾中彼此障目，摸索前行，能隐约看清前方目标却生怕巨石绊脚，心有所向却步履维艰。

2017年，“三剑客”和同事一起参加欧特克AU中国“大师汇”

BIM全专业设计困局怎样化解？设计应用点如何落地？BIM设计怎样收费？设计阶段BIM模型怎样进一步利用？

带着许多的问题，他们在2017年年底举办了第四届BIM文化周活动，主题的名字颇有几分沉重：“BIM·深耕·价值”。

这次活动，也不再采用过去核心论坛+展示的方式，而是更务实地采用交流沙龙的形式。

如果说这一年李星亮的主题是“思考”，那邓京楠的主题就是“生存”。

作为少数一进企业就带着BIM光环的人，他既不像孙昱有着随时可以抽身回归传统的退路，也不像李星亮可以暂时放下生产任务去思考未来，他必须让自己的小团队找到存在的价值，等待下一个机会。

2017年，其他人都回归了传统的岗位，邓京楠的BIM团队实际上只剩下了两个人。

这个配置显然没办法去做完整的水厂或污水处理厂项目，他们就换了个思路，主动去找生产部门，在项目里配合做重难点问题的BIM工作。

第一个项目是长沙第一水厂改扩建项目，因为是在原址上改扩建，厂区的位置已经被湘江、周边的建筑和绿地卡死了，邓京楠和孙昱住在一个小区，每天上班他都开车拉着孙昱聊一路，这个项目的情况正好可以用上孙昱在之前比赛中使用的倾斜摄影技术来辅助解决。

邓京楠就找孙昱取经，把技术拿来解决设计改造过程中新旧建、构筑物地面上的空间冲突问题；同时那个项目的地下管线涉及新旧衔接也很复杂，设计负责人员又恰巧是邓京楠的大学同班同学，他就顺便拉来了管线深化与校核的工作，保证管线穿插的设计方案切实可行。

另一个项目是长沙市开福污水处理厂，项目中有个曝气生物滤池构筑物，涉及多个工艺功能区间平面叠合，土建空间特别复杂，据说在施工期间设计与审核人员前往现场，居然在单体中迷路了。

邓京楠他们就想，既然连设计人自己都会迷路，是不是可以采用VR的形式，让大家能沉浸式地进入到空间中。机缘巧合找到一家从游戏行业转型做建筑领域的VR公司，通过把BIM模型导入虚幻引擎来做第一人称视角的漫游，顺带研究了不同软件之间的格式传导。

最终的成果除了更真实的显示效果外，还把多工况下的工艺水流方向给模拟展示了。

那段时间一条新的业务线让邓京楠的团队生存了下来。当时全国兴起了管廊项目热，湖南省院从来没有做过，也缺乏相关的业绩。为了进军管廊市场，拿下当时第一个管廊项目，市政院下了指示：上BIM！

当时邓京楠手里缺实干项目，这个机会对他来说很重要。当时管廊项目投标正好赶在十一假期，为保证成果丰富，邓京楠还专门找李星亮的部门合作，带着大家一起加班，两方一边做模型一边做动画。

大家谁都没有做过管廊，就硬着头皮把两千多米长的管廊全都按照图样建出来，布置给水、中水、燃气、高压、信息各类管线，加入支架模型让管道不再悬空，还做了从引出口、通风口、逃生口等口部到管廊内部的漫游动画，硬生生地创造了一个优势出来。投标的时候，整个设计团队最后以零点几分的微弱优势拿下了项目。

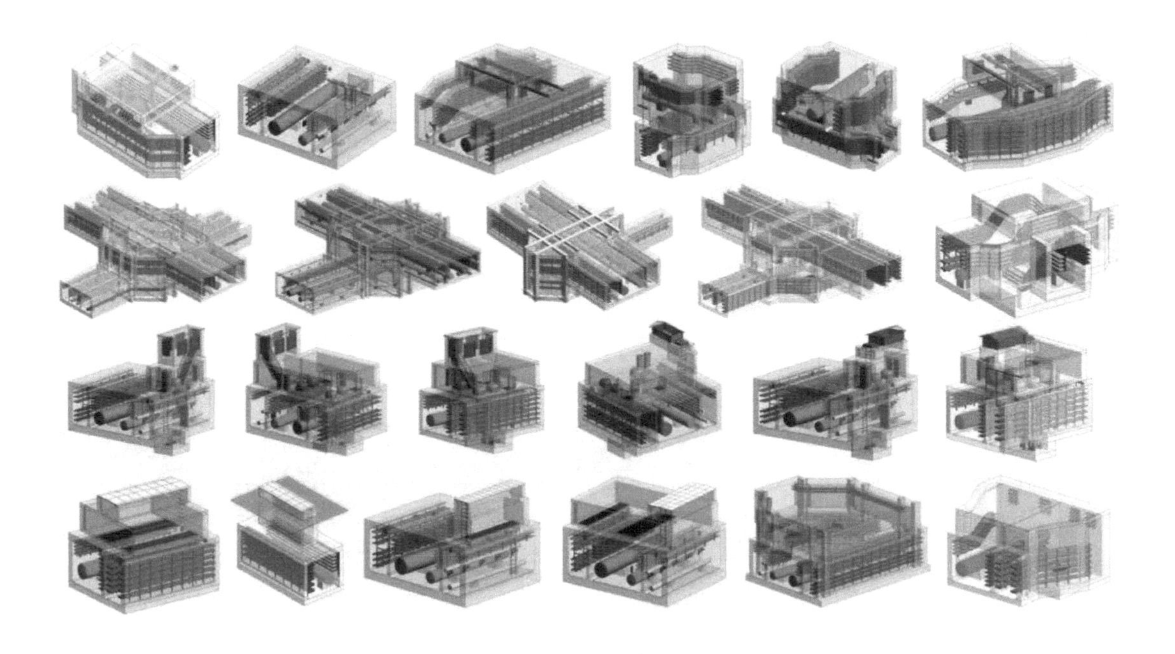

自从第一个梅溪湖西片区综合管廊项目用了BIM之后，市政院所有管廊都开始应用BIM技术，当时还没有专门的管廊插件，邓京楠他们就自己使用Dynamo编一些电池组，根据管廊平面和纵断定位布置土建标准段、批量布置管线和弱电设备，也提升了不少建模效率。

邓京楠那段时间去到湖南住博会和全国综合管廊峰会等多个会议演讲，主题也都是围绕管廊和地下管线。

当一个新的业态出现的时候，他们抓住了契机，在艰难的两年时间里保留了火种。带着这个火种，邓京楠一直惦记着一件事：要把BIM技术用回到市政给水排水项目里，市政院在这个专业领域有非常多的资源可以挖掘和应用。

6. 三种局，三条路

邓京楠在2017年遇到的生存和火种问题，在2018年落到了孙昱的头上。

这一年工作组里出现了不一样的意见。

孙昱和领导希望继续坚持走BIM正向设计的路线，而另外几个做建筑的同事不太愿意花时间去琢磨，开始对BIM产生抵触。

这件事孙昱在成立BIM小组的那一天就已经预料到了，如果只是让大家去用一个新技术，降低效率又不增加收入，那这件事肯定是不能持久。那时候开始，孙昱已经开始向领导申请，不管这一年大家搞得怎么样，每个人的收入都要达到一个基本的标准，而且不能比做传统设计的人收入低，尽量减少大家的后顾之忧。

不过到了2018年，担心的事还是发生了。

团队里两个主力做建筑BIM的人离职去了其他的公司，剩下的建筑专业人员陆续回到了保守的传统状态。孙昱也不太愿意挑起BIM和传统设计的矛盾，就让大家自由选择，领导对项目有BIM的要求，就配合来做，没有要求就用传统的方式来做。

到了年底，BIM和设计成为互相脱节的两件事，人员方面也不再是全员用BIM，而是产生了专职的BIM工程师岗位。孙昱自己则带着一个BIM工程师去维护一些项目的BIM需求。

后来忙不过来，就又招了两个人，一个是做绿色建筑的工程师，来了之后孙昱让他学参数化设计，另一个是机电BIM工程师，这样4人编制的种子团队，加上几个实习生，挺过一个寒冬。

与此同时，邓京楠却挨过了冬天，看到了春天的曙光。

2018年孙昱团队照片

他从来没有放弃市政给水排水的业务，在沉寂了一段时间之后，终于在2018年迎来了转机。

项目是深圳五指耙水厂改扩建工程，业主的想法是做全过程BIM咨询加上综合管理平台开发，一位做研发的合作伙伴把他们介绍到了业主那边去，因为之前和这个软件公司在其他项目有过类似的合作，邓京楠就抓住这个机会去和业主沟通，针对项目的需求与业主前前后后谈了一年。

深圳的业主欢迎全国各地的企业来竞争，会综合很多设计院提供的方案，提出非常清晰当然也非常高的要求。

这个项目对于需要打翻身仗的邓京楠来说太重要了。他带着两个人，花了一个月的时间把能获取到的图样全都建成模型，另外把之前所有案例中BIM能实现的技术点融合到一起，做了设计施工一体化的解决方案，甚至在投标之前就花钱去现场进行了无人机测绘，最终把倾斜摄影的实景模型和设计方案结合，形成一份翔实的标书。

三百多页的标书，他们一句句地仔细核对，认真到每个标点符号都要斟酌。

述标时间给了15分钟，其中10分钟的时间他们做了一个展示的视频成果，为了把演讲时间严格控制在5分钟，邓京楠在酒店掐着表一遍又一遍地排练，直到背得滚瓜烂熟。

最终现场开标投票，湖南省院以六比一的票数拿下了这个项目，但前期为了拿下它付出的辛苦，是其他竞争方不知道的。

得来不易的机会，邓京楠和团队特别珍惜，项目很大而且复杂，业主要求得非常细，光是设计模型就做了五六版，他们自己也希望能把握住这次机会，把项目做扎实一些，作为自己的标杆。

深圳项目的算量工作要求确实前所未见，要按照统一的清单开项规则用 BIM 工程量一条条去跟造价单位比对，当时做的时候他们并没有把握，但这么一路被逼着走过来，最后对比的结果帮业主核出来 260 多万元的差价，得到业主的认可后，整个团队也是很有成就感。

后来经由这个项目案例，他们又承接了澳门石排湾净水厂的 BIM 服务项目，委托方是总包单位，也是邓京楠接触过模型要求最精细的，因为总包方认为做 BIM 要能指导施工。

在以前的民用项目里，一般会规定小于多少直径的管道不用建模，在这个项目里不存在这种情况，小到 15mm 或 20mm 管径的加药管道也全都要建出来，包括管沟里的管道在什么位置上墙、什么位置预埋套管都要做得很细，设备、阀门、仪表这样的配件都需要和现场的型号基本一致，而且不同专业系统管道配色还需根据介质全部按照业主的要求设置。

□ 管线系统及定制配色

- **在确保管道尺寸、材质正确的基础上，严格按照建设方提出的配色原则进行设置，并根据实际进行补充。**

石排湾净水厂专案工艺管道颜色配置表

序号	[illegible]	颜色	油漆品牌	色号	底油
1	自来水(清水)管	天蓝	骆驼牌	cn135	骆驼牌啡色底油
2	原水管	[illegible]	骆驼牌	cn154	骆驼牌啡色底油
3	[illegible]管	[illegible]	骆驼牌	cn152	骆驼牌啡色底油
4	[illegible]	[illegible]	骆驼牌	cn151	骆驼牌啡色底油
5	聚合氯化铝管	[illegible]	骆驼牌	cn161	骆驼牌啡色底油
6	三氯化铁	[illegible]	骆驼牌	cn165	骆驼牌啡色底油
7	[illegible]	浅灰	骆驼牌	cn141	骆驼牌啡色底油
8	[illegible]	浅粉红	骆驼牌	cn194	骆驼牌啡色底油
9	氢氧化钠管	[illegible]	骆驼牌	cn192	骆驼牌啡色底油
10	粉末活性炭管	[illegible]	骆驼牌	cn113	骆驼牌啡色底油
11	压缩空气管	中黄	骆驼牌	cn112	骆驼牌啡色底油
12	反洗空气管	[illegible]	骆驼牌	cn144	骆驼牌啡色底油
13	初滤/反洗废水管	[illegible]	骆驼牌	cn142	骆驼牌啡色底油
14	污水管	[illegible]	骆驼牌	cn142	骆驼牌啡色底油
15	[illegible]	[illegible]	骆驼牌	cn160	骆驼牌啡色底油
16	污泥管	黑色	骆驼牌	cn170	骆驼牌啡色底油
实际工作过程中补充的管线类型					
17	生产管线				
18	生产回用管线	[illegible]			
19	反冲洗水管	[illegible]			
20	放空管	[illegible]			
21	消防水管				
22	[illegible]	[illegible]			
23	中水管	[illegible]			
24	雨水管	[illegible]			
25	[illegible]				
26	通气管	[illegible]			

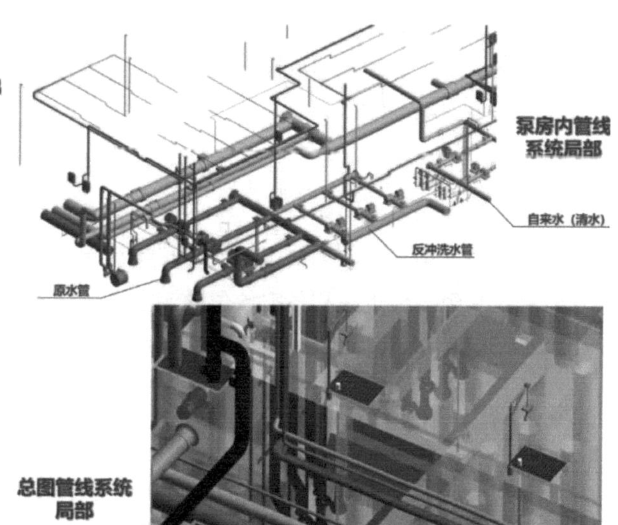

之所以要做这么细，是因为业主需要 BIM 成果后期对接运维，总包方和业主一起判断哪个地方检修不合理，哪里的阀门安装高度有问题。业主自己的设备资产管理系统颗粒度就这么细，所以模型的颗粒度也要与之相匹配，此外模型中的每个构件要对应一个设备编码，每条编码对应数十条运维信息。

经过了深圳和澳门这样级别项目的考验，他们再遇到其他的项目就真的不怕了，业主提出多细致的问题都遇到过，什么样的方案也都拿出来过，后边再接的水厂或污水处理厂项目，都能有很大的把握去做好。

李星亮所在的BIM中心在创立之初，就一直由设计团队一起统筹管理，虽然工作有所区分，但行政管理和绩效考核都在一起。

但2018年初，BIM中心做了个重大调整——部门完全独立运营，自负盈亏。生存的问题，也摆在了他们的面前。

于是他们开始以设计为抓手，开展综合BIM业务，跟着业务跑，在生产中完成探索工作。同时，作为全院的BIM设计研究中心，还要继续支持全院BIM技术落地，引领BIM技术发展。

这一年，部门8个人完成了25个BIM项目，包括10个设计中后期辅助项目，8个方案投标项目，7个BIM咨询项目。其中大部分项目产值收入来源于BIM咨询项目，而设计中后期辅助项目占用时间最多，产值却不多。究其原因，一是设计团队不太认可BIM的工作，二是设计牵头的项目主动权不在BIM中心，最终导致了院内产值划拨比较少。

李星亮在这一年更多的精力用在了团队管理上，如项目管理、人员工作管理、对外沟通等，也逐步找到了适合自己的工作方式。

也许正是因为换了一种思路，BIM人员和设计团队也逐渐形成了一些配合的方式，之前BIM与设计互不理解的情况已经改善很多。

这一年，李星亮最大的成就是完成了《湖南省建筑工程信息模型交付标准》，这是国内第一本面向全生命周期各工程参与方之间的交付类BIM标准。

他们作为主编单位，需要协调十一家参编单位，包括设计、施工、建设方、协会、软件、规划单位都在其中，他也在和各家单位的深度交流中意识到，建筑信息在工程各阶段之间的流动和交付的核心困难并不是技术问题，需要解决的是设计、施工、运维企业之间的项目管理交接。

7. 薪火与果实

2019年，李星亮被任命为部门副主任，负责部门的综合统筹管理工作，首要的工作就是思考部门的BIM技术发展方向和途径。

经过这几年的磨砺，李星亮最重要的结论就是：在设计院，如果独立于设计谈BIM，价值一定会大打折扣。

于是，他们团队做了一个很重大的决定：把BIM作为一个专业，通过专业化的人才，结合专业化的技术，解决项目中的专业性问题。他们给这个思想取名为“BIM专业化”。

在人员层面，设计项目对外有项目经理，对内有设总，两类岗位都有专门的职责要求、技术体系、工作流程方法。而BIM人员想要在项目中担任重要角色，必须了解BIM专业的技术体系，清楚BIM技术在项目各阶段的应用流程和方法，并且能够结合项目特点进行专业技术拓展。

在技术方面，设计的各个专业都有自己的培训体系和标准，而BIM专业也同样应该有独特的技术体系、标准和技术成果。湖南省院承接的项目，越来越多呈现了建筑体量复杂、信息全面、管理需求高的情况，由此产生了一系列单一专业无法解决的问题，需要有综合性的技术和工具来解决。

简单来说，他们认为，在从传统设计向数字化设计的过渡阶段，既不应该逼迫全院使用正向设计，也不应该让 BIM 人员游走在设计之外，而是让 BIM 人员像建筑、机电、结构专业的人员一样，既是一个独立的专业，又和大家综合到一起为项目服务。

这一年，他们的 BIM 专业负责人作为项目经理助理，深入到设计项目流程管理和技术管理中去，实打实地用 BIM 技术去解决项目中其他专业人员无法解决的困难。

在每个项目输入的时候，首先进行项目分析，决定是否需要结合 BIM 专业来设计。一旦决定采用 BIM，就由项目经理、各专业负责人、各专业 BIM 人员一起制定项目的 BIM 设计任务书，包括复杂空间分析、管线节点分析、周边管网分析等。

作为一个专业，BIM 的作用就是去解决项目实际问题，不存在问题的项目不强上 BIM，有问题的项目就尽全力突破解决。

对于李星亮个人来说，这一年他成长了，像很多部门领头人一样，他独立思考，并将思考的成果形成了某种思想，再努力把思想放到实践中去。

2019 年 BIM 设计研究中心合照

2019 年，孙昱保留的种子团队，也终于结出了丰厚的果实。

这一年，湘雅五医院的项目领导提出了一个新的计划，要把整个团队做一个深度改造。

原来的团队一边要做医疗项目，一边还要穿插着做一些厂房和办公楼的设计，所以人员的经验知识很难积累下来，做出来的设计质量也很难集中提高。所以领导干脆提出来，以湘雅五医院的团队为主牵头成立一个新的部门，独立出来专门做医疗行业。

这个决策是非常正确的，医疗行业应用BIM，有着得天独厚的优势：它的项目足够复杂、精度要求足够高、建筑和机电的协调需求强烈，又有中美两方合作设计的远程协作需求，最重要的是，这个行业有充足的资金来满足这些要求。

医疗BIM团队合照

团队独立出来之后就做了横琴医院的项目，这个项目很大程度上是因为他们在湘雅五医院项目中做出了很好的口碑，主动找来的，也还是和老朋友Payette合作，基于BIM展开跨国协同，做了一些技术创新，在城市化的BIM衍生方面也做了一些探索。

这个项目孙昱使用的是BIM中心提出的BIM专业化模式，不是设计师出图、BIM工程师翻模，而是全程配合一个专业进行辅助设计，跟着设计进度把模型建出来做各种分析。

孙昱在实践的过程中也发现了这种方式仍然存在一些需要改进的问题，如BIM人员和设计人员在某些关键时间节点上的脱节，这些问题他也会经常和李星亮交流。

怎样让数字化团队作为一个独立专业，和设计团队更好地衔接，是他们未来几年需要探索的问题。

经过几年时间的历练，邓京楠的团队走出了一条和孙昱、李星亮团队都不同的路，他们是在用设计团队的力量，去做衔接设计与施工、辅助项目管理的事情，让业主相信他们既能协助业主工程管理部门，也能指导施工单位，经由深圳和澳门这样的大项目，把现场指导这一套东西摸透了，也真的敢用这样的经验去指导后边的项目。

天下哪有生来强悍的团队，无非是耐住寂寞，赶上一两个机会就拼命抓住，把自己磨掉一层皮之后再重生。

回到长沙之后，邓京楠他们连续承接了多个项目。

市政 BIM 团队工作照

以新开铺污水处理厂改扩建工程为例，自己也不是主设计，而是通过自己的设计经验和现场经验，帮业主指出哪些地方的设计不合理，辅助业主进行总平面布置，预演管线迁改、建构筑物拆建这类实施过程。

为了真正降低风险，需要和现场各方人员深度对接，再深度调整方案。

针对管线迁改，就必须逐个梳理管道系统是否有水、是否影响生产，考虑哪个时序接驳最为合适。

尽管在后来的项目实施过程里，现场操作人员和他们之间会有理解上的偏差，但业主的现场管理人员还是通过这种方式得到了比较好的管理体验。

邓京楠自己探索出来的道路，是和项目经历及人员经验息息相关的，基于专业背景朝着衔接设计和施工的全生命周期管理去发展。

经历了几年的沉淀，他也感觉找到了自己的“道”。

通过 BIM 相识，孙昱、邓京楠和李星亮三位湖南省院“剑客”，经历了各自的迷茫和探索，走出了迥然不同的生存之道，也各自形成了一套方法论。

十几年过去，他们也从刚入职场的小李、小邓、小孙，变成了亮哥、楠哥和昱哥。李星亮还是爱运动，邓京楠还是爱美食，孙昱还是爱“宅”。三个人也已经成了私交甚密的老朋友，开心的事一起分享，迷茫了互相鼓励，有外人在的时候，互相客气地叫一声“总”。

他们心里有个信念，未来市场对于建筑各阶段数字化成果的需求只会越来越明确，这是一条难走的路，但也是一条不可能开倒车的路。他们很幸运，能见证并且参与到一场变革之中。

截止到本书完稿，三人所在的部门、具体担任的职务都有了很大的变化，对数字技术也有了更多、更深的探索，那就是另一段精彩的故事了，希望能在我们的下一本书中继续讲述。

“三剑客”的往事，正是中国建筑行业对BIM技术和数字化探索之路的小小缩影，这场故事还远远没有结束，好戏甚至才刚刚开始。

情怀与荆棘：主任、院长和设计师的BIM之路

我们生活在一个剧变的时代，技术给我们带来便利的同时，也带来了焦虑。在新技术的面前，无论是扛起大旗向前猛冲的人，还是保持谨慎小心保守的人，本身都并没有什么对错。只有时间能下一个判断，到底谁的理想值得称颂，谁的理智值得深思。

然而，我们又都深度参与到时间的发展中，而不只是静坐在那里，等待世界给我们的一纸判决，相反，正是每个人迥然不同的选择，造就了5年、10年之后的未来。

此时此刻看待任何人的选择，都不应该轻言一句对错，如果有什么事可以做，那就是把他们的思想和行为记述下来，留给后来者评判。

2017年，交通运输部办公厅发布《交通运输部办公厅关于推进公路水运工程BIM技术应用的指导意见》，掀起了公路行业BIM技术应用高潮。一位化名“稀客”的朋友想要分享的，就是在“指导意见”的引领下，率先应用BIM技术的公路项目之一——德州至上饶国家高速公路合肥至枞阳段项目（以下简称“合枞项目”）。

BIM技术在合枞项目的顺利实施，离不开几个关键人物的坚持和努力。他们在众人的质疑中笃定前行、不计回报、坚守信仰。

1. 项目办主任

郑总是合枞项目的项目办主任，也是集团的副总工程师。

他接触BIM技术比较晚，却深信BIM技术能为公路建设行业带来翻天覆地的变化。到了即将退休的年龄，他想为行业进步再贡献一分力量。

合枞项目是公路行业最早应用BIM技术的项目之一，肩负着为省内项目BIM技术指方向、定标杆的任务。按郑总的话说，这个项目成了，以后全省的公路建设项目都会采用BIM技术；这个项目没成，以后省内公路建设还用不用BIM技术就不好说了。

他请来了一家BIM实施经验相对丰富的市政设计院作为咨询方，结合BIM技术对项目所有管理制度、流程、考核办法进行全面梳理。

按照郑总的构想，项目设计阶段的信息尽可能依赖于设计信息模型，以数字化的方式提交给

施工阶段；施工阶段每一个构件的管理行为、构件状态都被精确记录在模型里。通过基于BIM技术的项目管理平台，参建各方了解构件的设计信息和施工信息，进行协同、审批。平台收集构件的进度状态、验收状态，并通过获取模型中的造价信息，实现自动计量。

总体的构想是很美好的，但实践起来却是另一回事。

在设计阶段，合枞项目的“打法”与设计人员想象中的完全不一样。除了用辅助设计软件把公路的三维模型构建出来外，咨询方还对构件颗粒度、构件属性等交付物提出了严格要求，工作量远远超出以往设计项目，完全不具备可操作性。

面对这种情况，郑总立即决定组织召开专题会。专题会由项目办、设计院、咨询方、施工方共同参与，主题是设计信息的交付方式和交付内容。专题会从如下几个方面着手，减少设计师的工作量：

1）设计信息采用数据模板的方式提交，而不需要通过建模软件生成。

2）路基设计信息，基于既有工程数量表格式作适当调整即可。

3）征询施工单位意见，大量简化施工阶段不需要的冗余信息。

类似的专题会，郑总亲自组织并参与了30多次。

数据提交是一回事，准不准确、能不能用又是一回事。为了保证设计模型中造价等属性信息的准确性、权威性，郑总安排项目公司合同部、工程部会同设计单位、监理单位、施工单位，对全线20多万个构件的近千万条数据逐一复核，属性数据大版本修改达7次，前后耗费了半年的时间。

随着工程建设的推进，有更多的问题显露了出来。

其中最大的问题是施工单位质量控制资料渐渐跟不上施工进度，这其实是可以预见的。内业资料不准确、后补，质量控制数据都是资料员用自动化程序批量“生成”出来的。再让施工员在工地逐个填写真实的检查数据，这对他们来说简直是个“灾难”。

面对这个“灾难”，郑总又发起了专题会。

在专题会上，他翻了翻整个项目四百多张工程用表，问会场的总监们：“看似严密的质量管理体系，换来的却是行业内普遍性的数据不准确，这就是我们过程控制所期望的结果吗？这样的管理体系能保证工程质量吗?”

在专题会上，郑总提出了“二次创业”的口号，要求简化质量管理体系，他带领咨询方、监理方、施工方简化表格格式，缩短质量控制流程，简化审批程序，加强项目管理平台的逻辑限制，涉及进度、质量管理的所有管理环节，都环环相扣，中间任何一个环节缺失，都导致后续工作无法开展，施工单位也就拿不到对应的工程款。

与项目上的大张旗鼓、热火朝天不同，集团对BIM技术的质疑之声不断。一位领导在高层会议上说：“就目前来看，集团做过的所有信息化工作，没有一件是成功的。但愿合枞项目能成功吧。”

这究竟是鼓励、鞭策，还是质疑、不屑？也许每个人都有不同理解。

在省质监局领导来合枞项目现场检查时，郑总兴致勃勃地介绍了项目BIM技术和构想，投入的巨大人力物力，表明推进BIM技术的决心。但是，省质监局领导无情地抛出了两个问题：既然水平这么高，为什么没有拿到全国比赛一等奖？BIM技术究竟为项目带来了哪些经济效益？

合枞项目的BIM技术推进，倾注了郑总大量的心血。但是，项目上的努力并没有收到可以量化的回报。集团和上级监管机构很难理解，这一群人花那么大精力究竟是为了什么。

只有郑总相信，这个项目真实的过程数据，是留给行业的重要财富。它们将为这个项目的运维管理，以及后续项目的设计优化、质量控制带来重要数据支撑。这个项目留下的进度、质量、安全、计量各板块的数据共享，以及所有参与方协同管理的模式，将为公路建设项目管理制度、管理方法带来巨大的改变。

2. 设计院院长

周院长是某大型市政设计集团一个分公司的院长。他很早之前就知道了BIM技术，并深深地被它吸引。为推进BIM技术，分院还设置了专门的部门。

周院长始终相信，BIM技术能为设计、施工带来革命性变化。BIM正向设计，就像是叠积木一样，道路、桥梁的一个个构件，在不同控制参数、不同类型的组合下，形成因地制宜的设计方案。

正向设计的推进，可以把设计人员从枯燥的画图、改图中解放出来，专注于设计方案本身；也让下游专业不再畏惧方案的频繁修改，实现快速改图。

但是，正向设计的推进是个复杂的过程。道路桥梁的设计图样，并不是基于模型平立剖生成的。三维模型建立出来，并不意味着二维图样就能自动生成出来。道路的千变万化，管线的七弯八绕，水务设施的形态万千，也都是正向设计的拦路虎。

在一段时间里，周院长搁置了正向设计目标。他让团队转型，做动画，做效果图，做BIM全过程咨询，唯一没有做的是解散团队。

成立BIM团队，在院里争议很大，而维持BIM团队近十年，争议更大。有很多人认为，BIM技术原本就是一场忽悠，也有高层领导提出，一个新技术超过五年都出不了成果，就不要再坚持了。

其实，BIM团队并非没有出成果，只是这些成果没有落实到产值上来。BIM团队在全过程咨询服务中，进行了大量创新，用微弱的力量改变施工阶段的传统管理习惯。

在合枞项目的BIM技术服务投标中，BIM团队凭借BIM技术积累和工程实践经验，击败了来自高校、建筑设计院、工程软件开发等行业的顶尖BIM团队，夺得头筹，向全院证明了自己的价值，也赢得了将BIM技术落地到项目管理中的机会。

周院长很重视合枞项目的咨询服务，他亲自参加了项目BIM技术启动大会并发表了讲话。那天他说：“BIM技术对于提高设计、建设管理、运维养护水平有着十分重要的作用。我院愿为各参建单位搭建良好的沟通平台，共同推进BIM技术在公路全生命周期的实施、应用，为提升高速公路建、管、养水平做出应有的贡献。”几年来，设计院在合枞项目上的投入大大超出了预期，成为一个“严重亏损”的项目。

但是，周院长看到了BIM技术在公路建设管理中的价值，也看到了BIM技术的未来。他心中再次燃起了一团火，力排众议推动BIM正向设计的发展。

周院长很清楚BIM正向设计推进的难度，从二维到三维，既是对程序开发、系统思维的考验，也是对所有设计师设计习惯的挑战。但他等不及了，如果再不强力推进BIM技术，这星星之火也许就要熄灭了。

3. BIM设计师

方工是一名道路设计师。在城市化浪潮下，道路专业成为市政院的主要专业。在领导的决策下，方工放弃道路设计，和另外几位同事共同选择了BIM正向设计的研究。

BIM技术为设计行业描绘出了一幅美好的蓝图，但不是所有的人都看好它。一位要好的同事私下对方工说：“一定不要忽悠周院长，两年之后如果不出成果会很惨。”

方工苦笑着说：“不是我忽悠他，是他忽悠我。”

两年之后，正向设计果然没有太大的进展，院里调整思路，利用三维模型进行动画演示，顺便出效果图，再就是到集团去找BIM咨询的工作。

在每一个任务上面，方工都展现了强大的战斗力。他带领的BIM团队承接了院里七成的效果图、动画、多媒体制作任务，甚至完成了分院成立十周年宣传册、宣传片的制作。

方工更大的成绩在于BIM全过程咨询。早在2014年，方工就提出了要为构件进行编码，要用“数据模板”的方式传递信息，也提出合理地对构件进行拆分，以便适应施工管理需要。

另外，方工还提出要自主开发基于BIM技术的项目管理平台。过去的市政领域，基于BIM技术的信息平台是个新鲜玩意，何况还要自主开发。

分管领导向方工道出了残酷的现实：BIM技术一定可以为工程设计行业带来革命，但不是现在。分管领导还建议方工回归设计，结束这段荆棘之旅。

方工并没有听取分管领导的建议“悬崖勒马”，在接下来的几年里，方工连续参与了几个全过程咨询项目，进行了很多技术创新。

有些创新是BIM技术本身的创新，如设计信息如何准确传递到施工阶段？清单工程量如何自动生成？如何在BIM技术体系下做好进度管理？

还有些创新则是针对既有管理体系的，如通用预制构件是否按传统方式管理？质量、安全管理的管理体系是否合理？在BIM技术框架下，如何做好自动计量？

这些，都需要业主方的协调。

所幸的是，方工遇到了一个好的业主方，他们不仅支持了方工提出的合理建议，还发起了自我革命，推动工程管理和BIM技术走向务实的道路。

在合枞项目，业主方对于数据的完整、准确、及时有很高的要求。数据准确，是数据共享应用的前提条件，也是BIM技术的根基。

在协同系统下，如果进度数据出错了，对应的材料计划、安全预警、质量管理流程、产值统计统统都会出错。所以施工阶段的进度、质量信息都取自监理审批的数据。除了审批以外，还有一种方式也能获取准确的信息，那就是通过智慧硬件采集数据。

BIM与智慧工地的融合，说起来容易做起来难。

以简单的物料进场为例，过磅、自检、抽检、入库，地磅系统获取批次数据，智慧检测平台生成试验报告，期间穿插了材料进场、见证取样、进场登记等流程，涉及物机部、实验室、专监、中心实验室等多个部门，BIM平台需要把这些数据和业务流程进行融合，才能实现物料进场全流程智能管理。

再如预制梁厂，从钢筋性能、混凝土强度试验，到预应力张拉、养护，甚至到梁外观尺寸的测量，全面使用智慧硬件采集数据，避免因人工填写而造成“数据污染”。作为咨询方，方工把来自试验设备、环境传感设备、三维扫描设备等多个设备的数据汇集到施工信息模型中，再把数据从模型提取到质检表格里面，实现质检表单自动生成。

这些，都是方工在BIM技术深水区的探索。

不过，与技术上的成功形成鲜明对比的，是产值上的不成功。

向院领导汇报工作时，方工说：“我们太多精力花在了项目管理的流程再造上了，这些工作本不应该由我们来承担。”

但是，方工心里也很清楚，这些事他们不做，谁又能做呢？这些事不做，BIM技术怎么落地呢？

产值始终是悬在BIM团队头上的达摩克利斯之剑。BIM团队成员的职称评定、职位晋升也让方工寝食难安。

十年前，方工的入行是因为领导安排；五年前，方工的不愿离开是因为没有退路；而到了今天，方工的坚持是因为一份情怀。

4. 后记

郑总一生干过不少大项目，推动了不少行业变革，也获得过詹天佑奖，一个项目的BIM应用成功与否，其实都不会给他退休后的评价带来多大的改变。

周院长作为分院的创始领导，十多年来把分院的产值从800多万元提升到1亿多元，设计人员从20多人发展到200多人，设计项目从省内干到省外，从国内干到国外，没有人怀疑他的眼光和魄力。

方工作为 BIM 技术的坚定执行者，他清楚前路的曲折，建设单位和设计院都没有耐心去等待成功，但他觉得，BIM 技术一定会改变整个行业，他有时间守得住。

约翰·列侬说："所有事到最后都会是好事。如果不是，那么它还没到最后。"

"稀客"和我们说，在他的理解里，在任何行业里，信息模型都是用来描述对象、对象属性和对象之间关系的数据文件；在建筑行业，用来描述建筑的信息模型，就叫 BIM。我们用 BIM 所做的工作，是把无序信息变得有序，在有序中寻找规律，透过模型掌握工程项目的前世今生，通过模型演算预知工程项目的未来态势。

他也和我们畅想，未来理想中的 BIM 技术会让设计项目变得可计算、可评价，在足够完美的模型评价体系之下，设计师在前端给出条件，计算机就能通过对模型的穷举计算，找出最佳方案。

现在最优秀的设计师，也没法在每一种立交方案，每一个匝道的平面、纵断面数以千计的参数组合中找到最完美的一个。而拥有算法的加持，可以在一定的投资和用地条件下，为了解决某个道路交口问题，通过计算，给决策者一个最优解。

在任何的行业，用算法接替人来完成工作，都有两步绕不过去：数据怎么来，算法怎么跑。而整个 BIM 行业在探索解决的，无非就是这前五个字：数据怎么来。简简单单的五个字背后，却有太多的博弈。

数据革命是一个吸引人的梦想，这个梦想在其他行业，正逐步被越来越多的人实现。建筑行业的未来，是跟上其他行业的数字化脚步，还是因为诸多困难，最终坚如磐石雷打不动?

我们活在历史中，无法审视身边的一切，"信"或者"不信"都只是一种主观的选择，而我们只敬仰一种人：把信念诉诸行动的人。

见山海：从 BIM 小白到产品经理的进化之路

李剑青的《平凡故事》里写了几句歌词：

那未知，召唤我，往前走。那时候，不觉难受，虽然愁。

与其没有声息地留在故里，还不如干脆硬着头皮就千里单骑。

反正那未来它不发一语，明摆着是扑朔迷离的一局棋。

我觉得，这段话形容在传统行业硬着头皮、离开安全区、奔向扑朔迷离未来的一群人，非常的贴切。迷茫、矛盾、换工作，都是正常的，只要思考别停下来，那走过的每一步都不算浪费。

本节的“平凡故事”，来自一位朋友的分享，他叫刘冰浩，讲讲他从入门BIM的小白到数字化产品经理的经历和思考。

他的故事，很像一个时代的缩影，或许你能在故事中找到自己曾经的影子，或未来的样子。

下面以第一人称来讲述他的故事。

我在2015年第一次接触到BIM，期间做过软件培训，参与过设计、施工、后期运维的BIM实施，后来转行做产品经理。

我想通过这个机会，通过自己这几年的经历和思考，和大家交流一下，我是怎样从学渣小白什么都不懂，走到今天对BIM是建筑工程数字化思维的理解。

1. 艰辛的学渣之路

我读书的时候成绩不好，家离俄罗斯比较近，索性直接从学习英语换成了学习俄语，最终靠着这个小语种加分，才将将超过了录取分数线，好不容易考上了哈尔滨剑桥学院的工程管理专业。

和很多人一样，我上了大学也挺迷茫，不知道未来能做什么，现在想想，重要的转折，是在大二下半学期的时候，老师说有个BIM培训，有没有人想去。

也就是因为这句话，以后的路都变得不一样了。

我们当时是第一届工程管理专业的学生，老师们对BIM的理解也只有个大致的概念，上这个BIM培训班的只有不到20人。但是我抱着学总比不学强的想法报了班，还考了不少的证书。现在看来，这些证书没有什么用，花了不少冤枉钱，不过过程中也收获了不少知识。

像BIM这样新兴的概念，在东北向来都是比其他的地区发展得慢，可以接触到的实践机会也很少，直到后来跟着大三的学长实习，才有机会去实践建模技术，跟着老师干了不少事情，做过施工流程视频，做过培训班的助教与讲师，还做过BIM大赛组长。

学校很重视新兴的技术，在2018年开设了BIM施工方向的毕业论文选题，我是第一届，没有学长学姐能请教，只能自己总结和排版，不过以往的经历在我写毕业论文的时候起到了不少作用，我也是唯一在答辩环节提交了施工流程视频的学生。

当时我就觉得BIM不应该仅是做动画、做宣传，那样一点用也没有，如果把每个建筑都做成这样的模型连成一片，或者把整个城市的建筑都做成BIM模型，那该多酷啊。

2. 第一家公司：初识BIM与数字孪生

真正应用BIM建模技术其实是在大三暑假，我在哈尔滨找了个实习。

2017年7月11日是我独自干项目的日子，实习单位是隶属于给水集团的设计院，单位没有BIM人员，我又具备全专业建模和做视频的能力，所以全部的项目都是领导把握大方向，我做具体实施。

这些工作干得算是比较顺手，不过在工作中我还是一直疑惑，这些模型做下来有什么用，只能做视频吗？能不能做片区级别的建筑模型，把地下管线也连在一起综合管控？

当时想都在北方 20 多年了，也想去南方看看，于是 2018 年元旦我去了杭州，到新技术发展比较好的地方长长见识。在杭州千城建筑设计集团股份有限公司从实习到试用期。

这段时间，我做了施工现场驻场，BIM 全专业建模，也学到了不少设计相关的知识。

在千城最大的收获，就是知道 BIM 想在施工阶段落地，核心在于 BIM 模型可以指导施工和提供预测。经过驻场我深知，没有现场知识的 BIM 工程师，不管模型做得有多快、多精细，也是不合格的，根本不能给现场用。

拿管线综合来说，连基本的管径尺寸，都不是软件上简简单单的 DN100 就可以表示的，需要结合材质、安装位置、安装方式、是否有振动等因素去排布。当时大多数工作还都是 BIM 工程师在办公室做模型，现场都不去就把模型交付了，施工单位看到花了大价钱却不对版的模型，肯定不满意。

心里对 BIM 的落地有点失望，我还没有忘记大学时候那个自己琢磨的想法。

后来有幸参加了 2018 欧特克 AU 中国“大师汇”，会上听到嘉宾介绍的雄安数字孪生，包括区域级 BIM 建设和新成效，听得我心潮澎湃，这比我在学校想的蓝图要大得多，要高深得多！

这次会议，开启了我至今为止都在追寻的数字孪生的道路。

3. 第二家公司：BIM 思维的形成

抱着不满足 BIM 应用落地效果，还有对数字孪生的小梦想，2019 年我去了北京，机缘巧合加入第二家公司，北京朔方天城智能科技有限公司（以下简称朔方天城），在这家公司工作了三年。

也是在朔方天城让我知道智慧园区、数字孪生、产品开发等许多概念都是什么，又一次打开了新世界的大门，也让我有了 BIM 思维的雏形。

朔方天城是一家科技公司，主要做的产品是采用 B/S 架构打造的数字孪生平台，以 BIM 模型为基底，把整个区域的建筑、设备、能源、人员等通过 IoT、GIS 等技术映射到虚拟空间，再进一步做可视化运营维护。

公司承担平台服务的同时，也做BIM技术指导服务。

这期间对我影响最大的是北航沙河校区宿舍楼数字孪生平台项目（以下简称宿舍项目），从2019年8月开始，至今都在运营维护，应用BIM技术和软件都不多，只有Revit和CAD，但是它却在设计阶段、施工阶段、后期运维阶段把BIM技术在项目全生命周期的应用体现了出来，也逐渐形成了我自己的BIM思维。

这个项目总建筑面积有14万平方米，我们各阶段都是三四个人的配置，在设计阶段我们首先拿到的是只有一根线的钢结构梁图样，这样的图样不可能用翻模软件识别，所以全专业都是人工建模。有的时候刚做完模型，设计院就又变更了，设计师随改随出的图样，甚至都没有云线，只能重新检查全专业的模型。经过了四五次的洗礼，终于把BIM设计模型完成了。

因为团队缺少实际设计能力，所以BIM模型主要是起到机电系统管线综合分析作用，如判断机电系统是否满足净高、走廊管道是否可以排布开、各系统上下楼点位对接时是否有错漏等。

对于检查出来的问题，我们用截图加标注原因的方式提出修改意见，同时在计划特定节点，与设计师们面对面沟通，确保在图样审查前解决明显设计缺陷。

这里我初步形成的BIM思维，是把信息和数据通过工具分析后得出结论，再用结论指导决策。

2020年4月，项目进入了施工阶段，我也担任了BIM项目经理，主要工作是驻现场进行BIM技术实施和管理，我们的施工合同是和总包签订的，所以也算是分包单位，但又需要协调设计院和另外7家施工分包。

施工过程多数情况还是解决管线综合问题，BIM工程师拿到BIM设计模型，根据施工要求和参数深化设计，深化结果出来之后开项目施工研讨会，给各专业分包做技术交底，过程中对有异议的地方提出修改意见，根据变更程度与紧急程度制定模型修改时间，修改后各分包签字领取BIM模型与相关图样。

施工过程中，BIM工程师带着模型和图样到现场实地检查，逐一筛查确保安装顺序正确，肯定会出现不按图样施工、随意调换支吊架安装顺序的情况，这样就需要判定拆除重做的成本，如果可以接受就必须拆除，如果不可接受就要通过模型还原现场情况，再提出解决方案。

最终，我们在只用Revit和CAD的情况下，不仅完成了整个项目的管线综合管理，还在许多落地点取得了不错的成效，如建议设计变更、综合顶棚排布、施工单位工程下料、墙梁套管留洞、机房详图布置、屋顶设备安装方案验证、变配电室设备安装、母线路由设计及下料等。

这个过程中，我逐步优化自己BIM思维，把抽象的数据通过三维技术具象化，形成有理有据的执行决策辅助。

2021年1月，项目正式进入后期运维阶段，我从施工现场撤回公司，参与的工作突然变得又多又杂，如管理其他BIM项目、总结知识形成公司内部积累、编写建模规范和编码规则、设计公司内部 BIM 样板等。

除了 BIM 相关的工作，还包括公司平台产品相关的工作，如实施宿舍项目的孪生平台搭建、结合平台效果测试轻量化引擎、规划建设阶段平台产品等。

在建设孪生平台的过程中，我感到特别迷茫，3DS MAX 模型可以作为信息的载体，IoT 设备不结合三维模型也能对实际设备实现控制，那 BIM 在数字孪生系统中的作用到底是什么？

在项目实施过程中，我逐渐发现，实际上设计与施工阶段都会产生的大量信息，在以往的管理过程中这些信息都是离散的，想把它们都汇聚起来难度非常大，设计图样可以把设计师脑中抽象的建筑具象化，也可以承载一些信息，但是对施工管理来说，图样只能作为数据输入，却不能起到承载信息的作用。

BIM 模型就可以提供一个载体，把各阶段的信息都集合到一起，有了具象化的承载实体，就可以进行系统化管理。

这个阶段我的思考是，设计和施工阶段产生的数据，连同数据的载体，在后期运维阶段最大的作用是让业主与运维管理人员知道建筑的前世今生，不至于和前面的工作产生断层，为以后几十年的运维工作做数据准备。

和设计、施工不同，运维更关注建筑耗能情况、设备运行维护情况、灾难报警情况等，设计与施工阶段产生的大量数据并没有办法满足这样的需求，但我认为随着时代和技术的发展，这些信息都不会被埋没，作为信息载体的 BIM 模型也会有更多的用武之地。

《数字化运维》这本书中写道：BIM 是建筑设施物理与功能特征的数字化表达，是建筑设施全面信息的载体，可以把物理设施的各种信息集成在模型要素上，并立体直观地展示出来。

通过这个阶段的工作，我形成的 BIM 思维是：信息与数据是灵魂，模型是载体，应用信息模型是 BIM 技术的关键。

经历过宿舍项目后，我想这就是 BIM 落地了吧，虽然知道这只是最简单的应用，每个阶段都有更深奥的知识和更先进的软件值得学习，不过我也没有精力和机会对每个过程深入实践。同时，对数字孪生平台更进一步的了解，唤醒了我对数字孪生技术和计算机技术的兴趣，也认识到一直做 BIM 翻模不是长久之计，所以开始寻找新的出路，也踏上转型产品经理的道路。

4. 第三家公司：局外人的 BIM 与数字化转型

2020 年驻场的时候，我自学了产品经理相关课程，学会了使用原型设计软件 Axure，回到公司也做了一些产品设计，考了 PMP 证书。但是因为各类事情，始终没法安心做产品，所以离开了朔方天城，专门找了一个产品经理的岗位，最后在 2022 年 5 月来到了第三家公司。

新公司是为海外石油企业提供数字化转型服务的，理想是打造工业元宇宙。大家都知道元宇宙现在还是很空洞，不过它包含了许多新兴技术，虚的概念落到实处还是数字孪生平台的建设。

这正好满足了我所有的理想，所以在企业数字化转型和数字孪生方向，我又开始了漫长的学习之路。

公司的数字化转型方案，涵盖了石油企业的建设阶段和生产运行阶段，我在公司负责建设阶段产品线规划和实景建模技术探索工作，从搞建筑到搞工业，某种程度上来说算是转行转岗了。这段时期了解数字化转型的过程后，我对BIM有了新的想法，不止关注BIM模型落地，更加注重数据的管理。

为了快速上手工作，我调研了公司的数字化转型方案，这也是我想法转变的原因。方案主要分为两部分工作，一是数字化交付，二是可视化项目管理。

数字化交付可以独立在模型之外，在各个阶段把资产信息和数据进行关联，不管有没有3D模型，设计院都采用相关的标准，对每类管道和设备等进行“位号”设计，通过“位号”的标识，施工阶段可以对设备进行跟踪与安装，运维过程中可以关联仪表及设备状态，为全生命周期管理做数据基础。

可视化项目管理是基于实景建模技术进行的项目管理，增加了3D模型数据和GIS数据，把“位号”信息录入模型，再加入到数字化交付的工作流程中。

在施工阶段需要把模型与施工管理软件（如Primavera）的数据打通，实现构件追踪和进度模拟；在运维阶段需要把工厂的各个系统放到一个平台中进行综合分析，如柴发系统、腐蚀检测系统、生产系统、仓库系统，把工厂所有数据搬到虚拟空间，形成数字孪生体，实现业主对工厂的综合治理。

项目做起来是非常复杂的，简单来讲，数字化交付就是把设计、施工、运维阶段的数据、文档等资料进行数码化，然后存入数据仓库系统提供支持；可视化项目管理就是以3D模型为基础，在整个工厂的全生命周期进行项目管理。

了解这些之后，我对BIM的理解就更深了：BIM模型类似于企业数字化转型中的一种信息载体，不管是设计单位、施工单位、业主，都需要把这个模型当成信息的承载工具，最终业主以BIM模型为基础，建立数字孪生平台，最大限度上对建筑进行掌控管理。

虽然工业和建筑业有诸多不同之处，但是工业数字化有点像“数字化向可视化发展”，建筑业数字化有点像“可视化向数字化发展”，最终殊途同归，归根结底BIM都是服务于企业数字化转型，优化商业模式效率。

5. 总结：BIM是一种思维方式

以上就是迄今为止我所有关于BIM的工作，也是经过了这些工作，才有了自己对BIM的看法，在写本节内容的时候，我回看了金戈、唐越、罗罩东等大佬的分享，才发现很多想法是出奇的一致，BIM是一个过程，也可以是一种思维方式。

第4章
数字时代的真实故事

思维用来反馈认知，认知决定行为，行为表现为人最终做出的决定，而人的思维是会被所使用的工具本身所塑造的。我们所做的工作，不都是先有一些对BIM的认知，再基于这个认知，去思考数据怎么采集、模型怎么应用，最后来做出的一系列决定的吗？

BIM不应该只是一个软件，更不应该只是3D模型，而应该是建筑工程数字化的思维，服务于建筑行业内企业数字化转型的思维。打个比方，建筑工程相当于大型机械，各个参与方相当于关键部件，都发挥着各自的功能，机械有对应的运行程序，不过没有数据采集，不知道各个关键部件之间的传动和问题，整个机械只能在运行过程中不断磨损。

BIM相当于新的运行程序，将各个部件的模型、相关数据都变得可采集、可整理，通过数据分析，可以优化机械运行，随着各参与方企业数字化转型不断推进，整个机器也会变得更加智能。

而最终，我们需要关注的是那一整台机械，而不只是其中的部分零件。

我相信，未来BIM可以大展宏图的地方，是在各个企业的数字化转型过程中，优化商业模式，解决数字化过程中数据割裂问题。

常说抬头看天，低头看路，捋清企业数字化转型的目的才能捋清BIM的关键，结合我个人的经历、学习和思考分享一下，企业数字化转型可以考虑以下六点，其中有3D模型可以参与的过程都可以使用BIM。

➤需求获取：要思考企业真正能给市场产生什么价值，这是企业的北斗星，也是企业战略点。

➤竞品调研：同行业怎么做的，结合公司现有情况，是否有可借鉴之处。

➤架构设计：大胆想象，按照最宏大的目标做假设，将没有达到目标的内部条件和外部条件作为企业发展的目标。

➤功能设计：小心求证，结合企业资源使用情况规划企业最小可行性目标验证，弄清数据源头在哪，用什么工具进行收集，又能产生什么新数据，筛选有效数据集成存储。

➤数据分析：结合需求价值，选取指标数据，通过量化的方式对转型过程进行控制。

➤复盘：采用类似PDCA的科学方法，循环纠正目标执行情况。

在做产品的过程中有朋友问我：数字孪生的这个载体必须是3D模型吗？

我的回答是：不一定，载体可以是一个资源管理系统中的字段，可以是图样中的一个图例，不过这些都没有3D模型与生俱来的空间和可视化能力，通过这两个能力，可以减少很多信息传递误差，所以这3D载体还是不可替代的。

虽然只有几何信息的模型（也就是圈子里常说的假BIM）可以当作孪生平台的信息载体，但是放眼整个项目的全生命周期，这种模型的信息和数据会大量丢失，数字孪生就没有意义，所以我觉得BIM是不可缺少的。

十年生涯：从一线到管理者的心路历程

有句话说，你只看到领导的风光，却不知道背后的慌张。

BIMBOX的朋友里，就有这么一位从基层干到管理层的小伙伴，他叫周泉，来自湖南建工集团。

经常看到他在bilibili网站还有我们的问答小程序“有劳”里面分享自己一路成长的内容，就邀请他来讲一讲自己从默默无闻的“小兵”，到别人眼中的“领导”，经历了哪些事，对行业和人生有哪些感悟。于是就有了本节的内容。

下面，就以他的第一人称来讲述他的故事。

我是周泉，经常看到有朋友在BIMBOX分享自己的经历，感觉自己就是在工地接触BIM，个人兴趣爱好加上一直喜欢计算机，借助新技术的发展，从工地到集团子公司机关，再到集团机关，然后去了集团子公司，没有什么很特别的经历。

我想，你可能更希望听我所在公司湖南建工集团BIM发展的经历，有幸和公司一路同行，也在集团和集团子公司都工作过，我就按时间分三个阶段，以个人主观角度和大家说说我的经历，从自身出发看组织的发展变化。

1. 风很舒服

据说越早明白自己目标的人越优秀，伟人大多青年立志，牛人至少也是读书的时候就想清楚了。

可惜我和大部分人一样，一直在想，还没想明白，人就到工地了。每天坐在工地边上的小山包上，那会儿刚毕业，离家很远，离城里也远，风还是舒服，下山的路弯弯曲曲看不到头，也不觉得累，就是觉得一切都很新鲜。每天和工人扛管子，和一起进来的兄弟打铁，大家伙儿都很照顾我。

我本科学的机械设计自动化专业，刚工作时他们说工地缺机械员，让我去管机械，我感觉这和让程序员修计算机一模一样，属于对这个专业一无所知。管机械就管机械吧，有工作就行，平时还能看看图样学习一下，我的第一个项目是矿里面瓦斯发电的工业安装项目，建筑工程的图样相较于机械工程来说，还是挺简单的。

那会儿比较积极，公司有什么活动我都参加，主要是想多点机会回长沙，毕竟离家千里在外，在全年无休荒郊野外的工地还是很难熬。

干施工提倡师徒制，新进大学生要拜师，我师父当时看我第一眼就觉得我干不长久，一身书生气，一看就不像在工地工作的，没想到在工地工作三个月后晒黑了。我也经常和师父聊工地上的事，闲聊之余知道集团要准备搞BIM这个事情。

我自己四处搜了一下BIM是什么、怎么搞，看了一些科普，发现BIM和我学的机械一样，机械用的软件SolidWorks、ProE都可以三维建模，于是自己就开始研究。

那时候网上能查到的资料很少，自己的计算机又不给力，勉强装得上Revit而已，只好吃了晚饭就跑到矿外面的网吧弄。那时候网吧的系统都是自动还原的，每天用一次就装一次，实在是麻烦。更大的问题是自己摸索不知道方向对不对，学到的知识也没地方用，于是就有点泄气了。

这个时候赶巧了，集团公司说要组织Revit的培训，我所在的子公司听说我在项目上研究过这个，当时公司也没有太懂的人，就安排我和其他几位同事去听课。这次有了老师的帮助，加上我自己那半个月封闭式的学习还挺有用，白天上课，晚上就自己看书，那本火星课堂的BIM教程原原本本学了两遍，不熟悉的知识点就记下来反复琢磨。

公司培训结束后，组织了考试，我考得不错，拿了第一名。但那时还在项目上，考完继续回去项目上工作。

不久之后，集团要求公司参加外面组织的BIM大赛，又找不到合适的人，于是又让我去做报奖PPT，领导看我没地方住，就给我在宾馆开了房间，前后住了一两个月。后来有可能是觉得这样过于浪费，就让我去技术部门上班，住公司宿舍。那几个月真是很累，刚学完的内容很多不会，临时看课程学，学了以后整天建模、做PPT，土建机电全要建，还要做参赛视频，公司给叫外卖送餐，连饭都没出去吃过。

辛苦没有白费，当年集团拿到了第一个国家级的BIM奖项。

那之后我就沉浸在技术的海洋里，那感觉可以说是如鱼得水，感觉行业里很多东西为什么就这么不完善呢？作为小职员的我，自作主张地弄起了很多东西，做族库、编教材、建立体系，乱七八糟一大堆，就是感觉这个行业有我更精彩。

真正跟集团发生交集是在2015年的时候，经过一年多项目试点，集团开始要组织人员筹备建立BIM中心了。因为当时我在BIM培训期间去当过老师授课，表现比较积极。这个时候集团就找我所在的子公司要人，当时我们公司总工打电话向我征询意见的时候我还很犹豫，挺舍不得的，思量再三，还是去了集团。

2. 爬坡不易

以下为了方便叙述，我用代号来说明吧。

集团下面当时的子公司有一～六公司以及安装公司。集团主管BIM的是公司总工H总，具体执行的就是BIM中心的主任S总。我从子公司去集团见H总的第一面没说太多，就说自己的项目经验还是不太够，希望后面能有机会多去项目一线。

结果后面的状态完全不是我所设想的常去一线。

集团毕竟层级更高，接触的面更广，具体技术上的事情就很难花心思去研究了，再加上H总对BIM整体的定位很高，战略规划比较长远，把BIM当作集团第三次向信息化冲锋的抓手，S总的执行能力又超强，作为新成立的部门，工作就特别多。信息化课题申报、平台开发、奖项申报、组织活动、分子公司组织推广等，要协调各种事情，没有一点喘息的时间。

当时的策略按H总的说法就是高举高打，齐头并进。

集团这一层级BIM中心路要走宽，作为建筑行业的一个突破点，要打出一个旗帜，在这上面要开枝散叶有更广的发展，所以集团层面探索智慧运维、智慧工地、开发基于BIM的项目管理系统等；而相应的子公司则需要做好基础，针对各自优势分工合作稳步跟上。

分子公司与项目更贴近，要深入挖掘项目BIM应用的价值，做好基础的工作。这些工作不扎实，集团层面做的探索就是无本之木；反过来集团探索不超前，后面子公司的路就走不远。这两者相辅相成，缺一不可。

H总的战略眼光摆在这里，到执行层面S总要做的事情就太多了。面临的第一个难题就是没有人才，搞BIM缺少人才这个事情到现在都还是很明显，更别提当时。集团凑个BIM中心都是领导内部外部找，更别提还有那么多分子公司要找人呢，巧妇难为无米之炊。

解决方法就是从集团成立BIM中心开始，就着手上课培训，各分子公司就分批次送人来培训。集团下属有个职业学校，一开始是在学校的计算机房上课，后面集团BIM中心自己建了培训中心，就持续开展内部培训。

大浪淘沙，最有冲劲的年轻人这时候就成了第一批各个公司的骨干，于是各分子公司也开始做 BIM 应用试点项目，接着建立 BIM 中心，搞固定站 + 流动站的模式推广。这一批人，日后大多数成了各个公司的 BIM 中心主任，所以整个集团这一条线的关系特别紧密，都是一起成长起来的战友。

等下面各公司的体系搭建起来了，集团起到的更多是示范和帮助作用。

强有力的团队是通过一次次战斗锤炼出来的，当时就觉得事情是成倍地干，永远做不完，有些事做的时候也不知道对不对，但是这么多事情里面成功几件那就不亏，毕竟新的管理部门要立足发展壮大很不容易，要出成绩。我仅有的几次睡办公室通宵加班的经历就是在这段日子里。

下面分子公司看 S 总带的团队执行能力这么强，不甘示弱，暗地里努力，都一个个你争我赶。当时组织的技术委员会每月定期召开，委员会里面就有各个公司的总工、BIM 中心主任和相应的技术专家。H 总坐镇，S 总汇报集团 BIM 工作进展情况，各 BIM 中心主任互相沟通交流。

那两年，每次国内有 BIM 大赛，奖项都能拿几十项，一直到集团 BIM 中心独立出去成立公司，BIM 中心微信公众号每周都会发相关的新闻动态。

除了这些内部工作，外部的工作也没有落下，甚至可以说为了后期市场化的运作，投入的精力会更多一些。落到个人头上就是那句话：赶鸭子上架。

记得刚去集团第一年，领导让我写商业策划书。接着和我讲天使轮、A 轮、B 轮、上市条件是什么，背后的资本有多重要，我当时哪里懂这些，就只能硬着头皮去找资料写。

我们做智慧运维系统，一开始没这个能力，就自己规划设计做产品经理的角色，然后找外包做网页的互动界面，接着再找开发写代码，之后又做了一些项目，我就自己学习用上了 Axure、墨刀这些产品原型设计工具。

现在回想，这些能力都是被逼出来的。

2017 年，国家开始脱贫攻坚行动，全集团动员去搞易地扶贫工作，为湖南各县市贫困地区建房子。这种项目点多、面广，协调困难，有了前面的积累，我们就自己设计了项目集群管理平台，供集团易地扶贫项目上传资料照片、进度情况，也获得了不错的反响。

虽然这些工作回头看都很稚嫩，有些甚至是白费功夫，但如果弯弯绕绕能达到目标，总比停在原地观望要好。

3. 新的历程

一晃三年过去了，集团下面子公司 BIM 中心运作也逐渐成熟，但每个公司具体情况和发展速度不同，集团也会给予不同力度的支持。

有家子公司向集团提出申请，BIM 发展需要负责人支持，领导商量让我过去，但其实也没什么选择的机会，就这样我又去了子公司。感觉自己的缺点之一就是向上沟通能力不足，每次职业上的变动自己都有点摸不着头脑。

来子公司之后又是新的环境和挑战，好在有领导和同事的支持。再加上 H 总架构的整个集团的技术委员会体系，这时候派上用场了，各个子公司负责这个工作的都是以前熟悉的同事，我打了一圈电话，得到了不少问题的答案。

很早就有领导说我工作比较踏实，就是喜欢钻牛角尖，建议我搞管理要更灵活一点。我自己倒觉得不是喜欢钻牛角尖，而是觉得技术的东西相对简单，一就是一，二就是二，没有那么大的变化。

而管理却很复杂，综合技能比单独技能学起来难，管理沟通、任务安排、团队建设、部门协调、领导沟通，每一个都是难题。关键是还找不到现成的教材，只能有样学样，学起来更花心思，也就有畏难情绪。我对这些事应付的信心远没有对软件大，动不动就超出了我的掌控之外，非常没有安全感。

有这么个说法，拿一支笔、一张白纸，关在一个房间想自己的优势和擅长的事情、喜欢的事情，一直想，直到写出来，那就是你要去做的。我也这么尝试过，得出来的结论是，我擅长学习某些操作性的东西，学得很快，而且教得也不错。但对于复杂一些的，如写代码，我学过一段时间，虽然觉得只要花时间肯定能学会，但又感觉太过费脑。

刚好我也懒得和同事们一再去讲想法和思路，于是在到了子公司一段时间之后，就开始着手建网站、写东西、拍视频，让他们可以自己看，同时也把这些内容发到了网上。

前后折腾了挺久，做得也慢，但这些积累哪怕能帮助很少的人，我也觉得挺开心的。

不过，真的坚持起来，任何事情也还是要有正向反馈的，自己买设备、买服务器之类的需要不少的资金投入，写东西拍视频也耗时间，一分钱不赚投入大把时间金钱，有时候就只能安慰自己，反正不打游戏，就当是别人玩游戏充值和花时间吧，也没什么区别。

这段时间的工作和思考下来，我最大的体会是，技术的成就感来自于学会了东西，自己进步；管理的成就感来自于帮助别人，大家一同进步。

最近两年，行业环境逐渐起了变化，我的体会是，热潮也已经在高点慢慢回落。虽然集团培养了大批人员，但项目上还是缺熟练的人才，缺人落地就难，成效有限。这段时期是最难度过的。

集团为了激发活力，将原来的 BIM 中心独立出去，改成独立法人的公司，向数字化转型冲锋。

这时候 H 总的战略做了调整，之前高举高打、齐头并进，现在 BIM 中心已经独立出去了，更大程度往管理、产业、研发，三位一体，相互促进的方向发展。

集团 BIM 中心成立企业，在资本市场中奋力拼搏，算是做强产业这一端，同时兼顾研发职能。相应的弊端就是独立出去后，导致集团管理职能的缺失，下面子公司相应板块发展会受限，而且产业公司兼顾研发有可能只顾抢占市场，偏离集团的长期发展需求。

公司会有类似技术委员会的组织，确定一些研发方向与课题，委托研究开发，再通过市场验证反哺集团。然后成立新的统筹管理部门，和之前集团 BIM 中心类似，再把成果向分子公司推广，帮助集团内部整体提升。内部做强又能促进分子公司对外整体产业的拓展，再用市场来练兵磨刀，打造武器帮助集团发展，形成一个循环。

“虽然这次会议是我们数字化转型前进路上的一小步，将来再回看今天这个时刻，将是具有历史意义的一大步。”H 总会上是这么和我们说的。

这是数字化转型的第一次会议，集团召集了各分子公司工程技术、信息化、BIM 中心、各相关管理部室负责人，横跨老、中、青三代。S 总也在会上提出了成立独立公司的规划建议书。

虽然 H 总的话很激励人心，但摆在眼前的困难却不少。大方向确定了，但到底怎么做，心里没底。进入了深水区，环顾四周，没什么可借鉴的。

要说 BIM 技术应用本身，我们是全国先进，都是别人过来学习。可我们自己知道，只要 BIM 关键的数据价值没有很好体现，就没有什么好骄傲的。BIM 在项目上不能赋能管理人员，这也间接导致了企业的信息化成了无源之水。往上我们可以研发新技术，结合区块链、装配式、人工智能，但往下，却还是感觉扎根太难。

H 总说他战略上很着急，战术上不着急。随后也就提了前面说的管理、产业、研发，三位一体，相互促进的方向。

会上一家工作做得比较超前的分子公司的领导，提出来数据的应用全都卡在了项目这一层级，成本也是一个关键，就提出建议，能不能规划以 BIM 技术为突破口，攻克数据应用这个难题。

我边听边在想，项目上的事情，做这行的都清楚，数据不真实，两层皮；数据不及时，没有方便易用的收集工具；沟通难度大，协调的事情多，数据不能提供支撑。

但这些并不是 BIM 的问题。

不能说 BIM 深化的数据用不起来，即使传统方式下，那些商务成本、技术、质量的数据也没有在项目上用起来，沟通效率低，管理方式粗放，这都是贴在建筑行业上的标签。但 BIM 又是数字化转型中的重要突破口，不管它以后叫什么名字，它有这个基因，天然有数据承载的属性。没有数据根本建不起来模型，没有准确完善的数据，根本建不成一个合格的模型。

而 BIM 的部门相对其他部门来说也有这个基因和潜力，当然这是放在建筑施工这么一个行业中来说的。

大企业搞改革困难重重，也不是我三言两语能说清的。但具体的问题，如技术工具效率低，没有合适的项目管理平台，没有完善的数据利用制度体系，摆在明面上的东西都已经很困难，更别提更深层的东西。虽然技术不能算最关键的问题，但技术有时候也是绕不过去的问题。

如今的我，早已经没有了那种“行业有我更精彩”青春洋溢的想法，总感觉了解得越多，困难就越多，也就越觉得个人的渺小。BIM 只是技术上的一个点，而技术也只是整个企业版图中的其中一块，在这样一个大的体制之下，个人的英雄主义起不了什么作用，更多地需要依靠团队、组织的力量。一群人共同努力，才能走得更远。

4. 你为什么不快乐

当年集团子公司 BIM 这条线负责的朋友，很多已经交接到了下一任。其实他们每个人的故事，都很精彩。

一起聚会，不知道是岗位的变化还是生活的压力，感觉他们明显没有之前那么快乐了。这群朋友一开始都是一腔热血，从不同岗位跑来做 BIM，后面在各自的公司开始带团队、管部门，接着又去挑更重的担子了，按道理说，当了领导应该是一件很开心的事情，难道是为了和谐的气氛佯装不快乐，或者是说，领导的快乐我想象不到？

我于是便琢磨着其中的缘由。如果他们真的不快乐，可能的假设就是，一开始做 BIM，而且成绩比较突出的这群人，本来是有着赤诚的心，多多少少喜欢计算机，爱好科技，喜欢看科幻，乐于探索学习，快乐的原因就是沉浸在技术中，就是那种单纯研究技术的快乐，可能还有某些小情怀。

接着走上了管理岗位，开始带团队，这时候压力接踵而至，大家都明白应该朝着数字化转型的方向发展，也知道 BIM 起作用，但到底怎么做，需要多长时间，10 年？20 年？心里都没底，软件不配套，数据利用低效，效益不明显，目前环境的成熟度有目共睹，这样下去路只会越走越窄。青春有限，随着年纪的增长，内心开始焦灼，最终的结果就是求变。

不过只要心中的情怀还在，这批借着技术变革红利上来的人，成为体制的坚定维护者倒也不是坏事。BIMBOX 写过一篇《BIM 碎成土壤，人才遍地开花》的文章，我们这一批非理性繁荣留下的“泡沫”，总会给下一个时代留下点什么，化作春泥更护花。

那天看到公司边上，之前的饮品店倒闭了，又开了新的，一排三四家。我突然又没有那么不快乐了，各个行业普遍竞争都挺激烈的，大多数的光鲜靓丽可能只是不同的围城。

有一份工作，恰巧还是你喜欢的，已经弥足珍贵，珍惜当下的幸福，偶尔忘掉那些不开心的对比，也许才能更快乐。成功这两个字，是世俗对功名利禄的评价，而优秀，是对才能、修养、品行的评价。成功的人并不一定优秀，优秀的人也并不一定能成功，我们不一定要做个成功的人，但一定要努力做个优秀的人。

愿你追逐光，成为光，散发光。

成长手记：从央企员工到 BIM 咨询合伙人

如果看一个人，只看几个月内的状态，就像看一只股票的短期波动，很容易对他的选择和境遇有很片面的判断。而我们又很难真的长期去关注一个人，除非他是身边的一位经常来往的朋友。

不过，做媒体、采访、写文章，让我们有这么一个快进的视角，把一个人几年甚至十几年的旅程，浓缩到短短几千个文字、十几分钟的视频里，人的长期变化和走势就能看出来了。

本节的内容来自于一位朋友徐敬宇，一篇短短的文章就充分体现了一个长期主义者的变化。

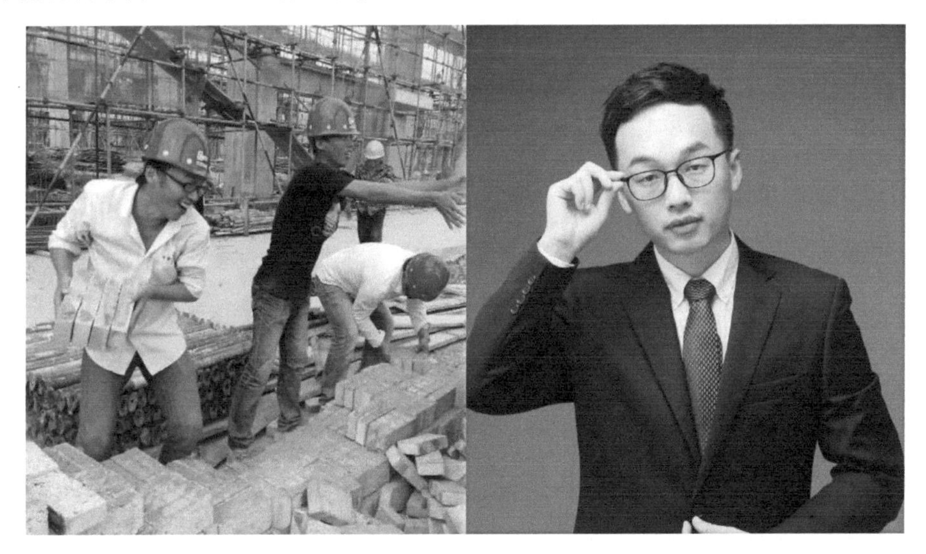

下面就以徐敬宇第一人称的方式，讲述他从央企基层员工一路走到咨询公司合伙人的成长手记。

我是徐敬宇，现在我担任福建汇信格工程管理有限公司 BIM 总监，是 BIM 改变建筑发展的坚实拥趸，也是从央企到 BIM 咨询公司的一个“异类”。

我自己在 2020 年同时通过一建市政、一级造价师、监理工程师资格考试。这些证书对于工作繁忙的施工人员来说有一定的难度，也算是成长路上的一道道门槛。

所以，有了证书以后，能让委托方更加信任我们团队有能力从施工的角度进行 BIM 服务。我们的团队中也还有其他成员拥有市政、机电建造师相关证书，这在咨询公司中是不多见的，也算是我们的优势。

1. 从央企到BIM咨询公司，一条不被人理解的路

进入BIM咨询公司之前，我曾经在两家央企、一家十强建筑民企中从事过BIM工作。央企是个很好的平台，可以让毕业三年的我去青年政治学院进修、发布全国一等奖的项目管理成果和QC成果、拿到“青年文明号”。

当我决定出来做BIM咨询的时候，周围的朋友很不理解我的选择。只有我自己知道，那时候总承包单位的BIM工作太过安逸了。无论BIM能不能做出什么成果，自己的薪资都不会受到太大影响。

企业层面也是如此，2015年左右，我当时所在的企业风风火火试点推广BIM应用，投入150万元购买平台、部署服务器，但短期内没见到太大成效，就偃旗息鼓了。

但咨询公司就不一样，BIM就是立命之本，一旦出现业务短缺，或者做不好BIM，公司就有破产风险，所以需要随时保持战斗状态，一刻不歇。

而且在咨询公司，一年可能接触十几个项目，能充分了解各种项目业态的不同需求，相对于在施工单位工作，BIM咨询会成长得更快。我近些年的咨询公司经历也印证了这点。

2. 初入BIM咨询的痛

从国企到咨询公司，第一个强烈的感觉就是不适应。刚进公司没多久，就去驻场负责一个将近30万平方米项目的BIM实施。项目受社会关注度高，时不时地就有各级领导来检查，各方对BIM的关注点又不一样。

总承包单位要求BIM能落地实施，指导施工，代建方要求在此基础上能有示范宣传效果，业主对BIM技术有理解差异，又会提出其他要求。

BIM招标时已经开始基坑施工，因为项目时间很紧迫，能满足一项要求就已经比较困难了，前期项目人员配备不足，巧妇难为无米之炊，纵有万般本事，全都像打在了棉花上，一点正反馈都没有。

那时候每天晚上都不敢闭眼，一闭眼就能听到总承包项目经理催进度：“小徐，明天县长要来项目检查，你们的展示视频赶紧做好”“徐工，你们的预留预埋图还没出，地下室现在合不了模”“徐工，场布方案堆场调整了，你要修改下”。

每天都是高强度的工作，尽管已经拿出所有的时间加班加点，但是项目各项工作还是没办法齐头并进，顾此失彼。每周监理例会都会被批评，导致我是茶不思饭不想，最怕听到电话铃响，到项目两个月体重骤降10多斤，还被诊断成轻度抑郁症。

那段时间尝试了很多种自我调剂的方法。看励志电影，觉得索然无味；和朋友打电话倾诉，效果只能维持两个多小时；最终去读了一些名人事迹，如稻盛和夫的《干法》，学习他那种“努力到神明都来帮你”的工作精神。

压力特别大的时候，甚至会去思考长征，红军在各方围堵拦截的情况下都能胜利会师，自己还有什么过不去的坎；也结合自己以前工作中解决的难题来给自己打气。

3. 能当面沟通，就别线上聊

自我调节是情绪管理的一个方面，但不管情绪怎么样，工作的问题还是要解决。

我在工作的磨合中逐渐发现，有效的沟通往往能解决一大半的问题。而且尽量是当面沟通，避免微信沟通。在微信沟通时是看不到表达语气的，可能你心平气和的一句话，别人解读出来可能是言辞犀利。“我谢谢你”语调变化一下，都能有两种完全对立的意思，尤其是工作内容有矛盾的时候，双方有不同的意见，本来想友好解决的，微信沟通就容易擦枪走火。

哪怕是电话沟通也不如当面沟通来得顺畅，可能电话里分歧很大，但是同一件事当面再讨论的时候，就发不起来火了。

在那个项目实施的时候，我曾因为精装房间建模数量不同，和代建单位在电话中争执。我的意见是标准房间只建一个模就可以了，太多了会导致模型卡顿，而代建方的意见是建完一个房间，完全可以复制到其他区域，也不会增加工作量。

当时在电话里，双方谁也说服不了谁，已经晚上十点半了，代建方说：“你在哪里？半个小时之内到项目来解决问题。”我很无奈地打车赶到项目，见我到了，代建方的火气也消了一大半。我说：“我知道你们也有压力，我们的共同目标是要把这个项目配合好，能做的事情我们肯定不推辞，只是标准间全部精装建模确实没什么必要。”我边说边复制出来展示，后来达成一致第二天一起向业主汇报。

自此以后，我自己也养成了一个习惯，意见不一致时，能打电话就不发微信，能当面沟通就不打电话。

其实大多数项目的实施都是从 0 到 1 比较难，后面的路就比较好走些。因为对项目服务尽心尽力，应用点能切实落地，慢慢赢得了各方的认可，事情再沟通起来就顺畅多了。

代建单位集团各项目大检查时，领导听取了我们的 BIM 汇报，觉得做得还不错，后来还让旗下的施工单位 BIM 团队一起来交流。项目也斩获了“龙图杯”“中建协”等各个奖项，成了公司的典型业绩。

俗话说“好事不出门，坏事传千里”，在这个互联网高度发达的时代，通过企业公众号、官网的宣传，其实好事也可以传千里的。到今天我们公司也在策划抖音、哔哩哔哩等新媒体的运营，进一步提升品牌影响力。

第一个成功的项目，对后面的工作影响还是挺大的。后来去洽谈其他项目时，说到我们做过这个项目，对方负责人直接拍板说："就定你们了，价格稍微贵点没关系。"那一刻，自己被这种莫名的信任感动的热泪盈眶，回想起自己在项目上的所有磨难都认为值得。

4. 痛并快乐着

做BIM时间长了，也会发现有很多的难处。

一方面确实可以接触不同业态的项目，但同时也要保持高度紧张的状态去承接新的项目。尤其近些年，除了专门的咨询公司之外，还冒出了大大小小的工作室、转型的造价咨询公司、设计院成立的BIM部门，都会到市场里承接一些项目。工作室成本低，造价咨询公司和设计院不怕亏钱，都有各自的办法占领市场。

这种背景下，咨询公司的利润空间被不断压缩，公司只能靠着前期"做一个项目，留一个客户"的积累维持关系。新客户开发很困难，老客户也只是在同等的条件下优先选择，不能保证一定能拿到项目。

反过来说，业务开展也能想一些办法。拿我们公司自己来说，近几年很多总承包项目投标都需要做BIM动画视频。这项业务周期短、风险低、回款快。一般市场里的BIM咨询公司也较少配备3DS MAX人员，工作室就更没有专门人员了，虽然也能做动画视频，但是效果和质量还是差很多的。

通过动画类的项目，我们在行业内也慢慢多了些资源。通过投标动画在承接业务的同时，也可以积累客户。

2022年春节过完开工，有个项目找到我们时，距离开标只有8天时间了。平时做一版投标动画的周期在12～15天，还需要几天和委托方沟通修改，一般要在18天左右时间会比较充裕，这项目给留的时间直接减半。

项目实施时，委托方也是持续高标准要求，团队不停加班依然满足不了进度要求，压力大到崩溃，不止一次想着项目不做了，自己把钱贴进去算了。不过最后还是咬牙坚持了下来，提交的成果也是满足了委托方的各项要求，一条修改意见都没有。最终项目中标，初次合作就取得了完美的成绩，也就赢得了甲方的信任，并在一年内和我们签了多个项目，合同额近200万元。

投标项目的实施比较简单，已经基本成了流水线的工作，除了个别复杂的工艺表现需要费点力外，其他不会有太大的出入。

但真正的BIM咨询，尤其是全过程BIM咨询的落地就会带来考验了。如果做个"BIM不能在项目落地"的排名，"传统施工员对BIM的不认可、不执行"肯定会排在前几名。这些项目大多数没有BIM专职人员驻场，有的项目管线综合图已经交到了现场管理人员手里，但是管理人员没有对班组进行发送、交底。管道安装比管线综合标高低了很多，导致空间压抑，需要拆了重做。

但是有BIM驻场人员的话，情况可能会有所改观。管理人员不会让BIM人员闲下来，会给他找点事做，像一些图样不易表达的复杂节点，通过和经验丰富的技术人员沟通后，BIM可以提出更加有效的解决方案。

一来二去，管理人员会对BIM人员产生依赖——注意这里并不是说对BIM产生依赖，而是慢慢地接受了BIM在项目的实施。从管线综合到砌体排布，再到面砖创优策划、精装展示。把每一个点都做到让传统岗位的管理者满意，能解决他们的问题，下面才能是其他BIM应用点在项目上一个个落地生根。

各专业分包甚至劳务分包的项目经理，至少都有了10年以上的工作经验，交流中也非常强势，而除了超大型项目外，BIM驻场项目经理超过5年经验的都不多，而且多数也不善言谈。

如果不能解决问题，没办法带来不可替代的价值，当承担责任时，很容易就争不过对方，成为责任的承担者。

后来这个问题，我是在管线综合这件小事中想明白的。

大多数BIMer调管线综合的时候都有一个习惯，就是先让业主确定房间净高要求或者提供顶棚高度。但是房间净高不能随意确定，精装图样也是设计师凭规范及经验确定，而且会比较晚才出图。我也曾以这个理由将多个项目的管线综合推迟开始时间。

但在一个医院EPC项目上，总承包单位要求BIM去排一版管线综合，并根据净高分析提资设计参考，以最大程度确定顶棚高度。刚开始我是不同意的，因为确定顶棚高度后，还要对部分管线综合进行优化，这无疑增加了很多工作量。

不过反过来一想，我才恍然大悟，这不就是我们苦于没法真正实施的BIM正向设计的一个应用吗?

或许BIM正向设计就像BIM施工应用一样，就是将一个个应用点串联起来而成熟的，我们这群自认为能接受新鲜事物的BIMer，如果连这点工作量都嫌多、连这点责任都不愿意承担的话，又怎么能在项目中体现自己的价值，又和当初不愿意一边看施工蓝图、一边审核BIM管线综合图的传统施工员有什么区别?

于是，我也就将这件事应了下来。同时考虑到目前大部分做医疗暖通、净化部分的专业分包，会多设计一些设备以增加合同额，如在走廊放置多个没必要的风机盘管，这样会造成总承包施工费用增加、利润减少。

咨询公司作为独立第三方，与总承包在工程施工上没有直接的利益关系，客观地去评价哪些设备不需要设计，哪些可以去优化设计，减少工程量，进而增加总承包的合同利润，也进一步提高了净高。

方案调整过程中，项目经理专门反馈说我们暖通设计师的业务能力很强，提出了很多建设性的意见，还要亲自来拜访设计师以示感谢。

我觉得，工作和锻炼身体很像，每次感觉到力不从心，都是一种进步的开始。

BIM咨询经历一路走过来，我认为自己当初的选择是正确的。各种业态项目的各种要求与配合，不仅让自己在技术层面快速成长，还锻炼了沟通能力和抗压能力。

当然干这行也有些遗憾。和央企相比，BIM咨询公司只有比较少的机会接触到超大型项目，能力提升也容易触及天花板。

也许没有完美的工作，只有自己选择，然后实现好自己的选择吧。

5. 过去与未来

土木工程专业毕业的我，特别庆幸2013年毕业设计时选择了刘平教授作为导师，并且学习了Revit，当年整个院系只有我们小组6个人学习；2014年刘润成总工得知测量员的我会Revit，便在2015年初成立信息化中心，让我专职做BIM，一路走到今天，特别感谢我的这两位BIM引路人。

2015年我在公司内部宣讲BIM时，PPT里出现的最多的一句话就是“如果你在火箭上有一个位置，别计较坐在哪儿，先上去再说”。如今再回首，BIM的这趟“火箭”，我们坐对了。我们不用再被指责是“BIM骗子”，不用被说成“花拳绣腿”，不用150万元买了BIM平台短期看不到收益就解散BIM团队。

学无止境是每个立志于在BIM行业深耕的BIMer最大的感触。市场越分越细，仅房建这个领域就有机电、装配式、精装、幕墙、钢构等专业，此外还要会影像处理、信息编码、施工技术等专业知识辅助。想要安身立命，至少要把其中的一两点做精，其余的也要尽量都照顾到。

几年的BIM做下来，我也能看到一个更好的未来，随着国家政策不断颁布、智慧城市建设的不断深入，BIM的前景越来越广阔。各省市也相继颁布了收费标准，并作为单列费用，单独发包，给予了BIM一个正规的名分。

我在BIMBOX的微信群，看到大家讨论了一个问题：“每个产品都会经历导入期、成长期、成熟期和衰退期四个阶段，BIM现在处于哪个阶段?”

每个人的经历和所处的立场不同，大家的意见也不一致。有的认为还在导入期甚至导入失败，理由是“产品不稳定、成本高”，有的认为已经到了衰退期，因为“专家都已经不鼓吹BIM了”。

在我的咨询公司经历来说，BIM已经处在成长期了。有越来越多的消费者开始接受并使用，企业的销售额直线上升，利润增加。2020年7月23日，人社部发布《新职业在线学习平台发展报告》指出“未来五年，建筑信息模型技术员缺口近130万”，以及越来越多的高校开设BIM课程，甚至开设“BIM”“智能建造”专业，这些似乎佐证着BIM的风口还没过去。

也正是出于对BIM前景的乐观态度，以及建筑业精细管控的趋势。我现在所在的公司，在BIM和造价咨询融合的方向上一路披荆斩棘，参与了很多地标性项目，目前已经研发了造价大数据指标库。如今，为了进一步扩大市场规模，解决跨部门协作效率低下问题，我们正在筹划将

BIM 部门拆分开来，成立一个独立子公司，自己也将会有幸成为新公司的合伙人。

对自己来说，肩上的担子更重了，我需要跳出原来的思维方式，学习从更高的角度考虑公司的发展。我觉得从零学习一个专业领域，最快的方式就是参加考试，通过系统地学习咨询工程师的考试科目，也了解了很多科学的管理方法、宏观上解决问题的视角。

我已经享受到了建造师和造价师证书给自己带来的外界认可，我们公司暖通工程师的出色表现也为我指明了一个方向，下一步我计划考取注册给水排水工程师，以更专业的知识储备，从设计和施工的两个维度，为委托方提供更有价值的服务。

在做好本职工作的同时，我也准备集齐咨询工程师、注册给水排水工程师、一级造价师、一级建造师、监理工程师证书，掌握复合性的知识，在国家政策的引导下发展全过程工程咨询。

听了徐敬宇平凡又特殊的故事，我们感觉，时间真的是人最大的敌人，也是最好的朋友，主要看你怎样和它相处。同时我们也看到，人看待世界的方式，会随着他境遇的不同而产生变化，徐敬宇在最困难、最不被人看好的时候，也曾经陷入迷茫，甚至有过轻度抑郁的经历，那个时候他对 BIM 的看法，一定和现在即将成为公司合伙人是不一样的。

我们也经常和圈子里的朋友交流，他们工作不顺利的时候一般会觉得行业没未来，等事情捋顺了、问题解决了，又对未来充满了希望，这是人之常情。我们希望通过本节的故事，给那些还在迷茫中的小伙伴打打气，这个世界客观上是什么样的，没有人能看个完整，每个人只能看到它投射到自己内心的影子，最终我们要追寻的，不是他人口中的世界，而是自己内心的那个世界。

乘风破浪：一位 60 岁甲方的彪悍人生

BIMBOX 有一位年纪很大的粉丝，真名叫吕寿春，东北汉子，但我们这群年轻人都喜欢叫他狼叔，他的微信头像是一群狼。

我们一直对这位爱学习的“甲方大爷”很好奇，一次老孙去上海，专门拜访了他，回北京后，又和他电话聊了好几个小时，听他讲述了自己不算传奇，但绝对算得上彪悍的一生。

这也许是我们尝试过的，在一节内容里浓缩一段最长的岁月，但我们觉得，每个人读完都会有所收获。

1.

1983 年，狼叔大专毕业，专业是水利水电。毕业后先到施工现场干技术员，后来调到了水利科设计室，那个年代分工没那么清楚，就是设计施工一把抓，经验积累得也很快。

中间在上海打拼了一年，又回到了东北接着干副科长，1997年，因为局长比较赏识他，就推荐他去了刚刚成立的总局水务局水利监理公司。

那时候的水利监理公司属于总局水务局的一个部门，权限比较大，狼叔做事较真，符合监理这个职位，大领导就借调他去外面当其他项目的总监，部门的科长觉得他领着一份工资，外面还有一份补贴，挣得比自己还多，就不太舒服，要把他弄回来。

狼叔知道后干脆就辞职不干了。正好也觉得在东北这种寒冷的地区，干半年歇半年太难受，1999年就只身一人去了深圳。

在深圳他进了一家房建的监理公司，这家公司正好接了一个水厂的工程，公司上下没人做过，他做过水厂的经验派上了用处。项目做完之后，公司回到正轨开始做房建项目，虽说跟水利行业遵循的规范不太一样，不过也可以学。

经过几个项目后，狼叔给人的印象是工作认真负责，对工程管理很严格。后来狼叔就被调剂去负责龙岗公安分局的警犬基地项目。

当时对接的基建办主任听人家说过狼叔在之前项目的情况，还在一次例会上因为签字的事和狼叔吵了一架。狼叔说，我刚到这个项目，什么都不看直接签字，是对甲方不负责。架吵完了，对方也知道狼叔是个负责的人，之后有什么问题他都会问狼叔的意见。

通过这个项目之后，主任和狼叔对彼此的性格都有所了解，也算交下了朋友，后边一有项目就会指定公司派狼叔到现场，换人去他还不同意。那时候现场监理的要求没那么严，根本不用去那么多人，基本上就是狼叔自己一个人全专业负责。

有的项目对监理的考验还是非常大的，如在一个政府扶贫的小学项目中，政府扶贫办不懂工程，设计院基本就是照搬类似项目的方案。可这个项目的宿舍楼是建在一个高差很大的地方，有一个护坡，画图的设计师没有到过现场，也根本没有考虑地形来画图。狼叔作为监理到现场一看，真要是这么建出来，楼非得塌了不可。

他就赶紧找到扶贫办的主任沟通，让设计院的人到现场来看一下。现场看过之后又改成挖孔桩的方案，造价高了将近100万元，这种情况技术人员的话语权是很弱的，监理如果再不坚持肯定会出问题。

同样是这个小学操场的改造，狼叔觉得现场尺寸有问题，又跑到总工那里说："你去借经纬仪，我帮你测。"测完之后发现围墙和大门的尺寸果然对不上，图样有问题。

2.

在这家监理公司干了三年后，狼叔打算换个工作，准备辞职的时候，他正在一个桥梁项目上，那时候他基本每天都会到工地上转一圈，让一个施工员跟着他，看到问题就写在本上，让对方承诺什么时候完成，快下班的时候再带着那名施工员走一遍现场，对着本子一条条问他处理得怎么样了，就这么每天循环，现场被他管得井井有条。

找到老板辞职的时候，老板说他要是离职了现场就没人能管理了，于是狼叔就答应他，把风险比较大的结构部分搞完再撤。

辞职之后，狼叔先是到了一家水务监理公司，后来又来到华南国际工业原料城（以下简称华南城）。

狼叔有工作经验，到了那边就直接做了市政项目的经理，手里管着一大堆事，包括园区道路、总监控室、八个强弱电变配电房、园区景观绿化、二期用地的土方挖运等。

新官上任，众人不服很正常，当时的几个项目交叉作业非常多，经常有其他项目的材料堆在他负责项目的路上，这边的工作面就受到影响。狼叔跑去和对方的负责人说："今天我要清这一段的路基，你堆的材料必须下午之前清走，否则我到时候开着挖掘机就开挖。"一开始对方觉得他不敢，结果狼叔到时间就真的指挥挖掘机进去开始挖，挖了几车之后那边就老实了，赶紧把材料清出去。

慢慢狼叔逐渐在公司坐稳了位置，后来，狼叔又接手了华南城的一个物流商业办公楼项目。

3.

下一份工作，狼叔找到了当时最大的住宅项目——深圳桃源居，占地面积 200 多万平方米，分几期建设，他在工程监察审计部，负责质量、预算方面的审计工作。

狼叔刚到项目上，试用期还没结束，就遇到施工单位偷工减料的情况，现场的桩按设计计算本来应该是入岩的，施工时打得比较浅，没入岩的情况下就浇筑了混凝土，地勘单位也没有下去看。

狼叔带着质检站的人去钻孔检查，结果出来一看，钻透了还是土。狼叔跟公司汇报之后，就带着人到项目仓库里突击检查。按说之前的钻孔样品应该留在监理公司或者是甲方手里，施工方直接留在自己的仓库里了，对方也没想到甲方会直接上门检查。

仓库里的钻孔样本拿出来，跟狼叔他们的现场钻孔报告一对比，很多都对不上，这个就是很严重的问题，结果当然就会导致承载力不够。

后边为了加强承载力，需要加桩，底板的梁也要重新改，造价一下子增加了 300 多万元，公司就把这笔账算在了施工单位和监理公司的头上，地勘单位也受到了处罚。针对个人，现场的项目经理和自己公司不负责任的现场工程师也都受到了处罚。

这件事之后，狼叔没过试用期就转正了。

在桃源居工作的日子里，狼叔第一次摸到了信息化工作刚刚长出的嫩芽。

那时候别说 BIM，企业连像样的 OA 软件都还没有，现场管理也存在着不少问题。狼叔发现，工地和办公楼有 15 分钟的路程，项目上的人在办公楼有一个工位，在现场也有一个工位。这些人每天主要就在舒适的办公楼里坐着，吃完午饭到工地的工位上休息，也不怎么下现场。当时的项目是在山坡上建的，有很多挡土墙要做，这项工作要是不做好，万一塌了可是要出大问题。于是狼叔就想，怎么才能督促这些人主动到现场巡查。

狼叔想出一个办法。他要求所有现场工程师每个人都带着相机到工作面巡查拍照，相机上要保留精确的拍摄时间，不能上午过去拍完，下午休息，而是要贯穿全天的工作时间；此外还有一系列拍照的要求，要能看出来具体的检查项，如构件是不是正确摆放，砂浆饱满度够不够等。

当时的手机都还没有拍照的功能，一个项目部只有一台相机。狼叔给老板汇报之后，就给每个工程师配了一部相机。

接着，公司建了一个内部的服务器，每个现场负责人拍完照片，需要做备注，上传到服务器上，管理层就可以随时浏览。

接着就是上马一系列的考核制度，做得好的奖励，做得不好的惩罚。

这个制度运行之后效果非常明显，工程师不能偷懒了，必须主动去现场巡查，还能很快看出每个工程师的态度和责任心，选出需要的人才。

4.

2009年，狼叔从桃源居离职，去了清远狮子湖高尔夫项目，是一个高端的别墅区。狼叔在该项目任工程部副经理，主管市政。

当时这个别墅区项目已经做了很久，一条路修了好几个月一直没通车，还有八个样板别墅要弄好，领导马上要来视察，比较着急，抢工非常厉害。

负责人问项目的老板，预估多久能完成？他看了一下，路基回填不太好，返工重新做肯定来不及了，好好弄至少也得20天。

狼叔找到这位老板，对方也是个直爽的人，狼叔就和他说："我对道路水泥稳定强度有比较多的施工经验，看你也不想偷工减料，就是施工员的水平不行。而且你这个方法不对，水泥搅拌不均匀，你按照我的方法，不用返工接着弄，也能按时给干好。"

老板就把施工人员都叫过来，嘱咐他们都按狼叔的方法干。

常规的现场，水泥要在搅拌厂里搅拌，但这个项目不具备条件，狼叔就给他们变通了一下，找个水泵，从鱼塘里面抽水，先给石粉砂预浸一下水，让它潮湿膨胀起来又不太湿，第二天用挖掘机堆成堆，第一层堆完之后算算方量，再推算最高能堆多少方量，按比例算出加多少水泥。堆到一半加水泥，最后倒三次等于搅三遍，正好到路边装车拉到现场。

这样就解决了搅拌均匀的问题，水泥强度就提高了，现场压完再一养护，硬度非常好。工程总裁到现场一看，效果跟原来明显不一样，非常满意。

道路通了，项目上还有一个别墅样板区要抢工，包括道路、土建和绿化都要在限定时间完成。工程总裁觉得狼叔能力很强，就把他派过去帮忙。

狼叔找到总包方的项目经理，要求100个人白班夜班两班倒。11月的时候天气很冷，狼叔和施工单位负责人一起在现场盯了三天三夜。

这期间为了赶工期，狼叔还协助修改了景观墙的方案。

到了第三天早上，狼叔指挥施工员接上消火栓，把马路冲得干干净净，别墅区的样板装修摆件也全部就位。当天狼叔还抽调了40个人，水电班和土建班各20个人组成临时抢险队，随时应对突发情况。

项目验收很顺利，几方领导都很满意。

5.

2010年初，狼叔在清远待了一段时间，中间给深圳一家地产公司投了份简历，面试过程中初试和复试都很顺利，终试见的是公司总经理，两人谈了两个小时，谈到了狼叔自己的性格、做事方式和管理思路，也同样很顺利，第二天就打电话让他入职了。

入职之后第一个项目是派狼叔去无锡，在财审中心下面专管质量，现场验收就由狼叔去现场看。

有一次总经理来无锡，狼叔带着他在两个项目转了一圈，回去的路上，总经理问他觉得这两个项目经理怎么样?

狼叔直说，都达不到他的要求。当时那个项目是两个塔楼，干了六七年还没干完，后来狼叔跟总经理开玩笑说，要是换一般的房地产公司，六七年一个项目早就给拖垮了。

当时赶上其中一位项目经理辞职，公司就想让狼叔去接管，不过狼叔过去跟项目上的人见了见，大家习惯了以前比较宽松的管理风格，对狼叔的严要求很抵触，狼叔想想自己刚来这家公司，就作罢了。

公司有另外一个住宅项目，漏水漏得一塌糊涂，就让狼叔去分析是什么原因，他到现场一看，没什么复杂的原因，就是现场没人管，施工单位想怎么做就怎么做，监理都没有下过现场。

马上B块就要开工，审图的时候狼叔就把重点放在防水上，但原来的团队风气实在太差，狼叔觉得这样不行，就给公司打了报告，说现场这么管不行。

过了一段时间，报告石沉大海，狼叔就向公司提出辞职，说这么弄他管不了。几位总监给他打电话都没留住，直到总经理打电话给他，狼叔说："你要我管事，那就让我说了算。"

总经理说："上海刚刚买了一栋楼，你去管装修，新项目按照你的要求来。"狼叔考虑了一下，刚到公司还没体现出价值来就离职也不太好，就答应再做个项目看看。

狼叔到了上海的项目，表现得比较强势，提出的问题必须得到解决。他每天早上7点到工地，拿着相机每个楼层都走一遍，把现场发现的问题都拍下来，回去之后发到工程师邮箱里，9点上班第一件事开会就安排每个人去追踪解决，晚上要求他们写日志汇总报告。

每天下班狼叔比工程师晚下班两小时，查看大家的汇报。遇到工程师解决不了的问题，狼叔也要求他们标注下来交给自己，他给施工单位打电话，让他们交代清楚。

当时现场已经做了一部分屋面，因为防水达不到要求，狼叔就要求全部返工，施工单位不愿意做，但在狼叔的坚持下，施工单位也只好老老实实重新做了屋面。

那年秋天刮台风下暴雨，16栋楼的屋面只有两处漏水，再检查这两处也是没有按照要求做的，整改完之后，到今天屋面也没有出现问题。与狼叔负责的B块项目相比，A块的项目因为源头上没有处理好，一直各种漏水，花了大量的维修资金也一直没有解决。

对待施工单位，狼叔会逼着他们提高

自己的管理水平。

有一次施工方的总监来找他，说他们把窗台大理石的量算少了，有不小的损失。狼叔问他："我们有变更吗？"对方说没有。狼叔说："那这是你们工程师的错误，是他的水平有问题，是你们的管理有问题，你不能把这个犯错的成本转嫁到我们甲方身上来。"

但是狼叔当甲方，也绝不一味地把责任都甩给施工方。现场有技术问题，狼叔会带着有经验的工程师一起到现场参与分析，给施工方提出意见。

有一次现场所有石膏板吊顶转角处都容易开裂，狼叔给他们提了一个方案。过几天做完了还是开裂，施工方就又来找狼叔，狼叔盯着他说："不可能，走，去现场。"

到现场把开裂的地方打开一看，原来是现场没有按照狼叔给的方法实施。狼叔对那位总监说："方法告诉你了，你们现场技术工长没有监管到位，那这就是你们的问题了。"他抓起一根钢筋每个位置指给他们看说："这里增加螺钉加固，现在就弄。"

再把表面恢复，过几天一看不裂了。后来施工方用这种方法处理现场，果然一个地方也不开裂。慢慢施工单位也都服气了，有些管理上的问题也会经常请教狼叔。

6.

项目管得好，公司也开始重用狼叔，想让他管理项目。狼叔说："我有个条件，老项目人员太复杂，我不参与，新项目我来管，从人员招聘就要开始管。"他和人力资源部门沟通说："我看中的你们没看中，那没关系，继续招；你们看中的我没看中，那一定不要。"

当时淀山湖有一个办公楼加别墅的项目，刚开工。紧接着公司又在杭州、无锡、南通、南宁等地新开了几个项目，都划归到狼叔手里负责。

几个项目都需要抢工，狼叔自己带头给公司承诺，限时之内验收不了，就扣自己一个月工资。结果真有一个标段，因为消防公司的原因没有按时交工，财务经理来问狼叔："真扣啊？"

狼叔说："该扣就扣。"

这件事起到了很好的带头作用，那之后整个团队的风气也有了比较大的转变，说话都像签军令状一样算数。

后边就因为防水这么一件事，施工单位做的样板总是不合格，狼叔就让施工单位不停地做样板，他不停地一遍遍指导。项目少的时候还可以，项目多了就应付不过来了。

于是狼叔带着团队开始把这些做法标准化，围绕着防水做了很多关键节点，后来又补上了土建控制、电气和装饰装修的关键节点，并且逐渐把这些标准化要求放到了招标文件里，他们制定的不少标准都超前了国家标准几年时间。

狼叔也知道，很多施工单位拿到招标文件不怎么细看技术部分，就关注算量报价，有时候投标是一拨人，施工是另外一拨人。他就通过很多环节去引导他们注重技术标准。

比如，他会把技术标准放到合同附件里，签合同的时候会组织技术交底，把关键节点的技术要求讲给投标人，还有提问和录像，一旦后边出了问题，就会把所有记录拿出来，这样做了几次，施工单位就没话说了。

施工单位给分包交底的时候，狼叔的甲方团队也要求监督这个会议，甚至给工人交底的会议都要追踪。

一开始不少传统的施工队伍都对这位狼叔的做事方法很不习惯，觉得太不变通，但凡是能长期合作下来的，都认可了他的方式，有的和他成了朋友，告诉他之后有些项目，即便甲方不这么要求，他们也会这么做。因为这些方法确实能减少返工，节约不少的成本。

7.

2013年，狼叔带团队比较忙，没太多时间了解新技术。偶然的机会在QQ上接触了橄榄山，觉得还不错，后来他知道这软件是基于Revit开发出来的，但因为太忙就没顾得上进一步了解。

到了2016年，全国都刮起了BIM风，狼叔在QQ群和微信群又接触到这个东西，知道它可以用来查漏补缺，在审设计院图样的时候能对自己的团队有很大帮助。

当时狼叔的公司已经有了内部审图的制度，用模型出的图能事先解决掉80%以上的问题。这事如果在一般的甲方管理人员眼里，可能就甩给设计去琢磨就好了，但狼叔这么多年有对技术和精细化管理的执念，就越发对它产生兴趣，一定要把它弄明白，想清楚目前遇到的哪些问题可以通过这个技术来解决。

网上的教程，包括BIMBOX出的几乎所有课程，狼叔都会买来学习，摸清楚这些软件都是干什么用的，哪些地方有难点，该怎么克服，也搞清楚哪些事可以做，哪些事适合自己的团队亲自做，哪些事可以外包给其他人做。

狼叔把这些事情想明白，就会交代给下面的工程师，该学习的学习，该找人的找人，起码基础的建模要会，施工单位交上来的模型要知道怎么用。

他自己学过一遍的东西，度过了接触新知识畏难的过程，也会在关键的地方提点一下工程师，下面的人再学习起来就有动力，也不会找理由说软件实现不了某某功能。

狼叔经常和年轻人说，他那个时代虽然接触的软件少，但一样每天都要接触新东西，人不能在学习的路上停下来。无论信息技术目前处于什么阶段，年轻人迟早要面对它，而不能逃避它。

他也会告诉下面的工程师，要意识到时代发展带来的危机，那些天天说这个东西没用、那个东西没用的人，其实就是什么都不想学。但时代发展得太快，以前没有信息技术的时候，可以凭经验去给人家做个顾问咨询，但以后全是信息化平台，个人经验很可能就不适用了。

狼叔所在的公司，目前并没有把BIM和数字化全面用起来，公司负责人经常在外面听说一模到底、全生命周期管理等，但实际一看觉得还远远不到时机，只在一些超高层项目要求总包建BIM模型。

但他自己很看重这一技术，2020年和很多软件公司和咨询公司都沟通过，他要去评估这些技术，知道它们发展到什么程度。

和乙方沟通的时候，遇到做BIM的公司越来越多，狼叔也必须让自己保持清醒，知道谁真能用新技术解决实际问题，谁只是做个视频后期再找便宜的建模外包。作为一个“老甲方”，他要求自己有识别这些的能力。

8.

做了这么多年的管理，狼叔手底下的团队都是自己培养的，比较稳定。现在他的日常就是不断加强标准化的管理，让大部分工作实现“去人化”。

他认为，制度和标准一定不能太多，但有一条就要跟踪执行到位。一条要求放出去了，如果没有跟踪检查、没有真实的奖惩，那就没有用。

狼叔最重视的是资料管理，他认为很多企业内部乱，症结就出在资料管理不到位，因为资料里藏着结算的钱款、藏着解决过的问题、藏着标准化的方案，如果这些东西无法查找，那今后每次都要重新来一遍。

他接手项目管理，第一件事就是建立档案部，所有项目档案管理统一架构而且要转化成电子档，存到服务器，经过档案部审核再上传到公司的大平台上去，任何人离开公司，都不会对公司的资料和流程造成影响。

狼叔这几十年在很多的单位工作过，多数时间他最大的价值都是帮别人解决问题。他说，如果一家单位有问题，那就是自己发展的机会，如果这家公司什么问题都没有，那你去了就是一个螺钉，反倒没什么发展前途。

也许，一个人的价值，不在于“技术”，而在于“办法”，技术解决不了所有的困难，但高人总能基于现有的技术条件想到解决问题的办法。这也许才是一个想要发挥价值的人应该具备的核心能力吧。

今天的狼叔，还是遵循自己一贯的风格，还是那个说一不二的东北汉子，施工现场他还是要去，还是能想出各种办法解决企业的问题，还是有人怕他、有人打心眼里佩服他。

尾声

数字前夜的执念与轮回

我们用一段持续了几十年的BIM故事，来为你展开本书；再用另一段持续了几十年的信息化故事，作为本书的结尾。

两段故事，两种不同的梦想，两批不同的人，而我们如今站立其上的这片数字大地，在某种程度上来说，正是被这两段故事造就的。

“我们的图书馆已经爆满，知识不断地呈现指数级增长，然而就在这个庞大的知识宝库中，我们仍然在使用马车时代的方法寻找需要的材料。”

如果我告诉你，这句话在2022年出自某位建筑行业的大师之口，你应该不会觉得意外。

但这句话是一个叫作范内瓦·布什的人，在1955年说的。

它代表了那一代人关于信息传递的朴素梦想——所有信息都可以互相关联，所有信息都可以追溯出处。

布什是什么人？

1940年6月12日，他递给总统罗斯福一张纸条，上面用短短四段话表明了目的：建立一个“国防研究委员会”。10分钟之后，罗斯福在纸上批了两个单词：“可以，罗斯福。”

这张字条改写了美国乃至世界通信的历史。

科学家卢米斯曾说：“如果说1940年夏天，谁的死亡会对美国造成最大损失的话，第一位是总统，布什博士排在第二。”

这样一位重要角色，却用了一生的时间，去解决一个大家眼里的“小问题”。

在那个第三次科技革命到来的前夕，无处不在的技术和理论，正在让世界变成魔法一般的国度，但唯独对于信息，人们还在使用最古老的处理方法。

范内瓦·布什对此进行了深刻的反思，他后来所有的思想凝聚在一篇传世奇文中，这篇文章影响了未来几代顶尖人才的探索之路，在经历了无数梦想、奋斗，甚至斗争后，最终催生出一个伟大到无处不在的事物：互联网。

而就在几十年之后，在布什从未了解的建筑行业里，人们使用着让信息四通八达的互联网，用键盘敲下一行行文字，争论着这个行业中那些处理信息的技术到底有没有用。

历史的车轮仿佛转过了整整一圈，那些梦想家、投机者、奋斗者和反对者们，仿佛在轮回中转世投胎，只不过转过一圈的车轮上，已经积累了一层时代的泥土。

几十年后，有很多人迷失在日常的工作中，不知道自己工作的意义是什么。而几十年前的那几代人，则是先有了一个改变世界的梦想，然后在不可能中创造了奇迹。

种下这颗梦想的种子的那一年，甚至还不存在键盘和鼠标，世界被金属、齿轮和电动机主宰。

我们的故事，就从那个时代的范内瓦·布什讲起。

1.

20世纪初的布什，还像没头苍蝇一样，探索自己的人生该走向哪条路。

他曾经因为导师刁难他，一气之下从克拉克大学辍学，后来又到麻省理工学院攻读电气工程学。

第一次世界大战席卷欧洲，美国决定参战，布什想为国家做点什么，于是开始研究用磁场探测敌方的潜艇，还得到了行业专家和摩根财团的支持，不过因为没有赢得海军的信任，这个项目最终胎死腹中。

此后，他继续在数学和机械方面不断研究深造，在学界崭露头角。

1920 年，电力和电器逐渐进入普通家庭，大范围电力网络该怎么优化，急需高深而复杂的计算，于是布什开始研制一种叫作网络分析仪（Network Analyzer）的机器，专门用来模拟大型电力网络。

和你想象的不一样，在那个还没有计算机的时代，这台机器靠的是杆子和齿轮的运作来表示信息，并进行运算。

打开思路的布什，又造了一台微分分析仪（Differential Analyzer），这又是一台由齿轮、转轴、传送带、长杆和电动机组成的铁家伙。

这些机器都是模拟计算机，它们本身不处理数字，而是用物理量表示数据，如阻力、电压等，再用机器改变这些物理量，从而实现计算。电动机驱动着齿轮和转轴，金属摩擦金属，计算由力量完成，直至得出结果。

在那个几乎所有机器都在代替人力劳动的时代，布什的作品隐含着强烈的暗示：机器也能减轻人类大脑的负担。

2.

布什本人没有停留在此，1930 年，他正式进入了信息领域。

那时候各种图书、杂志、银行账目、办公文件已经增长到失控的程度，怎样才能快速找到需要的信息？传统的方式——给资料添加编号、分类制作索引，已经完全不能满足要求了。

这时一种新型的技术——微缩胶卷，正随着电影行业的兴起进入了民用领域，这引起了布什的兴趣，他带领着四个研究生研究出一种基于微缩胶卷的“快速选择器”（Rapid Selector）。

这种机器把微缩胶卷作为信息的载体，转轴带动胶卷快速转动，光电管和频闪灯以超快的速度对比胶卷上的信息，直到符合要求的信息出现。

关键的技术问题就是，在没有图像识别、没有 OCR，甚至没有计算机的时代，怎样让机器识别胶卷上的内容？

布什想到的办法，是给每个胶卷加上点阵式的圆孔，给信息编码。再制定统一的标准规范。

但以当时的技术来说，制定规范和打孔的工作量太过巨大，这个机器没能普及。

1938 年，世界正滑向战争的深渊，已经颇具声望的布什则是拒绝了麻省理工学院校长的职位，来到了华盛顿的卡内基研究院。

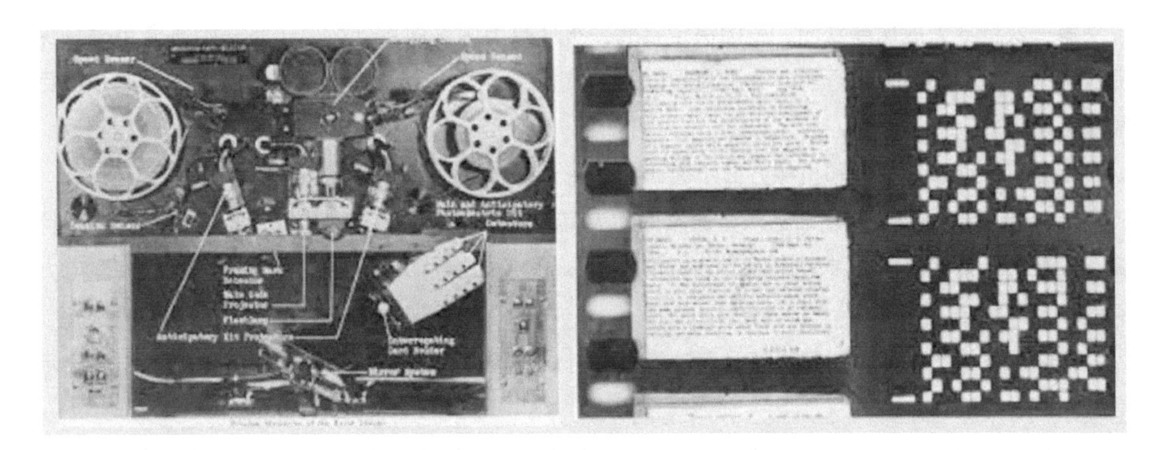

正是在这里，他给当时的总统写下了那张改变历史的纸条，提议设立一个叫作“国防研究委员会”的机构，并得到了总统的批准。第二年，委员会更名为科学研究与开发局（OSRD），布什担任总负责人。

OSRD 几乎包揽了第二次世界大战时期所有重要的研究项目，其中最广为人知的是原子弹。1942 年，曼哈顿计划启动，三年之后，战争结束。

而另一个不如原子弹有名的项目是雷达。有人曾经说，原子弹结束了战争，但赢得战争的是雷达。在第一次世界大战时曾经研究探测潜艇却被海军拒绝的布什，在下一场战争中证明了自己的价值。

1945 年之后，布什在美国的声誉已经堪比开国元勋，《时代》周刊称他为“物理学将军”。

他在战争期间资助支持斯坦福大学的“产学研”合作模式，多年之后围绕着这片地区的创业圈被人们称为“硅谷”。

战后，布什发表了一篇名为《科学——无尽的前沿》的报告，论述了科学如何在战后促进国家发展，这份报告被编成一本书，直到今天还在畅销，而他提出的计划有个重要的产物：高级研究计划局（ARPA），在互联网历史上有着无可替代的地位，也会继续成为我们故事的重要角色。

布什一生有众多头衔，科学家、麻省理工学院副校长、卡内基研究院院长、科学研究与开发局局长、曼哈顿计划负责人，而布什自己最喜欢的头衔是：工程师。

3.

布什帮助国家赢得了战争，却一直没有忘记自己的梦想：用机器减轻人类思考的负担。

战争结束之后，布什把一篇文章投给了《大西洋月刊》，1945 年 6 月，这篇传世之作正式发表，名字叫作《如我们所想》（*As We May Think*）。三个月后，《生活》（*Life*）杂志刊登了这篇文章的精简配图版。

请记住这篇文章的名字，它是本节主角中的主角。

文章的核心内容是“信息”，布什讨论了信息激增带来的问题，介绍了传统查阅信息的技术，并且设想了一种未来的设备，他给这台设备起了个名字，叫作 Memex。

布什描述，这台机器的外观像一张办公桌，桌面斜放着两块半透明屏幕，信息都储存在内部的微缩胶卷里。

使用者输入编码，机器中的光电管就开始查找胶卷，再把内容投影到屏幕上，这样能同时查阅两份资料中相关联的信息，还可以直接在屏幕上写下笔记。

未来人们可以在这台机器里储存和查阅书籍、图片、报纸等各种信息，还可以通过桌面上的拉杆，把新的信息储存（也就是拍摄）进去。

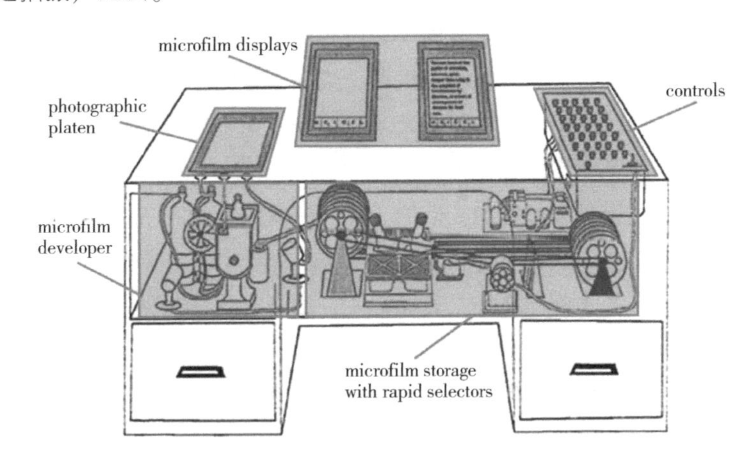

这台机器的机械原理并不复杂，其中最核心的思想是对“关联信息”的处理，在 Memex 里，微缩胶卷中的材料可以互相连接，布什称之为网状的“联想踪迹”。

它让查找相关的信息变得容易，只需要简单的操作就能调用与之关联的内容，通过一条关键信息，律师可以找到以往的判例，医生可以找到类似的病例，物理学家能找到相关的论文。

这是关于信息最深刻的洞见之一，也是影响最深的概念之一，它是机械时代的“超链接”，后人称布什为“超链接之父”。

在布什的理想中，信息和信息的连接，可以成为一个人知识结构和思维方式的外化形态，于是大师们的遗产并不仅仅是对世界知识的补充，也可以成为他门下弟子们的完整的知识框架。

世界上从来不缺信息，信息之间的联系比信息本身更有价值。

几十年后，这个连接信息的操作，被人们叫作“点击”——点击某段文本、点击某个模型，就可以直接看到相关信息，而不需要去其他文件里寻找。

只不过那时候它还不能被称之为“点击”，因为鼠标还没有诞生呢。

Memex 就像是一颗种子，这篇记载着它的《如我们所想》，随着《大西洋月刊》和《生活》杂志发行到各地，埋进了无数互联网先驱的心里。

其中一位，就是鼠标的发明人。

4.

1945年，一艘美国的战舰，正准备离开港口，开往太平洋战区。就在战舰启动的时候，人群中爆发出欢呼，这一天，战争结束了。

于是这艘战舰临时改变了任务，驶向了菲律宾群岛。

不久之后，战舰抵达了莱特岛，一位随船的海军雷达技师，发现了一座由竹子和茅草搭建的图书阅览室。

他的名字叫道格拉斯·恩格尔巴特，在这个热带岛屿上，他随手翻阅着一本《生活》杂志，那篇改变他一生的文章《如我们所想》映入眼帘。

Memex的理念深深地震撼了这位年轻人，作为雷达技师，他见识过信息在屏幕上显示和分析，他意识到这种帮助人类思考的机器，或许不是幻想。

退伍后，恩格尔巴特回到大学，获得了电气工程学位，毕业后在美国国家航空咨询委员会找到了一份稳定的工作。

日子过得越来越安稳，他的心里却总有隐隐的不安。每个人都会在人生中某个时刻这样问自己：我这一生到底该干什么？

绝大多数人都会在第二天摇摇头，重新回到柴米油盐的生活里，恩格尔巴特却始终对这个问题耿耿于怀。

在几年的挣扎之后，恩格尔巴特找到了他的目标：不是解决某个具体的问题，而是创造一种帮助人类解决各种问题的工具。

此时的他，又回想起在莱特岛图书阅览室里读到的那篇文章——《如我们所想》，对计算机几乎一无所知的他，立刻决定辞职。

很快，恩格尔巴特先是在加利福尼亚大学找到了代理助教的工作，完成了博士论文，又和两位朋友合伙开了一家“数字技术公司”，又到斯坦福研究所工作。

每当他发现当前的工作不能帮助他实现理想，就会果断离开，周围的人也无法理解他那个创造解决问题的工具的理想。

1962年，恩格尔巴特发表了一份报告，名为《增强人类智能：一个概念框架》（*Augmenting Human Intellect：A Conceptual Framework*），系统论述了自己的目标，也就是用计算机增强人的智能，提高人解决复杂问题的能力。

报告的第三部分，详细引用了布什的《如我们所想》，讨论了Memex的可行性，他尤其关注布什所说的“联想踪迹”，他认为用它来追踪资料，会产生巨大的价值。

如果你见过当时的计算机，就会知道恩格尔巴特的梦想在当时看来有多不靠谱。

它们都是实验室自研的设备，使用大量的真空管，体积大、耗电大、热量大，却只能以非常缓慢的速度运算，它们被供奉在洁净的空调房里做专业的计算，根本没有什么键盘和显示器，都是使用接线板、开关和打孔卡操作，绝不可能拿来处理文档或者打游戏。

在当时的人们看来，让某个人使用一台计算机，就像是给每个人发一台重型挖掘机去后院玩泥巴一样荒谬。

5.

几乎没人能理解恩格尔巴特的理想，同事们都认为他疯了，嘲笑说："用计算机写东西、查资料？别闹了，我们不是有秘书做这些事吗？"

看，和今天的很多声音，如出一辙。

幸运的是，"疯子"不止一个人，另一个"疯子"此时正在麻省理工学院读到了恩格尔巴特的报告，并觉得这事儿可以做。

他的名字叫作约瑟夫·利克莱德。

两个志同道合的人很快会面，利克莱德给了恩格尔巴特一笔启动资金，帮助他在斯坦福大学建立了"增智研究中心"（ARC），正式启动了一个新项目，叫作"oN-Line System"，简称 NLS。

后人说，NLS 就是现代万维网的前身。

后来，团队又得到了美国航空航天局（NASA）的资助，解决了大量的技术问题。

其中一个问题，就是造出一个"屏幕选择"装置，多次试验之后，恩格尔巴特设计了一种带两个轮子的定位装置，通过纵横方向在屏幕上定位光标，方案很快通过，他们给这个拖着一条长线的小东西取了个名字：鼠标。

这只鼠标后来离开增智研究中心，溜到了施乐公司，后来又跑到了苹果公司，并随着第一台 Lisa 计算机进入了千家万户。

经过五年的研发，增智研究中心实现了一系列了不起的成果，可因为恩格尔巴特的低调，大部分成果不为外界所知。

那站在他的对立面，主流的研究方向是什么？

可能会让你大跌眼镜——比起键盘、鼠标、信息的连接这些"不靠谱"的未来，20 世纪 60 年代的主流研究方向是人工智能。

当时的人们认为，人工智能时代即将到来，由亚瑟·克拉克写下原著，并由著名导演库布里克执导的电影《2001：太空漫游》在1968年上映，里面就预言了有智慧杀死人类的超级人工智能HAL 9000，会在2001年随太空飞船飞往土星。

恩格尔巴特完全站在了人工智能的对立面，人工智能希望用机器代替人类做事，NLS是希望用机器辅助人类做事。

恩格尔巴特被同行称为异端，很多人把NLS贬低为办公室自动化，用那么多资金，顶多只是解决“秘书查资料”这种小问题。

50年后，人们反过来在NLS发展而来的互联网上，争论着人工智能哪一天能实现。

1968年，就在《2001：太空漫游》上映的同一年，恩格尔巴特决定让同行们看看他的成果。

这一看，历史在一夜之间被改写了。

6.

1968年，世界正在飞速变化，而个人计算机还是个荒谬的想法，计算机仍然是大型机构才有的贵重设备，被供奉在洁净的空调房里，由管理员操作和看管。

就在1968年即将结束的时候，恩格尔巴特在旧金山布鲁克斯大厅举办了一场“产品演示”，在观众的震惊和狂喜中，彻底改变了同行的看法，后来有人称之为“所有演示之母”。

三台摄像机分别对准了现场的恩格尔巴特、几十公里之外的一台显示器和增智研究中心的研究员。

在一个多小时的演示中，恩格尔巴特展示了一系列让人震惊的技术：键盘、鼠标、文本编辑、图文混合、超链接、信息检索，还有远程连线。

该怎样形容这场演示带来的震撼呢？你可以理解为，恩格尔巴特提前了十多年，给在场观众演示了还没有出现的Windows系统、macOS系统、Skype通信系统、微软Office甚至是谷歌云文档。那一刻，恩格尔巴特成了计算机界的“魔法师”。

未来研究所的保罗·萨福感叹：“在场的一千多位计算机顶级专家，像是在见证UFO降落在白宫的草坪上。”计算器先驱艾伦·凯回忆说：“我就像是在现场看到了摩西分开了红海。”

演示的最后，恩格尔巴特宣布，一种试验性的网络会在一年后和大家见面。

它就是未来的互联网之母：阿帕网（Arpanet）。

7.

在计算机蛮荒时代，计算和通信，是完全没有关系的两件事，前者靠实验室里的大型计算设备，后者则是靠报纸、广播和电报。

恩格尔巴特的产品演示，给人们带来了新的希望。他的背后，有两个重要的人物帮忙。

其中一位是最早给他资助、帮他建立“增智研究中心”的利克莱德，另一位就是在NASA工作，给他带来第二次资助的罗伯特·泰勒。

二人更深的渊源在于，他们先后在 ARPA 的信息处理技术办公室（IPTO）工作，这个 ARPA，正是当年在第二次世界大战后，范内瓦·布什建议美国总统成立的高级研究计划局。

恩格尔巴特、利克莱德和罗伯特·泰勒，都曾经深受布什的《如我们所想》的影响。

泰勒接任利克莱德，成为信息处理技术办公室的负责人，他资助了很多大学的计算机项目。有一天，他走进办公室，发现办公桌上摆着三台计算机终端，分别连接到三个不同的项目，所有信息都不能互通，他觉得这太蠢了。

泰勒向 ARPA 局长打报告，提出建设一个新型的分布式网络，实现不同计算机系统的兼容和信息共享。这个构想来自他的前任利克莱德，后来被正式命名为阿帕网，它正是现代互联网的前身。

由 IPTO 资助的绝大多数人都对这个项目不感兴趣——谁会对兼容别人的信息感兴趣呢？

而恩格尔巴特却不一样，泰勒的想法正符合他增强人类智慧的理想，他认为阿帕网正是验证他的 NLS 系统的绝佳实验场，可以把 NLS 从本地系统变成网络协作。

于是，正如在恩格尔巴特召开那场改变历史的演示会上的预言，1969 年 10 月 29 日，阿帕网的首次信息传输，也是互联网的首次连接，在他们的推动下发生了。

互联网的第一条信息只有两个字母，L 和 O，原计划是发送“LOGIN”这个单词，结果刚发送两个字母，系统就崩溃了。他们花了好长时间再次建立了连接。

两个月后，加利福尼亚大学和犹他大学加入阿帕网，网络节点达到了四个。第二年，增智研究中心为阿帕网开发了信息的在线发布和检索工具。

恩格尔巴特在这一年写道：“一个新的市场将会出现，它代表知识、服务、信息、加工、存储等巨大财富。”

恩格尔巴特的 NLS 是一场真正的革命，有人把它比作十多年后出现的微软 Office，它的每一个功能单独拿出来都是伟大的创新，这些功能几乎定义了现代的计算机世界。

而从信息处理的角度来看，NLS 系统最大的贡献是首次实现了“超链接”，超链接和鼠标的组合，大大提升了系统的交互性，这才有了我们如今每天要重复成百上千次的操作：点击一下，跳转到相关的信息。

而可惜的是，NLS 对于非专业人士来说太复杂了，每增加一个功能，学习成本就提升一级，据说开发团队预估 NLS 建设完成之后会产生五万个指令，而他们的自己人——增智研究中心的秘书，花了半年时间也没有掌握基本功能。

一个伟大的、改变世界的产品，却因为学习成本太高没能走到最后。

但无论怎样，恩格尔巴特和他的 NLS，启发了无数的后来人，定义了未来计算机处理信息的标准环境，让计算机成了一个友好的仆人，而不再是供奉在大型设备间里的“神像”。

恩格尔巴特用一生实现了自己的理想，他曾经说：“有人说我只是一个梦想家，我对‘只是’这个词很不爽，做一个真正的梦想家是很难的。”

8.

如果有一个外星文明来研究人类的历史，它们一定会感叹：历史上梦想家的存在一旦中断，很多前人的工作就会被人遗忘，功亏一篑。

所幸，人类中的梦想家从来没有断档。

泰德·尼尔森是恩格尔巴特一生的挚友，是在他去世后的纪念活动上发言的人，和他一样曾经被布什的《如我们所想》与Memex深深打动，也曾经被世人看作信息领域的叛逆者和疯子。

1965年，“超文本”这个词首次出现在尼尔森的一篇论文里，这篇论文叫《复杂信息处理：复杂、变化和不确定性的文件结构》。

尼尔森阐述的这种“超文本”，包含很多模块化的独立段落，每个段落都可以有分支，分支之间以复杂的方式互相连接。读者可以随时从某一段文字跳跃到相关学者的注释，或者是相关领域的其他成果，这样的系统可以无限发展，包含越来越多的知识。

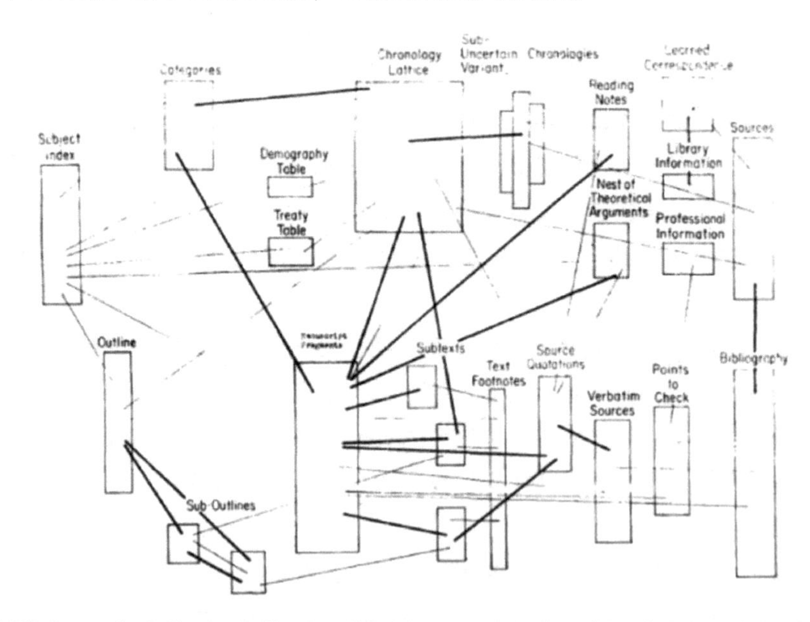

Nelson, T.H. (1965) *A File Structure for the Complex, the Changing and the Indeterminate*. Proceedings of the ACM 20th National Conference, pp. 84-100

对尼尔森来说，纸张是敌人，他认为纸张会限制思想的自由，每个句子都想突围，每个单词都想表达更多的信息，但页面的限制却不允许我们这样做。1966年，在一家大型出版公司的帮助下，尼尔森把自己的计划起名为上都（Xanadu），一个东方词汇，源自于忽必烈13世纪建造的都城。

“上都”的命运和尼尔森本人一样，多次经历了大起大落，他参与过创业公司，当过咨询公司的老板，当过软件设计师和一群程序员在出租屋里设计软件，为了宣传理念专门做了几年的媒体专家，还自费出版过一本很受黑客青年欢迎的书籍《计算机解放/梦想机器》（*Computer Lib/Dream Machines*）。

“上都”也跟随着尼尔森起伏的命运，数次因为资金和技术限制停摆，又一次次起死回生。

1984 年，只剩下一名程序员、处于休眠状态的“上都”，在一次黑客大会上遇到了新的伯乐，他的名字叫约翰·沃克，是欧特克（Autodesk）公司的创始人之一。

当时沃克正需要一款可以共享和分发文本信息的商业软件，而尼尔森正需要资金。双方一拍即合，几年后欧特克公司收购了上都运营公司，尼尔森成为欧特克的杰出研究员。

命运再一次跟尼尔森开了个玩笑，被收购的几年之后，欧特克新上任的 CEO 认为“上都”不具备商业价值，砍掉了这个项目。1988 年加入欧特克的时候，尼尔森信心满满地宣布，“上都”将会在 18 个月内上市，而这个软件实际的面市时间是 2014 年，而且还是公开演示的网页版。

是的，从立项到发布演示版，过去了几十年，英国的《卫报》评价道：“世界上推迟时间最久的软件终于发布了。”

网页的中部有一个文本，引用了其他八个文本，引用关系用可视化的链接表示，用户可以在引用内容和原始内容之间跳转，用尼尔森自己的话来说：任何文本都能相互连接。

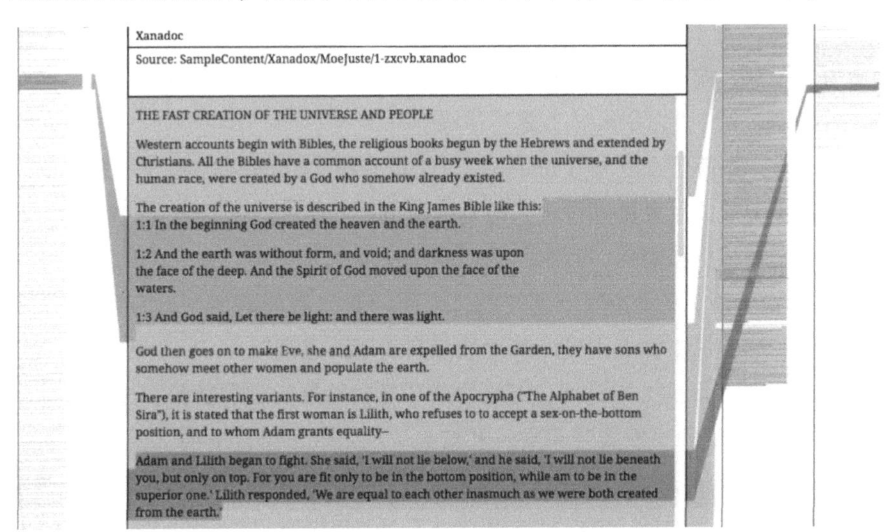

Xanadoc

Source: SampleContent/Xanadox/MoeJuste/1-zxcvb.xanadoc

THE FAST CREATION OF THE UNIVERSE AND PEOPLE

Western accounts begin with Bibles, the religious books begun by the Hebrews and extended by Christians. All the Bibles have a common account of a busy week when the universe, and the human race, were created by a God who somehow already existed.

The creation of the universe is described in the King James Bible like this:
1:1 In the beginning God created the heaven and the earth.

1:2 And the earth was without form, and void; and darkness was upon the face of the deep. And the Spirit of God moved upon the face of the waters.

1:3 And God said, Let there be light: and there was light.

God then goes on to make Eve, she and Adam are expelled from the Garden, they have sons who somehow meet other women and populate the earth.

There are interesting variants. For instance, in one of the Apocrypha ("The Alphabet of Ben Sira"), it is stated that the first woman is Lilith, who refuses to to accept a sex-on-the-bottom position, and to whom Adam grants equality–

Adam and Lilith began to fight. She said, 'I will not lie below,' and he said, 'I will not lie beneath you, but only on top. For you are fit only to be in the bottom position, while am to be in the superior one.' Lilith responded, 'We are equal to each other inasmuch as we were both created from the earth.'

这么久的推迟，显然已经让“上都”丧失了所有商业价值。尼尔森来迟了，在互联网已经足够发达的今天，它的全部价值真的可以被很多类似的软件替代，如 Roam Research、Obsidian、Notion。

但回到尼尔森最活跃的年代，他作为一个计算机行业的异类、梦想家，甚至是很多人眼中

“万事俱备，只差程序员和投资人”的空想家，他的思想确实继承了布什和恩格尔巴特，继而影响了更多早期互联网的创造者。

尼尔森本人对后来的万维网总是抱怨，万维网只实现了“上都”的一部分功能，如链接只能是单向的、没有版权系统，但无奈，后者因为简单和通用，最终实现了布什的理想。

尼尔森后来还是在万维网上建立了个人网站，上面记录着自己对互联网做出的贡献，首页有Lotus创始人米切尔·卡普尔对他的评价：“整个互联网本身，都只是泰德·尼尔森梦想的苍白影子。”

9.

在“上都”遇见欧特克的20世纪80年代，世界上出现了大量的超文本系统，但它们都只能连接内部信息，不能连接到外部，大多数人不打算这么做，就像几十年后的各种软件公司一样。

只有少数人希望把信息彻底打通，而最终完成这项工作的是一位英国人，他叫蒂姆·伯纳斯-李。

1992年夏天，伯纳斯-李到加利福尼亚，拜访一位重要的朋友，正是当时还在欧特克做高级研究员的泰德·尼尔森。他在几年前开发了一个叫作“万维网”的超文本系统，受到了尼尔森很大的影响，特来表示感谢。

他们讨论了很多事情，还在停车场拍了张合照。那一天，尼尔森的“上都”刚刚被欧特克的CEO砍掉。

如果历史重来一次，说不定欧特克将会是万维网的创造者呢。如果是这样，或许今天我们就不说“上网”了，而是说：“你今天‘上都’了吗？”

万维网（Web）并不等于互联网（Internet），简单来说，互联网是物理意义上的网络，是无数计算机和线缆连接而成的巨大基础设施，而万维网是我们通过浏览器访问的信息世界。

互联网的基础是计算机和通信，万维网的基础则是超文本。

伯纳斯-李在一次活动上特地穿了一件T恤，上面印着“我没有发明互联网”。他的朋友，互联网的发明人温顿·瑟夫的T恤上则是印着“我没有发明万维网”。

尽管如此，1992年之后的十年时间，万维网成了互联网最闪耀的部分，成了布什预言的“追踪网络”、恩格尔巴特渴望的“增智”系统，和泰德·尼尔森一生追求的“上都”。

伯纳斯-李也有自己的执念，他在年轻时就发现，不同的计算机存储着不同的信息，必须登录到不同计算机才能获取这些信息，有时候还得学习不同的程序。

最终，他在“超文本”的理念中找到了解决问题的方向。他给上司写了一项提案，名字就叫《信息管理：一项提案》（*Information Management：A Proposal*），讨论了基于链接的信息系统，特性和“上都”有很多相似之处，并且把大量复杂的功能都做了简化。

最早的提案中，这种新型网络叫作 Mesh，后来伯纳斯-李把它改了名字，叫 Web，取义自蜘蛛网，为了表达这种网络的世界性，又在前面加上了两个单词：World Wide。

于是，World Wide Web 这个名字被确定下来，它的缩写“www.”成了大多数网址的前缀。

随后，伯纳斯-李开发出第一个浏览器“Nexus”，编写 HTTP 协议、HTML 语言和 URL 地址。万维网的本质，从技术上讲，就是这几样东西——协议规定了信息各方的轮流发言规则，HTML 语言规定了超文本该如何编写，URL 地址规定了某个网站在万维网上的地址，浏览器遵循 HTTP 协议向服务器发出请求，并接收服务器返回的信息。

于是，几十年后，我们得到了每日新闻、图片、购物网站和在线视频。

这个神奇事物一开始是以阿帕网为中心，1990 年，阿帕网退役，不同互联网服务供应商纷纷出现，越来越多的普通人接入了互联网。

伯纳斯-李把启动过程比作推雪橇，刚开始要努力推很久，一旦到达某个阶段，雪橇就会凭借动量自己滑行很远。

1991 年夏天，世界上只有一台万维网服务器，1993 年达到 50 台，1994 年，当伯纳斯-李宣布万维网国际组织诞生的时候，已经有数千个网站在运行。

1995 年，斯坦福大学的杨致远和大卫·费罗给雅虎注册了域名；半年之后，投资公司高管杰夫·贝索斯在亚马逊网站上卖出了第一本书；一个月后，微软发布了 IE 浏览器 1.0；又过了三年，斯坦福大学的谢尔盖·布林开始研究谷歌搜索引擎。

后面开启的一系列疯狂的竞争、垄断、泡沫、奋斗和创新，就是大家熟知的互联网故事了。

最后，让我们把历史的时钟调慢，再次回看一眼，惊涛骇浪的互联网时代背后那个最朴素的理想。

10.

“我们的图书馆已经爆满，知识不断地呈现指数级增长，然而就在这个庞大的知识宝库中，我们仍然在使用马车时代的方法寻找需要的材料。”

范内瓦·布什说出这句话 19 年之后，离开了人世。那一年，阿帕网已经运行了 5 年。

21 年之后，1995 年 10 月 12 日，麻省理工学院召开了一场研讨会，受邀嘉宾中有我们本节讲述的几位老朋友：道格拉斯·恩格尔巴特、泰德·尼尔森、蒂姆·伯纳斯-李。研讨会的主题正是范内瓦·布什和他的文章《如我们所想》，布什在这篇文章中构想了 Memex，一种辅助人类思考的机器，机器里面装满了关于个人计算机、超链接和超文本的种子。

布什想象出机械时代的超链接；恩格尔巴特用计算机实现了数字时代的超链接；尼尔森发明了“超文本”一词，并终其一生为它宣传布道；最终，伯纳斯-李用超链接连接了全世界。

伟大的想法就像是种子或是病毒，只要在适当的时间出现在空气中，就会恰好感染一些人——那些最可能投入生命来实现这个想法的人。

“链接”就是这样一种想法，它从文字出现之初就已经存在，不断流传和演变，在信息处理技术的历史中时隐时现，直到布什把它抛向四方。

在研讨会上，伯纳斯-李被问道：“你们这些人最大的相似之处是什么?”他回答道：“拥有想法，即使有人告诉你不要去做，也要坚持去做，非常固执地去做，即使被上级告知不要去做，即使没有人给你钱去做。”

如今，我们站在前人铺平的土壤上，下单喜欢的衣服、点外卖、炒股、参加在线会议；我们看视频、听歌、参与众筹和拼团、转发文章；我们在同意的观点下用鼠标点击那颗红心，也敲击键盘狠狠地批判那些不同的观点。

这就是我们的生活，建立在最初那个最朴素的理想之上：点击一下，马上看到相关的信息。

11.

这样一场宏大的叙事之后，让我们把目光放到BIM技术，以及建筑行业的数字化上。比起造福全人类的互联网，这些服务于特定行业的技术和趋势似乎太小了。但我想，若是和互联网那些未完成态的前身们——布什的Memex，或者泰德·尼尔森的“上都”相比，它们又是何其相似。

它们都来自一个特别朴素的信念：能不能用简单的方法，看到一个东西，点一下，就能查找到相关的信息。而不是去其他海量的资料里，手动翻阅信息。

它们都不够成熟，不够简单易用，终将被另一个名字的东西替代，被大众所知，它们都在为将来的“伯纳斯-李”推动“雪橇”做准备。

它们都吸引了一批最纯粹的梦想家、探索者，也引来了同行的质疑。

正如当年的质疑声一样：有秘书为我们查资料，为什么需要超文本呢?为了解决这点小问题有必要大动干戈吗?

更有趣的讽刺是，这样的质疑声，往往都来自以“www.”开头的某个网站，质疑者使用的鼠标和键盘，也正是当年那群“叛逆者”，为了那个同行眼里不起眼的信念发明的。

搞技术的人被质疑多了，也开始逐渐怀疑自己，出发时候相信的那件事，值得做吗?

我想，单纯的信念，不等于单薄。如今，我们回看范内瓦·布什写下的那句深刻的洞见：世界上从来不缺信息，信息之间的联系比信息本身更有价值。

截至今天，根据麦肯锡、Gartner等机构公布的数据，在整体数字化水平层面，建筑业排行稳稳垫底；同时建筑业的增速也远低于整体GDP，严重拖后腿。很难判断，这两件事哪个是因，哪个是果。

但能看到的是，离互联网越近的行业，对于“连接信息”的价值就越看重，而从根本上否认信息连接价值的行业屈指可数，建筑业正在其中。

尾声

数字前夜的执念与轮回

建筑业绝不缺信息，缺少的是信息的连接。今天从事建筑行业的人员，正如1955年范内瓦·布什所说的那样——知识不断增长，却仍然在使用马车时代的方法寻找需要的材料。

点击一下，看到想要的信息，再点击一下，就跳转到相关的页面。这件朴素的小事，在建筑行业，图样做不到，设计说明做不到，所有能打印在纸上的东西都做不到。

甚至原生的BIM，也因为信息孤岛、功能限制、厂商竞争、无法联网等原因做不到，于是才有了数据中台、可视化平台等技术。

这一代人做的所有“傻事”，最终会造就一个什么东西出来，我还不知道。容我造个词，如果说布什们的梦想是“超文本”，我想建筑行业需要的那个东西，可以被叫作“超图样”吧。

还好，建筑行业的梦想家们，没有彻底消失。他们还在各自的路上，为“点击一下，连接信息”这个简单而纯粹的梦想，尝试着各自的“Memex”和“上都”。

也正如伯纳斯-李所说，即便有人告诉他们不要去做，也还是坚持要做。希望未来的某一天，人们能记住他们的名字。

或许，未来有一天，人们能记住正在阅读此书的你的名字。